2018 全国勘察设计注册工程师执业资格考试用书

Zhuce Yantu Gongchengshi Zhiye Zige Kaoshi
Jichu Kaoshi Fuxi Tiji

注册岩土工程师执业资格考试
基础考试复习题集

专业基础

注册工程师考试复习用书编委会 / 编
曹纬浚 / 主编

人民交通出版社股份有限公司
China Communications Press Co.,Ltd.

内 容 提 要

本书根据现行考试大纲及近几年考试真题修订再版。

本书基于考培人员多年辅导经验和各科目出题特点编写而成，分为公共基础和专业基础两部分，每一部分均提供有复习指导及练习题（含部分真题），覆盖面广，切合考试实际，满足大纲要求。另出版有《注册岩土工程师执业资格考试基础考试试卷（2011～2017）》，可供考生进行仿真演练。所有习题均附有参考答案和解析，部分真题还提供二维码，考生可扫描免费观看视频解析。

相信本书能帮助考生复习好各门课程，巩固复习效果，提高解题准确率和解题速度，以顺利通过考试。

本书适合参加2018年注册岩土工程师执业资格考试基础考试的考生复习使用，还可作为相关专业培训班的辅导教材。

图书在版编目(CIP)数据

2018注册岩土工程师执业资格考试基础考试复习题集/注册工程师考试复习用书编委会编. —北京：人民交通出版社股份有限公司，2018.1

ISBN 978-7-114-14411-0

Ⅰ.①2… Ⅱ.①注… Ⅲ.①岩土工程—资格考试—习题集 Ⅳ.①TU4-44

中国版本图书馆CIP数据核字(2017)第309443号

书　　名：**2018注册岩土工程师执业资格考试基础考试复习题集**
著 作 者：注册工程师考试复习用书编委会
责任编辑：刘彩云　李　梦
出版发行：人民交通出版社股份有限公司
地　　址：(100011)北京市朝阳区安定门外外馆斜街3号
网　　址：http://www.ccpress.com.cn
销售电话：(010)59757973
总 经 销：人民交通出版社股份有限公司发行部
经　　销：各地新华书店
印　　刷：北京盈盛恒通印刷有限公司
开　　本：787×1092　1/16
印　　张：55.5
字　　数：1271千
版　　次：2018年1月　第1版
印　　次：2018年1月　第1次印刷
书　　号：ISBN 978-7-114-14411-0
定　　价：128.00元(共两册)

目录·专业基础

十二、土木工程材料

复习指导

本章“考试大纲”为复习提供了一个基本指南与宏观框架，但很多具体、详细的复习内容不可能在考试大纲中给出，必须加以注意。如果仅仅关注大纲的宏观框架，很可能对复习内容的一些细节掉以轻心，复习得不够全面、充分，致使做题的准确率不高，最终影响考试成绩。因此，在这里综合常见的教材、复习资料、练习题资料和考生易出现的普遍、常见性问题，对复习内容整理出尽量具体、详细的提示，希望能对考生的自学复习起到良好的指导作用。

总体而言，各节中以混凝土占的篇幅最多，且混凝土在土木工程中往往是用量最大、作用最为重要的一种结构材料，故第四节混凝土应引起特别重视，作为复习的首要重点。水泥本来仅是混凝土的原材料之一，但由于水泥性能与应用的复杂性，必须将水泥单列一节，给出专门详细的讲解，故从第四节混凝土往前延伸，应先行掌握水泥的内容，在掌握好水泥内容的基础上方可掌握好混凝土的内容，因此，第三节的水泥也很重要。水泥仅是胶凝材料的一种，石膏、石灰也属于胶凝材料，但石膏、石灰与水泥有何不同之处，必须明确区分，故在第二节中专门给出胶凝材料的定义与划分以及石膏、石灰的具体特点。第一节则在本教材的开始即给出一些基本、普遍的概念与定义，准确掌握这些概念与定义是十分重要的，因为这些概念与定义在后面的各节中经常要用到。沥青及改性沥青、建筑钢材、木材、石材、黏土作为各具特色的具体材料品种，则在各节中分别列出，虽然相对于混凝土这些具体材料的内容较为简短，但也须分别掌握这些材料的特点。

1. 材料科学与物质结构基础知识

土木工程材料按化学组成可划分为三大类。通常材料的组成包含化学组成与矿物组成两个不同的含义。在材料的微观结构中，首先应掌握晶体、非晶体的区别。在非晶体中掌握玻璃体与胶体的区别，在晶体中掌握四种晶体即原子晶体、离子晶体、分子晶体与金属晶体的区别。

三种密度的区别应注意掌握。密度与孔隙率、空隙率无关，反映材料的本质与化学组成特征；表观密度与密度、孔隙率有关；堆积密度与表观密度、空隙率有关。应掌握用密度、表观密度计算孔隙率，用表观密度、堆积密度计算空隙率的公式。应掌握孔隙与空隙的区别。

在与水有关的性质中，应掌握亲水性与憎水性的工程意义，掌握润湿边角或接触角 θ 的含义。应掌握吸水性与吸湿性的区别与联系，掌握计算公式，尤其应注意公式中分母是材料干燥时的质量。在耐水性中，应掌握材料的软化系数 K、分母与分子的确切含义。在导热性中，应了解定义与工程意义。在以上性质中，应注意掌握各自的影响因素。

在力学性质中，应掌握在不同受力状态下强度表达式含有哪些参数，掌握强度与孔隙率的关系。区别掌握弹性与塑性、徐变与应力松弛、脆性与韧性的不同含义，了解其工程意义。

2. 气硬性胶凝材料

应掌握胶凝材料、水硬性、气硬性的特征。在石灰中，应掌握过火石灰的危害与陈伏的作用。在石灰的硬化中，应掌握两个过程结晶与碳化的含义，掌握建筑石灰和石灰硬化产物的化学组成，分别理解石灰硬化速度慢和气硬性的根源所在。了解石灰的应用，如灰土、三合土、灰砂砖、碳化石灰板。

在石膏中，应掌握建筑石膏与石膏硬化产物的化学组成，理解石膏凝结、硬化过程，理解石膏气硬性的根源所在。了解石膏的性能特点与应用，如凝结硬化快、硬化体积微膨胀、孔隙率高、耐水性与抗冻性差、抗火性好，用于内装饰、装修板材。

3. 水泥

总体而言，主要应掌握六大通用水泥(即硅酸盐水泥、普通硅酸盐水泥、矿渣硅酸盐水泥、火山灰质硅酸盐水泥、粉煤灰硅酸盐水泥和复合硅酸盐水泥)。可根据共性特点将六大通用水泥分为两大类，即硅酸盐水泥、普通硅酸盐水泥为一类，矿渣水泥、火山灰水泥、粉煤灰水泥和复合水泥为另一类，分别掌握；具体在矿渣水泥、火山灰水泥、粉煤灰水泥和复合水泥中，还可分别掌握四种水泥的各自特性。这样就便于化繁为简，理解准确而不易混淆、遗忘，牢固掌握水泥的主要内容。

在硅酸盐水泥中，首先应掌握熟料四大矿物的水化速度、放热量、硬化速度。不必背诵水化的每一个化学方程式，但应知主要由哪些反应物得到哪些主要产物，可将 C_3S、C_2S 同等看待，然后了解 C_3A，C_4AF 也可看作与 C_3A 类似。其中以 C_3A 较为复杂，石膏即因 C_3A 而掺入水泥中，故石膏的作用由此而被牢固掌握。应了解水泥硬化产物的组成与结构。应理解水泥细度、凝结(初凝、终凝)时间的实际意义，理解颗粒尺寸与比表面积的关系。掌握体积安定性的含义，牢固掌握引起安定性不良的三种因素及有关检验方法与标准规定。了解水泥废品与不合格品的规定。了解易导致水泥石侵蚀的组成与结构方面的原因，了解防侵蚀的措施。凡硅酸盐水泥的特点基本也适用于普通水泥。

首先应了解活性混合材料与非活性混合材料的区别。在掺混合材料水泥中应掌握矿渣水泥、火山灰水泥、粉煤灰水泥这三种水泥的共性，也应区别掌握三者的特性。应理解以上主要五种水泥的性能特点与工程选用。复合水泥一般不需专门了解。

此外简要掌握铝酸盐水泥和硫铝酸盐水泥。注意掌握这些水泥的主要熟料、主要水化产物，凝结硬化的主要特征，水化产物的强度与耐久性，在哪些工程上适用，有哪些使用禁忌。白水泥与彩色水泥只需简要了解。

4. 混凝土

主要应掌握普通混凝土的组成材料，各个阶段的混凝土性能如和易性、力学性能、耐久性、配合比设计。了解重混凝土与轻混凝土的特点与应用。

在混凝土组成材料中，应理解水泥与水组成水泥浆、砂石构成骨料、水泥浆与骨料分别所起的作用。在砂石中，结合第一节的空隙率概念，考虑砂或石子堆积形成骨架、填充空隙的效果，从颗粒尺寸-比表面积-水泥消耗量的关系和级配-空隙率-水泥消耗量的关系两个主要角度，理解砂石细度与级配的技术要求，以满足良好的和易性与降低水泥用量的要求。在以上学习中应重点掌握集料细度与级配这两个概念。了解砂的细度模数与筛分曲线的数据来源及二者的关系。了解砂石中的其他性能要求。了解混凝土拌和水的要求。在混凝土外加剂中,主要应掌握减水剂、引气剂、速凝剂、缓凝剂与早强剂的作用,了解五种减水剂、三乙醇胺早强剂的特点。在混凝土掺和料中,主要了解掺和料与水泥混合材料的异同。

了解混凝土和易性的含义与测定方法,了解坍落度的范围划分,了解施工中混凝土坍落度选择的原则与要求。理解和易性的影响因素,理解改善和易性的措施。掌握坍落度太大或太小时的调整方法。了解混凝土强度几个主要概念的实际含义。理解强度的影响因素,理解改善强度的措施。牢固掌握混凝土强度公式(即保罗米公式)。了解影响强度测试结果的因素。了解混凝土变形中非荷载变形的几种方式、引起变形的原因、变形是否可引起混凝土开裂。了解混凝土在短期荷载下的应力-应变关系、弹性模量测定及其影响因素,了解徐变的影响因素及其对混凝土结构的作用。

了解混凝土耐久性的各分项内容如抗渗性、抗冻性、碱-集料反应、抗碳化性、抗化学侵蚀性。了解其影响因素、改善措施。了解抗渗性、抗冰性的表达方法。化学侵蚀性可与第三节水泥石的侵蚀与防侵蚀内容相联系。了解氯离子对钢筋混凝土结构耐久性的影响。

了解混凝土配合比设计的三大步骤,即设计计算、试配与调整、施工配合比换算。在设计计算中,掌握配制强度的计算、水灰比的确定。掌握施工配合比换算公式。

5. 沥青及改性沥青

主要掌握石油沥青的相关内容。了解石油沥青的组成特点、组丛的划分及其对沥青性能的影响、沥青胶体结构特征。掌握沥青主要技术性质如黏性、塑性、温度稳定性、大气稳定性,尤其是前三个的表达方式、与沥青性能的关系。了解煤沥青的主要优缺点。了解石油沥青改性的主要方式与效果。

了解沥青的主要应用方式,冷底子油、沥青胶、嵌缝油膏的组成原材料与施工应用特点。了解沥青防水卷材,尤其是石油沥青油毡的标号划分方法、石油沥青卷材和煤沥青卷材的黏结方式及特点。

了解合成高分子防水材料相对于沥青防水材料的主要特点,了解三元乙丙橡胶防水卷材的使用温度范围与优缺点。

6. 建筑钢材

了解建筑钢材按化学成分与脱氧程度的划分方式。掌握钢材的主要力学性能、工艺性能及指标,注意掌握其中低碳钢与硬钢的应力-应变曲线特点、屈服点、$\sigma_{0.2}$、屈强比、伸长率、冷脆性。了解钢材中合金元素与有害元素的划分,了解各有害元素对钢材性能的影响。了解脱氧程度对钢材性能的影响。掌握钢材的冷加工和冷加工时效两个概念及其对钢材性能的不同影响。

掌握钢材牌号的表达方法与含义,了解常用的 Q235 钢的特点和沸腾钢的使用限制。了解型钢与钢板的使用。了解各种钢筋和钢丝的特点,尤其注意掌握热轧钢筋 I、II、III 级的选用特点,了解冷拉热轧钢筋 I、II、III、IV 级的选用特点,掌握最为经济、常用的冷拔低碳钢丝的甲级、乙级的选用,了解冷轧扭钢筋的特点,了解预应力钢丝、钢绞线的材质与适用范围。了解钢材防锈与防火的措施。

7. 木材

掌握木材的分类。掌握纤维饱和点、平衡含水率、窑干含水率的含义,掌握大于或小于饱和点的含水率对木材强度与体积膨胀的不同影响。掌握木材在不同方向的胀缩变化特点。掌握木材强度的各向异性，如顺纹抗拉、横纹抗拉、横纹抗压等的数值高低。了解木材的防腐、木材初级产品种类。

8. 石材

掌握花岗岩与大理石的岩石属性、造岩矿物、主要化学成分、酸碱性。掌握花岗岩与大理石的主要优缺点、工程适用范围。

9. 黏土

了解土的组成。了解土粒的大小与土的级配。了解颗粒分析两参数与级配的关系。了解土的液相类型。掌握土的干密度与干重度的含义。了解土的相对密实度。了解黏性土的稠度与三种界限含水率的含义。掌握影响土的压实性的因素。

练习题、题解及参考答案

（一）材料科学与物质结构基础知识

12-1-1 下列矿物中仅含有碳元素的是：

A. 石膏　　B. 石灰　　C. 石墨　　D. 石英

12-1-2 为测定材料密度，量测材料绝对密实状态下体积的方法是下述中哪种方法？

A. 磨成细粉烘干后用李氏瓶测定其体积
B. 度量尺寸，计算其体积
C. 破碎后放在广口瓶中浸水饱和，测定其体积
D. 破碎后放在已知容积的容器中测定其体积

12-1-3 对于同一种材料，各种密度参数的大小排列为：

A. 密度＞堆积密度＞表观密度　　B. 密度＞表观密度＞堆积密度
C. 堆积密度＞密度＞表观密度　　D. 表观密度＞堆积密度＞密度

12-1-4 已知某材料的表观密度是 $1400kg/m^3$，密度是 $1600kg/m^3$，则其孔隙率是：

A. 14.3%　　B. 14.5%　　C. 87.5%　　D. 12.5%

12-1-5 一种材料的孔隙率增大时，以下哪几种性质一定下降？
①密度；②表观密度；③吸水率；④强度；⑤抗冻性。

A. ①②③　　B. ①③
C. ②④　　D. ②④⑤

12-1-6 下列与材料的孔隙率没有关系的是：

A. 强度　　B. 绝热性　　C. 密度　　D. 耐久性

12-1-7 具有封闭孔隙特征的多孔材料，适合用作以下哪种建筑材料？

A. 吸声　　B. 隔声　　C. 保温　　D. 承重

12-1-8 憎水材料的润湿角：

A. ＞90°　　B. ≤90°　　C. ＞45°　　D. ≤180°

12-1-9 含水率为5％的湿砂100g，其中所含水的质量是：

A. 100×5％＝5g　　B. (100－5)×5％＝4.75g

C. 100－100/(1＋0.05)＝4.76g　　D. 100/(1－0.05)－100＝5.26g

12-1-10 500g潮湿的砂经过烘干后，质量变为475g，其含水率为：

A. 5.0％　　B. 5.26％　　C. 4.75％　　D. 5.50％

12-1-11 含水率5％的砂220g，其中所含的水量为：

A. 10g　　B. 10.48g　　C. 11g　　D. 11.5g

12-1-12 材料的耐水性可用软化系数表示，软化系数是：

A. 吸水后的表观密度与干表观密度之比

B. 饱水状态的抗压强度与干燥状态的抗压强度之比

C. 饱水后的材料质量与干燥质量之比

D. 饱水后的材料体积与干燥体积之比

12-1-13 某材料吸水饱和后重100g，比干燥时重了10g，此材料的吸水率等于：

A. 10％　　B. 8％　　C. 7％　　D. 11.1％

12-1-14 材料的软化系数是指：

A. 吸水率与含水率之比

B. 材料饱水抗压强度与干燥抗压强度之比

C. 材料受冻后抗压强度与受冻前抗压强度之比

D. 材料饱水弹性模量与干燥弹性模量之比

12-1-15 耐水材料的软化系数应大于：

A. 0.8　　B. 0.85　　C. 0.9　　D. 1.0

12-1-16 下列材料与水有关的性质中，哪一项叙述是正确的？

A. 润湿边角 $\theta \leqslant 90°$ 的材料称为憎水性材料
B. 石蜡、沥青均是亲水性材料
C. 材料吸水后，将使强度与保温性提高
D. 软化系数越小，表面材料的耐水性越差

12-1-17 选用墙体材料时，为使室内能够尽可能冬暖夏凉，材料应：

A. 导热系数小，比热值大　　B. 导热系数大，比热值大
C. 导热系数小，比热值小　　D. 导热系数大，比热值小

12-1-18 材料孔隙中可能存在三种介质，水、空气、冰，其导热能力顺序为：

A. 水＞冰＞空气　　B. 冰＞水＞空气
C. 空气＞水＞冰　　D. 空气＞冰＞水

12-1-19 绝热材料的导热系数与含水率的正确关系是：

A. 含水率越大，导热系数越小　　B. 导热系数与含水率无关
C. 含水率越小，导热系数越小　　D. 含水率越小，导热系数越大

12-1-20 关于绝热材料的性能，下列中哪一项叙述是错误的？

A. 材料中的固体部分的导热能力比空气小
B. 材料受潮后，导热系数增大
C. 各向异性的材料中与热流平行方向的热阻小
D. 导热系数随温度升高而增大

12-1-21 材料积蓄热量的能力称为：

A. 导热系数　　B. 热容量　　C. 温度　　D. 传热系数

12-1-22 吸声材料的孔隙特征应该是：

A. 均匀而密闭　　B. 小而密闭
C. 小而连通、开口　　D. 大而连通、开口

12-1-23 材料的抗弯强度与下列试件的哪些条件有关？
①受力情况；②材料重量；③截面形状；④支承条件。

A. ①②③　　B. ②③④　　C. ①③④　　D. ①②④

12-1-24 承受振动或冲击荷载作用的结构，应选择的材料：

A. 抗拉强度较抗压强度大许多倍

B. 变形很小，抗拉强度很低

C. 变形很大，且取消外力后，仍保持原来的变形

D. 能够吸收较大能量且能产生一定的变形而不破坏

12-1-25 脆性材料的特征是：

A. 破坏前无明显变形　　B. 抗压强度与抗拉强度均较高

C. 抗冲击破坏时吸收能量大　　D. 受力破坏时，外力所做的功大

题解及参考答案

12-1-1 **解**：石膏的主要成分为硫酸钙，石灰的成分为氧化钙，石墨的成分为碳，石英的成分为氧化硅。

答案：C

12-1-2 **解**：测定密度采用先磨成细粉，然后在李氏瓶中排液的方法。磨成细粉可以消除孔隙，达到绝对密实状态。

答案：A

12-1-3 **解**：密度是指材料在绝对密实状态下单位体积的质量，表观密度是指材料在自然状态下单位体积的质量，堆积密度是指散粒材料在堆积状态下单位体积的质量，所以对于同一种材料，各种密度参数的排列为：密度＞表观密度＞堆积密度。

答案：B

12-1-4 **解**：孔隙率＝1－表观密度/密度＝1－1400/1600＝1－0.875＝121.5%。

答案：D

12-1-5 **解**：孔隙率变化，一定引起强度与表观密度的变化，可能引起吸水率和抗冻性的变化。若增加的是开口孔，则吸水率增大而抗冻性降低；若增加的是闭口孔，则吸水率降低而抗冻性提高。但密度保持不变。

答案：C

12-1-6 **解**：密度是指材料在绝对密实状态单位体积的质量，与孔隙率无关。强度随孔隙率增大而降低；绝热性和耐久性随开口孔隙增多而降低，随闭口孔隙增多而提高。

答案：C

12-1-7 **解**：因为空气的导热系数为0.023W/(m·K)，封闭孔隙中含有很多的空气，使其导热系数小，可以用作保温材料。吸声材料需要具有开孔孔隙特征，隔声和承重要求密实性高，即孔隙率小的材料。

答案：C

12-1-8 **解**：根据建筑材料的表面与水接触的状况，可将建筑材料分为亲水性材料与憎水

性材料两类。亲水性材料能被水浸润，在材料与水接触界面处的接触角<90°；憎水性材料不能被水浸润，接触角≥90°。

答案：A

12-1-9 **解**：含水率＝水重/干砂重，湿砂重＝水重＋干砂重，水重＝湿砂重－干砂重。

答案：C

12-1-10 **解**：含水率＝所含水的质量/材料的干燥质量＝(500－475)/475＝5.26%。

答案：B

12-1-11 **解**：含水率＝所含水的质量/干燥材料的质量。故1＋1/含水率＝(含水材料的水的质量＋干燥材料的质量)/水的质量。因此，水的质量＝含水材料的总质量×1/(1＋1/含水率)。含水率5%的砂220g，其所含的水量为：220×1/(1＋1/5%)＝10.476g。

答案：B

12-1-12 **解**：本题考查内容同题12-1-3。

答案：B

12-1-13 **解**：材料的吸水率＝吸收水重/材料干燥质量＝10/90＝11.1%

答案：D

12-1-14 **解**：材料软化系数是指材料吸水饱和的抗压强度与干燥抗压强度之比。

答案：B

12-1-15 **解**：软化系数大于0.85的材料为耐水材料。

答案：B

12-1-16 **解**：软化系数越小，说明泡水后材料的强度下降越明显，耐水性越差。润滑边角$\theta>90°$的材料为憎水性材料，如石蜡、沥青。材料吸水后强度和保温性降低。

答案：D

12-1-17 **解**：为使室内冬暖夏凉，墙体材料要求具有很好的保温性能和较大的热容量，而导热系数越小，保温性能越好；比热值越大，表明热容量越大，所以要选择导热系数小，比热值大的材料。

答案：A

12-1-18 **解**：空气的导热系数为0.023W/(m·K)，水的导热系数为0.58W/(m·K)，冰的导热系数为2.20W/(m·K)，故三种介质的导热能力顺序为：冰＞水＞空气，所以保温材料要保持干燥，防潮。

答案：B

12-1-19 **解**：水的导热能力强，大于空气的导热能力，所以孔隙中含水率越大则导热系数越大。

答案：C

12-1-20 **解**:材料中固体部分的导热能力比空气强。

答案:A

12-1-21 **解**:导热系数和传热系数表示材料的传递热量的能力。热容量反映材料的蓄热能力。

答案:B

12-1-22 **解**:吸声材料要求具有细小而且连通开口的孔隙。

答案:C

12-1-23 **解**:抗弯强度如三点弯曲强度公式为:

$$f_{tm}=3FL/(2bh^2)$$

式中:f_{tm}——抗弯强度;

F——破坏荷载;

L——支点间跨距;

b、h——分别为试件截面宽与高。

从该式可看出,抗弯强度与受力情况(F)、截面形状(b、h)和支承条件(L)有关。材料重计入荷载 F 之中。当然受力情况还应包括加载速度。

答案:C

12-1-24 **解**:承受振动和冲击荷载作用的结构,应该选择韧性材料,即能够吸收较大能量,且能产生一定变形而不破坏的材料。

答案:D

12-1-25 **解**:脆性与韧性的区别在于破坏前没有或有明显变形、受力破坏吸收的能量低或高。脆性材料破坏前没有明显变形,抗拉强度远小于抗压强度,受力破坏时吸收能量小,外力做功小。

答案:A

(二)气硬性无机胶凝材料

12-2-1 下列哪一组材料全部属于气硬性胶凝材料?

A. 石灰、水泥　　B. 玻璃、水泥

C. 石灰、建筑石膏　　D. 沥青、建筑石膏

12-2-2 煅烧石灰石可作为无机胶凝材料,其具有气硬性的原因是能够反应生成:

A. 氢氧化钙　　B. 水化硅酸钙

C. 二水石膏　　D. 水化硫铝酸钙

12-2-3 下列胶凝材料中,哪种材料的凝结硬化过程属于结晶、碳化过程?

A. 石灰　　B. 石膏

C. 矿渣硅酸盐水泥　　D. 硅酸盐水泥

12-2-4 石灰的陈伏期应为：

A. 两个月以上　　B. 两星期以上

C. 一个星期以上　　D. 两天以上

12-2-5 建筑石灰熟化时进行陈伏的目的是：

A. 使 $Ca(OH)_2$ 结晶与碳化　　B. 消除过火石灰的危害

C. 减少熟化产生的热量并增加产量　　D. 消除欠火石灰的危害

12-2-6 石灰不适用于下列哪一种情况？

A. 用于基础垫层　　B. 用于硅酸盐水泥的原料

C. 用于砌筑砂浆　　D. 用于屋面防水隔热层

12-2-7 用石灰浆罩墙面时，为避免收缩开裂，应掺入下列中的哪种材料？

A. 适量盐　　B. 适量纤维材料　　C. 适量石膏　　D. 适量白水泥

12-2-8 配制石膏砂浆时，所采用的石膏是下列中的哪一种？

A. 建筑石膏　　B. 地板石膏　　C. 高强石膏　　D. 模型石膏

12-2-9 下列建筑石膏的哪一项性质是正确的？

A. 硬化后出现体积收缩　　B. 硬化后吸湿性强，耐水性较差

C. 制品可长期用于 65℃以上高温中　　D. 石膏制品的强度一般比石灰制品低

12-2-10 下列关于建筑石膏的描述正确的是：

①建筑石膏凝结硬化的速度快；

②凝结硬化后表现密度小，而强度降低；

③凝结硬化后的建筑石膏导热性小，吸声性强；

④建筑石膏硬化后体积发生微膨胀。

A. ①②③④　　B. ①②　　C. ③④　　D. ①④

12-2-11 下列胶凝材料哪一种在凝结硬化时发生体积微膨胀？

A. 火山灰水泥　　B. 铝酸盐水泥　　C. 石灰　　D. 石膏

12-2-12 石膏制品具有良好的抗火性，是因为：

A. 石膏制品保温性好　　B. 石膏制品含大量结晶水

C. 石膏制品孔隙率大　　　　　　　　　　D. 石膏制品高温下不变形

12-2-13　建筑石膏不具备下列哪一种性能？

A. 干燥时不开裂　　B. 耐水性好　　C. 机械加工方便　　D. 抗火性好

12-2-14　一般，石灰、石膏、水泥三者的胶结强度的关系是：

A. 石灰＞石膏＞水泥　　　　　　　　B. 石灰＜石膏＜水泥

C. 石膏＜石灰＜水泥　　　　　　　　D. 石膏＞水泥＞石灰

题解及参考答案

12-2-1　**解**：水泥属水硬性胶凝材料，沥青属有机胶凝材料，玻璃不属于胶凝材料，气硬性胶凝材料有石灰、石膏、水玻璃、菱苦土。

答案：C

12-2-2　**解**：石灰石煅烧后生成石灰（成分为 CaO），其水化反应生成 $Ca(OH)_2$ 后使其具有气硬性。

答案：A

12-2-3　**解**：石灰的凝结硬化过程包括结晶和碳化过程。

答案：A

12-2-4　**解**：为了消除过火石灰的危害，石灰需要进行陈伏处理，陈伏期为两个星期以上。

答案：B

12-2-5　**解**：陈伏的目的主要是消除过火石灰延迟水化膨胀产生的危害。

答案：B

12-2-6　**解**：石灰是气硬性胶凝材料，不耐水，不宜用于屋面防水隔热层。但可以灰土或三合土的方式用于基础垫层，因为在灰土或三合土中可产生水硬性的产物，也可以用作砌筑砂浆，也是生产硅酸盐水泥的石灰质原料。

答案：D

12-2-7　**解**：通常可加入适量纤维材料（如麻刀、纸筋等）增强、防裂。

答案：B

12-2-8　**解**：通常采用建筑石膏配制石膏砂浆。

答案：A

12-2-9　**解**：建筑石膏硬化后体积微膨胀，吸湿性大，耐水性差，制品的强度比石灰高，但在长期 65℃以上高温中强度下降。

答案:B

12-2-10 **解:**建筑石膏凝结硬化快,硬化后表观密度小,强度低,导热性小,吸声性好,硬化后体积微膨胀。

答案:A

12-2-11 **解:**石膏硬化可产生微膨胀,其余三种则产生收缩或微收缩。

答案:D

12-2-12 **解:**石膏制品的主要成分是二水硫酸钙,在火灾时能释放出结晶水,在其表面形成水蒸气幕,进而阻止火势蔓延。

答案:B

12-2-13 **解:**建筑石膏耐水性差,因为在潮湿环境或水中,建筑石膏中的主要产物——二水硫酸钙会溶解在水中,使制品强度不断降低而破坏。

答案:B

12-2-14 **解:**水泥强度最高,石膏强度高于石灰。

答案:B

(三)水泥

12-3-1 硬化水泥浆体中的孔隙分为水化硅酸钙凝胶的层间孔隙、毛细孔隙和气孔,其中对材料耐久性产生主要影响的是毛细孔隙,其尺寸的数量级为:

A. nm　　B. μm　　C. mm　　D. cm

12-3-2 水泥矿物水化放热最大的是:

A. 硅酸三钙　　B. 硅酸二钙　　C. 铁铝酸四钙　　D. 铝酸三钙

12-3-3 水泥熟料矿物中水化速度最快的熟料是:

A. 硅酸三钙　　B. 硅酸二钙　　C. 铝酸三钙　　D. 铁铝酸四钙

12-3-4 生产硅酸盐水泥,在粉磨熟料时,加入适量石膏的作用是:

A. 促凝　　B. 增强　　C. 缓凝　　D. 防潮

12-3-5 下列中的哪些材料属于活性混合材料?

①水淬矿渣;②黏土;③粉煤灰;④浮石;⑤烧黏土;⑥慢冷矿渣;⑦石灰石粉;⑧煤渣。

A. ①②③④⑤　　B. ①③④⑤⑧

C. ②③④⑤⑦　　D. ①③④⑤⑥

12-3-6 不宜用于大体积混凝土工程的水泥是：

A. 硅酸盐水泥　　B. 矿渣硅酸盐水泥
C. 粉煤灰水泥　　D. 火山灰水泥

12-3-7 大体积混凝土施工应选用下列中的哪种水泥？

A. 硅酸盐水泥　　B. 矿渣水泥　　C. 铝酸盐水泥　　D. 膨胀水泥

12-3-8 蒸汽养护效果最好的水泥是：

A. 矿渣水泥　　B. 快硬硅酸盐水泥
C. 普通水泥　　D. 铝酸盐水泥

12-3-9 喷射混凝土主要用于地下与隧道工程中，下列哪种水泥不宜用于喷射混凝土？

A. 矿渣水泥　　B. 普通水泥　　C. 高强水泥　　D. 硅酸盐水泥

12-3-10 现有一座大体积混凝土结构并有耐热耐火要求的高温车间工程，可选用下列哪种水泥？

A. 硅酸盐水泥或普通硅酸盐水泥　　B. 火山灰硅酸盐水泥
C. 矿渣硅酸盐水泥　　D. 粉煤灰硅酸盐水泥

12-3-11 有耐磨性要求的混凝土，应优先选用下列哪种水泥？

A. 硅酸盐水泥　　B. 火山灰水泥
C. 粉煤灰水泥　　D. 硫铝酸盐水泥

12-3-12 与普通硅酸盐水泥相比，下列四种水泥的特性中哪一条是错误的？

A. 火山灰水泥的耐热性较好　　B. 粉煤灰水泥的干缩性较小
C. 铝酸盐水泥的快硬性较好　　D. 矿渣水泥的耐硫酸盐侵蚀性较好

12-3-13 有抗渗要求的混凝土不宜采用以下哪种水泥？

A. 普通水泥　　B. 火山灰水泥　　C. 矿渣水泥　　D. 粉煤灰水泥

12-3-14 现浇水泥蛭石保温隔热层，夏季施工时应选用下列哪种水泥？

A. 火山灰水泥　　B. 粉煤灰水泥
C. 硅酸盐水泥　　D. 矿渣水泥

12-3-15 在下列水泥中，哪一种水泥的水化热最高？

A. 硅酸盐水泥　　B. 粉煤灰水泥　　C. 火山灰水泥　　D. 矿渣水泥

12-3-16 最适宜在低温环境下施工的水泥是：

A. 复合水泥　B. 硅酸盐水泥　C. 火山灰水泥　D. 矿渣水泥

12-3-17 在干燥环境下的混凝土工程，应优先选用下列中的哪种水泥？

A. 普通水泥　B. 火山灰水泥　C. 矿渣水泥　D. 粉煤灰水泥

12-3-18 由下列哪一种水泥制成的混凝土构件不宜用于蒸汽养护？

A. 普通水泥　B. 火山灰水泥　C. 矿渣水泥　D. 粉煤灰水泥

12-3-19 矿渣水泥不适用于以下哪一种混凝土工程？

A. 早期强度较高的　B. 抗碳化要求高的
C. 与水接触的　D. 有抗硫酸盐侵蚀要求的

12-3-20 混凝土长期处在硫酸盐的环境中，会引起较大的膨胀破坏，这是由于在硬化水泥石中生成了通常称为“水泥杆菌”的：

A. 水化碳酸钙　B. 水化铝酸三钙
C. 水化铁酸一钙　D. 高硫型水化硫铝酸钙

12-3-21 水泥砂浆与混凝土在常温下能耐以下腐蚀介质中的哪一种？

A. 硫酸　B. 磷酸　C. 盐酸　D. 醋酸

12-3-22 硅酸盐水泥的下列性质及应用中，哪一项是错误的？

A. 水化放热量大，宜用于大体积混凝土工程
B. 凝结硬化速度较快，抗冻性好，适用于冬季施工
C. 强度等级较高，常用于重要结构中
D. 含有较多的氢氧化钙，不宜用于有水压作用的工程

12-3-23 细度是影响水泥性能的重要物理指标，以下哪一项叙述是错误的？

A. 颗粒越细，水泥早期强度越高
B. 颗粒越细，水泥凝结硬化速度越快
C. 颗粒越细，水泥越不易受潮
D. 颗粒越细，水泥成本越高

12-3-24 伴随着水泥的水化和各种水化产物的陆续生成，水泥浆的流动性发生较大的变化，其中水泥浆的初凝是指其：

A. 开始明显固化　B. 黏性开始减小
C. 流动性基本丧失　D. 强度达到一定水平

12-3-25 确定水泥的标准稠度用水量是为了：

A. 确定水泥胶砂的水灰比以准确评定强度等级
B. 准确评定水泥的凝结时间和体积安定性
C. 准确评定水泥的细度
D. 准确评定水泥的矿物组成

12-3-26 引起硅酸盐水泥体积安定性不良的因素是下列中的哪几个？
①游离氧化钠；②游离氧化钙；③游离氧化镁；④石膏；⑤氧化硅。

A. ②③④　　B. ①②④　　C. ①②③　　D. ②③⑤

12-3-27 有关通用硅酸盐水泥的技术性质和应用中，不正确的说法是：

A. 水泥强度是指水泥胶砂强度，而非水泥浆体强度
B. 水泥熟料中，铝酸三钙水化速度最快，水化热最高
C. 水泥的细度指标作为强制性指标
D. 安定性不良的水泥严禁用于建筑工程

12-3-28 水泥的强度是指下列四条中的哪一条？

A. 水泥净浆的强度　　B. 其主要成分硅酸钙的强度
C. 混合材料的强度　　D. 1∶3 水泥胶砂试块的强度

12-3-29 普通水泥有多少个强度等级？

A. 4 个　　B. 5 个　　C. 6 个　　D. 7 个

12-3-30 测定水泥强度，是将水泥与标准砂按一定比例混合，再加入一定量的水，制成标准尺寸试件进行试验。水泥与标准砂应按下列中哪种比例进行混合？

A. 1∶1　　B. 1∶2　　C. 1∶3　　D. 1∶4

12-3-31 硅酸盐水泥的强度等级根据下列什么强度划分？

A. 抗压与抗折　　B. 抗折　　C. 抗弯与抗剪　　D. 抗压与抗剪

12-3-32 如何用手感鉴别受潮严重的水泥？

A. 用手捏碾，硬块不动　　B. 用手捏碾，不能变成粉末，有硬粒
C. 用手捏碾，无硬粒　　D. 用手捏碾，有湿润感

题解及参考答案

12-3-1 **解**：水化硅酸钙凝胶的层间孔隙尺寸为 1～5nm；毛细孔尺寸为 10～1000nm，大

小取决于水泥浆体的水化程度和水灰比,多数为100nm左右;而气孔尺寸为几毫米。

答案:A

12-3-2 **解**:水泥熟料矿物中水化放热最大的是铝酸三钙,其次是铁铝酸四钙和硅酸三钙,放热量最小的是硅酸二钙。

答案:D

12-3-3 **解**:水化速度最快的是铝酸三钙。

答案:C

12-3-4 **解**:硅酸盐水泥中加入适量石膏的作用是缓凝。

答案:C

12-3-5 **解**:普通黏土、慢冷矿渣、石灰石粉不属于活性混合材料。

答案:B

12-3-6 **解**:大体积混凝土要求控制水化热,硅酸盐水泥水化热高,不宜用于大体积混凝土中。

答案:A

12-3-7 **解**:大体积混凝土施工应选用水化热低的水泥,如矿渣水泥等掺混合材料水泥。

答案:B

12-3-8 **解**:掺混合材料的水泥早期强度低,最适合采用蒸汽养护等充分养护方式。快硬硅酸盐水泥、普通水泥和铝酸盐水泥水化快,早期强度高,蒸汽养护不利于后期强度发展。

答案:A

12-3-9 **解**:掺混合材料水泥因水化速度慢而不宜用于喷射混凝土。

答案:A

12-3-10 **解**:该工程要求水泥水化热低、能耐高温,矿渣水泥符合要求。

答案:C

12-3-11 **解**:在六大通用水泥中,硅酸盐水泥的耐磨性最好。硫铝酸盐水泥虽具有快硬早强、微膨胀的特点,但在一般混凝土工程中较少采用。

答案:A

12-3-12 **解**:与普通水泥相比,火山灰水泥的耐热性较差而抗渗性好。

答案:A

12-3-13 **解**:矿渣水泥的抗渗性较差。

答案:C

12-3-14 **解**:水泥蛭石保温隔热层的施工,应着眼于抗渗性较好,无长期收缩开裂危险,确保保温层的完整性与保温效果。夏季施工则要求水泥水化热低。综合各项要求,应选粉煤灰水泥。

答案:B

12-3-15 **解:**掺混合材料的水泥水化热均较低,硅酸盐水泥的水化热高。

答案:A

12-3-16 **解:**低温环境下施工应选择凝结硬化速度快的硅酸盐水泥。

答案:B

12-3-17 **解:**干燥环境中的混凝土,因不利于潮湿养护,应考虑选用凝结硬化快的水泥,即应选用普通水泥。

答案:A

12-3-18 **解:**掺混合材料的水泥适宜进行蒸汽养护,普通水泥不宜进行蒸汽养护。

答案:A

12-3-19 **解:**矿渣水泥的凝结硬化速度较慢,早期强度发展较慢。

答案:A

12-3-20 **解:**在硫酸盐环境中,混凝土中的氢氧化钙与硫酸盐反应生成硫酸钙,然后与水化铝酸钙反应生成膨胀产物高硫型水化硫铝酸钙。

答案:D

12-3-21 **解:**一般的酸如硫酸、盐酸、醋酸等能与 $Ca(OH)_2$ 反应生成溶解度大的产物(如 $CaCl_2$ 等)或膨胀性的钙盐(如 $CaSO_4 \cdot 2H_2O$ 或硫铝酸钙)等而引起水泥砂浆与混凝土的腐蚀,但少数种类的酸如草酸、鞣酸、酒石酸、氢氟酸、磷酸能与 $Ca(OH)_2$ 反应,生成不溶且无膨胀的钙盐,对砂浆与混凝土没有腐蚀作用。

答案:B

12-3-22 **解:**由于水化放热量大,硅酸盐水泥不宜用于大体积混凝土工程。

答案:A

12-3-23 **解:**颗粒越细,水泥的化学活性越高,在存放中越容易受潮。

答案:C

12-3-24 **解:**水泥浆的初凝是指浆体开始失去可塑性,即浆体开始出现明显的固化现象。而终凝是指浆体的可塑性全部失去,即浆体的流动性基本丧失。所以出现凝结现象时,浆体稠度增大,即浆体的黏度增大,但是强度还很低。

答案:A

12-3-25 **解:**在测定水泥的凝结时间和体积安定性时,需要采用标准稠度的水泥净浆。所以确定水泥的标准稠度用水量是为了准确评定水泥的凝结时间和体积安定性。水泥胶砂的水灰比固定为 0.5,水泥的细度用比表面积或筛余法表示,水泥的矿物组成是由水泥生产过程和配料组成决定的。

答案:B

12-3-26 **解**:引起硅酸盐水泥体积安定性不良的因素是由过量的游离氧化钙、游离氧化镁或石膏造成的。

答案:A

12-3-27 **解**:测定水泥强度是采用水泥和标准砂为1∶3的胶砂试件。水泥四种熟料矿物中铝酸三钙水化速度最快,水化热最高。安定性不良的水泥会导致水泥混凝土开裂,影响工程质量,所以安定性不合格的水泥严禁用于建筑工程中。通用硅酸盐水泥的技术性质要求中,细度指标不是强制性指标。

答案:C

12-3-28 **解**:水泥强度,是指水泥与标准砂按1∶3质量比混合,再加水制成水泥胶砂试件的强度。

答案:D

12-3-29 **解**:普通水泥的强度等级有42.5,42.5R,52.5和52.5R四个。

答案:A

12-3-30 **解**:现行国家标准规定,测定水泥强度,是将水泥与标准砂按1∶3质量比混合,制成水泥胶砂试件。

答案:C

12-3-31 **解**:硅酸盐水泥的强度等级是根据3d和28d的抗压强度与抗折强度划分的。

答案:A

12-3-32 **解**:水泥存放中受潮会引起水泥发生部分水化,出现部分硬化现象,随着受潮程度的加重,水泥粉末结成颗粒甚至硬块。如未受潮,水泥粉末手感细腻,有湿润感。

答案:A

(四)混凝土

12-4-1 在用较高强度等级的水泥配制较低强度的混凝土时,为满足工程的技术经济要求,应采用下列中的哪项措施?

A. 掺混合材料　　B. 增大粗集料粒径

C. 降低砂率　　D. 提高砂率

12-4-2 我国有关反映混凝土砂子粗细程度的指标是:

A. 平均粒径　　B. 细度模数　　C. 最小粒径　　D. 最大粒径

12-4-3 骨料的所有孔隙充满水但表面没有水膜，该含水状态被称为骨料的：

A. 气干状态　　B. 绝干状态
C. 潮湿状态　　D. 饱和面干状态

12-4-4 普通混凝土用砂的颗粒级配如不合格，则表明下列中哪项结论正确？

A. 砂子的细度模数偏大　　B. 砂子的细度模数偏小
C. 砂子有害杂质含量过高　　D. 砂子不同粒径的搭配不适当

12-4-5 混凝土粗骨料的质量要求包括：
①最大粒径和级配；②颗粒形状和表面特征；③有害杂质；④强度；⑤耐水性。

A. ①③④　　B. ②③④⑤　　C. ①②④⑤　　D. ①②③④

12-4-6 压碎指标是表示下列中哪种材料强度的指标？

A. 砂子　　B. 石子　　C. 混凝土　　D. 水泥

12-4-7 配制混凝土，在条件许可时，应尽量选用最大粒径的集料，是为了达到下列中的哪几项目的？

①节省集料；②减少混凝土干缩；③节省水泥；④提高混凝土强度。

A. ①②　　B. ②③　　C. ③④　　D. ①④

12-4-8 泵送混凝土施工选用的外加剂应是：

A. 早强剂　　B. 速凝剂　　C. 减水剂　　D. 缓凝剂

12-4-9 钢筋混凝土构件的混凝土，为提高其早期强度而掺入早强剂，下列哪一种材料不能用作早强剂？

A. 氯化钠　　B. 硫酸钠　　C. 三乙醇胺　　D. 复合早强剂

12-4-10 三乙醇胺是混凝土的外加剂，属于以下哪一种外加剂？

A. 加气剂　　B. 防水剂　　C. 速凝剂　　D. 早强剂

12-4-11 下列关于外加剂对混凝土拌和物和易性影响的叙述，哪一项是错误的？

A. 引气剂可改善拌和物的流动性　　B. 减水剂可提高拌和物的流动性
C. 减水剂可改善拌和物的黏聚性　　D. 早强剂可改善拌和物的流动性

12-4-12 下列混凝土外加剂中，不能提高混凝土抗渗性的是哪一种？

A. 膨胀剂　　B. 减水剂　　C. 缓凝剂　　D. 引气剂

12-4-13 最适宜冬季施工采用的混凝土外加剂是：

A. 引气剂　　B. 减水剂　　C. 缓凝剂　　D. 早强剂

12-4-14 海水不得用于拌制钢筋混凝土和预应力混凝土，主要是因为海水中含有大量的盐，会造成下列中的哪项结果？

A. 会使混凝土腐蚀　　B. 会导致水泥快速凝结
C. 会导致水泥凝结变慢　　D. 会促使钢筋被腐蚀

12-4-15 下列关于混凝土坍落度的叙述中，哪一条是正确的？

A. 坍落度是表示塑性混凝土拌和物和易性的指标
B. 干硬性混凝土拌和物的坍落度小于 10mm 时须用维勃稠度(s)表示其稠度
C. 泵送混凝土拌和物的坍落度一般不低于 100mm
D. 在浇筑板、梁和大型及中型截面的柱子时，混凝土拌和物的坍落度宜选用 70～90mm

12-4-16 影响混凝土拌和物流动性的主要因素是：

A. 砂率　　B. 水泥浆数量　　C. 集料的级配　　D. 水泥品种

12-4-17 在不影响混凝土强度的前提下，当混凝土的流动性太大或太小时，调整的方法通常是：

A. 增减用水量　　B. 保持水灰比不变，增减水泥用量
C. 增大或减少水灰比　　D. 增减砂石比

12-4-18 确定混凝土拌和物坍落度的依据不包括下列中的哪一项？

A. 粗集料的最大粒径　　B. 构件截面尺寸大小
C. 钢筋疏密程度　　D. 捣实方法

12-4-19 我国使用立方体试件来测定混凝土的抗压强度，其标准立方体试件的边长为：
A. 100mm　　B. 125mm　　C. 150mm　　D. 200mm

12-4-20 测定混凝土强度用的标准试件是：

A. 70.7mm×70.7mm×70.7mm　　B. 100mm×100mm×10mm
C. 150mm×150mm×150mm　　D. 200mm×200mm×200mm

12-4-21 划分混凝土强度等级的依据是：

A. 混凝土的立方体试件抗压强度值
B. 混凝土的立方体试件抗压强度标准值

C. 混凝土的棱柱体试件抗压强度值
D. 混凝土的抗弯强度值

12-4-22 截面相同的混凝土的棱柱体强度(f_{cp})与混凝土的立方体强度(f_{cu}),二者的关系为:

A. $f_{cp}<f_{cu}$　　B. $f_{cp}\leqslant f_{cu}$　　C. $f_{cp}\geqslant f_{cu}$　　D. $f_{cp}>f_{cu}$

12-4-23 在下列混凝土的技术性能中,正确的是:

A. 抗剪强度大于抗压强度　　B. 轴心抗压强度小于立方体抗压强度
C. 混凝土不受力时内部无裂纹　　D. 徐变对混凝土有害无利

12-4-24 混凝土强度的形成受到其养护条件的影响,主要是指:

A. 环境温湿度　　B. 搅拌时间
C. 试件大小　　D. 混凝土水灰比

12-4-25 普通混凝土的抗拉强度只有其抗压强度的:

A. 1/2～1/5　　B. 1/5～1/10　　C. 1/10～1/20　　D. 1/20～1/30

12-4-26 影响混凝土强度的因素除水泥强度等级、集料质量、施工方法、养护龄期条件外,还有一个因素是:

A. 和易性　　B. 水灰比　　C. 含气量　　D. 外加剂

12-4-27 混凝土是:

A. 完全弹性材料　　B. 完全塑性材料　　C. 弹塑性材料　　D. 不确定

12-4-28 影响混凝土徐变但不影响其干燥收缩的因素为:

A. 环境湿度　　B. 混凝土水灰比
C. 混凝土骨料含量　　D. 外部应力水平

12-4-29 混凝土材料在外部力学荷载、环境温湿度以及内部物理化学过程中发生变形,以下属于内部物理化学过程引起的变形是:

A. 混凝土徐变　　B. 混凝土干燥收缩
C. 混凝土温度收缩　　D. 混凝土自身收缩

12-4-30 混凝土的徐变是指:

A. 在冲击荷载作用下产生的塑性变形
B. 在震动荷载作用下产生的塑性变形

C. 在瞬时荷载作用下产生的塑性变形

D. 在长期静荷载作用下产生的塑性变形

12-4-31 抗冻等级是指混凝土 28d 龄期试件在吸水饱和后所能承受的最大冻融循环次数,其前提条件是:

A. 抗压强度下降不超过 5%,质量损失不超过 25%

B. 抗压强度下降不超过 10%,质量损失不超过 20%

C. 抗压强度下降不超过 20%,质量损失不超过 10%

D. 抗压强度下降不超过 25%,质量损失不超过 5%

12-4-32 下列有关混凝土碱—集料反应的叙述,有错误的是:

A. 使用低碱水泥可以有效抑制碱—集料反应

B. 掺加矿渣、粉煤灰等矿物掺和料也可抑制碱—集料反应

C. 保持混凝土干燥可防止碱—集料反应发生

D. 1kg 钾离子的危害与 1kg 钠离子的危害相同

12-4-33 混凝土的抗渗等级是按标准试件在下列哪一个龄期所能承受的最大水压来确定的?

A. 7d　　B. 15d　　C. 28d　　D. 36d

12-4-34 混凝土碱—集料反应是指下述中的哪种反应?

A. 水泥中碱性氧化物与集料中活性氧化硅之间的反应

B. 水泥中 $Ca(OH)_2$ 与集料中活性氧化硅之间的反应

C. 水泥中 C_3S 与集料中 $CaCO_3$ 之间的反应

D. 水泥中 C_3S 与集料中活性氧化硅之间的反应

12-4-35 为提高混凝土的抗碳化性,下列哪一条措施是错误的?

A. 采用火山灰水泥　　B. 采用硅酸盐水泥

C. 采用较小的水灰比　　D. 增加保护层厚度

12-4-36 下列关于混凝土碳化的叙述,哪一项是正确的?

A. 碳化可引起混凝土的体积膨胀

B. 碳化后的混凝土失去对内部钢筋的防锈保护作用

C. 粉煤灰水泥的抗碳化能力优于普通水泥

D. 碳化作用是在混凝土内、外部同时进行的

12-4-37 已知某混凝土工程所用的粗集料含有活性氧化硅,则以下抑制碱-集料反应的措施中哪一项是错误的?

A. 选用低碱水泥
B. 掺粉煤灰或硅灰等掺和料
C. 减少粗集料用量
D. 将该混凝土用于干燥部位

12-4-38 在沿海地区，钢筋混凝土构件的主要耐久性问题是：

A. 内部钢筋锈蚀
B. 碱—骨料反应
C. 硫酸盐反应
D. 冻融破坏

12-4-39 对混凝土抗渗性能影响最大的因素是：

A. 水灰比
B. 骨料最大粒径
C. 砂率
D. 水泥品种

12-4-40 在混凝土配合比设计中，选用合理砂率的主要目的是：

A. 提高混凝土的强度
B. 改善拌和物的和易性
C. 节省水泥
D. 节省粗骨料

12-4-41 混凝土配合比设计中需要确定的基本变量不包括：

A. 混凝土用水量
B. 混凝土砂率
C. 混凝土粗骨料用量
D. 混凝土密度

12-4-42 已知某混凝土的实验室配合比是：水泥 300kg，砂 600kg，石子 1200kg，水 150kg。另知现场的砂含水率是 3%，石子含水率是 1%，则其施工配合比是：

A. 水泥 300kg，砂 600kg，石子 1200kg，水 150kg
B. 水泥 300kg，砂 618kg，石子 1212kg，水 150kg
C. 水泥 270kg，砂 618kg，石子 1212kg，水 150kg
D. 水泥 300kg，砂 618kg，石子 1212kg，水 120kg

12-4-43 混凝土配合比计算中，试配强度（配制强度）高于混凝土的设计强度，其提高幅度取决于下列中的哪几种因素？

①混凝土强度保证率要求；②施工和易性要求；③耐久性要求；
④施工控制水平；⑤水灰比；⑥集料品种。

A. ①②
B. ①③
C. ⑤⑥
D. ①④

12-4-44 加气混凝土用下列哪一种材料作为发气剂？

A. 镁粉
B. 锌粉
C. 铝粉
D. 铅粉

12-4-45 陶粒是一种人造轻集料，根据材料的不同，有不同的类型，以下哪一种陶粒不存在？

A. 粉煤灰陶粒　　B. 膨胀珍珠岩陶粒
C. 页岩陶粒　　D. 黏土陶粒

12-4-46 耐火混凝土是一种新型耐火材料，与耐火砖相比，不具有下列中的哪项优点？

A. 工艺简单　　B. 使用方便
C. 成本低廉　　D. 耐火温度高

12-4-47 防水混凝土的施工质量要求严格，除要求配料准确、机械搅拌、振捣器振实外，还尤其要注意养护，其浇水养护期至少要有多少天？

A. 3　　B. 6　　C. 10　　D. 14

12-4-48 钢纤维混凝土能有效改善混凝土脆性性质，主要适用于下列哪一种工程？

A. 防射线工程　　B. 石油化工工程
C. 飞机跑道、高速公路　　D. 特殊承重结构工程

12-4-49 铺设预制混凝土块路面，在修理平整、调整缝宽后，应用下列哪种材料灌缝？

A. 素水泥浆灌缝　　B. 先灌干砂，再洒水使其沉实
C. 水泥砂浆灌缝　　D. 填塞木丝板条

题解及参考答案

12-4-1 **解**：在用较高强度等级的水泥配制较低强度的混凝土时，由于很少量水泥即可达到强度要求，而影响和易性，为满足工程的技术经济要求，应采用掺混合材料或掺和料的方法。

答案：A

12-4-2 **解**：混凝土用砂的选用，主要应从砂对混凝土的和易性与水泥用量（即混凝土的经济性）的影响这两个方面进行考虑。因此，主要考虑砂的粗细程度（细度模数）与级配。

答案：B

12-4-3 **解**：通常骨料的含水状态有四种，分别是绝干状态、气干状态、饱和面干状态和潮湿状态，含水率依次增大。绝干状态是干燥、不含水的状态，含水率为零；气干状态是骨料内部孔隙中所含水分与周围大气湿度所决定的空气中水分达到平衡时的含水状态；饱和面干状态是骨料表面干燥但内部孔隙含水达到饱和的状态；潮湿状态是骨料内部孔隙含水达到饱和且表面附有一层水的状态。

答案：D

12-4-4 **解**：砂的级配是指砂中不同粒径的颗粒之间的搭配效果，与细度模数或有害杂质含量无关。级配合格表明砂子不同粒径的搭配良好。

答案：D

12-4-5　解: 混凝土粗骨料的质量要求包括最大粒径和级配、颗粒形状和表面特征、有害杂质、强度等。

答案: D

12-4-6　解: 压碎指标是表示粗集料即石子强度的指标。

答案: B

12-4-7　解: 选用最大粒径的粗集料,主要目的是减少混凝土干缩,其次也可节省水泥。

答案: B

12-4-8　解: 泵送混凝土的流动性很大,一般坍落度要大于160mm,所以施工选用的外加剂应能显著提高拌和物的流动性,故应采用减水剂。

答案: C

12-4-9　解: 所用的早强剂不能对钢筋或混凝土有腐蚀性,氯化钠因含氯离子而对钢筋有腐蚀性,故不能采用。

答案: A

12-4-10　解: 三乙醇胺通常用做早强剂。

答案: D

12-4-11　解: 早强剂对混凝土拌和物的和易性包括流动性没有影响。减水剂主要是提高混凝土拌和物的流动性,其次对拌和物的黏聚性也有一定改善作用;引气剂形成的微小封闭气泡可以改善拌和物的流动性。

答案: D

12-4-12　解: 缓凝剂只改变凝结时间,通常对混凝土的抗渗性没有影响。膨胀剂补偿收缩和减水剂减少用水量都可提高混凝土的密实度,从而提高其抗渗性。引气剂形成微小封闭气泡可改善混凝土的孔隙结构从而提高其抗渗性。

答案: C

12-4-13　解: 冬季施工应尽量使混凝土强度迅速发展,故最适宜采用的混凝土外加剂是早强剂。

答案: D

12-4-14　解: 海水中的盐主要对混凝土中的钢筋有危害,促使其被腐蚀。

答案: D

12-4-15　解: 这几种叙述似是而非,容易引起判断错误。如:①坍落度是表示塑性混凝土拌和物流动性的指标;②泵送混凝土拌和物的坍落度一般不低于150mm;③在浇筑板、梁和大型及中型截面的柱子时,混凝土拌和物的坍落度宜选用30~50mm。所以,只有干硬性混凝土拌和物的坍落度小于10mm时须用维勃稠度(s)表示其稠度的叙述是正确的。

答案: B

12-4-16　解:影响混凝土拌和物流动性的主要因素是水泥浆的数量和水泥浆的稠度,其次为砂率、集料级配、水泥品种等。

答案:B

12-4-17　解:在不影响混凝土强度的前提下(即保持水灰比不变),可通过增减水泥用量来调整混凝土的流动性。

答案:B

12-4-18　解:确定混凝土拌和物坍落度的依据包括构件截面尺寸大小、钢筋疏密程度、捣实方法,不包括粗集料的最大粒径。

答案:A

12-4-19　解:我国使用立方体试件来测定混凝土的抗压强度,其标准立方体试件的边长为150mm。

答案:C

12-4-20　解:测定混凝土强度的标准试件尺寸为150mm×150mm×150mm。

答案:C

12-4-21　解:混凝土的强度等级是根据混凝土立方体试件抗压强度标准值划分的。

答案:B

12-4-22　解:由于环箍效应的影响,相同受压面时,混凝土试件的高度越大,测出的强度结果越小。相同截面时,棱柱体试件的高度大于立方体试件的高度,所以测出的棱柱体试件强度小于立方体试件的强度。

答案:A

12-4-23　解:由于环箍效应的影响,混凝土的轴心抗压强度小于立方体抗压强度,混凝土的抗剪强度小于抗压强度。水化收缩、干缩等使得混凝土在不受力时内部存在裂缝。徐变可以消除大体积混凝土因温度变化所产生的破坏应力,但会使预应力钢筋混凝土结构中的预加应力受到损失。

答案:B

12-4-24　解:混凝土强度的形成,受水灰比、水泥强度、骨料种类、搅拌均匀性、成型密实度、养护条件等因素的影响,养护条件指环境的温度和湿度。

答案:A

12-4-25　解:普通混凝土的抗拉强度很低,一般为抗压强度的1/10～1/20。

答案:C

12-4-26　解:影响混凝土强度的主要因素是水灰比。

答案:B

12-4-27　解:混凝土是不均质材料,在荷载作用下产生弹塑性变形。

答案:C

12-4-28 **解**:徐变是指混凝土在固定荷载作用下,随着时间变化而发生的变形,即徐变的大小与外部应力水平有关。干燥收缩是由于环境湿度低于混凝土自身湿度引起失水而导致的变形。环境湿度越小,水灰比越大(表明混凝土内部的自由水分越多),骨料(混凝土中的骨料具有减少收缩的作用)含量越低时,干缩越大。干缩与外部应力水平无关。

答案:D

12-4-29 **解**:徐变是指在持续荷载作用下,混凝土随时间发生的变形,属于外部力学荷载引起的变形。干燥收缩和温度收缩是由于环境温湿度变化引起的变形。混凝土自身收缩,一方面是由于水泥水化过程中体积减小引起的,另一方面是由于水泥水化过程中消耗水分而产生的收缩,所以自身收缩属于混凝土内部物理化学过程引起的变形。

答案:D

12-4-30 **解**:徐变是指混凝土在长期固定荷载作用下的塑性变形。

答案:D

12-4-31 **解**:标准规定,混凝土的抗冻等级是指标准养护条件下28d龄期的立方体试件,在水饱和后,进行冻融循环试验,抗压强度下降不超过25%,质量损失不超过5%时的最大循环次数。

答案:D

12-4-32 **解**:碱—集料反应是指混凝土内水泥中的碱性氧化物(Na_2O,K_2O)与集料中的活性SiO_2发生反应生成吸水性碱—硅酸凝胶而膨胀导致混凝土破坏的反应。通过选择低碱水泥,掺活性混合材料(如矿渣、粉煤灰)或保持干燥等措施可以防止碱—集料反应。水泥中的碱表示为:$Na_2O+0.658K_2O$,即1kg钾离子的危害与1kg钠离子的危害并不相同。

答案:D

12-4-33 **解**:通常混凝土的强度或耐久性测定均是在28d龄期时进行的。

答案:C

12-4-34 **解**:混凝土碱—集料反应是指水泥中碱性氧化物如Na_2O或K_2O与集料中活性氧化硅的反应。

答案:A

12-4-35 **解**:通过提高混凝土密实度(如较小的水灰比)、增加$Ca(OH)_2$数量(采用硅酸盐水泥)、增加保护层厚度,可提高混凝土的抗碳化性。火山灰水泥的二次水化使$Ca(OH)_2$含量降低,抗碳化性能降低。

答案:A

12-4-36 **解**:混凝土的碳化发生具有“由表及里、逐渐变慢”的特点,且会引起混凝土收缩。混凝土内发生碳化的部分,其原有的碱性条件将变成中性,因而失去对内部钢筋的防锈保护作用。粉煤灰水泥形成的$Ca(OH)_2$少,抗碳化性能差。

答案:B

12-4-37　解:抑制碱—集料反应的三大措施是:选用不含活性氧化硅的集料,选用低碱水泥,提高混凝土的密实度。另外,采用矿物掺和料,或者将该混凝土用于干燥部位,也可控制碱-集料反应的发生。

答案:C

12-4-38　解:沿海地区钢筋混凝土构件主要考虑的耐久性是海水中所含氯盐对钢筋的锈蚀问题。

答案:A

12-4-39　解:影响混凝土抗渗性能的主要因素是混凝土的密实度和孔隙特征。其中水灰比是影响混凝土密实度的主要因素。

答案:A

12-4-40　解:在混凝土配合比设计中,选用合理砂率可以降低骨料的空隙率和总表面积,因而改善拌和物的和易性。

答案:B

12-4-41　解:混凝土配合比设计的目的是确定各组成材料的用量。所以需要确定的基本变量中不包括混凝土的密度。

答案:D

12-4-42　解:换算应使水泥用量不变,用水量应减少,砂、石用量均应增多。计算如下:

$$砂=600\times(1+3\%)=618\text{kg}$$

$$石子=1200\times(1+1\%)=1212\text{kg}$$

$$水=150-(600\times3\%+1200\times1\%)=120\text{kg}$$

答案:D

12-4-43　解:试配强度:

$$f_{cu,o}=f_{cu,k}+t\sigma$$

式中:$f_{cu,o}$——配制强度;

$f_{cu,k}$——设计强度;

t——概率度(由强度保证率决定);

σ——强度波动幅度(与施工控制水平有关)。

所以试配强度的提高幅度取决于强度保证率和施工控制水平。

答案:D

12-4-44　解:加气混凝土用铝粉作为发气剂。

答案:C

12-4-45　解:陶粒作为人造轻集料,具有表面密实、内部多孔的结构特征,可由粉煤灰、黏土或页岩等烧制而成。而膨胀珍珠岩在高温下膨胀生成的颗粒内外均为多孔,无密实表面。

答案:B

12-4-46 **解:**由于耐火混凝土与耐火砖材质的不同,耐火砖的耐火温度明显高于耐火混凝土。

答案:D

12-4-47 **解:**混凝土中水泥基本形成硬化产物的结构一般需要2~4周的时间。故防水混凝土宜至少养护14天,以便水泥充分水化,形成密实结构。

答案:D

12-4-48 **解:**钢纤维混凝土能有效改善混凝土脆性性质,主要适用于飞机跑道、高速公路等抗裂性要求高的工程。

答案:C

12-4-49 **解:**铺设预制混凝土块路面,灌缝用的材料主要应具有能伸缩变形的特点,这样可以适应使用过程中的变形。另外,还具有耐久性好、不腐烂、不老化等特点。而水泥浆和水泥砂浆容易收缩,木丝板条耐久性不好。

答案:B

(五)沥青及改性沥青

12-5-1 石油沥青的针入度指标反映了石油沥青的:

A. 黏滞性　　B. 温度敏感性
C. 塑性　　D. 大气稳定性

12-5-2 沥青是一种有机胶凝材料,以下哪一个性能不属于它?

A. 黏结性　　B. 塑性　　C. 憎水性　　D. 导电性

12-5-3 针入度表示沥青的哪几方面性能?
①沥青抵抗剪切变形的能力;
②反映在一定条件下沥青的相对黏度;
③沥青的延伸度;
④沥青的黏结力。

A. ①②　　B. ①③　　C. ②③　　D. ①④

12-5-4 在测定沥青的延度和针入度时,需保持以下条件恒定:

A. 室内温度　　B. 试件所处水浴的温度
C. 时间质量　　D. 试件的养护条件

12-5-5 石油沥青的软化点反映了沥青的:

A. 黏滞性　　B. 温度敏感性　　C. 强度　　D. 耐久性

12-5-6 评价黏稠石油沥青主要性能的三大指标是下列中的哪三项？

①延度；②针入度；③抗压强度；④柔度；⑤软化点；⑥坍落度。

A. ①②④　　B. ①⑤⑥　　C. ①②⑤　　D. ③⑤⑥

12-5-7 下列关于沥青的叙述，哪一项是错误的？

A. 石油沥青按针入度划分牌号
B. 沥青针入度越大，则牌号越大
C. 沥青耐腐蚀性较差
D. 沥青针入度越大，则地沥青质含量越低

12-5-8 随着石油沥青牌号的变小，其性能有下述中的哪种变化？

A. 针入度变小，软化点降低
B. 针入度变小，软化点升高
C. 针入度变大，软化点降低
D. 针入度变大，软化点升高

12-5-9 石油沥青和煤沥青在常温下都是固态或半固态，均为黑色，而它们的性能却相差很大，它们之间可用直接燃烧法加以鉴别，石油沥青燃烧时：

A. 烟无色，基本无刺激性臭味　　B. 烟无色，有刺激性臭味
C. 烟黄色，基本无刺激性臭味　　D. 烟黄色，有刺激性臭味

12-5-10 适用于地下防水工程，或作为防腐材料的沥青材料是哪一种沥青？

A. 石油沥青　　B. 煤沥青
C. 天然沥青　　D. 建筑石油沥青

12-5-11 沥青中掺入一定量的磨细矿物填充料可使沥青的什么性能改善？

A. 弹性和延性　　B. 耐寒性与不透水性
C. 黏结力和耐热性　　D. 强度和密实度

12-5-12 我国建筑防水工程中，过去以采用沥青油毡为主，但沥青材料有以下哪些缺点？

①抗拉强度低；②抗渗性不好；③抗裂性差；④对温度变化较敏感。

A. ①③　　B. ①②④　　C. ②③④　　D. ①③④

12-5-13 冷底子油在施工时对基面的要求是下列中的哪一项？

A. 平整、光滑　　B. 洁净、干燥　　C. 坡度合理　　D. 除污去垢

题解及参考答案

12-5-1　解：石油沥青的针入度反映其黏滞性（也称黏性）的大小，针入度越大，黏滞性越小。

答案：A

12-5-2　解：沥青无导电性。

答案：D

12-5-3　解：针入度表示沥青抵抗剪切变形的能力，或者在一定条件下的相对黏度。

答案：A

12-5-4　解：沥青的针入度和延度对温度变化很敏感，试验时规定试件的温度，一般采取水浴的方式来控制温度。所以测定沥青针入度和延度时，需保持试件所处水浴的温度恒定。

答案：B

12-5-5　解：石油沥青主要有黏滞性、塑性、温度敏感性、大气稳定性等技术性质。黏滞性以针入度表示，塑性以延度表示，温度敏感性以软化点表示，大气稳定性以蒸发损失和蒸发后针入度比表示。

答案：B

12-5-6　解：评价黏稠石油沥青主要性能的三大指标是延度、针入度、软化点。

答案：C

12-5-7　解：通常沥青具有良好的耐腐蚀性。石油沥青按其针入度划分牌号，牌号越大说明针入度越大，黏性越差，即其中地沥青质含量越少。

答案：C

12-5-8　解：石油沥青随着牌号的变小，针入度变小，软化点升高，延度降低，即石油沥青的黏性增大，塑性降低，耐热性提高。

答案：B

12-5-9　解：石油沥青燃烧时烟无色，略有松香或石油味，但无刺激性臭味。煤沥青燃烧时产生的烟较多，为黄色，有臭味且有毒。

答案：A

12-5-10　解：煤沥青的防腐效果在各种沥青中最为突出。

答案：B

12-5-11 **解:**沥青中掺入一定量的磨细矿物填充料可使沥青的黏结力和耐热性改善。
答案:C

12-5-12 **解:**沥青材料有多项缺点,但其抗渗性尚好。
答案:D

12-5-13 **解:**冷底子油在施工时对基面的要求是洁净、干燥。
答案:B

(六)建筑钢材

12-6-1 钢与生铁的区别在于钢的含碳量小于以下的哪一个数值?

A. 4.0%　　B. 3.5%　　C. 2.5%　　D. 2.0%

12-6-2 钢材试件受拉应力—应变曲线上从原点到弹性极限点称为:

A. 弹性阶段　　B. 屈服阶段　　C. 强化阶段　　D. 颈缩阶段

12-6-3 在钢结构设计中,低碳钢的设计强度取值应为:

A. 弹性极限　　B. 屈服点　　C. 抗拉强度　　D. 断裂强度

12-6-4 衡量钢材的塑性高低的技术指标为:

A. 屈服强度　　B. 抗拉强度　　C. 断后伸长率　　D. 冲击韧性

12-6-5 表明钢材超过屈服点工作时的可能靠性的指标是:

A. 比强度　　B. 屈强比
C. 屈服强度　　D. 条件屈服强度

12-6-6 钢材合理的屈强比数值应控制在什么范围内?

A. 0.3~0.45　　B. 0.4~0.55　　C. 0.5~0.65　　D. 0.6~0.75

12-6-7 对钢材的冷弯性能要求越高,实验时采用的:

A. 弯心直径愈大,弯心直径对试件直径的比值越大
B. 弯心直径愈小,弯心直径对试件直径的比值越小
C. 弯心直径愈小,弯心直径对试件直径的比值越大
D. 弯心直径愈大,弯心直径对试件直径的比值越小

12-6-8 钢材中的含碳量提高,可提高钢材的:

A. 强度　　B. 塑性　　C. 可焊性　　D. 韧性

12-6-9 随着钢材中含碳量的增加：

A. 强度提高、塑性增大　　B. 强度降低、塑性减小
C. 强度提高、塑性减小　　D. 强度降低、塑性增大

12-6-10 要提高建筑钢材的强度并消除其脆性，改善其性能，一般应适量加入下列元素中的哪一种？

A. C　　B. Na　　C. Mn　　D. K

12-6-11 钢材经过冷加工、时效处理后，性能发生了下列哪项变化？

A. 屈服点和抗拉强度提高，塑性和韧性降低
B. 屈服点降低，抗拉强度、塑性和韧性提高
C. 屈服点提高，抗拉强度、塑性和韧性降低
D. 屈服点降低，抗拉强度提高，塑性和韧性都降低

12-6-12 钢材经冷加工后，性能会发生显著变化，但不会发生下列中的哪种变化？

A. 强度提高　　B. 塑性增大　　C. 变硬　　D. 变脆

12-6-13 冷加工后的钢材进行时效处理，上升的性能中有下列中的哪几项？
①屈服点；②极限抗拉强度；③塑性；④韧性；⑤内应力。

A. ①④　　B. ④⑤　　C. ①②　　D. ②③

12-6-14 通常建筑钢材中含碳量增加，将使钢材性能发生下列中的哪项变化？

A. 冷脆性下降　　B. 时效敏感性提高
C. 可焊性提高　　D. 抗大气锈蚀性提高

12-6-15 我国碳素结构钢与低合金钢的产品牌号，是采用下列哪一种方法表示的？

A. 采用汉语拼音字母
B. 采用化学元素符号
C. 采用阿拉伯数字、罗马数字
D. 采用汉语拼音字母、阿拉伯数字相结合

12-6-16 我国热轧钢筋分为四级，其分级依据是下列中的哪几个因素？
①脱氧程度；②屈服极限；③抗拉强度；④冷弯性能；⑤冲击韧性；⑥伸长率。

A. ①③④⑥　　B. ②③④⑤
C. ②③④⑥　　D. ②③⑤⑥

12-6-17 下列四种热轧钢筋中，哪一种是光面圆形？

A. I 级　　B. II 级　　C. III 级　　D. IV 级

12-6-18　以下四种钢筋中哪一种的强度较高，可自行加工成材，成本较低，发展较快，适用于生产中、小型预应力构件？

A. 热轧钢筋　　B. 冷拔低碳钢丝
C. 碳素钢丝　　D. 钢绞线

12-6-19　建筑工程中所用的钢绞线一般采用什么钢材？

A. 普通碳素结构钢　　B. 优质碳素结构钢
C. 普通低合金结构钢　　D. 普通中合金钢

12-6-20　钢材表面锈蚀的原因中，下列哪一条是主要的？

A. 钢材本身含有杂质　　B. 表面不平，经冷加工后存在内应力
C. 有外部电解质作用　　D. 电化学作用

题解及参考答案

12-6-1　**解**：钢与生铁的区别在于钢的含碳量小于 2.0%。

答案：D

12-6-2　**解**：钢材试件受拉应力—应变曲线分为四个阶段，分别为弹性阶段、屈服阶段、强化阶段和颈缩阶段，其中从原点到弹性极限点称为弹性阶段。

答案：A

12-6-3　**解**：低碳钢的设计强度取值通常为屈服点。

答案：B

12-6-4　**解**：断后伸长率（即伸长率）是衡量钢材塑性变形的指标。屈服强度和抗拉强度是衡量钢材抗拉性能的指标，冲击韧性是衡量钢材抵抗冲击荷载作用能力的指标。

答案：C

12-6-5　**解**：屈强比是指钢材屈服点与抗拉强度的比值，可以反映钢材使用时的可靠性和安全性。

答案：B

12-6-6　**解**：钢材合理的屈强比数值应控制在 0.6～0.75。

答案：D

12-6-7　**解**：实验时采用的弯心直径越小，弯心直径对试件直径的比值越小，说明对钢材的冷弯性能要求越高。

答案:B

12-6-8 **解:**通常钢材的含碳量不大于0.8%。含碳量提高,钢材的强度随之提高,但塑性、韧性和可焊性则随之下降。

答案:A

12-6-9 **解:**含碳量增加,可以提高建筑钢材的强度,但是塑性降低。

答案:C

12-6-10 **解:**通常合金元素可改善钢材性能,提高强度,消除脆性。Mn属于合金元素。

答案:C

12-6-11 **解:**钢材经过冷加工后,屈服点提高,抗拉强度不变,塑性、韧性和弹性模量降低;时效后屈服点和抗拉强度提高,塑性和韧性降低,弹性模量恢复。

答案:A

12-6-12 **解:**钢材冷加工可提高强度,降低塑性和韧性。

答案:B

12-6-13 **解:**时效处理使钢材的屈服点、极限抗拉强度均得到提高,但塑性、韧性均下降。

答案:C

12-6-14 **解:**建筑钢材中含碳量增加,强度提高,塑性、韧性、可焊性和耐蚀性降低,增大冷脆性与时效倾向。

答案:B

12-6-15 **解:**我国碳素结构钢如Q235与低合金钢如Q390的牌号命名,采用屈服点字母Q与屈服点数值表示。

答案:D

12-6-16 **解:**我国热轧钢筋分为四级,其分级依据是强度与变形性能指标;屈服极限与抗拉强度是强度指标。冷弯性能与伸长率是变形性能指标。

答案:C

12-6-17 **解:**四种热轧钢筋中,I级为光面圆形,其余为带肋表面。

答案:A

12-6-18 **解:**冷拔低碳钢丝可在工地自行加工成材,成本较低,分为甲级和乙级,甲级为预应力钢丝,乙级为非预应力钢丝。

答案:B

12-6-19 **解:**建筑工程中所用的钢绞线一般采用优质碳素结构钢。

答案:B

12-6-20 **解**：钢材的腐蚀通常由电化学反应、化学反应引起，但以电化学反应为主。

答案：D

（七）木材

12-7-1 导致木材物理力学性质发生改变的临界含水率是：

A. 最大含水率　　B. 平衡含水量

C. 纤维饱和点　　D. 最小含水率

12-7-2 干燥的木材吸水后，其变形最大的方向是：

A. 纵向　　B. 径向　　C. 弦向　　D. 不确定

12-7-3 木材的力学性质各向异性，有下列中的哪种表现？

A. 抗拉强度，顺纹方向最大

B. 抗拉强度，横纹方向最大

C. 抗剪强度，横纹方向最小

D. 抗弯强度，横纹与顺纹方向相近

12-7-4 影响木材强度的因素较多，但下列哪个因素与木材强度无关？

A. 纤维饱和点以下的含水量变化

B. 纤维饱和点以上的含水量变化

C. 负荷持续时间

D. 疵病

12-7-5 木材从干燥到含水会对其使用性能有各种影响，下列叙述中哪个是正确的？

A. 木材含水使其导热性减小，强度减低，体积膨胀

B. 木材含水使其导热性增大，强度不变，体积膨胀

C. 木材含水使其导热性增大，强度减低，体积膨胀

D. 木材含水使其导热性减小，强度提高，体积膨胀

12-7-6 在工程中，对木材物理力学性质影响最大的因素是：

A. 质量　　B. 变形　　C. 含水率　　D. 可燃性

12-7-7 木材在使用前应进行干燥处理，窑干木材的含水率是：

A. 12%～15%　　B. <12%

C. 15%～18%　　D. 18%～21%

题解及参考答案

12-7-1 **解**:纤维饱和点是指木材的细胞壁中充满吸附水,细胞腔和细胞间隙中没有自由水时的含水率。当含水率小于纤维饱和点时,木材强度随含水率降低而提高,而体积随含水率降低而收缩,所以纤维饱和点是木材物理力学性能发生改变的临界含水率。

答案:C

12-7-2 **解**:木材干湿变形最大的方向是弦向。

答案:C

12-7-3 **解**:木材的抗拉强度,顺纹方向最大。

答案:A

12-7-4 **解**:纤维饱和点以上的含水量变化,不会引起木材强度的变化。

答案:B

12-7-5 **解**:在纤维饱和点以下范围内,木材含水使其导热性增大,强度减低,体积膨胀。

答案:C

12-7-6 **解**:对木材物理力学性质影响最大的因素是含水率。

答案:C

12-7-7 **解**:通常木材的纤维饱和点、平衡含水率、窑干含水率的数值依此递减,分别为20%～35%、10%～18%、<12%。

答案:B

(八)石材

12-8-1 下列石材中,属于人造石材的有:

A. 毛石　　B. 料石
C. 石板材　　D. 铸石

12-8-2 石材吸水后,导热系数将增大,这是因为:

A. 水的导热系数比密闭空气大
B. 水的比热比密闭空气大
C. 水的密度比密闭空气大
D. 材料吸水后导致其中的裂纹增大

12-8-3 测定石材的抗压强度所用的立方体试块的尺寸为:

A. 150mm×150mm×150mm

B. 100mm×100mm×100mm

C. 70.7mm×70.7mm×70.7mm

D. 50.5mm×50.5mm×50.5mm

12-8-4 大理石属于下列中的哪种岩石？

A. 火成岩　　B. 变质岩　　C. 沉积岩　　D. 深成岩

12-8-5 大理石的主要矿物成分是：

A. 石英　　B. 方解石

C. 长石　　D. 石灰石

12-8-6 大理石饰面板，适用于下列中的哪种工程？

A. 室外工程

B. 室内工程

C. 室内及室外工程

D. 接触酸性物质的工程

题解及参考答案

12-8-1 **解：**毛石、料石和石制品属于天然石材。铸石是以天然岩石（玄武岩、辉绿岩等）或工业废渣（高炉矿渣、钢渣、铜渣、铬渣等）为主要原料，经配料、熔融、浇注、热处理等工序制成的晶体排列规整、质地坚硬、细腻的非金属工业材料，属于人造石材。

答案：D

12-8-2 **解：**水的导热系数比密闭空气大。

答案：A

12-8-3 **解：**测定石材抗压强度所用立方体的尺寸为 70.7mm×70.7mm×70.7mm。

答案：C

12-8-4 **解：**大理石属于变质岩。

答案：B

12-8-5 **解：**大理石的主要矿物成分是方解石与白云石。

答案：B

12-8-6 **解：**大理石的主要化学成分是 $CaCO_3$，呈弱碱性，故耐碱但不耐酸，易风化与溶蚀，耐久性差，不宜用于室外和接触酸性物质的工程中。

答案：B

(九)黏土

12-9-1 当土骨架中的孔隙全部被水占领时,这种土称为:

A. 湿土　B. 饱和土　C. 过饱和土　D. 次饱和土

12-9-2 黏性土由半固态变成可塑状态时的界限含水率称为土的:

A. 塑性指数　B. 液限　C. 塑限　D. 最佳含水率

12-9-3 黏土塑限高,说明黏土有哪种性能?

A. 黏土粒子的水化膜薄,可塑性好
B. 黏土粒子的水化膜薄,可塑性差
C. 黏土粒子的水化膜厚,可塑性好
D. 黏土粒子的水化膜厚,可塑性差

12-9-4 下列关于土壤的叙述,正确的是哪一项?

A. 土壤压实时,其含水率越高,压实度越高
B. 土壤压实时,其含水率越高,压实度越低
C. 黏土颗粒越小,液限越低
D. 黏土颗粒越小,其孔隙率越高

题解及参考答案

12-9-1 **解:**当土骨架中的孔隙全部被水占领时,这种土称为饱和土;当土骨架中的孔隙仅含空气时,称之为干土;土固体颗粒、水和空气并存,称之为湿土。

答案:B

12-9-2 **解:**黏土由流态变成可塑态时的界限含水率称为土的液限,由可塑态变成半固态时的界限含水率称为土的塑限,由半固态变成固态时的界限含水率称为土的缩限。

答案:C

12-9-3 **解:**塑限是黏土由可塑态向半固态转变的界限含水率。黏土塑限高,说明黏土粒子的水化膜厚,可塑性好。

答案:C

12-9-4 **解:**对同一类土,级配良好,则易于压实。如级配不好,多为单一粒径的颗粒,则孔隙率反而高。

答案:D

十三、工 程 测 量

复 习 指 导

1. 测量基本概念

(1)重点及重点概念

重点:测定和测设,大地水准面,独立平面直角坐标系,绝对高程,相对高程,测量工作的原则,确定地面点位的三要素(基本要素)。

重点概念:测量学,测定、测设,水准面、大地水准面,相对高程、绝对高程,高斯平面直角坐标、独立平面直角坐标,测量工作的原则和程序,确定地面点位的三要素。

(2)难点

高斯平面直角坐标系,水平面代替水准面的范围。

2. 水准测量

(1)重点及重点概念

重点:水准测量原理、水准仪的构造及使用中涉及的基本概念,外业测量方法及测量数据的记录、成果计算。

重点概念:水准测量,水准点,前视、后视,转点,水准管零点、水准管轴、水准管分划值,圆水准器零点、圆水准器轴、圆水准器分划值,仪器竖轴,视准轴,视差,附合水准路线、闭合水准路线、支水准路线,高差闭和差。

(2)难点

水准仪的检验和校正方法,水准测量误差分析及其消除方法。

3. 角度测量

(1)重点及重点概念

重点:用经纬仪测量水平角、竖直角的基本原理,外业测量方法及测量数据的记录、成果计算,水平角、竖直角测量误差及其消除方法。

重点概念:水平角、竖直角,仪器横轴,经纬仪盘左、盘右位置,竖盘指标差。

(2)难点

经纬仪的检验和校正方法,角度测量误差分析及其消除方法。

4. 距离测量及直线定向

(1)重点及重点概念

重点:钢尺丈量的方法,视距测量的原理,光电测距的原理,直线定向的方法。

重点概念:直线定线,尺长方程式,视距测量,相位法测距,测距仪的标称精度,全站仪。

(2)难点

钢尺精密量距外业成果的改正,坐标方位角的计算。

5. 测量误差的基本知识

(1)重点及重点概念

重点:观测条件的含义,系统误差与偶然误差的含义以及偶然误差的特性,各种精度评定指标的含义与计算方法,误差传播定律的理解与应用。

重点概念:观测误差和观测条件,等精度观测和不等精度观测,系统误差和偶然误差,真误差、中误差、相对误差、极限误差、容许误差,误差传播定律,最或然值,改正数。

(2)难点

中误差的含义与计算方法,误差传播定律的应用,等精度直接观测平差最或然值的计算与精度评定的方法。

6. 控制测量

(1)重点及重点概念

闭合、附和导线的外业测量工作及内业计算。

(2)难点

闭合、附和导线的内业计算。

7. 地形图测绘

(1)重点及重点概念

重点:比例尺精度及其在测绘工作中的用途,等高线及其特性,经纬仪测绘法,全站仪数字化测图。

重点概念:地形图,地形图的比例尺,比例尺精度,等高线,等高距,等高线平距,坡度。

(2)难点

比例尺精度,经纬仪测绘法。

8. 地形图应用

(1)重点及重点概念

重点:地形图应用的基本内容,应用地形图求点的平面坐标的高程、求直线的坐标方位角、长度和坡度,量算图上某区域的面积。

重点概念:坡度,纵断面,汇水面积。

(2)难点

地形图在工程中的具体应用,按限制坡度在地形图上选最短线路,应用地形图绘制某一方向的纵断面图、确定汇水面积、绘出填挖边界线以及进行土地平整中的土石方量估算等。

9. 建筑工程测量

(1)重点

高程及点的平面位置的测设方法,建筑物的施工控制测量,民用建筑物的施工测量。

(2)难点

高程的测设，点的平面位置测设数据计算。

10. 全球定位系统(GPS)简介

重点：GPS 卫星定位系统的概念、特点，系统各个组成部分的功能，GPS 定位的原理，绝对定位和相对定位。

练习题、题解及参考答案

(一)测量基本概念

13-1-1 坐标正算中，下列何项表达了横坐标增量？

A. $\Delta X_{AB}=D_{AB}\cdot\cos\alpha_{AB}$ B. $\Delta Y_{AB}=D_{AB}\cdot\sin\alpha_{AB}$
C. $\Delta Y_{AB}=D\cdot\sin\alpha_{BA}$ D. $\Delta X_{AB}=D\cdot\cos\alpha_{BA}$

13-1-2 下列何项作为测量外业工作的基准面？

A. 水准面 B. 参考椭球面 C. 大地水准面 D. 平均海水面

13-1-3 水准面上任一点的铅垂线都与该面相垂直，水准面是由自由静止的海水面向大陆、岛屿内延伸而成的，形成下列中的哪一种面？

A. 闭合曲面 B. 水平面 C. 参考椭球体 D. 圆球体

13-1-4 某点到大地水准面的铅垂距离对该点称为：

A. 相对高程 B. 高差 C. 标高 D. 绝对高程

13-1-5 目前中国采用统一的测量高程是指：

A. 渤海高程系 B. 1956 高程系
C. 1985 国家高程基准 D. 黄海高程系

13-1-6 北京某点位于东经 116°28′、北纬 39°54′，则该点所在 6°带的带号及中央子午线的经度分别为：

A. 20、120° B. 20、117° C. 19、111° D. 19、117°

13-1-7 已知 M 点所在 6°带的高斯坐标值为，$x_m=366712.48$m，$y_m=21331229.75$m，则 M 点位于：

A. 21°带，在中央子午线以东 B. 36°带，在中央子午线以东
C. 21°带，在中央子午线以西 D. 36°带，在中央子午线以西

13-1-8 从测量平面直角坐标系的规定判断，下列中哪一项叙述是正确的？

A. 象限与数学坐标象限编号方向一致
B. X 轴为纵坐标，Y 轴为横坐标
C. 方位角由横坐标轴逆时针量测
D. 东西方向为 X 轴，南北方向为 Y 轴

13-1-9 测量工作的基本原则是从整体到局部，从高级到低级，还有下列中的哪一项原则？

A. 从控制到碎部　　B. 从碎部到控制
C. 控制与碎部并存　　D. 测图与放样并存

题解及参考答案

13-1-1 **解**：由测量平面直角坐标系及方位角的定义可推出答案。

答案：B

13-1-2 **解**：测量外业工作的基准面是大地水准面。

答案：C

13-1-3 **解**：水准面为闭合曲面。

答案：A

13-1-4 **解**：绝对高程是地面点到大地水准面的铅垂距离，相对高程是到任一水准面的铅垂距离。

答案：D

13-1-5 **解**：目前国家采用的统一高程基准是指 1985 国家高程基准。

答案：C

13-1-6 **解**：带号 $n=\mathrm{Int}\left(\frac{L+3}{6}+0.5\right)=\mathrm{Int}\left(\frac{116°28'+3}{6}+0.5\right)=20$，中央子午线的经度 $L=6n-3=6\times20-3=117°$。

答案：B

13-1-7 **解**：根据高斯坐标通用值定义，可知该点位于 21°带，由于坐标西移 500km，因此，坐标自然值：$y_m=331229.75-500000=-168770.25<0$，坐标为负，可知该点位于中央子午线以西。

答案：C

13-1-8 **解**：见测量平面直角坐标系的定义，x 轴为纵坐标，y 轴为横坐标。

答案：B

13-1-9 **解**:测量工作的基本原则是先控制后碎部。

答案:A

(二)水准测量

13-2-1 进行往返路线水准测量时,从理论上说$\sum h_{往}$ 与$\sum h_{返}$ 之间应具备的关系是:

A. 符号相反,绝对值不等　　B. 符号相同,绝对值相同

C. 符号相反,绝对值相等　　D. 符号相同,绝对值不等

13-2-2 下列何项是利用仪器所提供的一条水平视线来获取两点之间高差的测量方法?

A. 三角高程测量　　B. 物理高程测量

C. 水准测量　　D. GPS 高程测量

13-2-3 M 点高程 $H_M=43.251$m,测得后视读数 $a=1.000$m,前视读数 $b=2.283$m。则 N 点对 M 点高差 h_{MN}和待求点 N 的高程分别为:

A. 1.283m,44.534m　　B. −3.283m,39.968m

C. 3.283m,46.534m　　D. −1.283m,41.968m

13-2-4 水准管分划值的大小与水准管纵向圆弧半径的关系是:

A. 成正比　　B. 成反比　　C. 无关　　D. 成平方比

13-2-5 水准测量是测得前后两点高差,通过其中一点的高程,推算出未知点的高程。测量是通过水准仪提供的什么来测量的?

A. 视准轴　　B. 水准管轴线　　C. 水平视线　　D. 铅锤线

13-2-6 视准轴是指下列中哪两点的连线?

A. 目镜中心与物镜中心　　B. 目镜中心与十字丝中央交点

C. 十字丝中央交点与物镜中心　　D. 十字丝中央交点与物镜光心

13-2-7 进行三、四等水准测量,通常是使用双面水准尺,对于三等水准测量红黑面高差之差的限差是:

A. 3mm　　B. 5mm　　C. 2mm　　D. 4mm

13-2-8 水准测量是测得前后两点高差,通过其中一点的高程,推算出未知点的高程。测量是通过水准仪提供的下列哪一项测得的?

A. 铅垂线　　B. 视准轴　　C. 水准管轴线　　D. 水平视线

13-2-9 平整场地时,水准仪读得后视读数后,在一个方格的四个角 M、N、O 和 P 点上读

得前视读数分别为 1.254m、0.493m、2.021m 和 0.213m，则方格上最高点和最低点分别是：

A. P、O　　B. O、P　　C. M、N　　D. N、M

13-2-10　水准仪有 $DS_{0.5}$、DS_1、DS_3 等多种型号，其下标数字 0.5、1、3 等代表水准仪的精度，为水准测量每公里往返高差中数的中误差值，单位为：

A. km　　B. m　　C. cm　　D. mm

13-2-11　用望远镜观测中，当眼睛晃动时，如目标影像与十字丝之间有互相移动现象称为视差，产生的原因是：

A. 目标成像平面与十字丝平面不重合
B. 仪器轴系未满足几何条件
C. 人的视力不适应
D. 目标亮度不够

13-2-12　过圆水准器零点的球面法线称为：

A. 水准管轴　　B. 铅垂线　　C. 圆水准器轴　　D. 水平线

13-2-13　水准仪置于 A、B 两点中间，A 尺读数 $a=1.523$m，B 尺读数 $b=1.305$m，仪器移至 A 点附近，尺读数分别为 $a'=1.701$m，$b'=1.462$m，则有下列中哪项结果？

A. LL//VV　　B. LL 不平行 CC
C. L′L′//VV　　D. LL 不平行 VV

13-2-14　水准测量中要求前后视距距离大致相等的作用在于削弱地球曲率和大气折光的影响，还可削弱下述中的哪种影响？

A. 圆水准器轴与竖轴不平行的误差　　B. 十字丝横丝不垂直于竖轴的误差
C. 读数误差　　D. 水准管轴与视准轴不平行的误差

13-2-15　用于附合水准路线的成果校核的是下列中的哪个公式？

A. $f_h=\sum h$　　B. $f_h=\sum h_{测}-(H_{终}-H_{始})$
C. $f_h=\sum h_{往}-\sum h_{返}$　　D. $\sum h=\sum a-\sum b$

13-2-16　自水准点 $M(H_M=100.000\text{m})$ 经 4 个测站至待定点 A，得 $h_{MA}=+1.021$m；再由 A 点经 6 个站测至另一水准点 $N(H_N=105.121\text{m})$，得 $h_{AN}=+4.080$m。则平差后的 A 点高程为：

A. 101.029m　　B. 101.013m　　C. 101.031m　　D. 101.021m

13-2-17　水准路线闭合差调整是对高差进行改正，方法是将高差闭合差按与测站数（或路线里程数）成下列中的哪种关系以求得高差改正数？

A. 正比例并同号　　B. 反比例并反号
C. 正比例并反号　　D. 反比例并同号

13-2-18　自动水准仪是借助安平机构的补偿元件、灵敏元件和阻尼元件的作用，使望远镜十字丝中央交点能自动得到下述中哪种状态下的读数？

A. 视线水平　　B. 视线倾斜　　C. 任意　　D. B 和 C

题解及参考答案

13-2-1　**解**：根据水准测量原理，往返水准测量高差理论上应绝对值相等，符号相反。

答案：C

13-2-2　**解**：根据水准测量原理，地面上两点的高差是利用水准仪提供的水平视线读取放置在该两点上的水准尺度数得到的。

答案：C

13-2-3　**解**：$h_{MN}=a-b=1.000-2.283=-1.283\text{m}$

$H_N=H_M+h_{MN}=42.251+(-1.283)=41.968\text{m}$

答案：D

13-2-4　**解**：水准管分划值$=\dfrac{2}{R}\rho''$。式中，R 为水准管纵向圆弧半径，可见水准管分划值的大小与水准管纵向圆弧半径成反比。

答案：B

13-2-5　**解**：水准仪的基本原理是通过水平视线测得两点间的高差。

答案：C

13-2-6　**解**：视准轴是指仪器十字丝中央交点与物镜光心的连线。

答案：D

13-2-7　**解**：三等水准测量红黑面高差之差的限值是±3mm，详见《国家三、四等水准测量规范》(GB/T 12898—2009)。

答案：A

13-2-8　**解**：水准仪利用水平视线，借助水准尺来测量两点间的高差。

答案：D

13-2-9　**解**：读数越大，点的高程越低；反之，读数越小，点的高程越高。

答案：A

13-2-10 **解**:表示水准仪精度指标中误差值的单位为 mm。

答案:D

13-2-11 **解**:视差的形成原因是目标成像平面与十字丝平面不重合。

答案:A

13-2-12 **解**:圆水准器轴的定义是指圆水准器零点的球面法线,用来指示竖轴是否竖直。

答案:C

13-2-13 **解**:$h_{ab}=a-b=0.218$,$h'_{ab}=a'-b'=0.239$,$h'_{ab}\neq h_{ab}$,所以视准轴不平行于水准管轴。

答案:B

13-2-14 **解**:前后视距相等可以在高差计算中消除水准管轴与视准轴不平行的误差。

答案:D

13-2-15 **解**:见附合水准路线的检核公式:$f_h=\sum h_{测}-(H_{终}-H_{始})$。

答案:B

13-2-16 **解**:见水准测量闭合差分配方法:$f_h=\sum h_{测}-(H_N-H_M)=-0.02\text{m}$

改正后的 $h'_{MA}=h_{MA}+\left(-\dfrac{f_h}{10}\times 4\right)=1.029$

$H_A=H_M+h'_{MA}=101.029\text{m}$

答案:A

13-2-17 **解**:参见高差改正数的求法,正比例且反号。

答案:C

13-2-18 **解**:见自动安平水准仪的测量原理,得到视线水平状态下的读数。

答案:A

(三)角度测量

13-3-1 光学经纬仪下列何种误差可以通过盘左盘右取均值的方法消除?

A. 对中误差　B. 视准轴误差　C. 竖轴误差　D. 照准误差

13-3-2 确定地面点位相对位置的三个基本观测量是水平距离及:

A. 水平角和方位角　B. 水平角和高差

C. 方位角和竖直角　D. 竖直角和高差

13-3-3 测站点与观测目标位置不变,但仪器高度改变,则此时所测得的:

A. 水平角改变、竖直角不变　B. 水平角改变、竖直角也改变

C. 水平角不变，竖直角改变　　D. 水平角不变竖直角也不变

13-3-4 工程测量中所使用的光学经纬仪的度盘刻画注记形式为：

A. 水平度盘均为逆时针注记　　B. 竖直度盘均为逆时针注记
C. 水平度盘均为顺时针注记　　D. 竖直度盘均为顺时针注记

13-3-5 经纬仪主要几个轴线间应满足几个几何关系，试从下列几何关系中删掉一项：

A. 视准轴平行于水准管轴　　B. 水准管轴垂直于竖轴
C. 视准轴垂直于横轴　　D. 横轴垂直于竖轴

13-3-6 DJ_6 型光学经纬仪有四条主要轴线：竖轴 VV，视准轴 CC，横轴 HH，水准管轴 LL。其轴线关系应满足：$LL \perp VV$，$CC \perp HH$，以及：

A. $CC \perp HH$　　B. $CC \perp LL$　　C. $HH \perp LL$　　D. $HH \perp VV$

13-3-7 视距测量时，经纬仪置于高程为 162.382m 的 S 点，仪器高为 1.40m，上、中、下三丝读数分别为 1.019m、1.400m 和 1.781m，求得竖直角 $\alpha = 3°12'10''$，则 SP 的水平距离和 P 点高程分别为：

A. 75.962m，158.125m　　B. 75.962m，166.633m
C. 76.081m，158.125m　　D. 76.081m，166.633m

13-3-8 测量学中所指的水平角是测站点至两个观测目标点的连线在什么平面上投影的夹角？

A. 水准面　　B. 水平面
C. 两方向构成的平面　　D. 大地水准面

13-3-9 光学经纬仪有 DJ_1、DJ_2、DJ_6 等多种型号，数字下标 1、2、6 表示的是以下哪种测量中误差的值（以秒计）？

A. 水平角测量一测回角度　　B. 竖直方向测量一测回方向
C. 竖直角测量一测回角度　　D. 水平方向测量一测回方向

13-3-10 检验经纬仪水准管轴是否垂直于竖轴，当气泡居中后，平转 180°时，气泡已偏离。此时用校正针拨动水准管校正螺丝，使气泡退回偏离值的多少即可？

A. 1/2　　B. 1/4　　C. 全部　　D. 2 倍

13-3-11 如经纬仪横轴与竖轴不垂直，则会造成下述中的哪项后果？

A. 观测目标越高，对竖直角影响越大
B. 观测目标越高，对水平角影响越大
C. 水平角变大，竖直角变小

D. 竖直角变大，水平角变小

13-3-12 经纬仪观测中，取盘左、盘右平均值虽不能消除水准管轴不垂直于竖轴的误差影响，但能消除下述中的哪种误差影响？

A. 视准轴不垂直于横轴
B. 横轴不垂直于竖轴
C. 度盘偏心
D. A、B 和 C

13-3-13 经纬仪对中是使仪器中心与测站点安置在同一铅垂线上；整平是使仪器具有下述哪种状态？

A. 圆气泡居中
B. 视准轴水平
C. 竖轴铅直和水平度盘水平
D. 横轴水平

13-3-14 水平角观测中，盘左起始方向 OA 的水平度盘读数为 $358°12'15''$，终了方向 OB 的对应读数为 $154°18'19''$，则$\angle AOB$ 前半测回角值为：

A. $156°06'04''$
B. $-156°06'04''$
C. $203°53'56''$
D. $-203°53'56''$

13-3-15 全圆测回法（方向观测法）观测中应顾及的限差有下列中的哪几项？

A. 半测回归零差
B. 各测回间归零方向值之差
C. 两倍照准差
D. A、B 和 C

13-3-16 经纬仪如存在指标差，将使观测出现下列中的哪种结果？

A. 一测回水平角不正确
B. 盘左和盘右水平角均含指标差
C. 一测回竖直角不正确
D. 盘左和盘右竖直角均含指标差

13-3-17 电子经纬仪的读数系统采用下列中的哪种方式？

A. 光电扫描度盘自动计数，自动显示
B. 光电扫描度盘自动计数，光路显示
C. 光学度盘，自动显示
D. 光学度盘，光路显示

题解及参考答案

13-3-1 **解：**盘左、盘右观测取平均值可消除视准轴误差。

答案：B

13-3-2 **解**:测量工作的实质是通过测量地面点间的相对位置关系,即水平角(方向)、距离和高程三个基本观测量确定地面点的空间位置。

答案:B

13-3-3 **解**:根据水平角、竖直角定义和测量原理,水平角测量不受仪器高度变化的影响。

答案:C

13-3-4 **解**:光学经纬仪的水平度盘均为顺时针注记。竖直度盘则有逆时针或顺时针两种不同的注记形式。

答案:C

13-3-5 **解**:经纬仪的主要轴线有水准管轴、竖轴、视准轴、横轴,它们之间应满足的几何关系为:水准管轴垂直于竖轴、视准轴垂直于横轴、横轴垂直于竖轴。

答案:A

13-3-6 **解**:见题 13-3-5 解。

答案:D

13-3-7 **解**:根据视距测量原理,计算公式:

$$D_{SP}=kl\cos^2\alpha, h_{SP}=D_{SP}\tan\alpha+i-\nu$$

代入数据:

$D_{SP}=76.2\times\cos^2(3°12'10'')=75.962\text{m}$

$h_{SP}=75.962\times\tan(3°12'10'')+1.40-1.400=4.251\text{m}$

则 $H_P=H_S+h_{SP}=162.382+4.251=166.633\text{m}$

答案:B

13-3-8 **解**:水平面上投影的夹角,见水平角的定义。

答案:B

13-3-9 **解**:表示水平方向测量一测回的方向中误差。

答案:D

13-3-10 **解**:使气泡退回偏离值的$\frac{1}{2}$,见经纬仪水准管轴垂直于竖轴的校验方法。

答案:A

13-3-11 **解**:观测目标越高,对水平角影响越大,横轴与竖轴不垂直造成的误差。

答案:B

13-3-12 **解**:盘左、盘右平均值所能消除的误差包括视准轴不垂直于横轴、横轴不垂直于竖轴、度盘偏心差。

答案:D

13-3-13 **解**:经纬仪对中整平的作用是使仪器中心竖轴铅垂并与测站点重合,同时使仪器水平盘水平。

答案:C

13-3-14 **解**:根据经纬仪水平角测量原理:当 OB 减 OA 小于零时,应加 360°,∠AOB=OB-OA+360°=154°18′19″-358°12′15″+360°=156°06′04″。

答案:A

13-3-15 **解**:方向观测法限差包括半测回归零差、两倍照准差及归零方向值之差。

答案:D

13-3-16 **解**:指标差的存在,将使盘左、盘右竖直角观测场含有指标差,见经纬仪指标差的定义。

答案:D

13-3-17 **解**:电子经纬仪读数系统采用光电扫描度盘自动计数、自动显示,见电子经纬仪的测角原理。

答案:A

(四)距离测量及直线定线

13-4-1 正算中,下列何项表达了纵坐标增量:

A. $\Delta X_{AB}=D_{AB}\cdot\cos\alpha_{AB}$　　B. $\Delta Y_{AB}=D_{AB}\cdot\sin\alpha_{AB}$

C. $\Delta Y_{AB}=D\cdot\sin\alpha_{BA}$　　D. $\Delta X_{AB}=D\cdot\cos\alpha_{BA}$

13-4-2 某双频测距仪,测程为1km,设计了精、粗两个测尺,精尺为10m(载波频率 f_1=15MHz),粗尺为1000m(载波频率 f_2=150kHz),测相精度为1/1000,则下列何项为仪器所能达到的精度?

A. m　　B. dm　　C. cm　　D. mm

13-4-3 某电磁波测距仪的标称精度为±(3+3ppm)mm,用该仪器测得500m距离,如不顾及其他因素影响,则产生的测距中误差为:

A. ±18mm　　B. ±3mm　　C. ±4.5mm　　D. ±6mm

13-4-4 磁偏角和子午线收敛角分别是指磁子午线、中央子午线与下列哪项的夹角?

A. 坐标纵轴　　B. 指北线

C. 坐标横轴　　D. 真子午线

13-4-5 钢尺量距时,加入下列何项改正后,才能保证距离测量精度?

A. 尺长改正　　B. 温度改正

C. 倾斜改正　　D. 尺长改正、温度改正和倾斜改正

13-4-6 相对误差是衡量距离丈量精度的标准，以钢尺量距，往返分别测得 125.4687m 和 125.451m，则相对误差为：

A. ±0.016　　B. |0.016|/125.459

C. 1/7100　　D. 0.00128

13-4-7 某钢尺尺长方程式为 $l=50.000\text{m}+0.0044\text{m}+1.25\times10^{-5}\times(t-20)\times50\text{m}$，在温度为31.4℃和标准拉力下量得均匀坡度两点间的距离为 49.9062m，高差为－0.705m。则该两点间的实际水平距离为：

A. 49.904m　　B. 49.913m

C. 49.923m　　D. 49.906m

13-4-8 视距测量时，经纬仪置于高程为 162.382m 的 A 点，仪器高为 1.40m，上、中、下三丝读数分别为 1.019m、1.400m 和 1.781m，求得竖直角 $\alpha=3°12'10''$，则 AB 的水平距离和 B 点的高程分别为：

A. 75.962m，158.131m　　B. 75.962m，166.633m

C. 76.081m，158.125m　　D. 76.081m，166.633m

13-4-9 确定一直线与标准方向夹角关系的工作称为：

A. 方位角测量　　B. 直线定向

C. 象限角测量　　D. 直线定线

13-4-10 由标准方向北端起顺时针量到所测直线的水平角，该角的名称及其取值范围分别是：

A. 象限角、0°～90°　　B. 象限角、0°～±90°

C. 方位角、0°～180°　　D. 方位角、0°～360°

13-4-11 已知直线 AB 的方位角 $\alpha_{AB}=87°$，$\beta_{右}=\angle ABC=290°$，则直线 BC 的方位角 α_{BC} 为：

A. 23°　　B. 157°　　C. 337°　　D. －23°

13-4-12 直线 AB 的正方位角 $\alpha_{AB}=255°25'48''$，则其反方位角 α_{BA} 为：

A. －225°25′48″　　B. 75°25′48″

C. 104°34′12″　　D. －104°34′12″

题解及参考答案

13-4-1 **解**：按测量坐标系及坐标方位角定义，纵坐标增量为：

$$\Delta X_{AB}=D_{AB}\cdot\cos\alpha_{AB}$$

答案:A

13-4-2 **解:**精测尺 10m,测量精度为 1/1000,则测距精度为 $10\times0.001=0.01\text{m}$,即仪器所能达到的精度为厘米。

答案:C

13-4-3 **解:**标称精度±(3+3ppm),ppm 为百万分之一,故测距中误差为 $m_{\text{d}}=\pm(A+B\cdot D)$,即 $m_{\text{d}}=\pm(3+3\times10^{-6}\times500\times10^{3})=\pm4.5\text{mm}$。

答案:C

13-4-4 **解:**磁偏角、子午线收敛角是磁子午线、中央子午线与真子午线间的夹角。

答案:D

13-4-5 **解:**钢尺精密量距需加上尺长、温度及高差三项改正,才能保证水平距离的精度。

答案:D

13-4-6 **解:**相对误差$=\dfrac{|D_{往}-D_{返}|}{D_{平均}}=\dfrac{|125.4687-125.451|}{(125.4687+125.451)/2}=\dfrac{1}{7100}$。

答案:C

13-4-7 **解:**参见尺长改正计算。

$\Delta l=\dfrac{0.0044}{50.000}\times49.9062=0.0044\text{m}$

$\Delta l_{\text{t}}=1.25\times10^{-5}\times(3.14-20)\times49.9062=0.0071\text{m}$

$\Delta l_{\text{h}}=-\dfrac{(-0.705)^{2}}{2\times49.9062}=-0.0050\text{m}$

$l=49.9062+0.0044+0.0071+(-0.0050)=49.9127\text{m}=\approx49.913\text{m}$

答案:B

13-4-8 **解:**AB 的水平距离$=kl\cos^{2}\alpha=100\times(1.781-1.019)\times\cos^{2}3°12'10''=75.962\text{m}$,

$h_{\text{AB}}=D\tan\alpha+i-\nu=75.962\times\tan3°12'10''+1.400-1.400=4.251\text{m}$,

$H_{\text{B}}=H_{\text{A}}+h_{\text{AB}}=162.382+4.251=166.633\text{m}$。

答案:B

13-4-9 **解:**直线定向是确定直线与标准方向间的夹角。

答案:B

13-4-10 **解:**方位角是自标准方向北端起顺时针方向量到直线的水平角,范围 0°~360°。

答案:D

13-4-11 **解:**$\alpha_{\text{BC}}=\alpha_{\text{AB}}-\beta_{右}+180°(\pm360°)$,当 $\alpha_{\text{BC}}<0$ 时,加 360°。

答案:C

13-4-12 **解:**$\alpha_{\text{BA}}=\alpha_{\text{AB}}+180°(\pm360°)$,当 $\alpha_{\text{BA}}<360°$,减 360°。

答案：B

(五)测量误差的基本知识

13-5-1 设 v 为一组同精度观测值改正数，则下列何项表示最或是值的中误差：

A. $m=\pm\sqrt{\frac{[vv]}{n(n-1)}}$　　B. $m=\pm\sqrt{\frac{[vv]}{n}}$

C. $m=\pm\frac{1}{n}\sqrt{\frac{[vv]}{n-1}}$　　D. $m=\pm\sqrt{\frac{[vv]}{n-1}}$

13-5-2 用钢尺往返丈量 120m 的距离，要求相对误差达到 1/10000，则往返校差不得大于：

A. 0.048m　　B. 0.012m　　C. 0.024m　　D. 0.036m

13-5-3 测量误差按其性质分为下列中哪两种？

A. 中误差、极限误差　　B. 允许误差、过失误差

C. 平均误差、相对误差　　D. 系统误差、偶然误差

13-5-4 有一长方形水池，独立地观测得其边长 $a=30.000\text{m}\pm0.004\text{m}$，$b=25.000\text{m}\pm0.003\text{m}$，则该水池的面积 S 及面积测量的精度 m_s 为：

A. $750\text{m}^2\pm0.134\text{m}^2$　　B. $750\text{m}^2\pm0.084\text{m}^2$

C. $750\text{m}^2\pm0.025\text{m}^2$　　D. $750\text{m}^2\pm0.142\text{m}^2$

13-5-5 误差的来源为下列中的哪些？

A. 测量仪器构造不完善

B. 观测者感觉器官的鉴别能力有限

C. 外界环境与气象条件不稳定

D. A、B 和 C

13-5-6 等精度观测是指在下列中的哪种条件下观测的？

A. 允许误差相同　　B. 系统误差相同

C. 观测条件相同　　D. 偶然误差相同

13-5-7 测得两个角值及中误差为 $\angle A=22°22'10''\pm8''$ 和 $\angle B=44°44'20''\pm8''$。据此进行精度比较，结论是：

A. 两个角度精度相同　　B. A 精度高

C. B 精度高　　D. 相对中误差 $K_{\angle A}>K_{\angle B}$

13-5-8 测得某六边形内角和为 $720°00'54''$，则内角和的真误差和每个角的改正数分别为：

A. $+54''$、$+9''$　　B. $-54''$、$+9''$　　C. $+54''$、$-9''$　　D. $-54''$、$-9''$

13-5-9 对某一量进行 n 次观测，则根据公式 $m=\pm\sqrt{\frac{[vv]}{n(n-1)}}$ 求得的结果为下列中的哪种误差？

A. 算术平均值中误差　　B. 观测值误差
C. 算术平均值真误差　　D. 一次观测中误差

13-5-10 丈量一段距离 4 次，结果分别为 132.563m，132.543m，132.548m 和 132.538m，则算术平均值中误差和最后结果的相对中误差分别为：

A. ±10.8mm，1/12200　　B. ±9.4mm，1/14100
C. ±4.7mm，1/28200　　D. ±5.4mm，1/24500

13-5-11 算术平均值中误差为观测值中误差的多少倍？

A. n　　B. $1/n$　　C. $\sqrt{n}$　　D. $1/\sqrt{n}$

13-5-12 用 DJ_2 和 DJ_6 观测一测回的中误差分别为：

A. $\pm2''$、$\pm6''$　　B. $\pm2''\sqrt{2}$、$\pm6''\sqrt{2}$
C. $\pm4''$、$\pm12''$　　D. $\pm8''$、$\pm24''$

13-5-13 n 边形各内角观测值中误差均为 $\pm6''$，则内角和的中误差为：

A. $\pm6''n$　　B. $\pm6''\sqrt{n}$　　C. $\pm6''/n$　　D. $\pm6''/\sqrt{n}$

13-5-14 在 $\triangle ABC$ 中，直接观测了 $\angle A$ 和 $\angle B$，其中误差分别为 $m_{\angle A}=\pm3''$ 和 $m_{\angle B}=\pm\angle4''$，则 $\angle C$ 的中误差 $m_{\angle C}$ 为：

A. $\pm8''$　　B. $\pm7''$　　C. $\pm5''$　　D. $\pm1''$

13-5-15 水准路线每公里中误差为 ±8mm，则 4km 水准路线的中误差为：

A. ±32.0　　B. ±11.3　　C. ±16.0　　D. ±5.6

13-5-16 已知三角形各角的中误差均为 $\pm4''$，若三角形角度闭合差的允许值为中误差的 2 倍，则三角形角度闭合差的允许值为：

A. $\pm13.8''$　　B. $\pm6.9''$　　C. $\pm5.4''$　　D. $\pm10.8''$

题解及参考答案

13-5-1 **解：**最或是值中误差：$M=\pm\frac{m}{\sqrt{n}}$

观测值中误差：　$m=\pm\sqrt{\frac{[vv]}{n-1}}$

所以最或是值中误差：$M=\pm\sqrt{\frac{[vv]}{n(n-1)}}$

答案：A

13-5-2　**解**：相对精度为 $K=\frac{|\Delta D|}{D}=\frac{1}{10000}$，则 $\Delta D=K\times D=120\times\frac{1}{10000}=0.012\text{m}$。

答案：B

13-5-3　**解**：测量误差的来源主要是仪器、观测者及外界条件，见测量误差的划分。

答案：D

13-5-4　**解**：$S=a\times b=30.000\times25.000=750.000\text{m}^2$

$\frac{\partial S}{\partial a}=b,\frac{\partial S}{\partial b}=a$

$$m_s=\pm\sqrt{b^2\cdot m_a^2+a^2\cdot m_b^2}$$

$$=\pm\sqrt{25.000^2\times0.004^2+30.000^2\times0.003^2}$$

$$=\pm0.134\text{m}^2$$

$S=750.000\text{m}^2\pm0.134\text{m}^2$

答案：A

13-5-5　**解**：参见测量误差的三个来源。

答案：D

13-5-6　**解**：等精度观测是在观测条件相同的情况下观测的。

答案：C

13-5-7　**解**：测角误差与角度大小无关。

答案：A

13-5-8　**解**：真误差 Δ=观测值－真值，改正数为反符号的平均真误差值。

答案：C

13-5-9　**解**：观测值中误差 $m=\pm\sqrt{\frac{[vv]}{n-1}}$，算术平均值中误差 $M=\frac{m}{\sqrt{N}}=\pm\sqrt{\frac{[vv]}{N(n-1)}}$。

答案：A

13-5-10　**解**：利用误差传播定律求解，算术平均值中误差由 $m=\pm\sqrt{\frac{[vv]}{n-1}}=0.0108\text{m}$，得出 $M=\frac{m}{\sqrt{N}}=\pm0.0054\text{mm}$，最后结果相对中误差：$\frac{M}{D}=\frac{1}{\frac{D}{M}}=\frac{1}{\frac{132.548}{0.0054}}=\frac{1}{24545}=\frac{1}{24500}$。

答案:D

13-5-11 **解:**$M=\dfrac{m}{\sqrt{n}}$。

答案:D

13-5-12 **解:**DJ_2 和 DJ_6 下标 2、6 代表经纬仪的测角精度,指水平角测量一测回的方向中误差为±2″、±6″,即 $m_{方}$ 分别为±2″和±6″,由于一测回角值为两方向观测值之差,即 $\beta=a-b$,故 $m_\beta=\pm\sqrt{2}m_{方}$。

答案:B

13-5-13 **解:**内角和$=\beta_1+\beta_2+\cdots+\beta_n$,由误差传播定律计算,得 $m_z=m_1+m_2+\cdots+m_n$,因 $m_1=m_2=\cdots=m_n=m=\pm6''$,所以 $m_z=\pm6''\sqrt{n}$。

答案:B

13-5-14 **解:**$\angle C=180°-\angle A-\angle B$,根据误差传播定律,$m_{\angle C}=\sqrt{m_{\angle A}^2+m_{\angle B}^2}=\sqrt{3^2+4^2}=\pm5''$。

答案:C

13-5-15 **解:**$M_L=m_l\sqrt{L}=\pm8\sqrt{4}=\pm16.0$。

答案:C

13-5-16 **解:**闭合差 $f=\beta_1+\beta_2+\beta_3-180°$,用误差传播定律计算,得:$m_{\beta f}=\sqrt{3}\cdot m_\beta=\pm6.9''$,$f_\beta<2m_{\beta f}$,即±13.8″。

答案:A

(六)控制测量

13-6-1 在闭合导线和附合导线计算中,坐标增量闭合差的分配原则是怎样分配到各边的坐标增量中?

A. 反符号平均　　B. 按与边长成正比反符号

C. 按与边长成正比同符号　　D. 按与坐标增量成正比反符号

13-6-2 闭合导线(n 段)角度(β_i)闭合差检验公式是:

A. $\sum\beta_i-360°\leqslant$容许值　　B. $\sum\beta_i-(n-1)180°\leqslant$容许值

C. $\sum\beta_i-180°\leqslant$容许值　　D. $\sum\beta_i-(n-2)180°\leqslant$容许值

13-6-3 已知某直线的坐标方位角 120°5′,则可知该直线的坐标增量为:

A. $+\Delta X,+\Delta Y$　　B. $+\Delta X,-\Delta Y$

C. $-\Delta X,+\Delta Y$　　D. $-\Delta X,-\Delta Y$

13-6-4 闭合导线和附合导线在计算下列中哪些差值时,计算公式有所不同?

A. 角度闭合差、坐标增量闭合差

B. 方位角、坐标增量

C. 角度闭合差、导线全长闭合差

D. 纵坐标增量闭合差、横坐标增量闭合差

13-6-5 导线测量外业包括踏勘选点、埋设标志、边长丈量、转折角测量和下列中哪一项的测量？

A. 定向　　B. 连接边和连接角

C. 高差　　D. 定位

13-6-6 起讫于同一已知点和已知方向的导线称为：

A. 附合导线　　B. 结点导线网

C. 支导线　　D. 闭合导线

13-6-7 导线坐标增量闭合差调整的方法是求出闭合差的改正数，以改正有关坐标的增量。闭合差改正数是将闭合差按与导线长度成下列中哪种关系求得的？

A. 正比例并同号　　B. 反比例并反号

C. 正比例并反号　　D. 反比例并同号

13-6-8 计算导线全长闭合差的公式是：

A. $f_D = \sqrt{f_x^2 + f_y^2}$　　B. $K = f_D / \sum D = 1/M$

C. $f_x = \sum \Delta x - (x_{终} - x_{始})$　　D. $f_y = \sum \Delta y - (y_{终} - y_{始})$

13-6-9 已知边长 $D_{MN}=73.469$m，方位角 $\alpha_{MN}=115°18'12''$，则 Δx_{MN} 和 Δy_{MN} 分别为：

A. +31.401m，+66.420m　　B. +31.401m，−66.420m

C. −31.401m，+66.420m　　D. −66.420m，+31.401m

13-6-10 平面控制加密中，由两个相邻的已知点 A、B 向待定点 P 观测水平角 $\angle PAB$ 和 $\angle ABP$。这样求得 P 点坐标的方法称为什么法？

A. 后方交会　　B. 侧方交会

C. 方向交会　　D. 前方交会

13-6-11 三角测量中，高差计算公式 $h = D\tan\alpha + i - \nu$，式中 ν 的含义是：

A. 仪器高　　B. 初算高程

C. 觇标高(中丝读数)　　D. 尺间隔(中丝读数)

13-6-12 小地区控制测量中导线的主要布置形式有下列中的哪几种？

①视距导线；②附合导线；③闭合导线；

④平板仪导线；⑤导线；⑥测距仪导线。

A. ①②④　　B. ①③⑥　　C. ②③⑤　　D. ②④⑥

13-6-13 解析加密控制点常采用的交会定点方法有下列中的哪几种？
①前方交会法；②支距法；③方向交会法；
④后方交会法；⑤侧方交会法；⑥方向距离交会法。

A. ①④⑤　　B. ②③④　　C. ②④⑥　　D. ①⑤⑥

题解及参考答案

13-6-1 **解**：坐标增量闭合差的改正按与边长成正比、反符号改正。
答案：B

13-6-2 **解**：闭合导线内角和闭合差计算公式：$\sum\beta_i-(n-2)\times180°$。
答案：D

13-6-3 **解**：方位角 120°05′对应的象限角为南东，位于测量坐标系的第二象限，所以 $\Delta X<0,\Delta Y>0$。
答案：C

13-6-4 **解**：闭合导线和附合导线在计算角度闭合差、坐标增量闭合差时计算公式不同。
答案：A

13-6-5 **解**：见导线测量外业工作。
答案：B

13-6-6 **解**：闭合导线是起讫于同一已知点和已知方向的导线，见闭合导线的定义。
答案：D

13-6-7 **解**：将闭合差按与导线长度成正比例并反号进行改正，见导线测量的内业计算。
答案：C

13-6-8 **解**：导线全长闭合差的计算公式为：$f_{\mathrm{D}}=\sqrt{f_x^2+f_y^2}$。
答案：A

13-6-9 **解**：$\Delta x=D\cos\alpha=73.469\times\cos155°18'12''=-31.401\mathrm{m}$

$\Delta y=D\sin\alpha=73.469\times\sin115°18'12''=-66.420\mathrm{m}$

答案：C

13-6-10 **解**：由两个相邻的已知点向待定点观测水平角求取待定点的坐标为前方交会，见前方交会法。

答案:D

13-6-11 **解**:v 的含义是觇标高(中丝读数),见三角测量的高差计算公式中各字母的含义。

答案:C

13-6-12 **解**:小地区控制测量中导线的主要布置形式有附合导线、闭合导线和支导线。

答案:C

13-6-13 **解**:解析加密控制点常采用的交会定点方法有前方交会法、后方交会法和侧方交会法。

答案:A

(七)地形图测绘

13-7-1 下列何项描述了比例尺精度的意义:

A. 数字地形图上 0.1mm 所代表的实地长度
B. 传统地形图上 0.1mm 所代表的实地长度
C. 数字地形图上 0.3mm 所代表的实地长度
D. 传统地形图上 0.3mm 所代表的实地长度

13-7-2 1∶500 地形图上,量得 AB 两点间的图上距离为 25.6mm,则 AB 间实际长度为:

A. 51.2m B. 5.12m C. 12.8m D. 1.25m

13-7-3 在 1∶500 地形图上量得某两点间的距离 $d=234.5$mm,下列何项表示了两点的实地水平距离 D 的值?

A. 117.25m B. 234.5m C. 469.9m D. 1172.5m

13-7-4 地形图上量得某草坪面积为 632mm^2,若此地形图的比例尺为 1∶500,则该草坪实地面积 S 为:

A. 316 m^2 B. 31.6m^2 C. 158 m^2 D. 15.8m^2

13-7-5 山脊的等高线为一组:

A. 凸向高处的曲线 B. 凸向低处的曲线
C. 垂直于山脊的平行线 D. 间距相等的平行线

13-7-6 一幅地形图上,等高距是指下列中哪种数值相等?

A. 相邻两条等高线间的水平距离
B. 两条计曲线间的水平距离
C. 相邻两条等高线间的高差

D. 两条计曲线间的高差

13-7-7 一幅地形图上，等高线越稀疏，表示地貌的状态是：

A. 坡度均匀　　B. 坡度越小　　C. 坡度越大　　D. 陡峻

13-7-8 大比例尺地形图按矩形分隔时常采用的编号方法，是以图幅中的下列哪个数值来编号的？

A. 西北角坐标公里数　　B. 西南角坐标公里数
C. 西北角坐标值米数　　D. 西南角坐标值米数

13-7-9 地形图的检查包括图面检查、野外巡视和下列中的哪一项？

A. 重点检查　　B. 设站检查
C. 全面检查　　D. 在每个导线点上检查

13-7-10 既反映地物的平面位置，又反映地面高低起伏状态的正射投影图称为：

A. 平面图　　B. 断面图　　C. 影像图　　D. 地形图

13-7-11 地形图的等高线是地面上高程相等的相邻点的连线，它是一种什么形状的线？

A. 闭合曲线　　B. 直线　　C. 闭合折线　　D. 折线

13-7-12 地形图上 0.1mm 的长度相应于地面的水平距离称为：

A. 比例尺　　B. 数字比例尺
C. 水平比例尺　　D. 比例尺精度

13-7-13 工程测量中，表示地面高低起伏状态时，一般用什么方法表示？

A. 不同深度的颜色　　B. 晕滃线
C. 等高线　　D. 示坡线

13-7-14 山谷和山脊等高线分别为一组什么形状的等高线？

A. 凸向低处、凸向高处
B. 以山谷线对称、以山脊线对称
C. 凸向高处、凸向低处
D. 圆曲线、圆曲线

13-7-15 1/2000 地形图和 1/5000 地形图相比，下列中哪个叙述是正确的？

A. 比例尺大，地物与地貌更详细
B. 比例尺小，地物与地貌更详细

C. 比例尺小，地物与地貌更粗略

D. 比例尺大，地物与地貌更粗略

13-7-16 要求地形图上能表示实地地物最小长度为0.2m，则宜选择的测图比例尺为：

A. 1/500　　B. 1/1000　　C. 1/5000　　D. 1/2000

13-7-17 表示地貌的等高线分类为下列中的哪几种线？

①首曲线；②计曲线；④间曲线；④示坡线；⑤助曲线；⑥晕滃线。

A. ①②③⑤　　B. ①③④⑥　　C. ②③④⑤　　D. ③④⑤⑥

13-7-18 地形测量中，地物点的测定方法有下列中的哪几种方法？

①极坐标法；②方向交会法；③内插法；

④距离交会法；⑤直角坐标法；⑥方向距离交会法。

A. ①②③④⑤　　B. ①②④⑤⑥　　C. ①③④⑤⑥　　D. ②③④⑤⑥

题解及参考答案

13-7-1 **解**：传统地形图上0.1mm所表示的实地水平距离。

答案：B

13-7-2 **解**：根据地形图比例尺定义可得：

$$D = M \cdot d = 500 \times 25.6\text{mm}$$
$$= 12800\text{mm} = 12.8\text{m}$$

答案：C

13-7-3 **解**：$D = M \cdot d = 500 \times 234.5 = 117250\text{mm} = 117.25\text{m}$

答案：A

13-7-4 **解**：$S_{实地} = S_{图} \times 500^2 = 1580000000\text{mm}^2 = 158.00\text{m}^2$

答案：C

13-7-5 **解**：根据等高线及山脊线的定义，山脊线的等高线应为一组凸向低处的曲线。

答案：B

13-7-6 **解**：参见等高距的定义。

答案：C

13-7-7 **解**：根据等高线性质，等高线稀疏表示地面坡度平缓，起伏不大。

答案：B

13-7-8 **解**：按西南角坐标的公里数进行分幅，见大比例尺地形图的图幅划分方法。

答案:B

13-7-9 **解**:地形图检查包括图面检查、野外巡视及设站检查,参见地形图的检查工作。

答案:B

13-7-10 **解**:地形图是反映块物的平面位置,地面高低起伏状态的正射投影图。

答案:D

13-7-11 **解**:等高线是闭合的曲线。

答案:A

13-7-12 **解**:比例尺精度是地形图上 0.1mm 的长度相应于地面的水平距离。

答案:D

13-7-13 **解**:等高线可以清晰地表示地面的高低起伏。

答案:C

13-7-14 **解**:山谷是沿着一个方向延伸的洼地,山脊是沿着一个方向延伸的高地。

答案:C

13-7-15 **解**:比例尺越大,地形图所表征的地物与地貌越详细。

答案:A

13-7-16 **解**:$\frac{0.1}{0.2\times10^3}=\frac{1}{M}\Rightarrow M=2000$,故测图比例尺为 1∶2000。

答案:D

13-7-17 **解**:等高线分类有首曲线、计曲线、间曲线、助曲线。

答案:A

13-7-18 **解**:地物点的测定方法有极坐标法、方向交会法、距离交会法、直角坐标法和方向距离交会法。

答案:B

(八)地形图应用

13-8-1 在 1∶2000 地形图上,量得某水库图上汇水面积为 $P=1.6\times10^4\text{cm}^2$,某次降水过程雨量(每小时平均降雨量)$m=50\text{mm}$,降水时间持续($n$)为 2 小时 30 分钟,设蒸发系数 $k=0.5$,按汇水量 $Q=P\cdot m\cdot n\cdot k$ 计算,本次降水汇水量为:

A. $1.0\times10^{11}\text{m}^3$
B. $2.0\times10^4\text{m}^3$
C. $1.0\times10^7\text{m}^3$
D. $4.0\times10^5\text{m}^3$

13-8-2 在 1∶500 地形图上,量得某直线 AB 的水平距离 $d=50.5\text{mm}$,$m_d=\pm0.2\text{mm}$,AB 的实地距离可按公式 $s=500\cdot d$ 进行计算,则 s 的误差 m_s 等于:

A. ±0.1mm　　B. ±0.2mm　　C. ±0.05mm　　D. ±0.1m

13-8-3　已知某地形图的比例尺为1:500，则该图的比例尺精度为：

A. 0.05mm　　B. 0.1mm　　C. 0.05m　　D. 0.1m

13-8-4　既反映地物的平面位置，又反映地面高低起伏状态的正射投影图称为：

A. 平面图　　B. 断面图　　C. 影像图　　D. 地形图

13-8-5　在1/2000地形图上量得M、N两点距离为$d_{MN}=75\text{mm}$，高程为$H_M=137.485\text{m}$、$H_N=141.985\text{m}$，则该两点间的坡度i_{MN}为：

A. +3%　　B. −4.5%　　C. −3%　　D. +4.5%

13-8-6　汇水面积是一系列什么线与指定断面围成的闭合图形面积？

A. 山谷线　　B. 山脊线　　C. 某一等高线　　D. 集水线

题解及参考答案

13-8-1　**解**：因为地形图比例尺为1∶2000，所以$P=2000^2\times1.6\times10^4\text{cm}^2=6.4\times10^6\text{m}^2$，又$m=50\text{mm}=0.05\text{m}$，故$Q=P\cdot m\cdot n\cdot k=6.4\times10^6\times0.05\times2.5\times0.5=4.0\times10^5\text{m}^3$。

答案：D

13-8-2　**解**：根据误差传播定律：$s=Md$，所以$m_s^2=M^2\cdot m_d^2$，$m_s=\pm500\times0.2=\pm100\text{mm}=\pm0.1\text{m}$。

答案：D

13-8-3　**解**：比例尺精度是指地形图上0.1mm所代表的地面水平距离。即

$$0.1\text{mm}\times M=0.1\text{mm}\times500=50\text{mm}=0.05\text{m}$$

答案：C

13-8-4　**解**：根据地形图的定义，地形图是反映地物的平面位置、地面高低起伏状态的正射投影图。

答案：D

13-8-5　**解**：$\dfrac{75\times10^{-3}}{S_{MN}}=\dfrac{1}{2000}\Rightarrow S_{MN}=150\text{m}$，$i_{MN}=\dfrac{H_N-H_M}{S_{MN}}=+3\%$。

答案：A

13-8-6　**解**：汇水面积的确定是由一系列相关的分水线(山脊线)连接而成的闭合曲面的面程。

答案：B

(九)建筑工程测量

13-9-1 建筑物的沉降观测是依据埋设在建筑物附近的水准点进行的，为了相互校核并防止由于某个水准点的高程变动造成差错，一般至少埋设水准点的数量为：

A. 2 个　　B. 3 个　　C. 6 个　　D. 10 个以上

13-9-2 建筑场地较小时，采用建筑基线作为平面控制，其基线点数不应少于多少？

A. 2　　B. 3　　C. 4　　D. 5

13-9-3 建筑施工坐标系的坐标轴设置应与什么线平行？

A. 独立坐标系　　B. 建筑物主轴线
C. 大地坐标系　　D. 建筑物红线

13-9-4 将设计的建筑物位置在实地标定出来作为施工依据的工作称为：

A. 测定　　B. 测绘　　C. 测设　　D. 定线

13-9-5 建筑施工放样测量的主要任务是将图纸上设计的建筑物(构筑物)的位置测设到实地上。需要测设的是建筑物(构筑物)的下列哪一项？

A. 平面　　B. 相对尺寸　　C. 高程　　D. 平面和高程

13-9-6 拟测设距离 $D=49.550\text{m}$，两点间坡度均匀，高差为 1.686m，丈量时的温度为 27℃，所用的钢尺的尺长方程式为 $l_t=30\text{m}+0.004\text{m}+0.0000125(t-20)\times 30\text{m}$，则测设时在地面上应量多少？

A. 49.546m　　B. 49.571m　　C. 49.531m　　D. 49.568m

13-9-7 两点坐标增量为 $\Delta x_{AB}=+42.567\text{m}$ 和 $\Delta y_{AB}=-35.427\text{m}$，则方位角 α_{AB} 和距离 D_{AB} 分别为：

A. $-39°46'10''$，55.381m　　B. $39°46'10''$，55.381m
C. $320°13'50''$，55.381m　　D. $140°13'50''$，55.381m

13-9-8 两红线桩 A、B 的坐标分别为 $x_A=1000.000\text{m}$、$y_A=2000.000\text{m}$，$x_B=1060.000\text{m}$、$y_B=2080.000\text{m}$；欲测设建筑物上的一点 M，$x_M=991.000\text{m}$、$y_M=2090.000\text{m}$。则在 A 点以 B 点为后视点，用极坐标法测设 M 点的极距 D_{AM} 和极角 $\angle BAM$ 分别为：

A. 90.449m、$42°34'50''$　　B. 90.449m、$137°25'10''$
C. 90.000m、$174°17'20''$　　D. 90.000m、$95°42'38''$

13-9-9 建筑物变形观测主要包括下列中的哪些观测？

A. 沉降观测、位移观测　　B. 倾斜观测、裂缝观测
C. 沉降观测、裂缝观测　　D. A 和 B

13-9-10　施工测量中平面点位的测设方法有下列中的哪几种？
①激光准直法；②直角坐标法；③极坐标法；
④平板仪测设法；⑤角度交会法；⑥距离交会法。

A. ①②③④　B. ①③④⑤　C. ②③⑤⑥　D. ③④⑤⑥

13-9-11　高层建筑竖向投测的精度要求随结构形式、施工方法和高度不同而异，其投测方法一般采用下列中的哪几种方法？
①经纬仪投测法；②光学垂准仪法；③极坐标法；
④前方交会法；⑤激光准直仪法；⑥水准仪高程传递法。

A. ①②④　B. ①③⑤　C. ②③⑤　D. ③⑤⑥

题解及参考答案

13-9-1　**解**：根据按《建筑变形测量规范》(JGJ 8—2007)要求，建筑物沉降监测基准点布设一般不少于 3 个。

答案：B

13-9-2　**解**：根据《工程测量规范》(GB 50026—2007)，建筑基线点数应不少于 3 点。

答案：B

13-9-3　**解**：为方便于施工，通常施工坐标系的坐标轴设置应与建筑物主轴线平行。

答案：B

13-9-4　**解**：将地形图上设计的建筑物位置在实地上标定出来的工作称测设，见测设的定义。

答案：C

13-9-5　**解**：它的主要任务是将图纸上设计的平面和高程位置测设到实地上。

答案：D

13-9-6　**解**：30m 钢尺的实际长度：$l_t = 30 + 0.004 + 0.0000125 \times (27 - 20) \times 30 = 30.007\text{m}$；地面上的应丈量距离为：$S_{地} = \sqrt{D^2 + h^2} = 49.579\text{m}$；地面上的钢尺量距读数为：$S_{尺} = \dfrac{30}{30.007} S_{地} = 49.568\text{m}$。

答案：D

13-9-7　**解**：$\tan\alpha_{AB} = \dfrac{\Delta y_{AB}}{\Delta x_{AB}} \Rightarrow \alpha_{AB} = -39°46'10''$，而 α_{AB} 在第四象限，故 $\alpha_{AB} = 360° +$

$(-39°46'10'') = 320°13'50''$；$D_{AB} = \sqrt{(\Delta x_{AB}^2 + \Delta y_{AB}^2)} = 55.381m$。

答案:C

13-9-8 **解**:$D_{AM} = \sqrt{\Delta x_{AM}^2 + \Delta y_{AM}^2} = 90.449m$；$\alpha_{AB} = \arctan \frac{\Delta y_{AB}}{\Delta x_{AB}} = 53°07'48''$，$\Delta y_{AB} > 0$，$\Delta x_{AB} > 0$，在第一象限；$\alpha_{AM} = \arctan \frac{\Delta y_{AM}}{\Delta x_{AM}}$，$\Delta y_{AM} > 0$，$\Delta x_{AM} < 0$，在第二象限，故 $\alpha_{AM} = 95°42'38''$；故$\angle BAM = \alpha_{AM} - \alpha_{AB} = 42°34'50''$。

答案:A

13-9-9 **解**:建筑物变形观测主要包括沉降观测、位移观测、倾斜观测、裂缝观测。

答案:D

13-9-10 **解**:施工测量中平面点位的测设方法有直角坐标法、极坐标法、角度交会法和距离交会法。

答案:C

13-9-11 **解**:高层建筑竖向投测方法一般采用经纬仪投测法、光学垂准仪法和激光准直仪法。

答案:B

十四、土木工程施工与管理

复 习 指 导

1. 复习方法

土木工程施工与管理的内容可分为三大部分，即施工技术、施工组织和施工管理。在复习时，应针对这三部分内容的特点和要求进行。

(1)施工技术部分

此部分主要学习各分部分项工程的施工方法(包括施工工艺、施工的基本要求等)、不同施工方法的适用范围以及主要施工机械设备的类型和特点。

此部分题型以记忆类为多，但不宜死记硬背，应通过运用本专业的基础理论和专业知识加深对施工技术问题的理解和掌握。

(2)施工组织部分

此部分重点学习施工组织设计的概念、分类和应用范围以及流水施工、网络计划技术的基本概念和计算方法。该部分题型包括记忆类、基本概念类和计算类。

(3)施工管理部分

此部分主要针对大纲中的内容，掌握一些基本概念。

2. 解题分析

(1)记忆类的试题：属于技术规范性的题目，主要是背过记住；属于施工工艺性的题目，通过熟悉工艺特点对其进一步理解后，加深记忆。

【例 14-1】 桩数为 4～16 根桩基中的桩，其打桩的桩位允许偏差为：

A. 100mm　　B. 1/2 桩径或边长

C. 150mm　　D. 1/3 桩径或边长

提示：依据《建筑地基基础工程施工质量验收规范》(GB 50202—2002)中第 5.1.3 条表 5.1.3规定，桩数为 4～16 根桩基中的桩，其打桩的桩位允许偏差为 1/2 桩径或边长。

答案：B

此类题属于技术规范性的题目，应熟悉规范，主要以记忆为主。

【例 14-2】 当基坑降水深度超过 8m 时，比较经济的降水方法是：

A. 轻型井点　　B. 喷射井点　　C. 管井井点　　D. 明沟排水法

提示：明沟排水法、一级轻型井点适宜的降水深度为 6m，再深需要二级轻型井点，不经济。管井井点设备费用大。喷射井点设备轻型，而且降水深度可达 8～20m。

答案：B

该题属于施工工艺性的习题。不同降水设备性能不一样，应用条件和范围也不一样，理解后，就不难记忆。

(2)基本概念类的试题：只有基本概念清楚，答题思路才清晰。

【例 14-3】 流水施工中，流水节拍是指下述中的哪一种？

A. 一个施工过程在各个施工段上的总持续时间

B. 一个施工过程在一个施工段上的持续工作时间

C. 两个相邻施工过程先后进入流水施工段的时间间隔

D. 流水施工的工期

提示：流水节拍的含义是指一个施工过程在一个施工段上的持续工作时间。

答案：B

【例 14-4】 全面质量管理要求哪个范围的人员参加质量管理？

A. 所有部门负责人　　B. 生产部门的全体人员

C. 相关部门的全体人员　　D. 企业所有部门和全体人员

提示：全面质量管理的一个基本观点叫"全员管理"。上自经理，下到每一个员工，要做到人人关心企业，人人管理企业。

答案：D

例 14-3、例 14-4 两题题解中，什么是流水步距？什么叫流水节拍？什么是全面质量管理？只要基本概念清楚，问题就会迎刃而解。

(3)计算类的试题：此类题除熟悉计算程序外，仍然需要概念清楚，才能计算无误。

【例 14-5】 某工程按下表要求组织流水施工，相应流水步距 K_{I-II} 及 K_{II-III} 分别应为多少天？

例 14-5 表

施工过程 \ 施工段	一	二	三	四
I	2	3	2	3
II	2	1	2	1
III	2	3	2	1

A. 2,2　　B. 2,3　　C. 3,3　　D. 5,2

提示：该工程组织为非节奏流水施工，相应流水步距 K_{I-II} 及 K_{II-III} 应按"节拍累加数列错位相减取大差"的方法计算。累加数列：

```
 I    2 , 5 , 7 , 10
-II       2 , 3 , 5 , 6
-------------------------
      2   3   4   5  -6

 II   2 , 3 , 5 , 6
-III      2 , 5 , 7 , 8
-------------------------
      2   1   0  -1  -8
```

取大值后：$K_{I-II}=5$，$K_{II-III}=2$。

答案：D

解此题的关键，一是要清楚非节奏流水施工的概念，二是要熟悉"节拍累加数列错位相减取大差"的计算程序。

【例 14-6】 某工程双代号网络图如图所示，工作①→③的自由时差应为：

A. 1d　　B. 2d　　C. 3d　　D. 4d

提示：经计算，工作①→③的紧后工作③→④的最早开始时间是 7d，工作①→③的最早完成时间为 5d。工作①→③的自由时差＝紧后工作的最早开始时间－本工作的最早完成时间＝7－5＝2d。

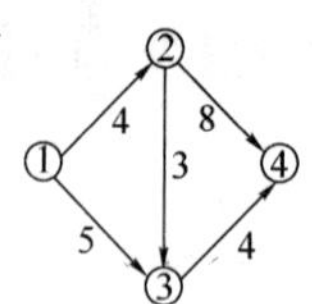

例 14-6 图

答案：B

此题数字计算很简单，关键是要明白"自由时差"的含义，以及"自由时差＝紧后工作的最早开始时间－本工作的最早完成时间"的计算规则。只有概念清楚，计算答案才会正确。

练习题、题解及参考答案

(一)土石方工程与桩基础工程

14-1-1 在湿度正常的粉土及粉质黏土中开挖基坑或管沟，可做成直立壁不加支撑的深度规定是：

A. ≤0.5m　　B. ≤1.0m　　C. ≤1.25m　　D. ≤1.5m

14-1-2 沟槽开挖在 5m 以上时，对松散和湿度很高的土进行土壁支撑，应采用下列中的哪种支撑？

A. 断续式水平挡土板支撑
B. 垂直挡土板式支撑
C. 连续式水平挡土板支撑
D. 断续或连续式水平挡土板支撑

14-1-3 某基坑深度大、土质差、地下水位高，宜采用的土壁支护形式为：

A. 水泥土墙　　B. 土钉墙
C. 钢筋混凝土护坡桩　　D. 地下连续墙

14-1-4 在建筑物稠密且为淤泥质土的基坑支护结构中，其支撑结构宜选用：

A. 自立式(悬臂式)　　B. 锚拉式
C. 土层锚杆　　D. 钢结构水平支撑

14-1-5 基坑工程施工中，对地下水控制的方法不包括：

A. 明排法　　B. 降水法　　C. 截水法　　D. 防水法

14-1-6 当基坑降水深度超过 8m 时，比较经济的降水方法为：

A. 轻型井点　　B. 喷射井点　　C. 管井井点　　D. 集水明排法

14-1-7　在填方工程中，如采用透水性不同的土料分层填筑时，下层宜填筑：

A. 渗透系数极小的填料　　B. 渗透系数较小的填料
C. 渗透系数中等的填料　　D. 渗透系数较大的填料

14-1-8　影响填土压实的主要因素是：

A. 土颗粒大小　　B. 土的含水率
C. 压实面积　　D. 土的类别

14-1-9　具有"后退向下，强制切土"特点的单斗挖土机是什么挖土机？

A. 正铲　　B. 反铲　　C. 抓铲　　D. 拉铲

14-1-10　在要求有抗静电、抗冲击和传爆长度较大洞室爆破时，应采用的方法是：

A. 电力起爆法　　B. 脚线起爆法　　C. 导爆管起爆法　　D. 火花起爆法

14-1-11　按照施工方法的不同，桩基础可以分为：
①灌注桩；②摩擦桩；③钢管桩；④预制桩；⑤端承桩。

A. ①④　　B. ②⑤　　C. ①③⑤　　D. ③④

14-1-12　当钢筋混凝土预制桩运输和打桩时，桩的混凝土强度应达到设计强度的：

A. 50％　　B. 70％　　C. 90％　　D. 100％

14-1-13　预制桩用锤击打入法施工时，在软土中不宜选择的桩锤是：

A. 落锤　　B. 柴油锤　　C. 蒸汽锤　　D. 液压锤

14-1-14　在打桩时，如采用逐排打设，打桩的推进方向应为：

A. 逐排改变　　B. 每排一致
C. 每排从两边向中间打　　C. 对每排从中间向两边打

14-1-15　用锤击沉桩时，为了防止桩受冲击应力过大而损坏，其锤击方式应是：

A. 轻锤重击　　B. 轻锤轻击　　C. 重锤轻击　　D. 重锤重击

14-1-16　对于基础工程中的摩擦桩，打桩的入土深度控制应采用：

A. 控制贯入度　　B. 控制标高为主、贯入度为辅
C. 控制标高　　D. 控制贯入度为主、标高为辅

14-1-17　地下土层构造为砂土和淤泥质土，地下水位线距地面 0.7m，采用桩基础应选择

哪种灌注桩？

A. 套管成孔灌注桩　　B. 泥浆护壁成孔灌注桩
C. 人工挖孔灌注桩　　D. 干作业成孔灌注桩

14-1-18 泥浆护壁成孔过程中，泥浆的主要作用除了保护孔壁、防止塌孔外，还有：

A. 提高钻进速度　　B. 排出土渣
C. 遇硬土层易钻进　　D. 保护钻机设备

14-1-19 为了防止沉管灌注桩发生缩颈现象，可采用哪种方法施工？

A. 跳打法　　B. 分段打设　　C. 复打法　　D. 逐排打

题解及参考答案

14-1-1 **解**：依据规定，开挖基坑或管沟可做成直立壁不加支撑，挖方深度宜为：①砂土和碎石土不大于 1m；②粉土及粉质黏土不大于 1.25m；③黏土不大于 1.5m；④坚硬黏土不大于 2m。

答案：C

14-1-2 **解**：湿度小的黏性土挖土深度小于 3m 时，可用断续式水平挡土板支撑；对松散、湿度大的土壤可用连续式水平挡土板支撑，挖土深度可达 5m；对松散和湿度很高的土可用垂直挡土板支撑，挖土深度不限。

答案：B

14-1-3 **解**：水泥土墙不适用过深的基坑；土钉墙不具备止水功能，且土质差、有地下水时易坍塌；一般钢筋混凝土桩不具备止水功能。故宜用地下连续墙。

答案：D

14-1-4 **解**：自立式在淤泥质土中难以嵌固；锚拉式的锚桩或锚墙需设置在足够远的位置，不适于建筑稠密区；锚杆式在淤泥质土中难以达到足够的锚固力。故宜选用内撑式（包括钢结构水平支撑）。

答案：D

14-1-5 **解**：基坑工程中，控制地下水的方法包括集水明排法、降低地下水水位法和截水疏干法。

答案：D

14-1-6 **解**：集水明排法适于较浅且土体较稳定的基坑；一级轻型井点适宜降水深度 6m，再深需要二级轻型井点，不经济。管井井点设备费用大。喷射井点设备轻型，而且降水深度可达 8～20m，最为适用。

答案：B

14-1-7 **解**：当采用透水性不同的土料进行土方填筑时，应该分层填筑，将透水性较小的土层置于透水性较大的土层之上，以避免蓄水和浸泡基础。

答案：D

14-1-8 **解**：影响填土压实的主要因素有压实功、土的含水率和填土厚度。

答案：B

14-1-9 **解**：正铲挖土机的工作特点是"前进向上，强制切土"，反铲挖土机的特点是"后退向下，强制切土"，拉铲挖土机的特点是"后退向下，自重切土"，抓铲挖土机的特点是"直上直下，自重切土"。

答案：B

14-1-10 **解**：导爆管起爆法具有抗火、抗电、抗冲击、抗水和传爆安全等优点。

答案：C

14-1-11 **解**：桩按施工方法分为预制桩和灌注桩。

答案：A

14-1-12 **解**：钢筋混凝土预制桩运输和打桩时，桩的混凝土强度应达到设计强度的100%，避免预制桩在运输和打桩过程中遭破坏。

答案：D

14-1-13 **解**：在软土中不宜选择柴油锤，因为过软的土中贯入度过大，燃油不易爆发，往往桩锤反跳不起来，会使工作循环中断。

答案：B

14-1-14 **解**：如采用逐排打设，打桩的推进方向应为逐排改变，避免向一侧挤压土体。

答案：A

14-1-15 **解**：当锤击沉桩时，桩锤轻质量小难以使桩下沉，重锤重击桩又因受冲击应力过大而易损坏，一般以采用重锤轻击为宜。

答案：C

14-1-16 **解**：根据《建筑地基基础工程施工规范》(GB 51004—2015)第 5.5.24 条规定，锤击桩终止沉桩应以桩端标高控制为主、贯入度控制为辅。当桩端达到坚硬、硬塑的黏性土，中密以上粉土、砂土、碎石类土及风化岩时，可以贯入度控制为主、桩端标高控制为辅。显然，前者属摩擦桩、后者属端承桩的控制要求。

答案：B

14-1-17 **解**：由于地下土层构造为砂土和淤泥质土，土质软、松散易坍塌，所以人工挖孔灌注桩和干作业及泥浆护壁成孔灌注桩方法都不可取；套管成孔灌注桩采用锤击法沉管时，可用于黏土、淤泥质土、砂土和人工填土等土层施工。

答案:A

14-1-18 **解**:泥浆护壁成孔过程中,泥浆的主要作用是护壁、防止坍孔和排出土渣。

答案:B

14-1-19 **解**:当沉管灌注桩位于淤泥质土时,土质软、松散、易坍塌而发生缩颈现象。为避免缩颈现象发生,一般多采用复打法施工。

答案:C

(二)钢筋混凝土工程与预应力混凝土工程

14-2-1 钢筋进场时,质量检验的内容包括以下的几项:

①质量证明文件;②钢筋外观;③钢筋数量;④抽检力学性能;⑤抽检重量偏差。

A. ①②③④　　B. ②③④⑤
C. ①③④⑤　　D. ①②④⑤

14-2-2 钢筋经冷拉后不得用作构件的:

A. 箍筋　　B. 预应力钢筋　　C. 吊环　　D. 主筋

14-2-3 当受拉钢筋采用焊接或机械连接时,在35倍钢筋直径且不少于500mm的区段内,有接头钢筋截面面积占全部受拉钢筋截面面积的比值不宜大于:

A. 25%　　B. 50%　　C. 75%　　D. 100%

14-2-4 焊接钢筋网片应采用什么焊接方法?

A. 闪光对焊　　B. 点焊　　C. 电弧焊　　D. 电渣压力焊

14-2-5 根据钢筋电弧焊接头方式的不同,焊接可分为:

A. 搭接焊、帮条焊、坡口焊　　B. 电渣压力焊、埋弧压力焊
C. 对焊、点焊、电弧焊　　D. 电渣压力焊、埋弧压力焊、气压焊

14-2-6 箍筋直径为6mm,不考虑抗震要求,$D=5d$,弯钩增长值为:

A. 37mm　　B. 52mm　　C. 96mm　　D. 104mm

14-2-7 图示直径为$d=22$mm的钢筋的下料长度为:

A. 8304mm　　B. 8348mm　　C. 8392mm　　D. 8432mm

14-2-8 钢筋绑扎接头时,受压钢筋绑扎接头搭接长度是受拉钢筋绑扎接头搭接长度的:

A. 0.5倍　　B. 0.7倍　　C. 1倍　　D. 1.2倍

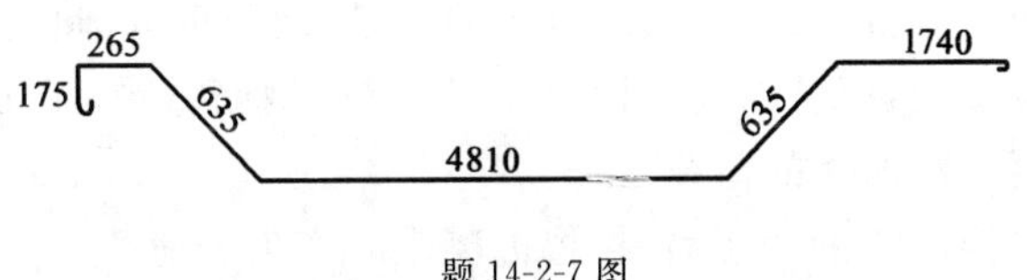

题 14-2-7 图

14-2-9 钢筋绑扎接头的位置应相互错开，从任一绑扎接头中心至搭接长度的 1.3 倍区段范围内，有绑扎接头的受力钢筋截面面积占受力钢筋总截面面积的百分率，对于梁、板、墙类构件不宜超过：

A. 25％　　B. 30％　　C. 40％　　D. 50％

14-2-10 下列有关钢筋代换说法正确的是：

A. 同强度等级钢筋之间的代换，按面积相等的原则代换
B. 构件按最小配筋率配筋时，按强度相等的原则代换
C. 构件配筋受强度控制时，按面积相等的原则代换
D. 仅受抗裂控制的构件，其钢筋可直接代换

14-2-11 现浇混凝土结构剪力墙施工应优先选择：

A. 组合钢模板　　B. 台模　　C. 大模板　　D. 液压滑升模板

14-2-12 滑升模板由下列哪项组成？
①模板系统；②操作平台系统；③滑升系统；④液压系统；⑤控制系统。

A. ①②③　　B. ①④　　C. ③④⑤　　D. ②⑤

14-2-13 在滑升模板提升的过程中，将全部荷载传递到浇筑的混凝土结构上是靠什么设备？

A. 提升架　　B. 支承杆　　C. 千斤顶　　D. 操作平台

14-2-14 滑升模板是由下列中哪几种系统组成的？

A. 模板系统、操作平台系统和液压滑升系统
B. 模板系统、支撑系统和操作平台系统
C. 模板系统、支撑系统和液压滑升系统
D. 支撑系统、操作平台系统和液压滑升系统

14-2-15 在模板和支架设计计算中，对梁模板的底板进行强度（承载力）计算时，其计算荷载组合应为：

A. 模板及支架自重、新浇筑混凝土的重量、钢筋重量、施工人员和浇筑设备、混凝土堆积料的重量

B. 模板及支架自重、新浇筑混凝土的重量、钢筋重量、倾倒混凝土时产生的荷载

C. 模板及支架自重、新浇筑混凝土的重量、钢筋重量、施工人员和浇筑设备、振捣混凝土时产生的荷载

D. 新浇筑混凝土的侧压力、振捣混凝土时产生的荷载

14-2-16 关于梁模板拆除的一般顺序，下面所述哪个正确？

①先支的先拆，后支的后拆；

②先支的后拆，后支的先拆；

③先拆除承重部分，后拆除非承重部分；

④先拆除非承重部分，后拆除承重部分。

A. ①③　　B. ②④　　C. ①④　　D. ②③

14-2-17 跨度为6m的现浇钢筋混凝土梁，当混凝土强度达到设计强度标准值的多少时，方可拆除底模板？

A. 50%　　B. 60%　　C. 75%　　D. 100%

14-2-18 对于悬臂结构构件，底模拆模时要求混凝土强度大于或等于相应混凝土强度标准值的多少？

A. 50%　　B. 75%　　C. 85%　　D. 100%

14-2-19 水泥出厂日期超过三个月时，该水泥应如何处理？

A. 不能使用　　B. 仍可正常使用

C. 降低等级使用　　D. 进行复验，按复验结果使用

14-2-20 设计强度等级低于C60的混凝土强度标准值为$f_{cu,k}$，施工单位的混凝土强度标准差为σ，则混凝土的配制强度为：

A. $0.95f_{cu,k}$　　B. $f_{cu,k}$　　C. $1.15f_{cu,k}$　　D. $f_{cu,k}+1.645\sigma$

14-2-21 下列混凝土中哪种不宜采用自落式混凝土搅拌机搅拌？

A. 塑性混凝土　　B. 粗集料混凝土

C. 重集料混凝土　　D. 干硬性混凝土

14-2-22 混凝土搅拌时间的确定与下列哪几项有关？

①混凝土的和易性；②搅拌机的型号；③水泥品种；④集料的品种。

A. ①②④　　B. ②④　　C. ①②③　　D. ①③④

14-2-23 混凝土运输、浇筑及间歇的全部时间，在温度不超过25℃且掺缓凝剂的情况下，也不允许超过：

A. 4h　　B. 3.5h　　C. 3h　　D. 2.5h

14-2-24　在进行钢筋混凝土框架结构的施工过程中，对混凝土集料的最大粒径的要求，下面正确的是：

A. 不超过结构最小截面的 1/4，钢筋间最小净距的 1/2
B. 不超过结构最小截面的 1/4，钢筋间最小净距的 3/4
C. 不超过结构最小截面的 1/2，钢筋间最小净距的 1/2
D. 不超过结构最小截面的 1/2，钢筋间最小净距的 3/4

14-2-25　钢筋混凝土框架结构施工过程中，混凝土的梁和板应同时浇筑。当梁高超过多少时，为了施工方便，也可以将梁单独浇筑？

A. 0.8　　B. 1.0　　C. 1.2　　D. 1.4

14-2-26　浇筑粗骨料最大粒径大于 25mm 的混凝土时，其自由下落高度不能超过多少？

A. 1m　　B. 3m　　C. 5m　　D. 4m

14-2-27　为保证大体积混凝土结构构件的整体性，对面积及厚度均较大者，宜采用的浇筑方案是：

A. 全面分层　　B. 斜面分层　　C. 分段分层　　D. 局部分层

14-2-28　浇筑混凝土单向板时，施工缝应留置在：

A. 中间 1/3 跨度范围内且平行于板的长边
B. 平行于板的长边的任何位置
C. 平行于板的短边的任何位置
D. 中间 1/3 跨度范围内

14-2-29　浇筑配筋特别稠密的钢筋混凝土剪力墙结构时，最好选用的振捣设备是：

A. 内部振动器　　B. 表面振动器　　C. 外部振动器　　D. 人工振捣

14-2-30　当采用插入式振捣器时，混凝土浇筑层厚度应控制为：

A. 振捣器作用部分长度的 1.25 倍　　B. 150mm
C. 200mm　　D. 250mm

14-2-31　在浇筑混凝土时，施工缝应留设在结构受哪种力的最小处？

A. 拉力　　B. 压力　　C. 剪力　　D. 挤压力

14-2-32　混凝土浇筑后应及时加以覆盖和浇水。使用硅酸盐水泥拌制的混凝土，浇水养护时间不得少于多少天？

A. 3　　B. 7　　C. 9　　D. 14

14-2-33　当室外最低温度低于多少时，不得采用浇水养护方法养护混凝土？

A. 5℃　　B. 4℃　　C. 0℃　　D. －5℃

14-2-34　为检查结构构件混凝土质量所留的试块，每拌制 100 盘且不超过多少立方米的同配合比的混凝土，其取样不得少于一次？

A. 50　　B. 80　　C. 100　　D. 150

14-2-35　由普通硅酸盐水泥拌制的混凝土，其受冻临界强度为设计强度的：

A. 20％　　B. 25％　　C. 30％　　D. 40％

14-2-36　某工程在评定混凝土强度质量时，其中两组试块的试件强度分别为；28. 0MPa、32. 2MPa、33. 1MPa 和 28. 1MPa、33. 5MPa、34. 7MPa，则这两试块的强度代表值为：

A. 32. 2MPa；33. 5MPa　　B. 31. 1MPa；34. 1MPa
C. 31. 1MPa；32. 1MPa　　D. 31. 1MPa；33. 5MPa

14-2-37　关于先张法预应力混凝土施工，下列中哪个规定是正确的？

A. 混凝土强度不得低于 C15　　B. 混凝土必须一次浇灌完成
C. 混凝土强度达到 50％方可放张　　D. 不可成组张拉

14-2-38　先张法施工中，待混凝土强度达到设计强度的多少时，方可放松预应力筋？

A. 60％　　B. 75％　　C. 80％　　D. 90％

14-2-39　预应力筋的张拉程序中，超张拉到 105％ σ_{con} 的目的是：

A. 提高构件刚度　　B. 提高构件抗裂度
C. 减少锚具变形造成的应力损失　　D. 减少预应力筋的松弛损失

14-2-40　后张法施工中，单根粗钢筋作预应力筋时，张拉端宜选用哪种锚具？

A. 螺母锚具　　B. 镦头锚具
C. 夹片锚具　　D. 锥型锚具

14-2-41　现浇框架结构中，厚度为 150mm 的多跨连续预应力混凝土楼板，其预应力施工宜采用：

A. 先张法　　B. 铺设无黏结预应力筋的后张法
C. 预埋螺旋管预留孔道的后张法　　D. 钢管抽芯预留孔道的后张法

14-2-42　后张法施工中，钢丝束做预应力筋时，张拉设备常选用哪种设备？

A. 大孔径穿心式千斤顶　　　　B. 拉杆式千斤顶
C. 锥锚式千斤顶　　　　D. 前卡式千斤顶

14-2-43　后张法施工时，浇筑构件混凝土的同时先预留孔道，待构件混凝土的强度达到设计强度等级的多少后，方可张拉钢筋？

A. 50%　　B. 60%　　C. 75%　　D. 80%

题解及参考答案

14-2-1　**解**：钢筋进场时，应检查产品合格证及出厂检验报告等质量证明文件，全数检查钢筋外观，并抽样检验钢筋的力学性能和重量偏差。

答案：D

14-2-2　**解**：吊环材料应具备很好的延性，不宜用冷加工或其他硬、脆钢材。

答案：C

14-2-3　**解**：《混凝土结构工程施工质量验收规范》(GB 50204—2015)第 5.4.6 条规定，当纵向受力钢筋采用机械接头或焊接接头时，同一连接区段($35d$ 且不少于 500mm)内纵向受力钢筋的接头面积百分率应符合设计要求，当无设计要求时，受拉接头不大于 50%，受压接头可不受限制。

答案：B

14-2-4　**解**：通常焊接钢筋网片，多采用点焊焊接方法。

答案：B

14-2-5　**解**：钢筋焊接方法包括对焊、点焊、电弧焊、电渣压力焊、埋弧压力焊和气压焊等六种。其中根据电弧焊接接头方式的不同，又可分为搭接焊、帮条焊和坡口焊。

答案：A

14-2-6　**解**：不考虑抗震要求时，端部弯钩可为 90°，弯钩平直段可取 $5d$(见解图)。

当 $D=5d$ 时，一个弯钩增加值为：

$\pi(D/2+d/2)/2-(D/2+d)+$平直段长

$=\pi(2.5d+d/2)/2-(2.5d+d)+5d$

$=1.5\pi d-3.5d+5d$

$=6.21d$

$=37.26$mm

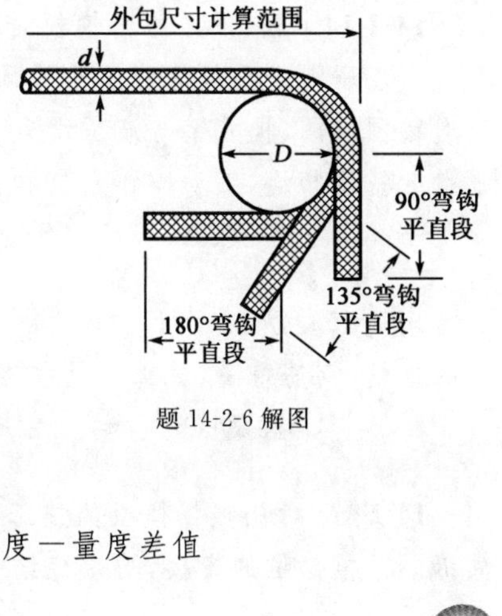

题 14-2-6 解图

答案：A

14-2-7　**解**：钢筋的下料长度=外包尺寸+端头弯钩长度−量度差值

对于本题：

钢筋的下料长度＝175＋265＋2×635＋4810＋1740－4×0.5×22－2×22＋2×5×22
＝8392mm(180°端头弯钩长度为5d)

答案:C

14-2-8 **解**:《混凝土结构工程施工规范》(GB 50666—2011)附录C.0.4规定:钢筋绑扎接头时,受压钢筋绑扎接头搭接长度是受拉钢筋绑扎接头搭接长度的0.7倍。

答案:B

14-2-9 **解**:《混凝土结构工程施工规范》(GB 50666—2011)第5.4.5条规定:同一构件中相邻纵向受力钢筋的绑扎搭接接头宜相互错开。钢筋绑扎搭接接头连接区段的长度为搭接长度的1.3倍。同一连接区段内,纵向受拉钢筋搭接接头面积与全部纵向受力钢筋截面面积的百分率,当设计无具体要求时,对梁类、板类及墙类构件,不宜大于25%。

答案:A

14-2-10 **解**:钢筋代换时,对结构构件受强度控制者,应按强度相等的原则代换;当构件按最小配筋率控制时或同级别、同强度等级钢筋代换,应按面积相等的原则代换;受抗裂性要求控制的构件,需经抗裂性验算后再代换。

答案:A

14-2-11 **解**:剪力墙施工应优先选择大模板,因为其尺寸与墙体相同,拆、立模施工方便,速度快,混凝土内部质量及表面质量也易于保证。

答案:C

14-2-12 **解**:滑升模板由模板系统、操作平台系统及滑升系统组成。液压系统、控制系统均属于滑升系统。

答案:A

14-2-13 **解**:滑升模板系统的全部荷载,最终是靠支承杆传递到混凝土结构上的。

答案:B

14-2-14 **解**:液压滑升模板是由三大基本部分组成:模板系统、操作平台系统和液压滑升系统。液压滑升系统的液压千斤顶沿支撑杆向上爬行,承受着施工过程的全部荷载。模板系统通过围墙圈、提升架与液压滑升系统相连,用于成型混凝土。操作平台系统通过提升架与液压滑升系统相连,带动操作人员和其他施工设备一起向上爬行。

答案:A

14-2-15 **解**:在设计和验算模板、支架时应考虑的荷载为:模板及支架自重、新浇筑混凝土的重量、钢筋重量、施工人员和浇筑设备、振捣混凝土时产生的荷载。

答案:C

14-2-16 **解**:根据模板的施工工艺,拆模的顺序与支模的顺序相反,先支的后拆,后支的先拆。承重部位的模板,必须待结构混凝土达到一定强度后方可拆除,故先拆除非承重部分,后拆除承重部分。

答案:B

14-2-17 **解**:《混凝土结构工程施工规范》(GB 50666—2011)第 4.5.2 条规定，现浇结构的模板及其支架拆除时的混凝土强度，应符合设计要求；当设计无具体要求时，同条件养护的混凝土立方体试件抗压强度应符合本条表 4.5.2 的规定。现浇钢筋混凝土梁，跨度≤8m 时，拆模时应达到设计强度标准值的 75%。

答案:C

14-2-18 **解**:《混凝土结构工程施工规范》(GB 50666—2011)第 4.5.2 条表 4.5.2 规定，悬臂结构构件，底模拆模时要求混凝土强度大于或等于相应混凝土强度标准值的 100%。

答案:D

14-2-19 **解**:《混凝土结构工程施工规范》(GB 50666—2011)第7.6.4条规定，当使用中水泥质量受不利环境影响或水泥出厂超过三个月(快硬硅酸盐水泥超过一个月)时，应进行复验，并按复验结果使用。

答案:D

14-2-20 **解**:《混凝土结构工程施工规范》(GB 50666—2011)第 7.3.2 条规定：当设计强度等级低于 C60 时，配制强度应按下式确定：

$$f_{cu,o} = f_{cu,k} + 1.645\sigma$$

式中：$f_{cu,o}$——混凝土施工配制强度(N/mm^2)；

$f_{cu,k}$——混凝土设计强度标准值(N/mm^2)；

σ——施工单位的混凝土强度标准差(N/mm^2)。

答案:D

14-2-21 **解**:混凝土搅拌机按搅拌机理不同可分自落式和强制式两类。自落式搅拌机采用交流掺和机理，适于搅拌流动性好的塑性混凝土和粗、重集料混凝土。强制式搅拌机采用剪切掺和机理，适于搅拌流动性差的干硬性混凝土和轻集料混凝土等各种混凝土。

答案:D

14-2-22 **解**:混凝土搅拌时间的确定与搅拌机的型号、骨料的品种和粒径以及混凝土的和易性等有关。

答案:A

14-2-23 **解**:《混凝土结构工程施工规范》(GB 50666—2011)表8.3.4-2条规定，混凝土运输、浇筑及间歇总的时间限值为：不掺外加剂时，气温在 25℃以下，180min；高于 25℃，150min。掺外加剂时，气温在 25℃以下，240min；高于 25℃，210min。

答案:A

14-2-24 **解**:《混凝土结构工程施工规范》(GB 50666—2011)第 7.2.3 条第 1 款规定：混凝土粗骨料的最大粒径不得超过结构截面最小尺寸的1/4，钢筋间最小净距的 3/4，不超过实心板厚的1/3,且最大不得超过40mm。

答案:B

14-2-25 **解**:钢筋混凝土框架结构的梁和板,一般情况下同时浇筑可保证结构整体性能好。当梁高大于1m时,梁与板同时浇筑不太方便。可考虑先浇筑梁混凝土。施工缝应留设在板底面以下20～30mm处。

答案:B

14-2-26 **解**:《混凝土结构工程施工规范》(GB 50666—2011)第8.3.6条规定:柱、墙模板内的混凝土浇筑不得发生离析,倾落高度应符合表8.3.6的规定;粗骨料粒径大于25mm时浇筑倾落高度限值≤3m。

答案:B

14-2-27 **解**:为保证大体积混凝土的整体性,避免出现"冷缝",常用浇筑方案有全面分层、斜面分层和分段分层。全面分层适用于平面尺寸不太大的混凝土结构;分段分层适用于厚度不太大而面积较大的混凝土结构;斜面分层适用于厚度及面积均较大的混凝土结构。若结构宽度较大时,常采用多台机械分条同时同步斜面分层浇筑,使结构形成整体。

答案:B

14-2-28 **解**:《混凝土结构工程施工规范》(GB 50666—2011)第8.6.3条2款规定:单向板施工缝应留设在与跨度方向平行的任何位置,即平行于短边的任何位置。

答案:C

14-2-29 **解**:内部振动器常用以振实梁、柱、墙等断面尺寸较小而深度大的构件和体积较大的混凝土。表面振动器仅适用于表面积大而平整、厚度小的结构或预制件。外部振动器适用于钢筋较密、厚度较小以及不宜使用内部振动器的结构和构件中,并要求模板有足够的刚度。所以剪刀墙混凝土最好选用附着(又称外部)振捣器。

答案:C

14-2-30 **解**:《混凝土结构工程施工规范》(GB 50666—2011)第8.4.6条表8.4.6规定:当采用插入式振捣器(振动棒)时,浇筑层最大厚度为振捣器作用部分长度的1.25倍。

答案:A

14-2-31 **解**:施工缝是混凝土结构的薄弱环节,使该部位混凝土的抗剪强度大大削弱,必须给予足够的重视。施工缝的位置在混凝土浇筑之前确定,并宜留置在结构受剪力较小且便于施工的部位。

答案:C

14-2-32 **解**:《混凝土结构工程施工规范》(GB 50666—2011)第8.5.1条规定,混凝土浇筑后应及时进行保湿养护。第8.5.2条第1款对养护时间规定,采用硅酸盐水泥、普通硅酸盐水泥或矿渣硅酸盐水泥配制的混凝土,不应少于7d。

答案:B

14-2-33 **解**:《混凝土结构工程施工规范》(GB 50666—2011)第8.5.3条第3款规定,当日最低温度低于5℃时,不应采用浇水养护。

答案:A

14-2-34 **解**:《混凝土结构工程施工质量验收规范》(GB 50204—2015)第7.4.1条规定:用于检查结构构件混凝土质量的试件,应在混凝土浇筑地点随机抽取制作;每拌制100盘且不超过$100m^3$的同配合比的混凝土,取样不得少于一次;每工作班不足100盘时也不得少于一次;每一层现浇楼层,同配合比的混凝土,其取样也不得少于一次。

答案:C

14-2-35 **解**:《混凝土结构工程施工规范》(GB 50666—2011)第10.2.12条第1款规定:当采用蓄热法、暖棚法、加热法施工时,采用硅酸盐水泥、普通硅酸盐水泥配制的混凝土,不应低于设计混凝土强度等级值的30%;采用矿渣硅酸盐水泥、粉煤灰硅酸盐水泥、火山灰质硅酸盐水泥、复合硅酸盐水泥配制的混凝土,不应低于设计混凝土强度等级值的40%。

答案:C

14-2-36 **解**:混凝土试块试压时,一组三个试件的强度取平均值为该组试件的混凝土强度代表值,当两个试件强度中的最大值或最小值之一与中间值之差超过15%时,取中间值。

答案:D

14-2-37 **解**:用作预应力混凝土结构的混凝土强度等级不宜低于C40,且不应低于C30。先张法施工时,混凝土强度达到75%方可放张,预应力钢筋可成组张拉,混凝土必须一次浇灌完成。

答案:B

14-2-38 **解**:《混凝土结构工程施工规范》(GB 50666—2011)第6.4.3条规定:施加预应力时,混凝土强度应符合设计要求;且同条件下养护的混凝土立方体抗压强度,不应低于设计混凝土强度等级值的75%。

答案:B

14-2-39 **解**:预应力筋的张拉程序中,超张拉至105% σ_{con}的主要目的是为了减少预应力筋的松弛损失。

答案:D

14-2-40 **解**:后张法施工中,张拉端锚具主要有以下几种:螺母锚具,主要用于单根螺蚊钢筋;夹片锚具,主要用于钢绞线或钢绞线束;镦头锚具和锥型锚具,主要用于锚固钢丝束。

答案:A

14-2-41 **解** 先张法不能用于现浇结构。在多跨连续结构构件中预应力筋需曲线形设置,而楼板较薄,难以留设孔道,故宜采用铺设无黏结预应力筋的后张法施工。

答案:B

14-2-42 **解**:后张法施工采用的张拉设备主要有以下几种:拉杆式千斤顶,主要用于张拉单根螺蚊钢筋;大孔径穿心式千斤顶与多孔夹片式锚具配套使用,用来张拉钢绞线束;锥锚式千斤顶主要用来与锥形锚具配套使用，张拉钢丝束。前卡式千斤顶，用于张拉单根钢绞线。

答案:C

14-2-43 **解**:《混凝土结构工程施工规范》(GB 50666—2011)第6.4.3条规定，施加预应力时，混凝土强度应符合设计要求，且同条件下养护的混凝土立方体抗压强度不应低于设计强度等级值的75%。

答案:C

(三)结构吊装工程与砌体工程

14-3-1 下列选项中，不是选用履带式起重机时要考虑的因素是：

A. 起重量　　B. 起重动力设备

C. 起重高度　　D. 起重半径

14-3-2 对履带式起重机各技术参数间的关系，以下描述中错误的是：

A. 当起重臂仰角不变时，随着起重臂长度的增加，起重半径和起重高度增加，而起重量减小

B. 当起重臂长度一定时，随着仰角的增加，起重量和起重高度增加，而起重半径减小

C. 当起重臂长度增加时，起重量和起重半径增加

D. 当起重半径增大时，起重高度随之减小

14-3-3 结构构件吊装的工艺过程一般为：

A. 绑扎、起吊、对位、临时固定、校正和最后固定

B. 绑扎、起吊、临时固定、对位、校正和最后固定

C. 绑扎、起吊、对位、校正、临时固定和最后固定

D. 绑扎、起吊、校正、对位、临时固定和最后固定

14-3-4 单机旋转法吊装钢筋混凝土牛腿柱要求三点共弧是：

A. 柱的绑扎点、柱脚中心和起重机回转中心在同一起重半径圆弧上

B. 柱的绑扎点、柱脚中心和柱基杯口中心在同一起重半径圆弧上

C. 柱的重心、柱脚中心和起重机回转中心在同一起重半径圆弧上

D. 柱的重心、柱脚中心和柱基杯口中心在同一起重半径圆弧上

14-3-5 单层工业厂房牛腿柱吊装临时固定后，需主要校正下述中哪一项？

A. 平面位置　　B. 牛腿顶标高

C. 柱顶标高　　D. 垂直度

14-3-6 屋架采用反向扶直时，起重机立于屋架上弦一边，吊钩对位上弦中心，则吊臂与

吊钩满足下列关系：

A. 升臂升钩　　B. 升臂降钩
C. 降臂升钩　　D. 降臂降钩

14-3-7　屋架吊装时，吊索与水平面的夹角不应小于多少，以免屋架上弦杆受过大的压力？

A. 20°　　B. 30°　　C. 45°　　D. 60°

14-3-8　起重机在厂房内一次开行就安装完一个节间内各种类型的构件，这种吊装方法称为：

A. 旋转法　　B. 滑行法　　C. 分件吊装法　　D. 综合吊装法

14-3-9　关于砌砖工程使用的材料，下列哪条是不正确的？

A. 使用砖的品种、强度等级、外观符合设计要求，并有出厂合格证
B. 对强度等级小于 M5 的水泥混合砂浆，含泥量在 15%以内
C. 石灰膏熟化时间已经超过了 15d
D. 水泥的品种与强度等级符合砌筑砂浆试配单的要求

14-3-10　砌筑砂浆应随拌随用，必须在拌成后多长时间内使用完毕？

A. 3h　　B. 4h　　C. 4h　　D. 6h

14-3-11　砌筑地面以下砌体时，应使用的砂浆是：

A. 混合砂浆　　B. 石灰砂浆　　C. 水泥砂浆　　D. 纯水泥浆

14-3-12　砌体施工质量控制等级可分为下述哪几个等级？

A. 1、2、3　　B. A、B、C　　C. 甲、乙、丙、丁　　D. 优、良、及格

14-3-13　砖砌体的水平防潮层应设在何处？

A. 室内混凝土地面垫层厚度范围内　　B. 室内地坪下三皮砖处
C. 室内地坪上一皮砖处　　D. 室外地坪下一皮砖处

14-3-14　砌砖通常采用“三一砌筑法”，其具体指的是：

A. 一皮砖，一层灰，一勾缝　　B. 一挂线，一皮砖，一勾缝
C. 一块砖，一铲灰，一挤揉　　D. 一块砖，一铲灰，一刮缝

14-3-15　砌砖工程采用铺浆法砌筑和施工期间气温超过 30℃时，铺浆长度分别不得超过多少？

A. 700mm，500mm　　　　B. 750mm，500mm

C. 500mm，300mm　　　　D. 600mm，400mm

14-3-16 砖砌工程中，设计要求的洞口宽度超过多少时，应设置过梁？

A. 300mm　　B. 400mm　　C. 500mm　　D. 600mm

14-3-17 砌体工程中，下列墙体或部位中可以留设脚手眼的是：

A. 120mm 厚砖墙、空斗墙和砖柱

B. 宽度小于 2m，但大于 1m 的窗间墙

C. 门洞窗口两侧 200mm 和距转角 450mm 的范围内

D. 梁和梁垫下及其左右各 500mm 范围内

14-3-18 混合结构 240mm 厚承重墙的最上一皮砖，砖砌台阶水平面及砖砌体挑出层的外皮砖应如何砌筑？

A. 丁砖　　B. 顺砖　　C. 侧砖　　D. 立砖斜砌

14-3-19 构造柱与砖墙接槎处，砖墙应砌成马牙槎，每一个马牙槎沿高度方向尺寸，不应超过：

A. 100mm　　B. 150mm　　C. 200mm　　D. 300mm

14-3-20 砖砌体工程在施工时，相邻施工段的砌筑高度差不得超过一个楼层，也不宜大于多少？

A. 3m　　B. 5m　　C. 4m　　D. 4.5m

14-3-21 正常施工条件下，砖墙的每日砌筑高度不宜超过：

A. 1m　　B. 1.2m　　C. 1.5m　　D. 1.8m

14-3-22 砖砌体砌筑时应做到“横平竖直、砂浆饱满、组砌得当、接搓可靠”。那么水平灰缝的砂浆饱满度应不小于：

A. 80%　　B. 85%　　C. 90%　　D. 95%

14-3-23 在砖砌体施工的质量检验中，对墙面垂直度偏差要求的允许值，每层是：

A. 3mm　　B. 5mm　　C. 8mm　　D. 10mm

14-3-24 砖墙砌体如需留槎时，应留斜槎，如墙高为 H，斜槎长度至少应为：

A. $1H$　　B. $2H/3$　　C. $H/2$　　D. $H/3$

14-3-25 砖墙砌体可留直槎时，应放拉结钢筋，下列哪一条不正确？

A. 每道按每 120mm 墙厚放一根 $\phi 6$ 钢筋且不少于 2 根
B. 拉结钢筋沿墙高每 600mm 设一道
C. 留槎处算起钢筋每边长大于 500mm
D. 端部弯成 90°弯钩

14-3-26 在抗震烈度 6 度、7 度设防地区，砖砌体留直槎时，必须设置拉结筋。下列中哪条叙述不正确？

A. 拉结筋的直径不小于 6mm
B. 每 120mm 墙厚设置一根拉结筋
C. 应沿墙高不超过 500mm 设置一道拉结筋
D. 拉结筋埋入每边墙内长度不小于 500mm，末端有 90°弯钩

14-3-27 在检验砖砌体工程质量中，下列哪一条是符合标准要求的？

A. 窗间墙的通缝皮数不超过 4 皮
B. 每层砖砌体垂直度偏差小于 30mm
C. 水平灰缝砂浆饱满度不小于 80%
D. 拉结筋的直径不小于 10mm

14-3-28 同一验收批砂浆试块抗压强度平均值，按质量标准规定不得低于下述哪个强度？

A. 0.75 倍设计强度　　B. 设计强度
C. 1.10 倍设计强度　　D. 1.15 倍设计强度

14-3-29 施工时所用的小型砌块的产品的龄期不得小于多少天？

A. 7　　B. 14　　C. 28　　D. 30

14-3-30 多排孔小砌块墙体的搭砌长度不得小于块长的 1/3，且不应小于多少？

A. 80mm　　B. 90mm　　C. 100mm　　D. 200mm

14-3-31 按规范规定，首层室内地面以下或防潮层以下的混凝土小型空心砌块，应用混凝土填实孔洞，混凝土的强度等级最低不能小于：

A. C15　　B. C20　　C. C30　　D. C25

14-3-32 在混凝土及钢筋混凝土芯柱施工中，待砌筑砂浆强度大于多少时，方可灌注芯柱混凝土？

A. 0.5MPa　　B. 1MPa　　C. 1.2MPa　　D. 1.5MPa

14-3-33 在卫生间、浴室用加气混凝土砌块砌筑墙体时，墙底部宜现浇混凝土坎台，其高度宜为：

A. 100mm B. 150mm C. 180mm D. 200mm

题解及参考答案

14-3-1 **解**：起重机型号选择需依据其技术性能参数。起重机的主要技术性能参数包括起重量、起重高度和起重半径。因此选用履带式起重机时，"起重动力设备"不是选用履带式起重机时要考虑的因素。

答案：B

14-3-2 **解**：当起重臂仰角不变时，随着起重臂长度增加则起重半径和起重高度增加，而起重量减小；当起重臂长度一定时，随着仰角的增加，起重量和起重高度增加而起重半径减小。

答案：C

14-3-3 **解**：结构构件吊装的工艺过程一般为绑扎、起吊、对位、临时固定、校正和最后固定。

答案：A

14-3-4 **解**：在吊装混凝土牛腿柱的过程中，只有在柱的绑扎点、柱脚中心和柱基杯口中心在同一起重半径圆弧上的条件下，吊机才能原地不动，只通过旋转就可把柱安放到基杯口中。

答案：B

14-3-5 **解**：单层工业厂房牛腿柱的平面位置、牛腿顶标高、柱顶标高确定已在前期准备工作和临时固定中完成，临时固定后，需要校正的主要内容是柱子的垂直度。

答案：D

14-3-6 **解**：升钩为将上弦提起，降臂是增加起重机起吊半径，使屋架竖起，扶直。

答案：C

14-3-7 **解**：《混凝土结构工程施工规范》(GB 50666—2011)第 9.1.3 条规定：预制构件的吊运应采取保证起重设备的主钩位置、吊具及构件重心在竖直方向上重合的措施；吊索与构件水平夹角不宜小于 60°，不应小于 45。

答案：C

14-3-8 **解**：起重机在厂房内一次开行就完成一个跨度内全部构件安装，这种吊装方法称为综合吊装法；一次开行只安装完全厂房某一种构件，下次再安装另一种构件叫分件吊装法。

答案：D

14-3-9 **解**：《砌体结构工程施工规范》(GB 50924—2014)第 4.3.3 条规定，强度等级小于

M5 的水泥混合砂浆，砂中含泥量不应超过 10%。

答案:B

14-3-10 **解**:《砌体结构工程施工质量验收规范》(GB 50203—2011)第 4.0.10 条规定，砂浆应随拌随用，在 3h 内使用完毕；气温超过 30℃时，应在 2h 内使用完毕；否则，超过规定时间砂浆将达初凝，搅动后其黏结强度下降。

答案:A

14-3-11 **解**:地面以下砌体易潮湿，用水硬性的水泥砂浆要比含气硬性石灰的混合砂浆、石灰砂浆合理。

答案:C

14-3-12 **解**:《砌体结构工程施工规范》(GB 50924—2014) 第 A.0.1 条规定：施工前及施工中对承担砌体结构工程施工的总承包商及施工分包商的施工质量控制等级，应分别对其近期施工的工程及本工程施工情况按该规范附表 A.0.1 进行评定及检查。表中砌体工程施工质量控制等级评定按 A、B、C 三级划分。

答案:B

14-3-13 **解**:因为高于或低于室内地坪的水平防潮层及室外地坪以下的防潮层，均不能挡住地下潮湿进入墙体，只有防潮层设在室内混凝土地面厚度范围内，形成整体防潮层，才能起到防潮作用。

答案:A

14-3-14 **解**:“三一砌筑法”，其具体指的是砌砖的一种操作工艺，应为一块砖，一铲灰，一挤揉。

答案:C

14-3-15 **解**:《砌体结构工程施工质量验收规范》(GB 50203—2011) 第 5.1.7 条规定：采用铺浆法砌筑砌体，铺浆长度不得超过 750mm；当施工期间气温超过 30℃时，铺浆长度不得超过 500mm。

答案:B

14-3-16 **解**:《砌体结构工程施工质量验收规范》(GB 50203—2011)第 3.0.11 规定：设计要求的洞口应正确留出或预埋，不得打凿；宽度超过 300mm 的洞口上部，应设置钢筋混凝土过梁。

答案:A

14-3-17 **解**:《砌体结构工程施工规范》(GB 50924—2014)第 3.3.13 条规定，不得在下列墙体或部位设置脚手眼：①120mm 厚墙、料石清水墙和独立柱；②过梁上与过梁成 60°角的三角形范围及过梁净跨度 1/2 的高度范围内；③宽度小于 1m 的窗间墙；④砌体门窗洞口两侧 200mm(石砌体为 300mm)和转角处 450mm(石砌体为 600mm)范围内；⑤梁或梁垫下及其左右 500mm 范围内。

答案:B

14-3-18 **解:**《砌体结构工程施工质量验收规范》(GB 50203—2011) 第 5.1.8 条规定:240mm 厚承重墙的每层墙的最上一皮砖,砖砌体的阶台水平面上及挑出层的外皮砖,应整砖丁砌。

答案:A

14-3-19 **解:**《砌体结构工程施工质量验收规范》(GB 50203—2011) 第 8.2.3 条规定:构造柱与墙体的连接处,墙体应砌成马牙槎,马牙槎凹凸尺寸不宜小于 60mn,高度不应超过 300mm。

答案:D

14-3-20 **解:**《砌体结构工程施工规范》(GB 50924—2014) 第 3.3.15 条规定:相邻施工段的砌筑高度差不得超过一个楼层的高度,也不宜大于 4m。

答案:C

14-3-21 **解:**《砌体结构工程施工规范》(GB 50924—2014)第 6.2.29 条规定,正常施工条件下,砖砌体每日砌筑高度宜控制在 1.5m 或一步脚手架高度内。第 11.1.10 条、第 11.2.3 条规定,冬、雨期施工时,每日砌筑高度不宜超过 1.2m。

答案:C

14-3-22 **解:**根据《砌体结构工程施工规定》(GB 50924—2014)第 6.1.1 条规定,水平灰缝和垂直灰缝的厚度控制在 8~12mm。第 6.2.13 条规定,砖墙的且水平灰缝的砂浆饱满度不得小于 80%,砖柱的水平、竖向灰缝砂浆饱满度均不应小于 90%。

答案:A

14-3-23 **解:**《砌体结构工程施工质量验收规范》(GB 50203—2011) 第 5.3.3 条表 5.3.3 规定:墙面的垂直度偏差允许值为每层 5mm,可用托线板检查。

答案:B

14-3-24 **解:**《砌体结构工程施工质量验收规范》(GB 50203—2011) 第 5.2.3 条规定:对不能同时砌筑而又必须留置的临时间断处应砌成斜槎,普通砖砌体斜槎水平投影长度不应小于高度的 2/3,多孔砖不应小于 1/2。

答案:B

14-3-25 **解:**砖墙砌体砌筑时,如条件所限不能留斜槎时,抗震设防裂度为 7 度及以下地区可留直槎,但需设拉结钢筋。

《砌体结构工程施工质量验收规范》(GB 50203—2011)第 5.2.4 条规定,要求拉结筋每沿墙高间距不得超过 500mm 设置一道;每道按每 120mm 墙厚放一根 $\phi6$ 钢筋且不少于 2 根;钢筋每端压入墙内不小于 500mm,抗震设防者不小于 1000mm。

答案:B

14-3-26 **解:**《砌体结构工程施工质量验收规范》(GB 50203—2011) 第 5.2.4 条规定:非抗震设防及抗震设防烈度为 6 度、7 度地区的临时间断处,当不能留斜槎时,除转角处外,可留直槎,但直槎必须做成凸槎,且应加设拉结钢筋,对抗震设防烈度 6 度、7 度的地区,拉结钢筋埋入长度从留槎处算起每边均不应小于1000mm；末端应有90°弯钩。

答案:D

14-3-27 **解**:除水平灰缝砂浆饱满度不小于80%一条符合标准要求外，其他均与质量标准都不符。

答案:C

14-3-28 **解**:《砌体结构工程施工质量验收规范》(GB 50203—2011)第4.0.12条第1款规定，同一验收批砂浆试块抗压强度平均值，应大于或等于设计强度等级值的1.10倍。

答案:C

14-3-29 **解**:《砌体结构工程施工质量验收规范》(GB 50203—2011)第6.1.3条规定，施工用的小砌块的产品龄期不应小于28d。

答案:C

14-3-30 **解**:《砌体结构工程施工质量验收规范》(GB 50203—2011)第6.1.9条规定：小砌块墙体应孔对孔、肋对肋错缝搭砌。多排孔小砌块的搭接长度可适当调整，但不宜小于小砌块长度的1/3，且不应小于90mm。

答案:B

14-3-31 **解**:《砌体结构工程施工质量验收规范》(GB 50203—2011)第6.1.6条规定：底层室内地面以下或防潮层以下的砌体，应采用强度等级不低于C20(或Cb20)的混凝土灌实小砌块的孔洞。

答案:B

14-3-32 **解**:《砌体结构工程施工质量验收规范》(GB 50203—2011)第6.1.15条规定：芯柱混凝土宜选用专用小砌块灌孔混凝土。浇筑芯柱混凝土时，砌筑砂浆强度应大于1 MPa。

答案:B

14-3-33 **解**:《砌体结构工程施工质量验收规范》(GB 50203—2011)第9.1.6条规定：在厨房、卫生间、浴室等处采用轻集料混凝土小型空心砌块、蒸压加气混凝土砌块砌筑墙体时，墙底部宜现浇混凝土坎台，其高度宜为150mm。

答案:D

(四)施工组织设计

14-4-1 以整个建设项目或建筑群为编制对象，用以指导其施工全过程各项施工活动的综合技术经济文件为：

A. 分部工程施工组织设计　　B. 分项工程施工组织设计
C. 单位工程施工组织设计　　D. 施工组织总设计

14-4-2 单位工程施工组织设计的核心是选择：

A. 工期　　B. 施工机械　　C. 流水作业　　D. 施工方案

14-4-3 确定建筑工程项目的施工程序时，不宜采取的是：

A. 先地下后地上　　B. 先设备后土建
C. 先主体后围护　　D. 先结构后装修

14-4-4 单位工程施工方案选择的内容应为下列中哪一项？

A. 选择施工方法和施工机械，确定工程开展顺序
B. 选择施工方法，确定施工进度计划
C. 选择施工方法和施工机械，确定资源供应计划
D. 选择施工方法，确定进度计划及现场平面布置

14-4-5 在安排各施工过程的施工顺序时，可以不考虑下列中的哪一项？

A. 施工工艺的要求　　B. 施工组织的要求
C. 施工质量的要求　　D. 施工人员数量的要求

14-4-6 编制单位工程施工进度计划时，应首先进行：

A. 划分施工项目　　B. 查定额和计算工程量
C. 确定搭接方式　　D. 确定计划工期

14-4-7 某施工过程采用了新技术，无现成定额。经专家估算，其最短、最长、最可能的施工持续时间分别为12d、22d、14d，则在编制进度计划时，该施工过程的持续时间可定为：

A. 14d　　B. 15d　　C. 18d　　D. 20d

14-4-8 下列中哪一项不是评价单位工程施工进度计划质量的指标？

A. 工期　　B. 资源消耗的均衡性
C. 主要施工机械的利用率　　D. 劳动消耗量

14-4-9 在单位工程施工平面图设计步骤中，首先应考虑下列中的哪一项？

A. 运输道路的布置　　B. 材料、构件仓库、堆场布置
C. 起重机械的布置　　D. 水电管网的布置

题解及参考答案

14-4-1 **解：**只有施工组织总设计是以一个建设项目或建筑群为编制对象，用以指导其施工全过程各项活动的技术、经济综合性文件。单位工程施工组织设计是针对指导单位工程（如一栋楼）施工的技术文件。分部分项工程施工组织设计，同理。

答案:D

14-4-2 解:施工方案是施工组织设计的核心,只有方案确定了,才能决定机械的使用和调配,采用的流水施工方法,从而确定工期长短。

答案:D

14-4-3 解:确定建筑工程项目的施工程序时,一般应遵循"先地下后地上""先土建后设备""先主体后围护""先结构后装修"的原则。

答案:B

14-4-4 解:单位工程施工方案选择的主要内容是选择施工方法和施工机械,确定工程施工顺序。

答案:A

14-4-5 解:施工人员的数量与施工顺序关系不大。

答案:D

14-4-6 解:单位工程施工进度计划的编制步骤是:划分施工项目→计算工程量→计算劳动量和机械台班量→确定各项目的作业时间→编制初始计划→检查调整,编制正式计划。

答案:A

14-4-7 解:应采用三时估算法确定持续时间。即:

$$持续时间=\frac{最短时间+最长时间+4\times最可能时间}{6}=\frac{12+22+4\times14}{6}=15\text{d}$$

答案:B

14-4-8 解:劳动消耗量反映劳动力耗用情况,与单位工程施工进度计划质量的评价关系不大。

答案:D

14-4-9 解:在单位工程施工平面图设计步骤中,首先应考虑起重机械的布置,只有重机械的位置、起吊半径范围确定了,材料、构件仓库、堆场布置等才可确定。

答案:C

(五)流水施工原理

14-5-1 在有关流水施工的概念中,下列正确的是:

A. 对于无节奏专业流水施工,同一工作队在相邻施工段上的施工,可以间断
B. 有节奏专业流水的垂直进度图表中,各个施工相邻过程的施工进度线是相互平行的
C. 在组织搭接施工时,应先计算相邻施工过程的流水步距
D. 对于无节奏专业流水施工,各施工段上允许出现暂时没有工作队投入施工的现象

14-5-2 流水施工中，流水节拍是指下列叙述中的哪一种？

A. 一个施工过程在各个施工段上的总持续时间
B. 一个施工过程在一个施工段上的持续工作时间
C. 两个相邻施工过程先后进入流水施工段的时间间隔
D. 流水施工的工期

14-5-3 某施工段的工程量为200单位，可安排的施工队人数为25人，每人每天完成0.8个单位，则该队在该段中的流水节拍应是：

A. 12d　　B. 8d　　C. 10d　　D. 6d

14-5-4 下列哪项不属于确定流水步距的基本要求？

A. 始终保持两个施工过程的先后工艺顺序
B. 保持各施工过程的连续作业
C. 始终保持各工作面不空闲
D. 使前后两施工过程施工时间有最大搭接

14-5-5 在施工段的划分中，下列中哪项要求是不正确？

A. 施工段的分界同施工对象的结构界限尽量一致
B. 各施工段上所消耗的劳动量尽量相近
C. 要有足够的工作面
D. 分层又分段时，每层施工段数应少于施工过程数

14-5-6 对有技术间歇的分层分段流水施工，最少施工段数与施工过程数相比，应：

A. 小于　　B. 等于　　C. 大于　　D. 小于、等于

14-5-7 某二层楼进行固定节拍专业流水施工，每层施工段数为3，施工过程有3个，流水节拍为2d，流水工期为：

A. 16d　　B. 10d　　C. 12d　　D. 8d

14-5-8 在加快成倍节拍流水中，任何两个相邻施工队间的流水步距应是所有流水节拍的？

A. 最小值　　B. 最小公倍数　　C. 最大值　　D. 最大公约数

14-5-9 某流水施工组织成加快成倍节拍流水，施工段数为6，甲、乙、丙三个施工过程的流水节拍分别为1d、2d和3d，其流水工期为：

A. 8d　　B. 10d　　C. 11d　　D. 16d

14-5-10 某工程按下表要求组织流水施工，相应流水步距 K_{I-II} 及 K_{II-III} 分别应为多少天？

题 14-5-10 表

施工段 施工过程	一	二	三	四
I	2	3	2	3
II	2	1	2	1
III	2	3	2	1

A. 2,2　　B. 2,3　　C. 3,3　　D. 5,2

14-5-11 上题中的流水工期为：

A. 10d　　B. 12d　　C. 15d　　D. 18d

题解及参考答案

14-5-1 **解**：流水施工中：

①无节奏流水施工，一般要求工作队不间断；

②有节奏专业流水施工的垂直进度图表中，各个施工相邻过程的施工进度线不一定都平行；

③搭接施工不需要计算相邻施工过程的步距，而是以工艺顺序先后为依据；

④对于无节奏专业流水施工，各施工段上允许出现暂时没有工作队投入施工的现象。

答案：D

14-5-2 **解**：流水节拍的含义是指一个施工过程在一个施工段上的持续工作时间。

答案：B

14-5-3 **解**：流水节拍的大小与施工段的工程量、施工队人数及劳动定额有关。

流水节拍＝施工段的工程量/(施工队人数×劳动定额)＝200/(25×0.8)＝10d。

答案：C

14-5-4 **解**：确定流水步距应考虑始终保持两个施工过程的先后工艺顺序、保持各施工过程的连续作业、使前后两施工过程施工时间有最大搭接，但是，允许有工作面空闲。

答案：C

14-5-5 **解**：在施工段的划分中，要求施工段的分界同施工对象的结构界限尽量一致，各施工段上所消耗的劳动量尽量相近，施工段上要有足够的工作面；分层又分段时，每层施工段数应大于或等于施工过程数，少于施工过程数会产生窝工现象是不正确的。

答案：D

14-5-6 **解**：对有技术间歇的分层分段流水施工，最少施工段数应大于施工过程数。必须为技术间歇留出适当空间，否则，会造成窝工。

答案:C

14-5-7 **解**:固定节拍专业流水,流水步距 $K=t=2$。流水工期$=(rm+n-1)K=(2\times3+3-1)\times2=16\text{d}$。

答案:A

14-5-8 **解**:在加快成倍节拍流水中,任何两个相邻施工队间的流水步距等于各施工过程流水节拍的最大公约数。

答案:D

14-5-9 **解**:加快成倍节拍流水,流水步距取各施工过程流水节拍的最大公约数,即 $K=1$。甲的施工队数为 $1/1=1$ 个,乙为 $2/1=2$ 个,丙为 $3/1=3$ 个。流水工期$=(m+\sum b_i-1)K=(6+6-1)\times1=11\text{d}$。

答案:C

14-5-10 **解**:该工程组织为无节奏流水施工,相应流水步距 $K_{\text{I-II}}$ 及 $K_{\text{II-II}}$ 应按"节拍累加数列错位相减取大差"的方法计算。累加数列

$$\begin{array}{lccccc} \text{I} & 2, & 5, & 7, & 10 & \\ -\text{II} & & 2, & 3, & 5, & 6 \\ \hline & 2 & 3 & 4 & 5 & -6 \end{array} \qquad \begin{array}{lccccc} \text{II} & 2, & 3, & 5, & 6 & \\ -\text{III} & & 2, & 5, & 7, & 8 \\ \hline & 2 & 1 & 0 & -1 & -8 \end{array}$$

取大值后

$$K_{\text{I-II}}=5 \qquad K_{\text{II-III}}=2$$

答案:D

14-5-11 **解**:无节奏流水(即分别流水法)的工期为:

$$T=\sum K+\sum t_n+\sum S-\sum C=(5+2)+8+0-0=15\text{d}$$

答案:C

(六)网络计划技术

14-6-1 双代号网络计划的三要素是:

A. 时差、最早时间和最迟时间　　B. 总时差、局部时差和计算工期
C. 箭线、节点和线路　　D. 箭线、节点和关键线路

14-6-2 双代号网络计划中引入虚工作的一个原因是为了表达什么?

A. 表达不需消耗时间的工作
B. 表达不需消耗资源的工作
C. 表达工作间的逻辑关系
D. 节省箭线和节点

14-6-3 在网络计划中,下列哪项为零,则该工作必为关键工作?

A. 自由时差　　B. 总时差　　C. 时间间隔　　D. 工作持续时间

14-6-4　某项工作有两项紧后工作 D 和 E，D 的最迟完成时间是 20d，持续时间是 13d；E 的最迟完成时间是 15d，持续时间是 10d。则本工作的最迟完成时间是：

A. 20d　　B. 15d　　C. 5d　　D. 13d

14-6-5　某工程双代号网络计划如图所示，工作①→③的局部时差为：

A. 1d　　B. 2d

C. 3d　　D. 4d

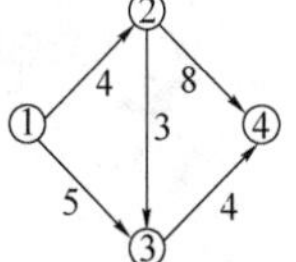

题 14-6-5 图

14-6-6　在网络计划中，若某工序的总时差为 5d，局部时差（自由时差）为 3d，则在不影响后续工作最早开始时间的前提下，该工序所具有的最大机动时间为：

A. 2d　　B. 3d　　C. 5d　　D. 8d

14-6-7　双代号网络计划中，某非关键工作的拖延时间不超过自由时差，则应有下列中哪种结果？

A. 后续工作最早可能开始时间不变

B. 仅改变后续工作最早可能开始时间

C. 后续工作最迟必须开始时间改变

D. 紧后工作最早可能开始时间改变

14-6-8　双代号网络计划中，某非关键工作被拖延了 2d，其自由时差为 1d，总时差为 3d，则会出现下列中哪项结果？

A. 后续工作最早可能开始时间不变

B. 将改变后续工作最早可能开始时间

C. 会影响总工期

D. 要改变紧前工作的最早可能开始时间

14-6-9　在单代号网络计划中，用下列中哪项表示工作之间的逻辑关系？

A. 虚箭线　　B. 实箭线

C. 节点　　D. B 与 C

14-6-10　单代号网络计划中，某工作最早完成时间与其紧后工作的最早开始时间之差为：

A. 总时差　　B. 自由时差　　C. 虚工作　　D. 时间间隔

14-6-11　对工程网络计划进行优化的目的，以下说法不正确的是：

A. 使工期符合要求　　B. 寻求最低成本的工期

C. 使总资源用量最少　　D. 使资源强度最低

14-6-12　进行资源有限—工期最短优化时，当将某工作移出超过限量的资源时段后，计算发现工期增量小于零，以下说明正确的是：

A. 总工期会延长　　B. 总工期会缩短

C. 总工期不变　　D. 这种情况不会出现

题解及参考答案

14-6-1　**解**：箭线、节点组成了基本网络图形，由起点节点到终点节点又形成了多条线路，诸条线路中可找出一条关键线路。故线路、箭线、节点是网络图的最基本要素。

答案：C

14-6-2　**解**：双代号网络图中的虚工作，一个重要的作用就是正确表达工作间的逻辑关系。

答案：C

14-6-3　**解**：网络计划时间参数计算中，总时差为零（当零为总时差的最小值时）的工作必在关键线路上，则必为关键工作。

答案：B

14-6-4　**解**：本工作的最迟完成时间等于各紧后工作最迟开始时间中取小值，经计算得：D的最迟开始时间＝D的最迟完成时间－D的持续时间，即20－13＝7d，E的最迟开始时间＝E的最迟完成时间－E的持续时间＝15－10＝5d，本工作的最迟完成时间为7与5的小值，等于5d。

答案：C

14-6-5　**解**：双代号网络计划中，某工作的局部时差（又称自由时差）等于其紧后工作最早开始时间的最小值减去本工作最早完成时间。经计算，工作①→③的紧后工作只有③→④，它的最早开始时间是7d（①→②加②→③＝4d＋3d＝7d），工作①→③的最早完成时间为5d。工作①→③的局部时差＝紧后工作的最早开始时间－本工作的最早完成时间＝7－5＝2d。

答案：B

14-6-6　**解**：总时差是指在不影响工期的前提下，一项工作可以利用的机动时间。自由时差是指在不影响其紧后工作最早开始时间的前提下，该项工作可以利用的最大机动时间，应为局部时差3d。

答案：B

14-6-7　**解**：非关键工作的拖延时间不超过自由时差，将不影响其他任何工作正常进行。故其后续工作最早可能开始时间不会发生变化。

答案：A

14-6-8　**解**：某非关键工作被拖延的天数，当不超过其自由时差时，其后续工作最早可能开始时间不变；当超过其自由时差，但没超过其总时差，将改变后续工作最早可能开始时间，但是，不会影响总工期。

答案：B

14-6-9 **解：**在单代号网络图中，用节点表示工作，用实箭线表示工作之间的逻辑关系。

答案：B

14-6-10 **解：**在网络图中，某工作最早完成时间与其紧后工作的最早开始时间之差，是它们之间的时间间隔。而与其各紧后工作最早开始时间的最小值之差才是自由时差。

答案：D

14-6-11 **解：**网络计划优化的目标包括工期、费用和资源。其中，工期优化达到要求工期；费用优化主要是寻求最低成本时的工期及其进度安排；资源优化是使资源按时间分布合理，强度降低。

答案：C

14-6-12 **解：**资源有限—工期最短优化，是将超过资源限量时段内的一项或几项工作后移至使用相同资源工作完成之后进行。调整时需选择工期延长值最小的移动方案。当所计算的工期延长值为正值时，工期将延长流值；当所计算的工期延长值为负值或零时，则该调整方案对工期无影响，即总工期不变。

答案：C

（七）施工管理

14-7-1 将职能原则和对象原则结合，使职能部门的优势和项目组织的优势均能发挥的施工组织形式是：

A. 部门控制式　　B. 工作队式　　C. 矩阵式　　D. 事业部式

14-7-2 图纸会审工作是属于哪方面的管理工作？

A. 计划管理　　B. 现场施工管理　　C. 技术管理　　D. 劳资管理

14-7-3 全面质量管理要求哪个范围的人员参加质量管理？

A. 所有部门负责人　　B. 生产部门的全体人员
C. 相关部门的全体人员　　D. 企业所有部门和全体人员

14-7-4 检验批验收的项目包括：

A. 主控项目和一般项目　　B. 主控项目和合格项目
C. 主控项目和允许偏差项目　　D. 优良项目和合格项目

14-7-5 竣工验收的组织者是：

A. 施工单位　　B. 建设单位　　C. 设计单位　　D. 质检单位

14-7-6　下列中哪种文件不是竣工验收的依据？

A. 施工图纸　　B. 有关合同文件
C. 设计修改签证　　D. 施工日志

题解及参考答案

14-7-1　**解**：矩阵式组织管理形式吸收了部门控制式和工作队式的优点，发挥职能部门的纵向优势和项目组织的横向优势，把职能原则和对象原则结合起来，形成的一种纵向职能机构和横向项目机构相交叉的“矩阵”型组织形式。

答案：C

14-7-2　**解**：图纸会审工作是属于技术管理方面的工作。在技术管理制度中，包括了施工图纸学习与会审制度。

答案：C

14-7-3　**解**：全面质量管理的一个基本观点叫“全员管理”。上自经理，下到每一个员工，要做到人人关心企业，人人管理企业。

答案：D

14-7-4　**解**：《建筑工程施工质量验收统一标准》(GB 50300—2013)第 3.0.6 条第 3 款规定，检验批的质量应按主控项目和一般项目验收。

答案：A

14-7-5　**解**：竣工验收工作是由建设单位组织，会同施工单位、设计单位等进行的。

答案：B

14-7-6　**解**：竣工验收的依据包括批准的计划任务书、初步设计、施工图纸、有关合同文件及设计修改签证等。施工日志仅为施工单位自己的记录，不作为竣工验收的依据。

答案：D

十五、结 构 力 学

复习指导

1. 平面体系的几何组成分析

要能正确地认知和表述与组成分析有关的名词概念，掌握无多余约束几何不变体系的组成规则，对常见结构能进行几何构造性质的分析，理解结构的几何特性与静力特性的关系。

2. 静定结构的受力分析与特性

静定结构的受力分析与计算非常重要，一定要注重概念，多做练习，力求把基础打好。要注意理解静定结构的基本特征与一般性质，并能灵活运用。静定结构反力、内力计算的关键是恰当选取隔离体和平衡方程，结构受力分析时要与结构的组成分析相联系，从中找出计算的途径，一定要注意通过练习，提高恰当选取隔离体与灵活运用平衡方程的能力。熟练掌握静定梁与静定刚架反力、内力的计算与弯矩图的绘制，掌握静定桁架与组合结构的内力计算，理解三铰拱的力学特性及合理拱轴的概念。注意对称性的利用。

3. 结构的位移计算

结构位移计算的理论基础是虚功原理。要理解虚功、广义力、广义位移等概念，理解虚功原理的内容及应用条件，掌握用单位荷载法求位移的过程与方法，重点掌握应用图形相乘法计算梁和刚架指定截面的位移，会计算支座移动和温度变化引起的位移，注意对称性的利用，理解互等定理的内容及其应用。

4. 超静定结构的受力分析与特性

要注意理解超静定结构的基本特征与一般性质，会判断结构的超静定次数。掌握力法、位移法及力矩分配法，懂得其物理概念及求解过程，对于常见的各种系数如柔度系数、刚度系数(转动刚度系数、侧移刚度系数)、力矩分配系数、传递系数等，要懂得其物理概念并掌握计算方法，方法常用的有关数据要记住。注意对称性的利用，会取对称结构的半结构计算简图。

5. 结构的动力特性与动力反应

通过自由振动的研究掌握动力特性，注意分析影响动力特性的因素(质量与刚度)。掌握单自由度体系自振频率、周期的概念及计算；掌握在简谐荷载作用下动力系数的概念及计算，以及动位移、动内力的计算。了解阻尼对振动的影响。

练习题、题解及参考答案

（一）平面体系的几何组成分析

15-1-1 图示体系是几何：

A. 可变的体系　　B. 不变且无多余约束的体系

C. 瞬变的体系　　D. 不变，有一个多余约束的体系

15-1-2 图示平面体系，多余约束的个数是：

A. 1 个　　B. 2 个　　C. 3 个　　D. 4 个

15-1-3 图示体系是几何：

A. 不变，有两个多余约束的体系　　B. 不变且无多余约束的体系

C. 瞬变的体系　　D. 不变，有一个多余约束的体系

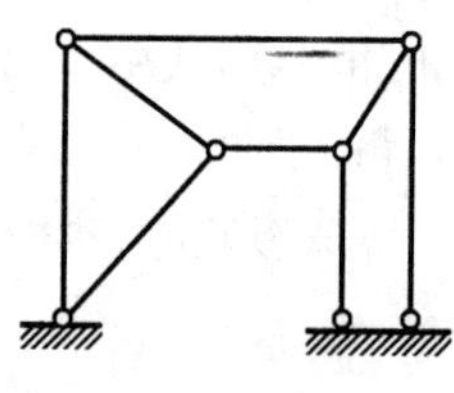

题 15-1-1 图

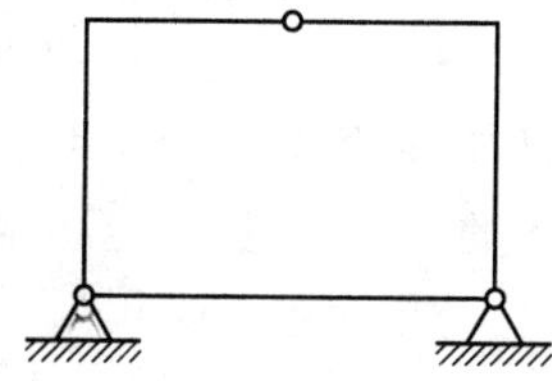

题 15-1-2 图

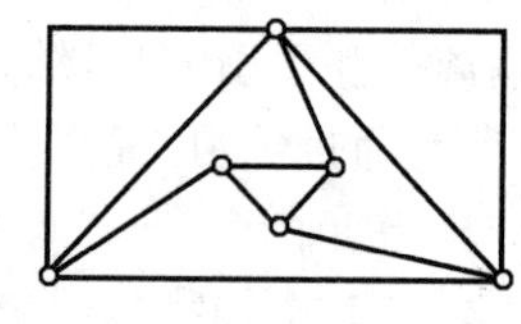

题 15-1-3 图

15-1-4 图示体系的几何组成为：

A. 常变体系　　B. 瞬变体系

C. 无多余约束的几何不变体系　　D. 有多余约束的几何不变体系

15-1-5 图示体系是几何：

A. 不变的体系　　B. 不变且无多余约束的体系

C. 瞬变的体系　　D. 不变，有一个多余约束的体系

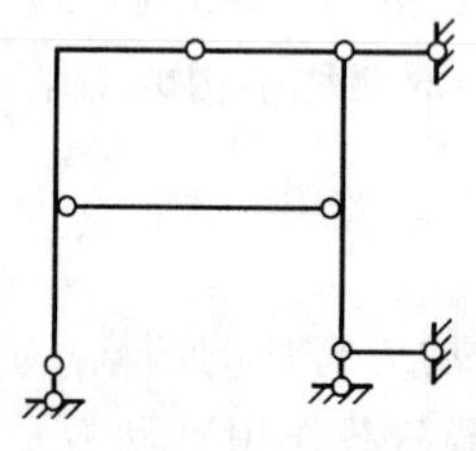

题 15-1-4 图

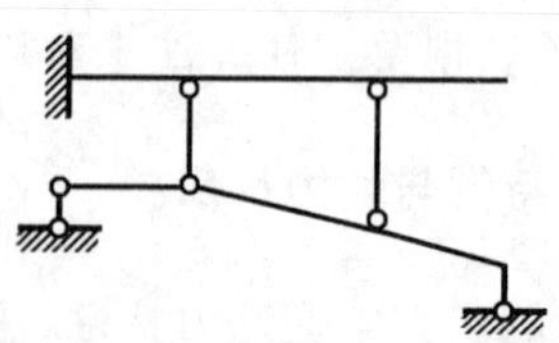

题 15-1-5 图

15-1-6 图示体系是几何：

A. 不变的体系　　B. 不变且无多余约束的体系

C. 瞬变的体系　　D. 不变，有一个多余约束的体系

15-1-7 图示体系是几何：

A. 不变的体系　　B. 不变且无多余约束的体系

C. 瞬变的体系　　D. 不变，有一个多余额约束的体系

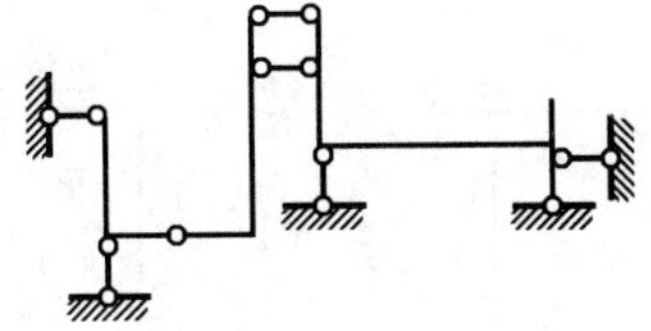

题 15-1-6 图

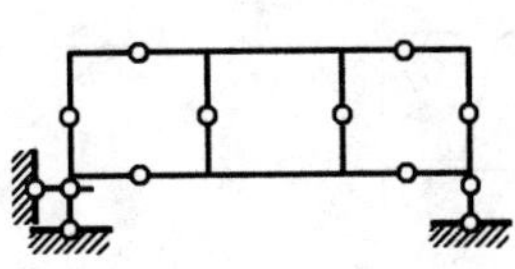

题 15-1-7 图

15-1-8 三个刚片用三个铰(包括虚铰)两两相互连接而成的体系是：

A. 几何不变　　B. 几何常变

C. 几何瞬变　　D. 几何不变或几何常变或几何瞬变

15-1-9 连接三个刚片的铰结点，相当于约束个数为：

A. 2 个　　B. 3 个　　C. 4 个　　D. 5 个

15-1-10 在图示体系中，视为多余联系的三根链杆应是：

A. 5、6、9　　B. 5、6、7　　C. 3、6、8　　D. 1、6、7

15-1-11 对图示体系作几何组成分析时，用三刚片组成规则进行分析。则三个刚片应是：

A. △143，△325，基础　　B. △143，△325，△465

C. △143，杆 6-5，基础　　D. △352，杆 4-6，基础

15-1-12 图示体系为几何不变体系，且其多余联系数目为：

A. 1　　B. 2　　C. 3　　D. 4

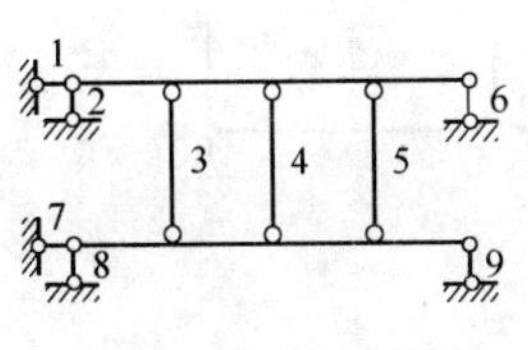

题 15-1-10 图

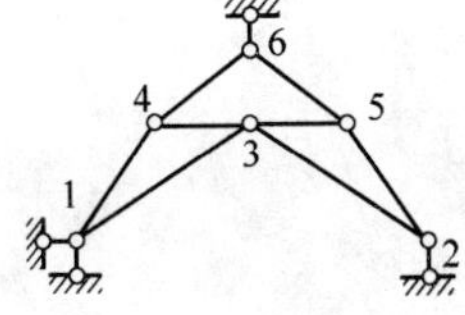

题 15-1-11 图

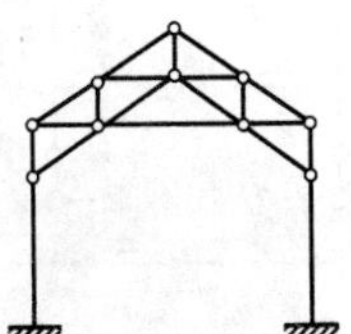

题 15-1-12 图

15-1-13 判断下列各图所示体系的几何构造性质为：

A. 几何不变无多余约束　　B. 几何不变有多余约束

C. 几何常变　　D. 几何瞬变

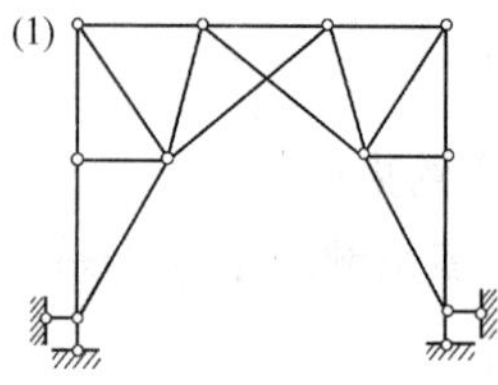

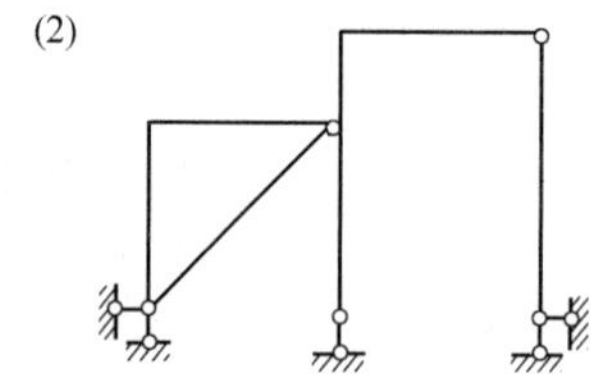

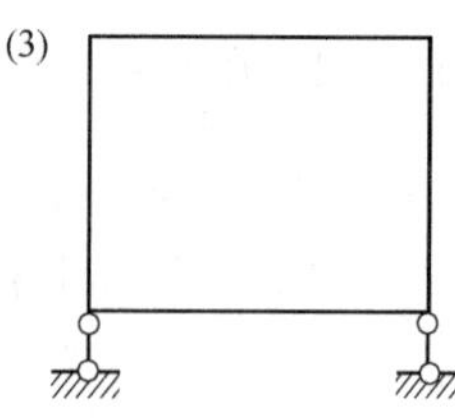

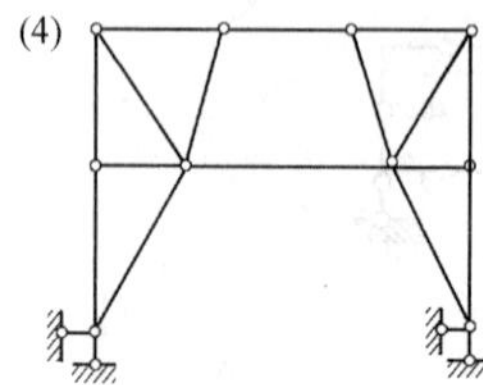

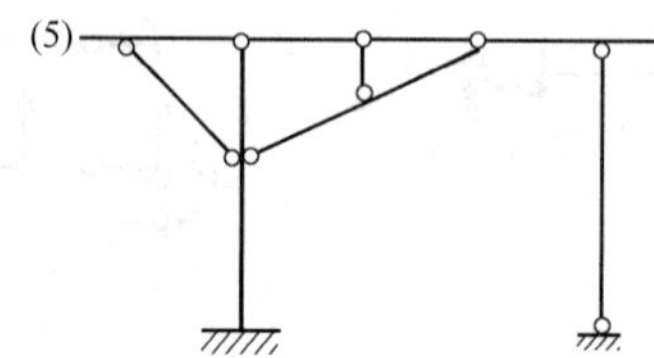

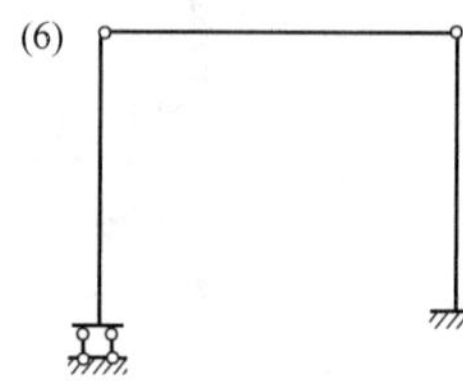

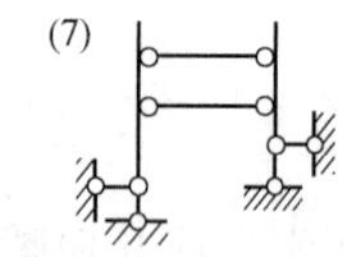

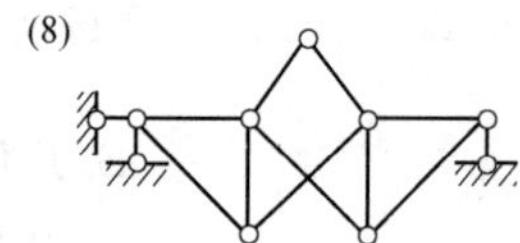

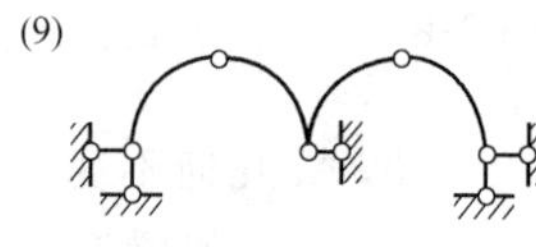

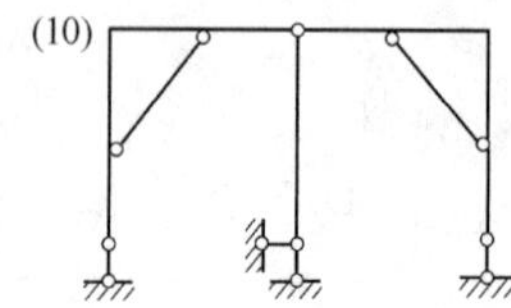

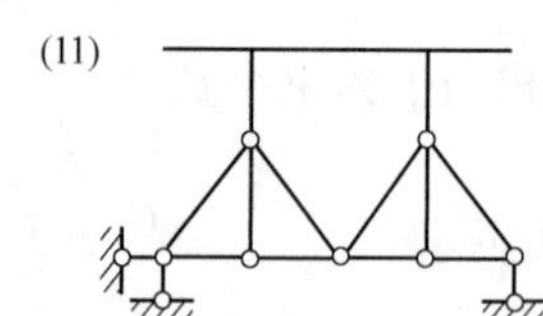

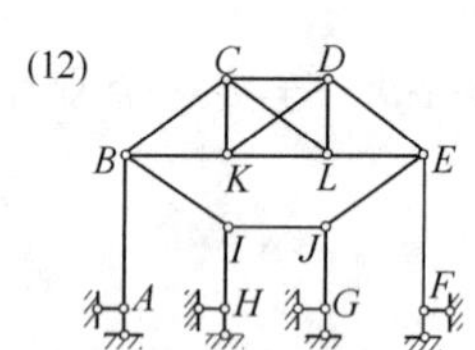

题 15-1-13 图

15-1-14 图示体系的几何构造性质是：

A. 几何不变，无多余约束　　B. 几何不变，有多余约束

C. 几何常变　　D. 瞬变

15-1-15 图示体系的几何构造性质是：

A. 无多余约束的几何不变体系　　B. 有多余约束的几何不变体系

C. 几何常变体系　　D. 几何瞬变体系

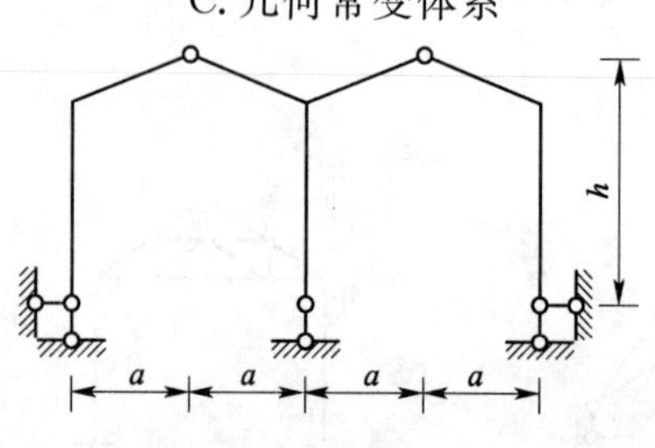

题 15-1-14 图

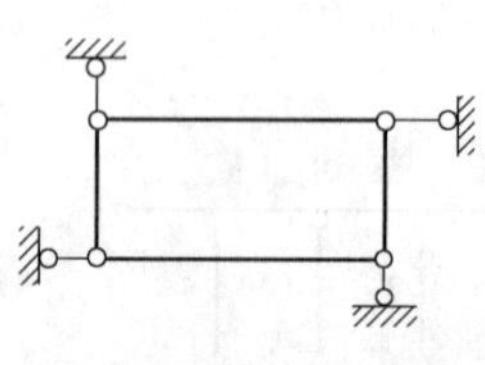

题 15-1-15 图

题解及参考答案

15-1-1 **解**:将两个水平链杆及地面分别作为刚片,用三刚片规则分析。找出连接上水平链杆与下水平链杆的虚铰,连接下水平链杆与地面的虚铰,及连接上水平链杆与地面的虚铰(无限远),三铰不共线,可知体系几何不变无多余约束。

答案:B

15-1-2 **解**:若去掉两支座间的水平链杆即为三铰刚架,故原体系几何不变有一个多余约束。

答案:A

15-1-3 **解**:此结构没有支座属可变体系,只能按"体系内部"求解。小铰接三角形与大铰接三角形用不交于一点的三链杆相连,组成内部几何不变体系且无多余约束。两边的折线杆件为多余约束。

答案:A

15-1-4 **解**:见解图,先将刚片 I 用不交于一点的三链杆与基础连接,形成包含基础的大刚片,再用不交于一点的三链杆与刚片 II 连接。原体系为无多余约束的几何不变体系。

答案:C

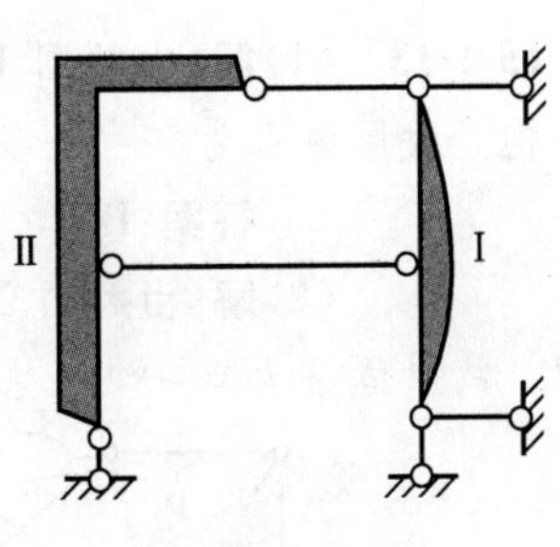

题 15-1-4 解图

15-1-5 **解**:去掉左下边的二元体。水平杆与基础刚接组成一刚片(包括下边基础),与斜折杆刚片用一铰二杆(不过铰)连接,组成有一个多余约束的几何不变体系。

答案:D

15-1-6 **解**:右部为有一个多余约束的几何不变体系,再与左部按三刚片规则用不共线的三个铰两两连接。

答案:D

15-1-7 **解**:图 a)用两刚片规则分析,有一个多余约束。再在左右端各加一个二元体形成图 b)。再与基础按两刚片规则连接。原题为几何不变体系,有一个多余约束。

答案:D

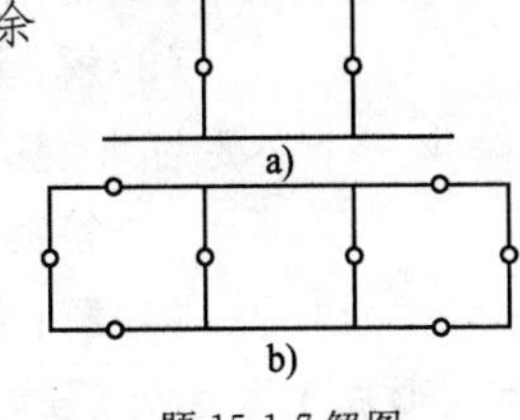

题 15-1-7 解图

15-1-8 **解**:需视三铰是否共线。

答案:D

15-1-9 **解**:相当于两个单铰。

答案:C

15-1-10 **解**:易知 1、7 为必要联系,可先排除选项 D、B。

答案:C

15-1-11 **解**:铰结三角形不一定都当成刚片,交于点 6 的杆必须有一杆当成刚片。

答案:D

15-1-12 **解**:若按下图所示去掉两个链杆即为静定结构,故原题有两个多余约束。

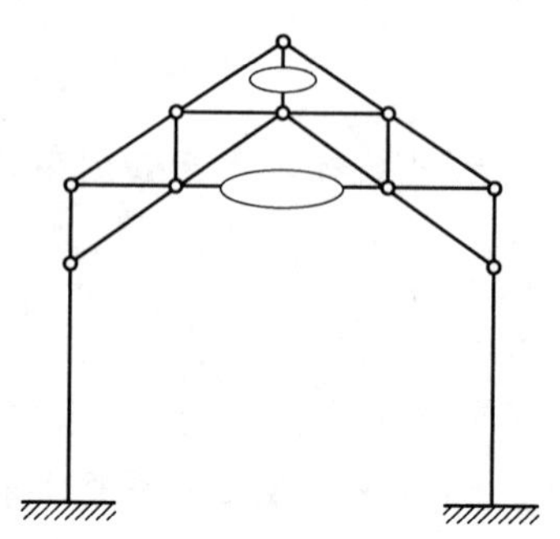

题 15-1-12 解图

答案:B

15-1-13 (1)**解**:由解图 1 可以看出,若去掉中间水平链杆即为符合三刚片规则组成的静定结构。故原体系为有一个多余约束的几何不变体系。

答案:B

(2)**解**:由解图 2 可以看出,若去掉右下斜链杆即为符合两刚片规则组成的静定结构。故原体系为有一个多余约束的几何不变体系。

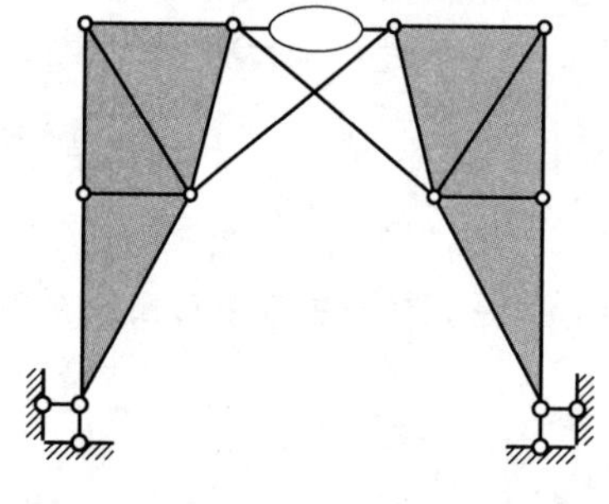

题 15-1-13 解图 1

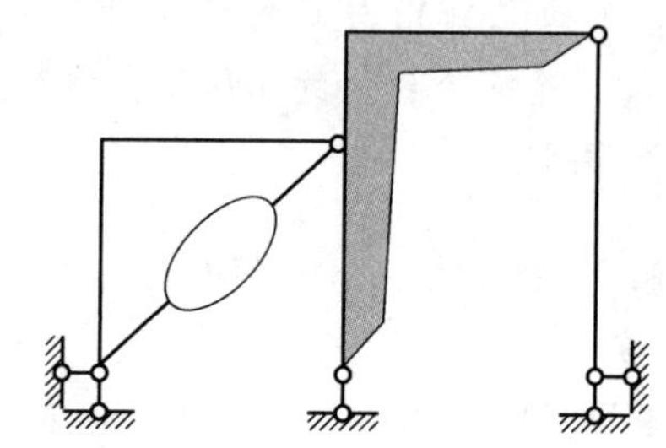

题 15-1-13 解图 2

答案:B

(3)**解**:上部闭合四方回路内部有三个多余约束,而与基础连接只有两个链杆,缺少一个必要约束,整体为一个自由度的可变体系。

答案:C

(4)**解**:由解图 3 按三刚片规则分析可以看出,连接左右两个刚片的两个水平链杆(形成无限远铰)与两个支座底铰连线平行,在无穷远相交,三铰共线,体系瞬变。

答案:D

(5)**解**:由解图 4,先去掉左右两个二元体,再按解图 4 选出两个刚片,它们用一铰及不过铰的链杆相连,体系几何不变无多余约束。

答案:A

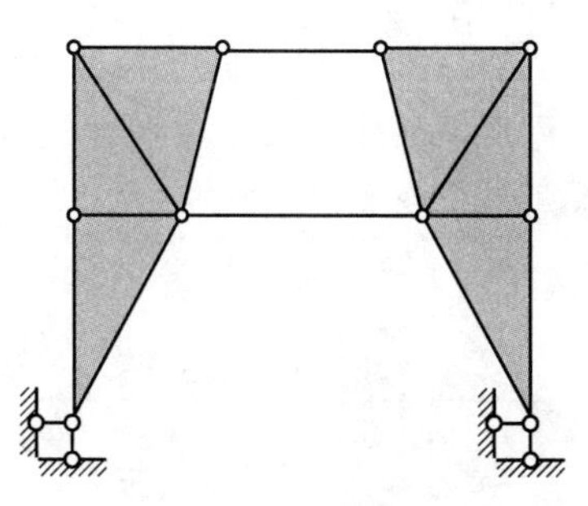
题 15-1-13 解图 3

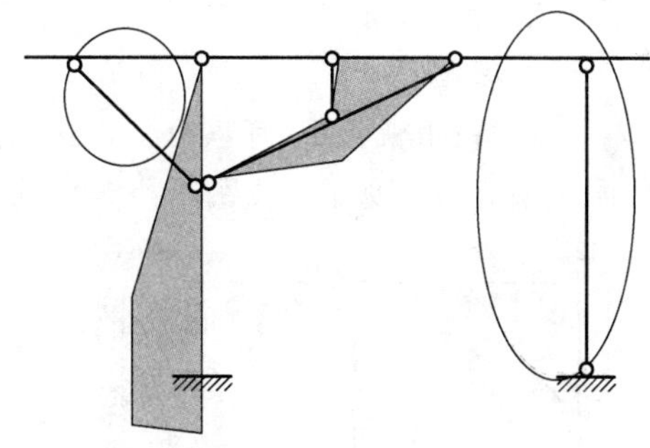
题 15-1-13 解图 4

(6)**解**:由解图 5 可以看出,两刚片用不交于一点的三链杆相连,组成无多余约束的几何不变体系。

答案:A

(7)**解**:由解图 6 可以看出,三刚片用不共线的三铰(两个不在同一水平线上的底铰和两个水平链杆形成的无限远铰)两两相连,组成无多余约束的几何不变体系。

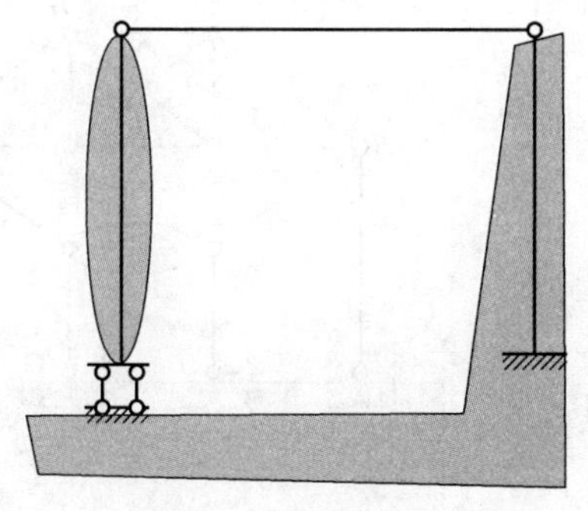
题 15-1-13 解图 5

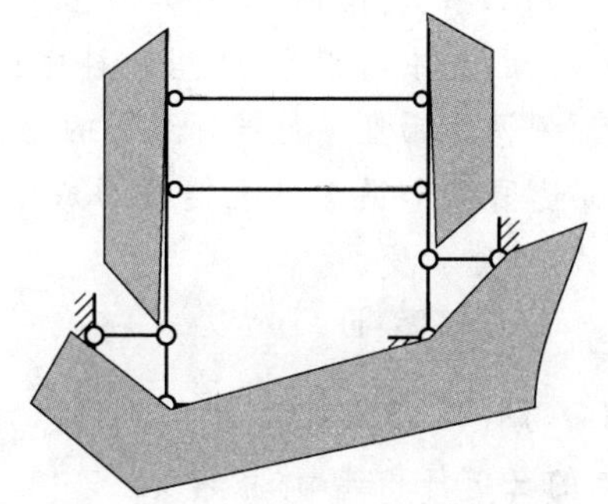
题 15-1-13 解图 6

答案:A

(8)**解**:由解图 7 可以看出,若先去掉上面的二元体及简支支座,剩下的左右两个三角形刚片只有两个链杆相连,体系可变。

答案:C

(9)**解**:由解图 8 可以看出,中间的曲线刚片与大地用不交于一点的三链杆相连,体系不变且无多余约束。

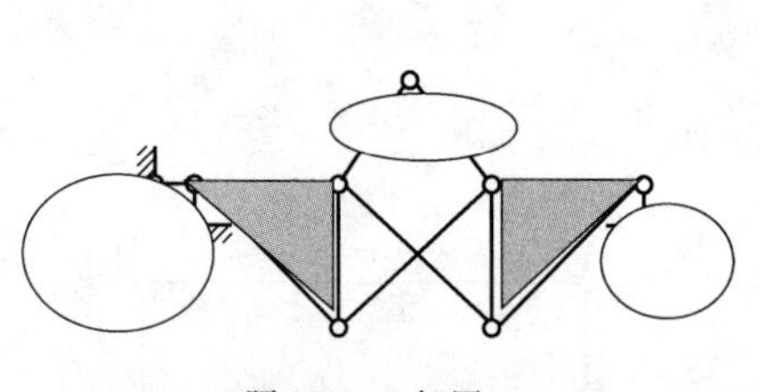
题 15-1-13 解图 7

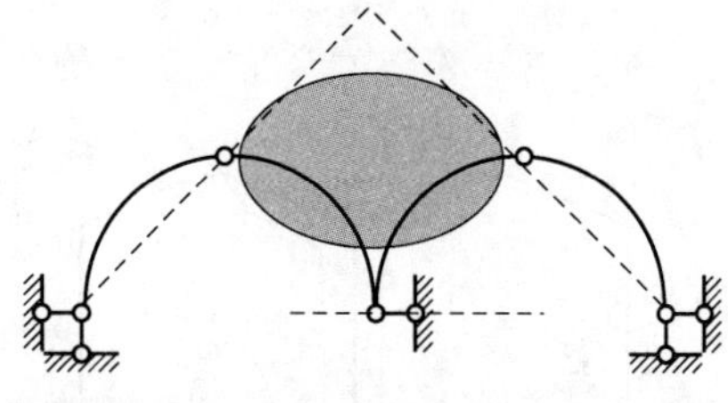
题 15-1-13 解图 8

答案:A

(10)**解**:由解图 9 可以看出,左右部分各为有一个内部多余约束的刚片,再加地面，三个刚片相互连接只有 5 个约束，缺少一个必要约束，体系可变。

答案：C

(11)**解：**由解图 10 可以看出，上部为三各刚片用不共线的三个铰相互连接组成一个大刚片，再与地面用不交于一点的三个链杆相连，体系几何不变无多余约束。

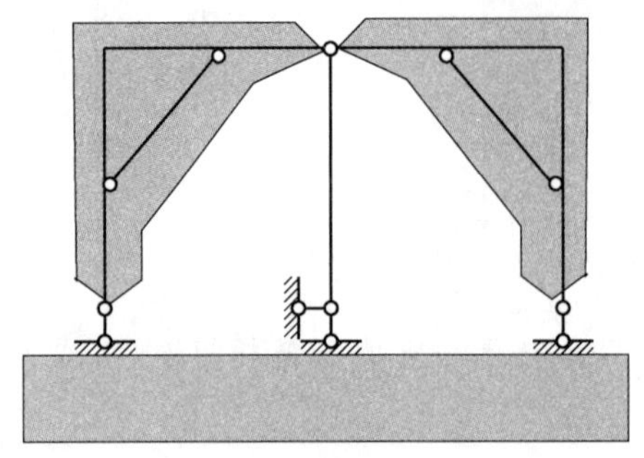

题 15-1-13 解图 9

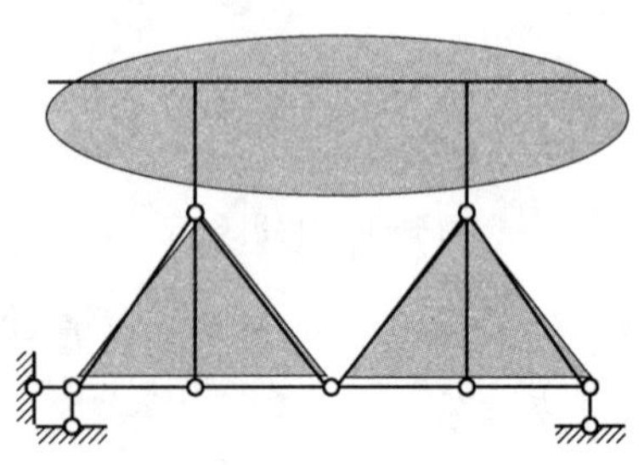

题 15-1-13 解图 10

答案：A

(12)**解：**由解图 11 可以看出，上部为有一个多余约束的刚片，与中间刚片 IJ 用两斜杆相交的虚铰相连，而与地面用两个铅直平行链杆形成的无限远铰相连，IJ 与地面也是用两个铅直平行链杆形成的无限远铰相连，三铰共线，体系瞬变。

答案：D

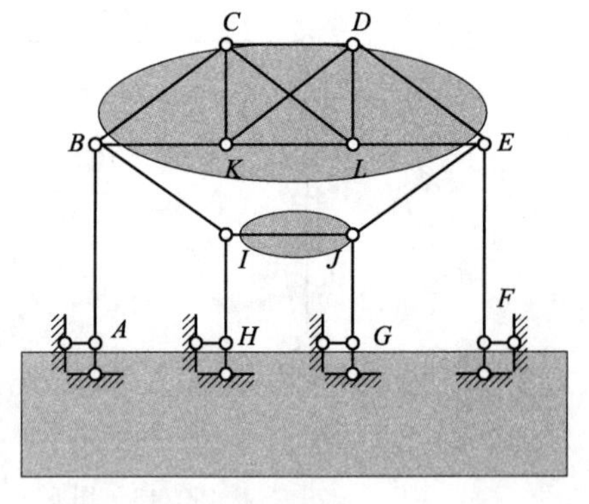

题 15-1-13 解图 11

15-1-14　解：由解图可以看出，中间的刚片与大地用交于一点的三链杆相连，体系瞬变。

答案：D

15-1-15　解：由解图按三刚片规则分析。刚片 AD 与基础用铰 A 相连，刚片 BC 与基础用铰 C 相连，AD 与 BC 用两个铅直链杆 AB 与 CD 交于无限远的铰相连，三铰不共线，体系不变无多余约束。

答案：A

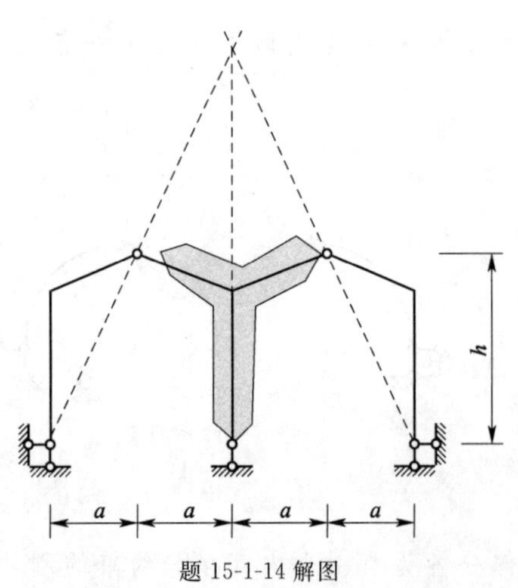

题 15-1-14 解图

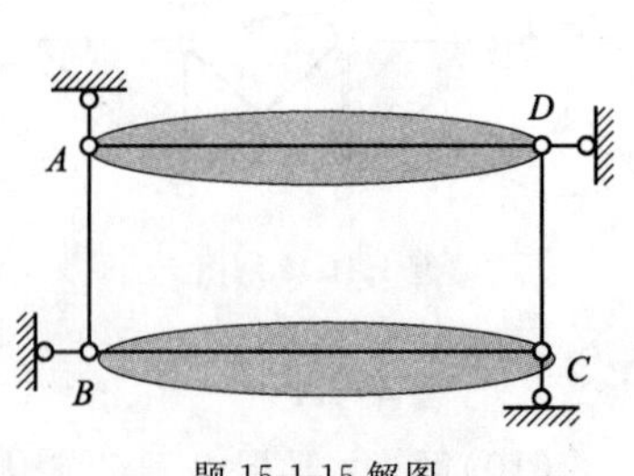

题 15-1-15 解图

(二)静定结构的受力分析与特性

15-2-1　下面方法中,不能减小静定结构弯矩的是:

A. 在简支梁的两端增加伸臂段,使之成为伸臂梁

B. 减小简支梁的跨度

C. 增加简支梁的梁高,从而增大截面惯性矩

D. 对于拱结构,根据荷载特征,选择合理拱轴曲线

15-2-2　图示刚架中,M_{AC}等于:

A. 2kN · m(右拉)　　B. 2kN · m(左拉)

C. 4kN · m(右拉)　　D. 6kN · m(左拉)

15-2-3　图示结构 M_{AC}和 M_{BD}正确的一组为:

A. $M_{AC}=M_{BD}=Ph$(左边受拉)

B. $M_{AC}=Ph$(左边受拉),$M_{BD}=0$

C. $M_{AC}=0$,$M_{BD}=Ph$(左边受拉)

D. $M_{AC}=Ph$(左边受拉),$M_{BD}=2Ph/3$(左边受拉)

15-2-4　图示桁架杆 1 的轴力为:

A. $2P$　　B. $2\sqrt{2}P$　　C. $-2\sqrt{2}P$　　D. 0

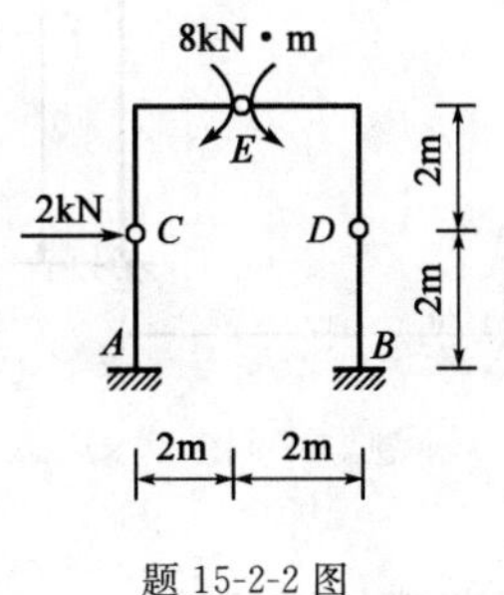

题 15-2-2 图

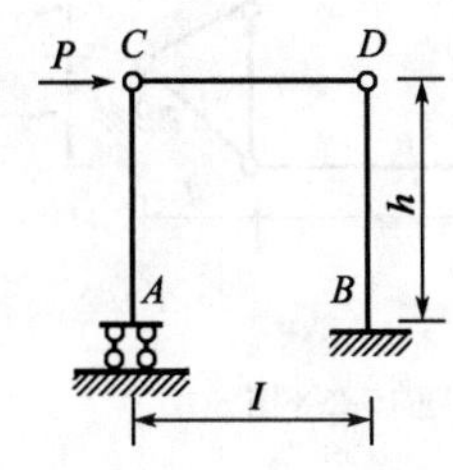

题 15-2-3 图

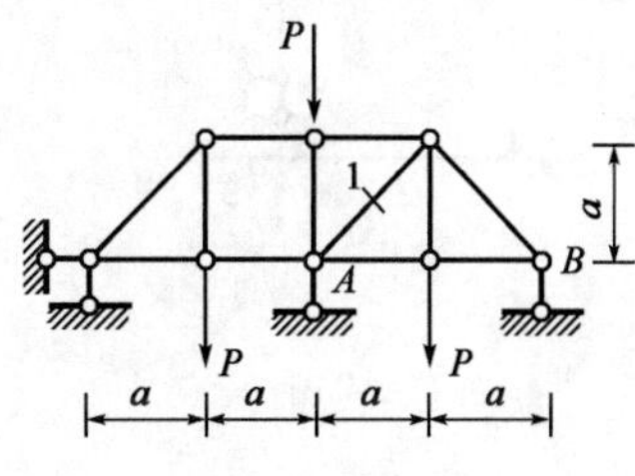

题 15-2-4 图

15-2-5　图示结构,A 支座提供的约束力矩是:

A. 60kN · m,下表面受拉　　B. 60kN · m,上表面受拉

C. 20kN · m,下表面受拉　　D. 20kN · m,上表面受拉

15-2-6　桁架受力如图,下列杆件中,非零杆是:

A. 杆 4-5　　B. 杆 5-7　　C. 杆 1-4　　D. 杆 6-7

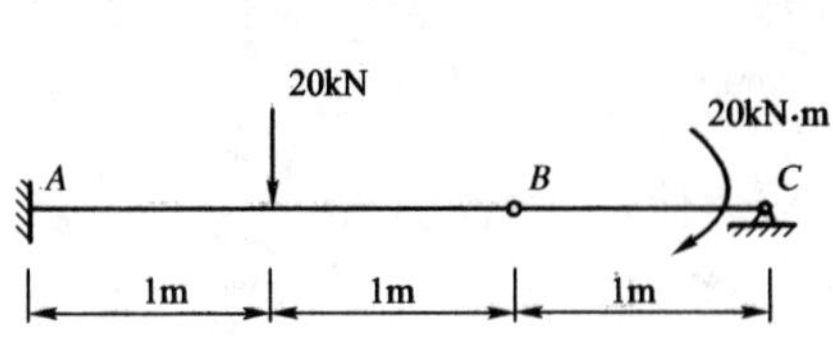

题 15-2-5 图

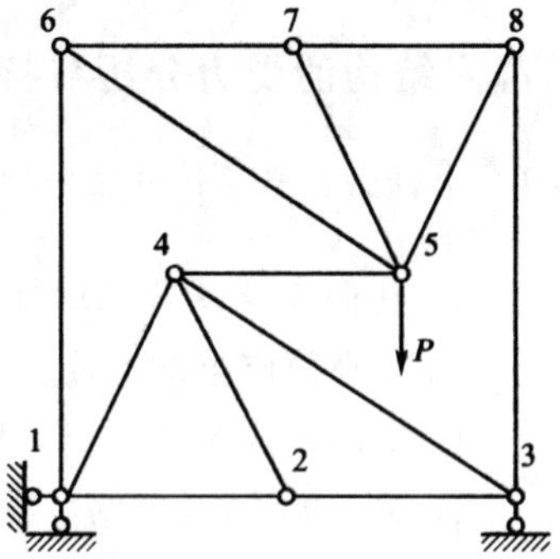

题 15-2-6 图

15-2-7 图示结构中 M_{CA} 和 Q_{CB} 为：

A. $M_{CA}=0, Q_{CB}=\pm m/l$　　B. $M_{CA}=m$(左边受拉)，$Q_{CB}=0$

C. $M_{CA}=0, Q_{CB}=-m/l$　　D. $M_{CA}=m$(左边受拉)，$Q_{CB}=-m/s$

15-2-8 图示结构中杆 1 的轴力为：

A. 0　　B. $-ql/2$　　C. $-ql$　　D. $-2ql$

15-2-9 图示刚架 DE 杆 D 截面的弯矩 M_{DE} 之值为：

A. qa^2　　B. $2qa^2$　　C. $4qa^2$　　D. $1.5qa^2$

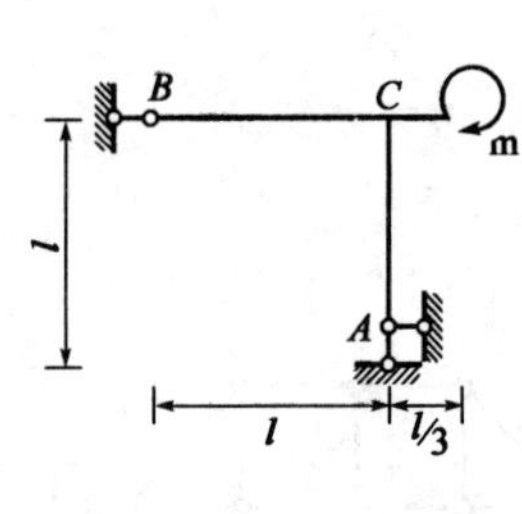

题 15-2-7 图

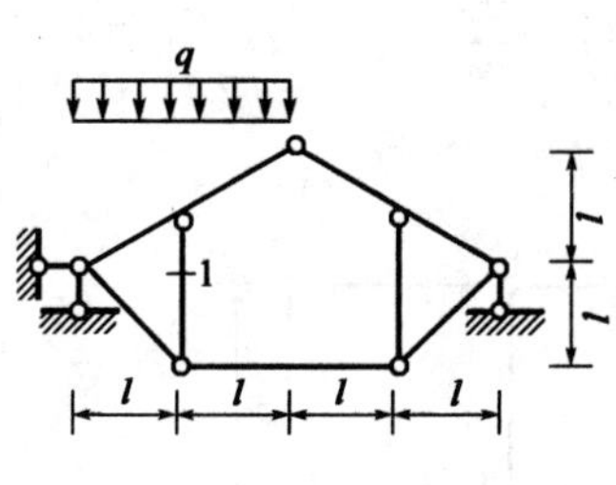

题 15-2-8 图

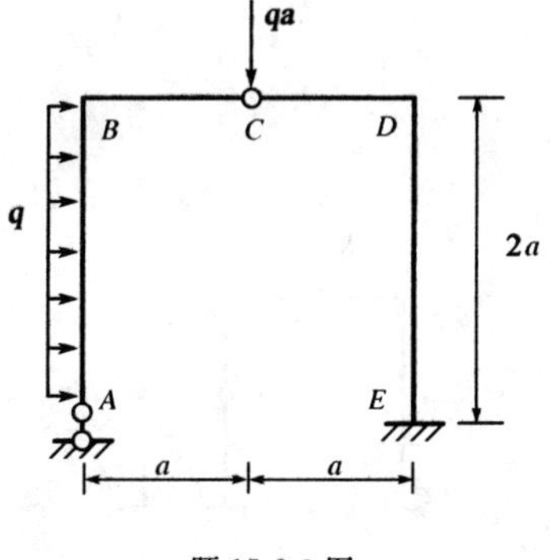

题 15-2-9 图

15-2-10 若荷载作用在静定多跨梁的基本部分上，附属部分上无荷载作用，则：

A. 基本部分和附属部分均有内力

B. 基本部分有内力，附属部分无内力

C. 基本部分无内力，附属部分有内力

D. 不经计算无法判定

15-2-11 图示桁架有几根零杆？

A. 3　　B. 9　　C. 5　　D. 6

15-2-12 图示梁截面 C 的弯矩为：

A. M/A　　B. $M/2$　　C. $3M/4$　　D. $3M/2$

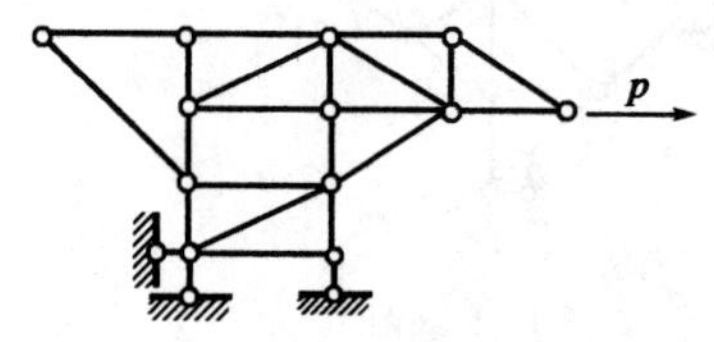

题 15-2-11 图

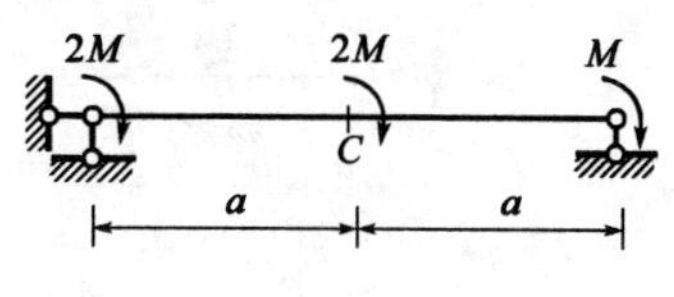

题 15-2-12 图

15-2-13 图示多跨梁剪力 Q_{DC} 为：

A. M/a　　B. $-M/a$　　C. $2M/a$　　D. $-2M/a$

15-2-14 图示结构 M_B 为：

A. 0.8M(左边受拉)　　B. 0.8M(右边受拉)

C. 1.2M(左边受拉)　　D. 1.2M(右边受拉)

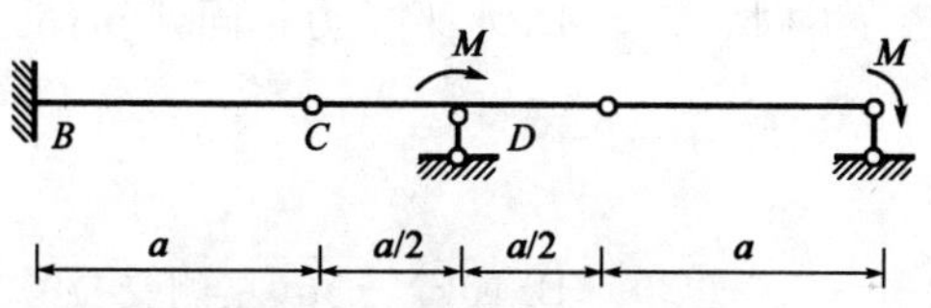

题 15-2-13 图

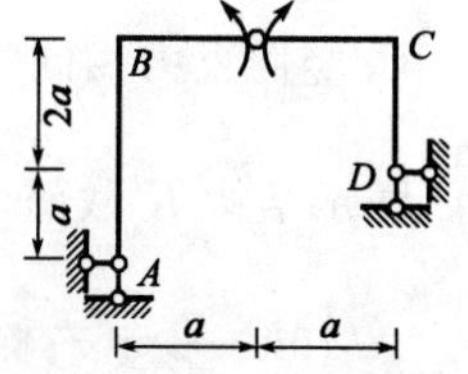

题 15-2-14 图

15-2-15 图示多跨梁 C 截面的弯矩为：

A. $M/4$　　B. $M/2$　　C. $3M/4$　　D. $3M/2$

15-2-16 图示不等高三铰刚架 M_{BA} 等于：

A. 0.8Pa(左侧受拉)　　B. 0.8Pa(右侧受拉)

C. 1.2Pa(左侧受拉)　　D. 1.2Pa(右侧受拉)

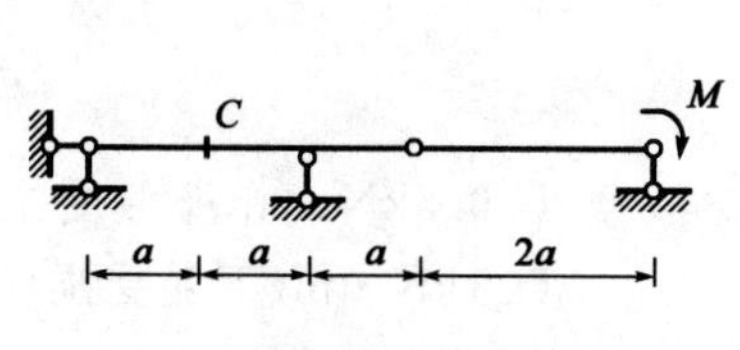

题 15-2-15 图

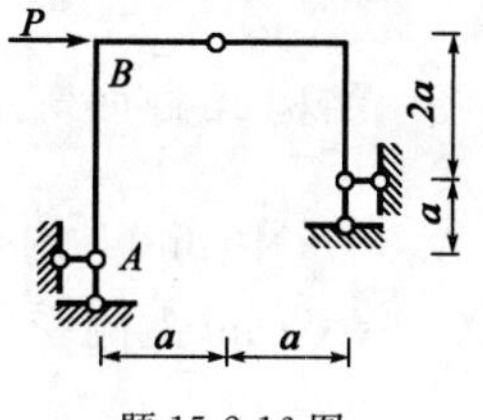

题 15-2-16 图

15-2-17 图示多跨梁截面 C 的弯矩为：

A. $M/2$(上侧受拉)　　B. $M/2$(下侧受拉)

C. $3M/4$(上侧受拉)　　D. $3M/4$(下侧受拉)

15-2-18 图示桁架几根零杆？

A. 1　　B. 3　　C. 5　　D. 7

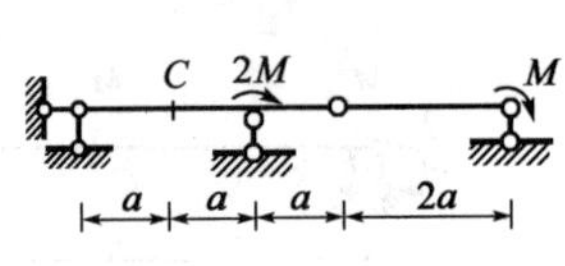

题 15-2-17 图

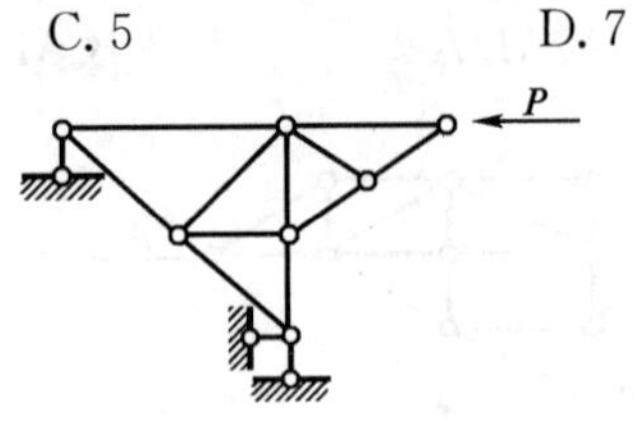

题 15-2-18 图

15-2-19 在图示梁中，反力 V_E 和 V_B 的值应为：

A. $V_E = P/4, V_B = 0$　　B. $V_E = 0, V_B = P$

C. $V_E = 0, V_B = P/2$　　D. $V_E = P/4, V_B = P/2$

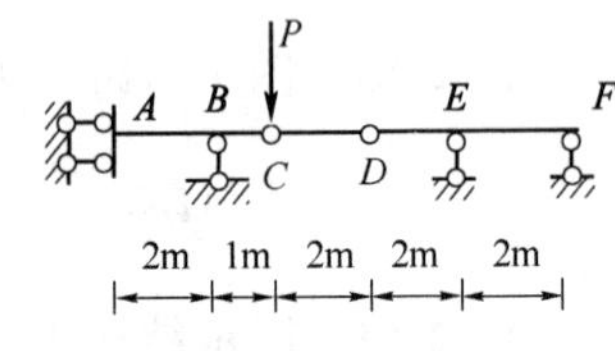

题 15-2-19 图

15-2-20 图示一结构受两种荷载作用，对应位置处的支座反力关系应为：

A. 完全相同　　B. 完全不同

C. 竖向反力相同，水平反力不同　　D. 水平反力相同，竖向反力不同

15-2-21 图示结构 K 截面弯矩值为：

A. 10kN · m(右侧受拉)　　B. 10kN · m(左侧受拉)

C. 12kN · m(左侧受拉)　　D. 12kN · m(右侧受拉)

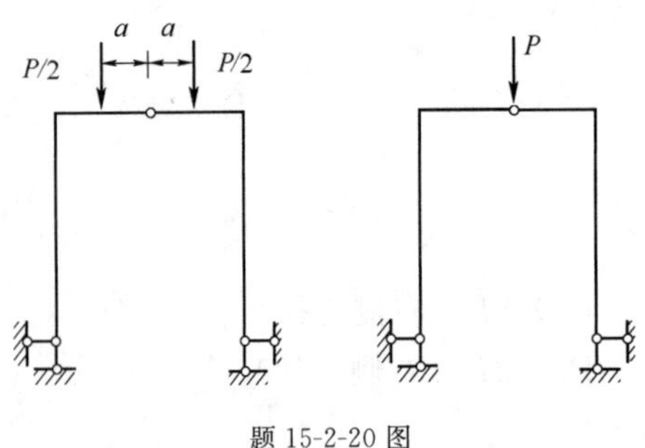

题 15-2-20 图

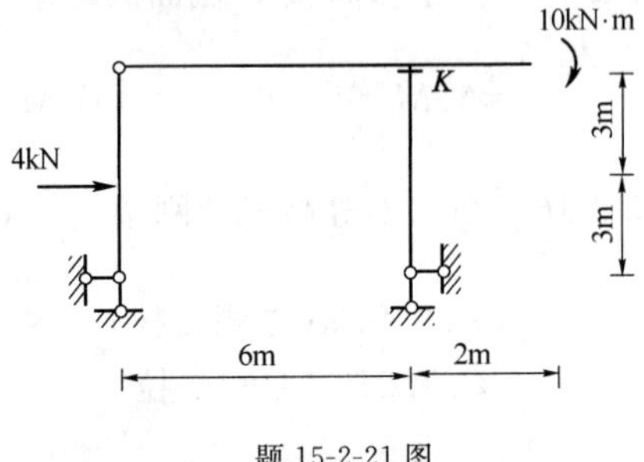

题 15-2-21 图

15-2-22 图示结构 K 截面弯矩值为：

A. 0.5kN · m(上侧受拉)　　B. 0.5kN · m(下侧受拉)

C. 1kN · m(上侧受拉)　　D. 1kN · m(下侧受拉)

15-2-23 图示结构 K 截面剪力为：

A. 0　　B. P　　C. $-P$　　D. $P/2$

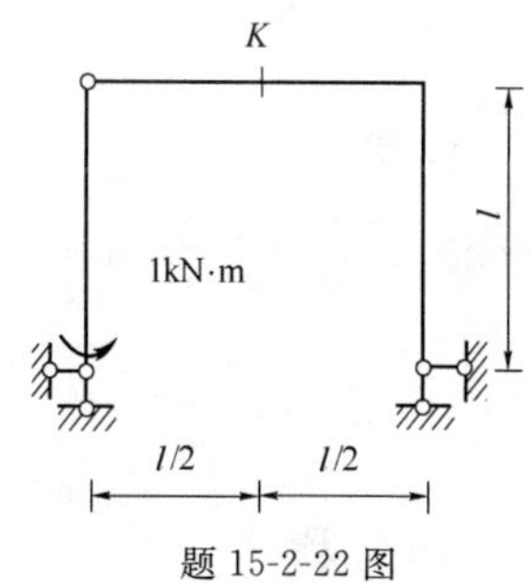

题 15-2-22 图

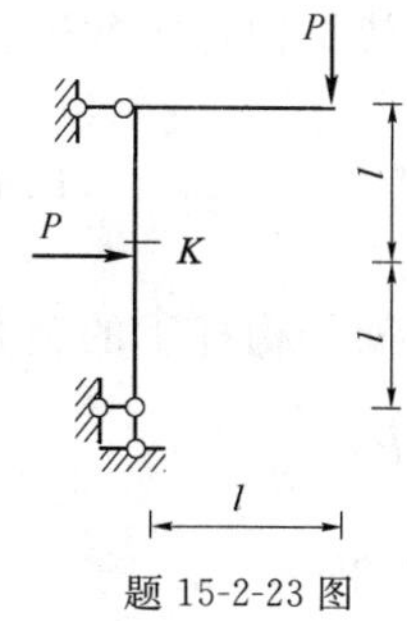

题 15-2-23 图

15-2-24 图示结构 A 支座反力偶的力偶矩 M_A 为(下侧受拉为正)：

A. $-ql^2/2$　　B. $ql^2/2$　　C. ql^2　　D. $2ql^2$

15-2-25 图示结构 K 截面剪力为：

A. －1kN　　B. 1kN　　C. －0.5kN　　D. 0.5kN

15-2-26 图示结构 A 支座反力偶的力偶矩 M_A 为：

A. 0　　B. 1kN·m,右侧受拉

C. 2kN·m,右侧受拉　　D. 1kN·m,左侧受拉

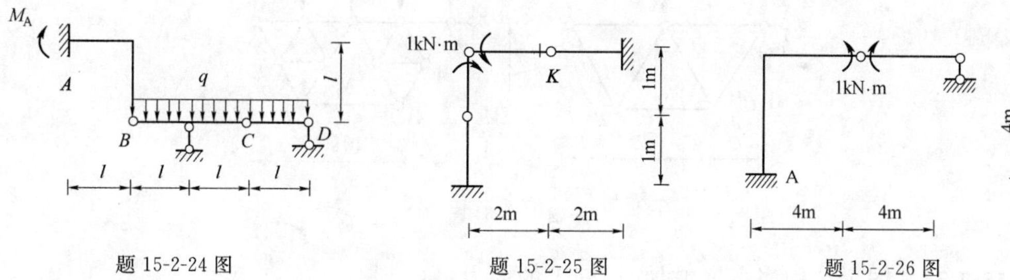

题 15-2-24 图　　题 15-2-25 图　　题 15-2-26 图

15-2-27 图示三铰拱结构 K 截面弯矩为：

A. $3ql^2/8$　　B. 0　　C. $ql^2/2$　　D. $ql^2/8$

15-2-28 图示桁架结构杆①的轴力为：

A. $3P/4$　　B. $P/2$　　C. $0.707P$　　D. $1.414P$

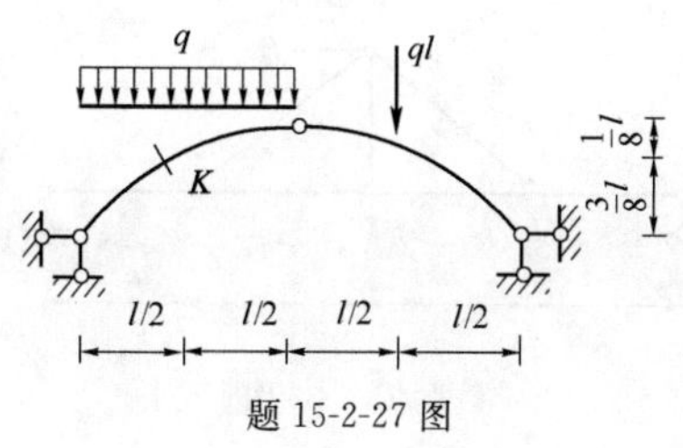

题 15-2-27 图

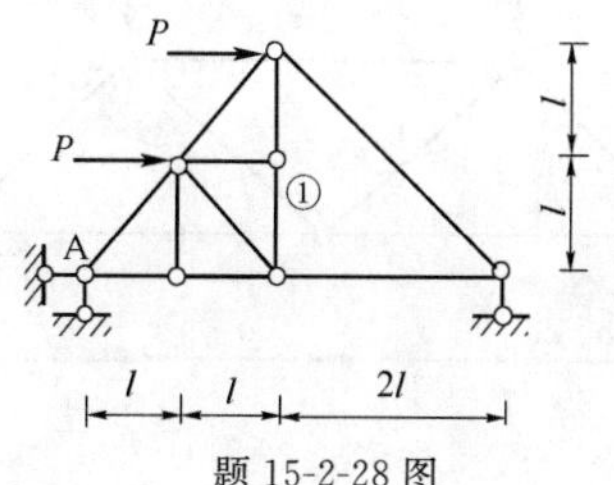

题 15-2-28 图

15-2-29 图示桁架结构杆①的轴力为：

A. $-P/2$　　B. P　　C. $\frac{3}{2}P$　　D. $2P$

15-2-30 图示桁架结构杆①的轴力为：

A. $-2P$　　B. $-P$

C. $-P/2$　　D. $\frac{\sqrt{5}}{2}P$

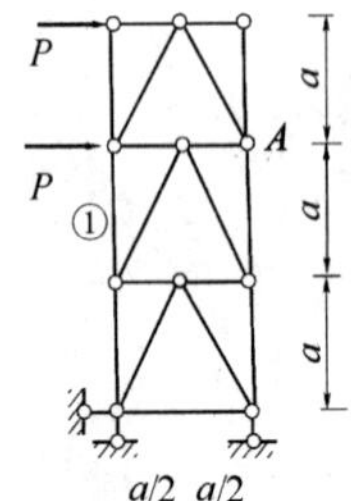

题 15-2-29 图

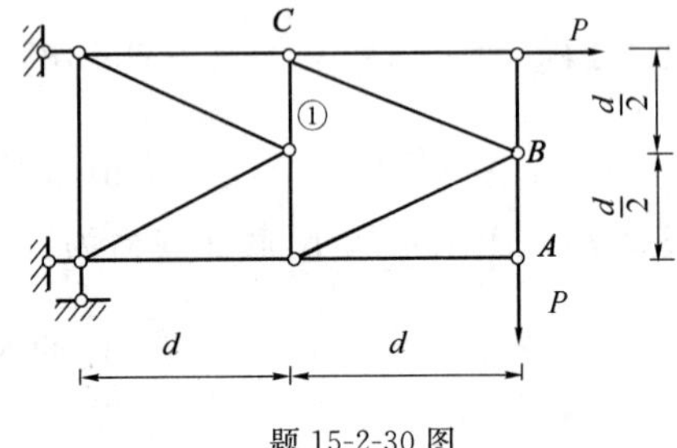

题 15-2-30 图

15-2-31 图示两桁架结构杆 AB 的内力分别记为 N_1 和 N_2。则两者关系为：

A. $N_1>N_2$　　B. $N_1<N_2$　　C. $N_1=N_2$　　D. $N_1=-N_2$

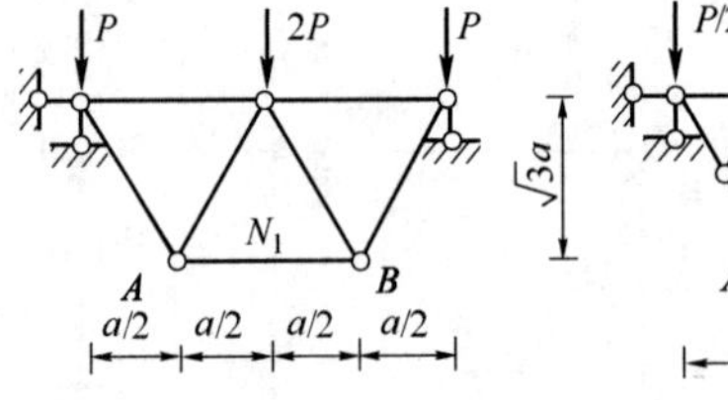

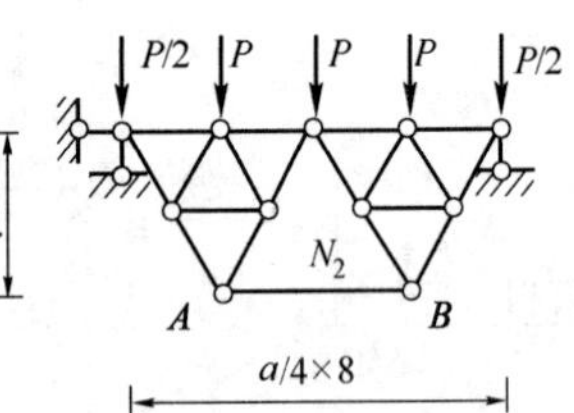

题 15-2-31 图

15-2-32 图示结构当高度增加时，杆①的内力将：

A. 增大　　B. 减小

C. 保持非零常数　　D. 保持为零

15-2-33 图示结构杆①的轴力为：

A. 0　　B. P　　C. $-P$　　D. $1.414P$

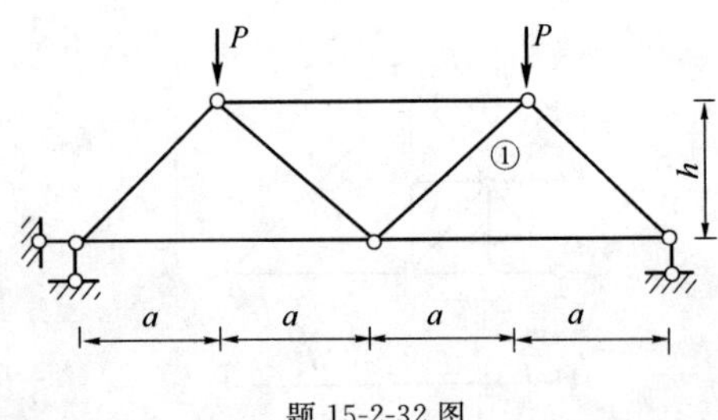

题 15-2-32 图

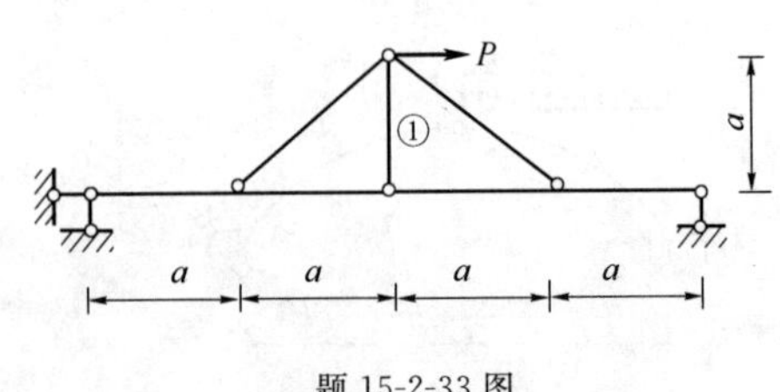

题 15-2-33 图

15-2-34 图示结构杆①的受力状态是：

A. 不受力　　B. 受拉　　C. 受压　　D. 受弯

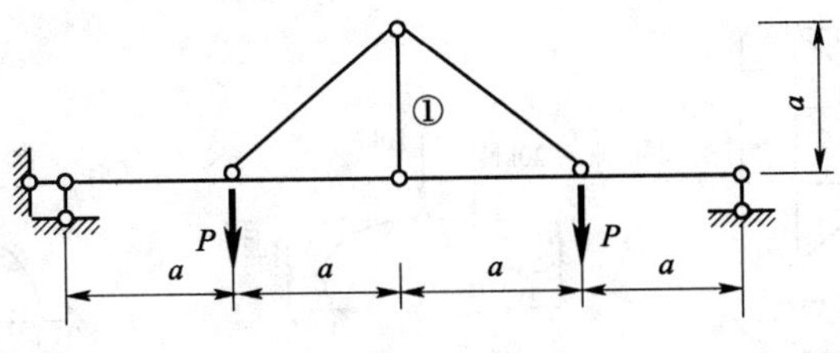

题 15-2-34 图

15-2-35 图示结构杆①的轴力为：

A. 0　　B. $-P$　　C. P　　D. $-P/2$

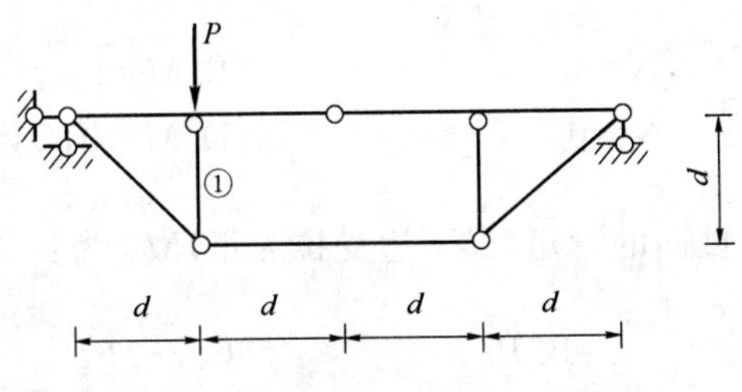

题 15-2-35 图

15-2-36 图示结构中，a 杆的轴力 N_a 为：

A. 0　　B. -10kN　　C. 5kN　　D. -5kN

15-2-37 图示结构中，a 杆的内力为：

A. P　　B. $-3P$　　C. $2P$　　D. 0

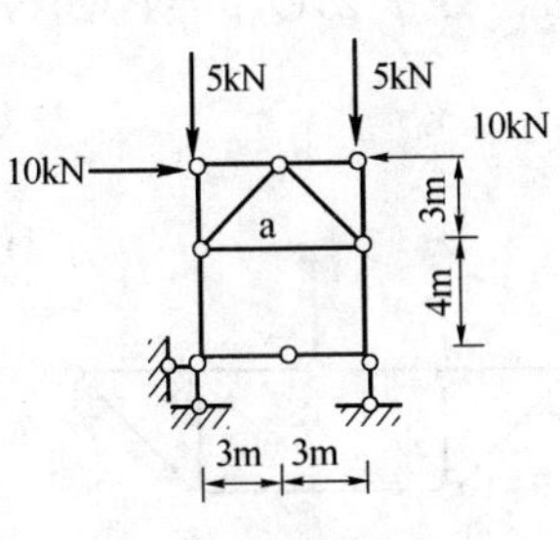

题 15-2-36 图

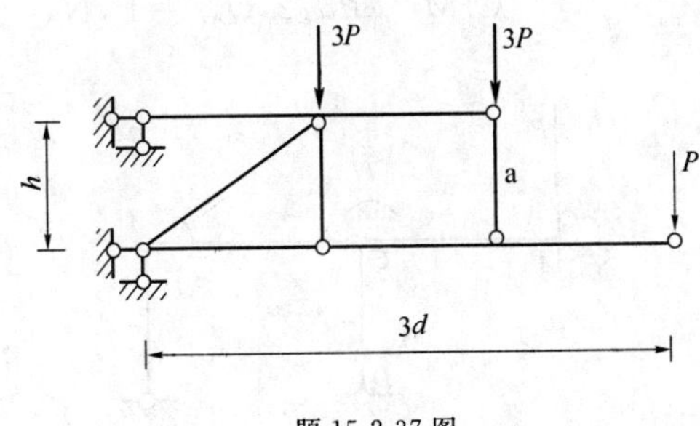

题 15-2-37 图

15-2-38 图示桁架中 a 杆的轴力 N_a 为：

A. $+P$　　B. $-P$　　C. $+\sqrt{2}P$　　D. $-\sqrt{2}P$

15-2-39 图示三铰拱的水平推力 H 为：

A. 50kN　　B. 25kN　　C. 22.5kN　　D. 31.2kN

15-2-40 图示半圆弧三铰拱，半径为 r，$\theta=60°$。K 截面的弯矩为：

A. $\sqrt{3}Pr/2$　　B. $-\sqrt{3}Pr/2$　　C. $(1-\sqrt{3})Pr/2$　　D. $(1+\sqrt{3})Pr/2$

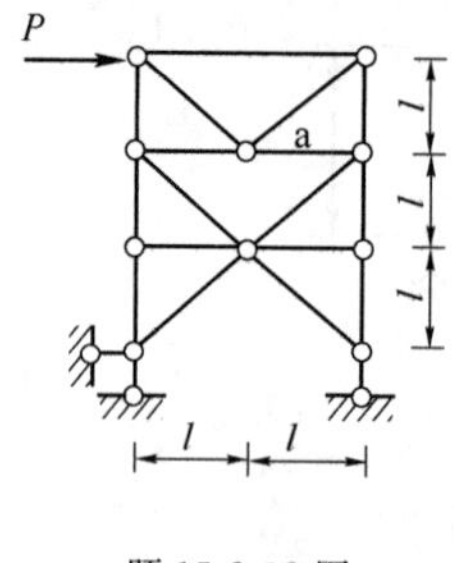

题 15-2-38 图

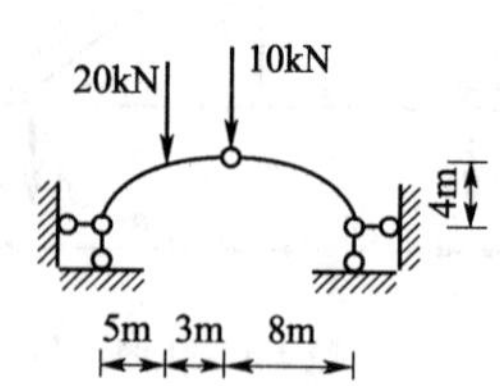

题 15-2-39 图

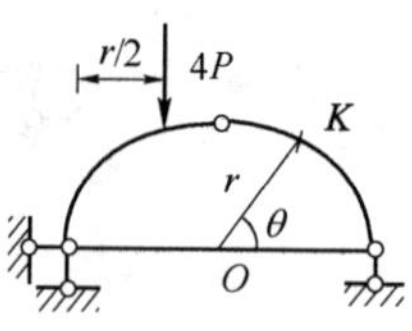

题 15-2-40 图

15-2-41 在给定荷载下，具有"合理拱轴"的静定拱，其截面内力的状况为：

A. $M=0,Q\neq0,N\neq0$　　B. $M\neq0,Q=0,N\neq0$

C. $M=0,Q=0,N\neq0$　　D. $M\neq0,Q\neq0,N\neq0$

15-2-42 图示结构 A 截面的弯矩（以下边受拉为正）M_{AC} 为：

A. $-Pl$　　B. Pl　　C. $-2Pl$　　D. $2Pl$

15-2-43 静定结构内力图的校核必须使用的条件是：

A. 平衡条件　　B. 几何条件　　C. 物理条件　　D. 变形协调条件

15-2-44 图示结构中，梁式杆上 A 点右截面的内力（绝对值）为：

A. $M_A=Pd,Q_{A右}=P/2,N_A\neq0$　　B. $M_A=Pd/2,Q_{A右}=P/2,N_A\neq0$

C. $M_A=Pd/2,Q_{A右}=P,N_A\neq0$　　D. $M_A=Pd/2,Q_{A右}=P/2,N_A=0$

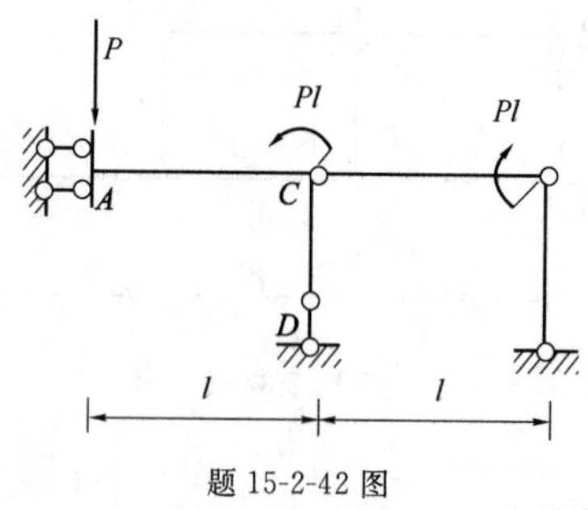

题 15-2-42 图

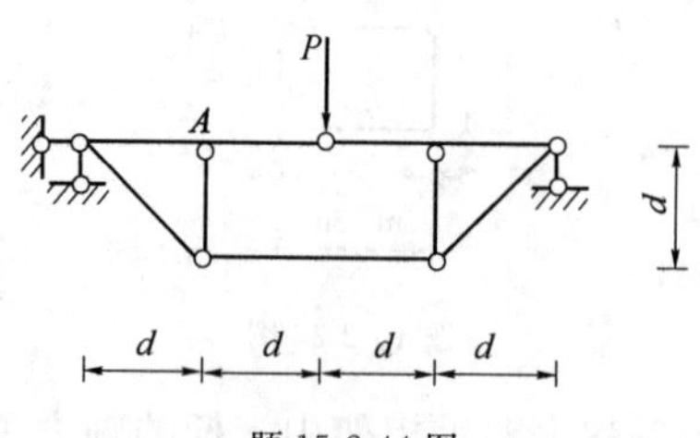

题 15-2-44 图

题解及参考答案

15-2-1 **解：**给定荷载引起静定结构的弯矩与截面无关。

答案：C

15-2-2 解:结构上部 CEG 部分为对称结构,利用对称性可知铰 E 处剪力为零。由 CE 隔离体平衡求 C 截面剪力 $Q_C=-8/2=-4\text{kN}$,再由 AC 隔离体平衡求得

$M_{AC}=(2-4)\times 2=-4\text{kN}\cdot\text{m}$(内部受拉)

或快速作弯矩图(见解图)求得答案。

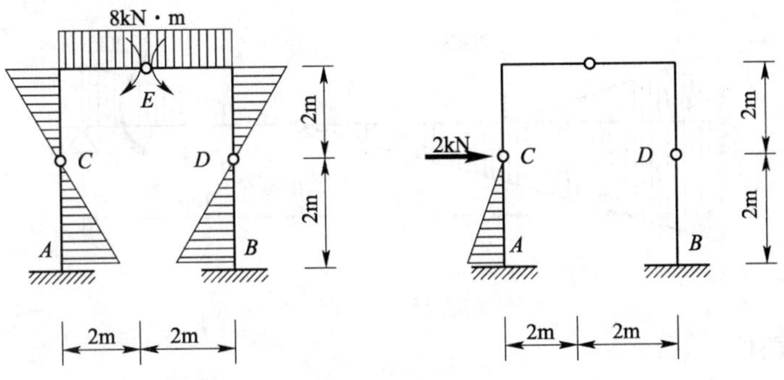

题 15-2-2 解图

答案:C

15-2-3 解:按解图取隔离体平衡,可得正确答案 C。

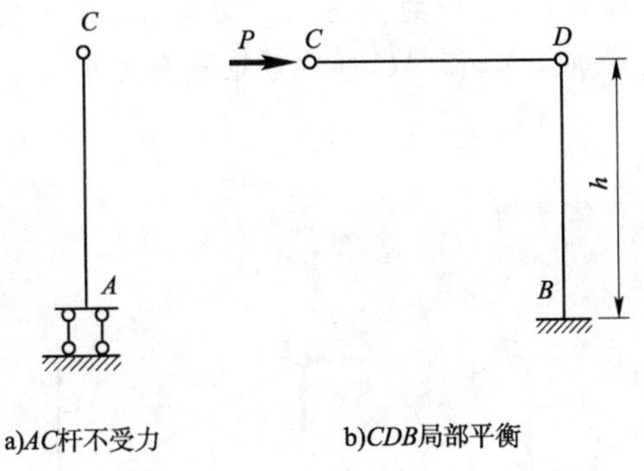

题 15-2-3 解图

答案:C

15-2-4 解:先由结点法求得下图所示三个杆的轴力

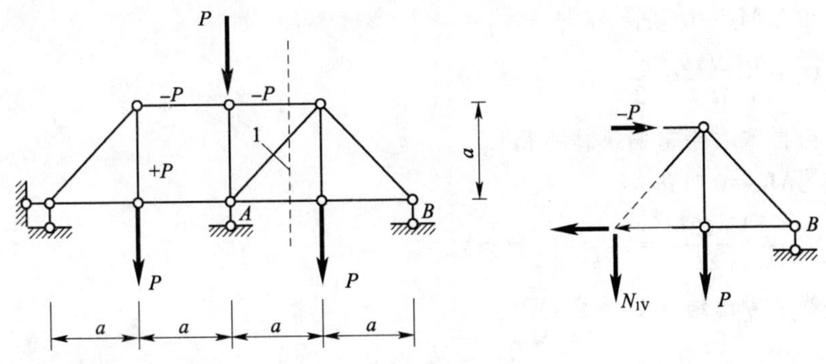

题 15-2-4 解图

再作截面取右部隔离体,由 $\sum M_B=0$ 可得 $N_1=0$

答案:D

15-2-5 **解**:先由 BC 部分隔离体平衡求得截面 B 的剪力 $Q_B=-20\text{kN}$,再由 AB 部分隔离体平衡求得 $M_A=20\times2-20\times1=20\text{kN}\cdot\text{m}$(下面受拉)

或速画弯矩图可得正确答案。

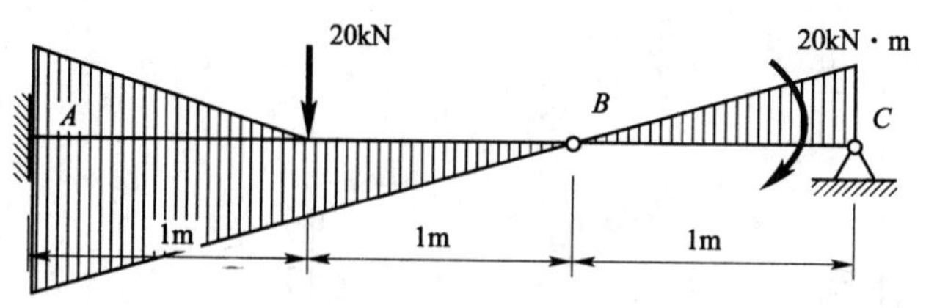

题 15-2-5 解图

答案:C

15-2-6 **解**:先由结点 2、7 的平衡判断 24、57 两个杆件为零杆,再由截面法判断 45 为零杆,继而可知 14、43 两个杆件也是零杆,而 67 为非零杆。

答案:D

15-2-7 **解**:由整体平衡可知,A 处的竖向反力为零,A、B 两处的水平反力组成力偶与荷载维持平衡。BC 杆剪力、弯矩为零,而 AC 杆的弯矩不会为零。

答案:B

15-2-8 **解**:先由结构整体平衡

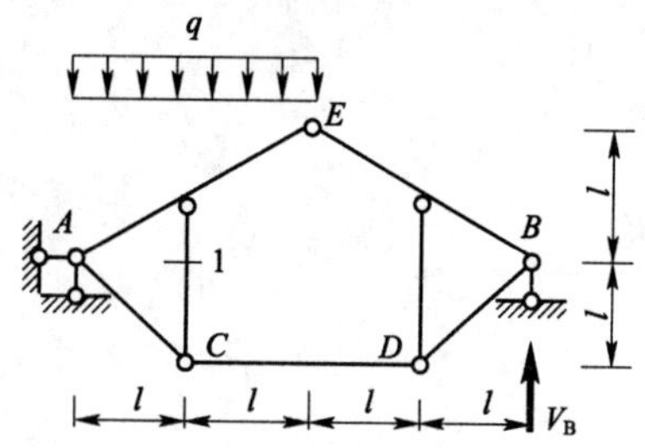

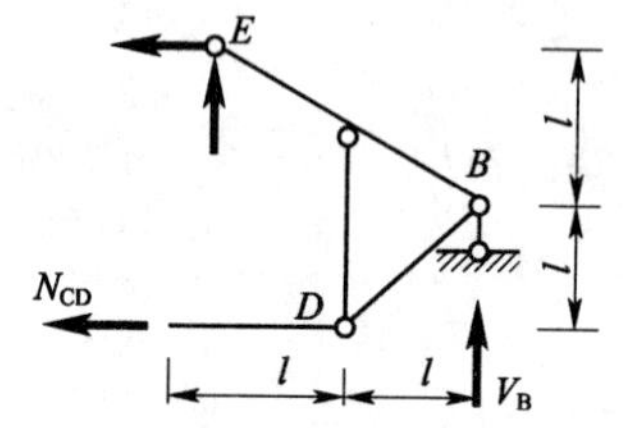

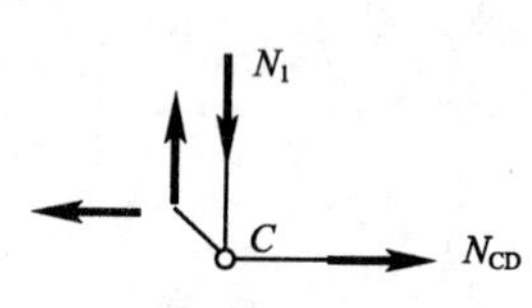

题 15-2-8 解图

由 $\sum M_A=0$ 可得

$$V_B=\frac{q(2l)l}{4l}=\frac{ql}{2}$$

由再取右半部隔离体平衡

$\sum M_E=0$ 可得

$$V_{CD}=\frac{V_E(2l)}{2l}=V_E=\frac{ql}{2}\text{(拉力)}$$

然后考虑结点 C 平衡,可得

$$N_1=\frac{ql}{2}\quad\text{(压力)}$$

答案:B

15-2-9 **解:**见解图。先由左半部隔离体平衡$\sum M_B=0$求得$Y_C=\frac{q(2a)a}{a}=2qa$,再由右半部隔离体对D点取矩,求得$M_{DC}=(Y_C-qa)a=qa^2$(内部受拉)

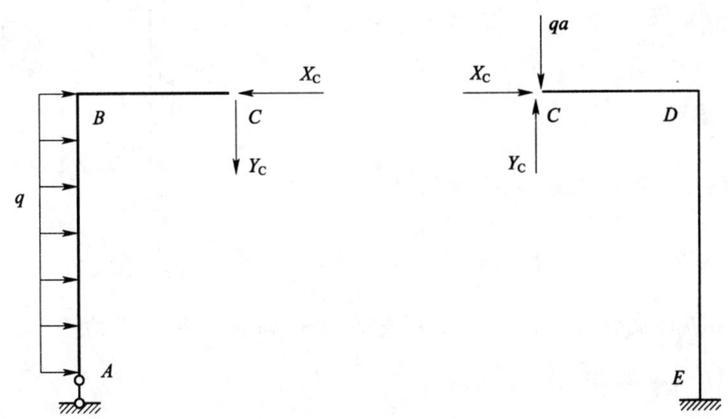

题 15-2-9 解图

答案:A

15-2-10 **解:**基本部分上的荷载只使基本部分受力。

答案:B

15-2-11 **解:**判断零杆。除解图所示杆外,都是零杆。

答案:B

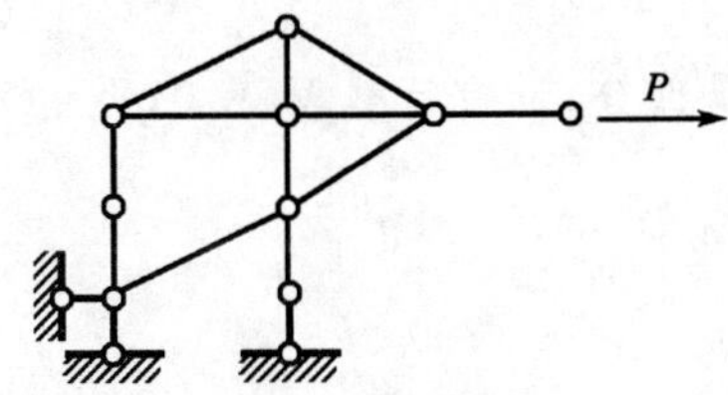

题 15-2-11 解图

15-2-12 **解:**应需指明是C左截面还是C右截面。

先求反力再算指定截面弯矩。或应用叠加原理并心算弯矩图可得:

$$M_{C左}=M-M-\frac{M}{2}=-\frac{M}{2}$$

$$M_{C右}=M+M-\frac{M}{2}=\frac{3M}{2}$$

答案:D

15-2-13 **解:**从连接铰处拆开,先算附属部分。或根据弯矩图求斜率。

答案:B

15-2-14 **解:**由平衡条件可知,支座A、D全反力作用线为AD连线(见解图)。

取左半刚架为隔离体,将支座A的反力移至AD连线的中点F,可得:

$$\sum M_{E} = 0, X_{A} = \frac{M}{\frac{5}{2}a}$$

$$M_{BA} = \frac{M}{\frac{5}{2}a} \times 3a = \frac{6}{5}M(\text{右侧受拉})$$

答案：D

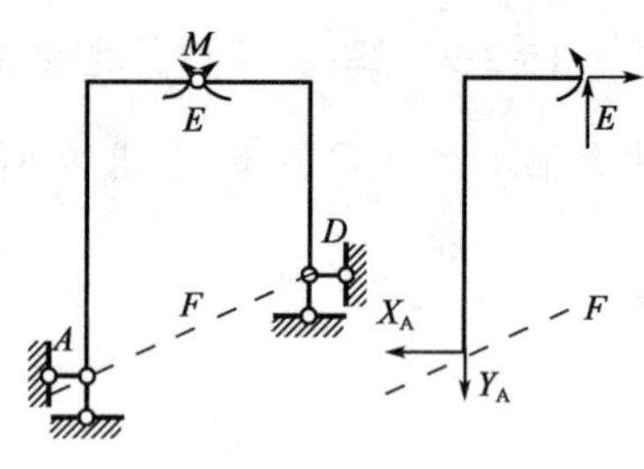

题 15-2-14 解图

15-2-15 **解**：心算弯矩图易知 $M_C = M/4$。

答案：A

15-2-16 **解**：以右底铰与中间铰连线和支座 A 竖向反力作用线的交点为矩心求支座 A 水平反力，再求 M_{BA}，可得 $M_{BA} = P \times \frac{2a}{5a} \times 3a = \frac{6}{5}Pa$（右侧受拉）。

答案：D

15-2-17 **解**：分别计算两种荷载的影响叠加，$M_C = \frac{M}{4} - M = -\frac{3}{4}M$。

答案：C

15-2-18 **解**：按 $ABCDEC$ 的顺序逐步应用结点法，可判断图示零杆。

答案：D

15-2-19 **解**：$CDEF$ 为附属部分，没有荷载 $V_E = 0$，再由 AC 基本部分竖向力平衡可得 $V_B = P$。

答案：B

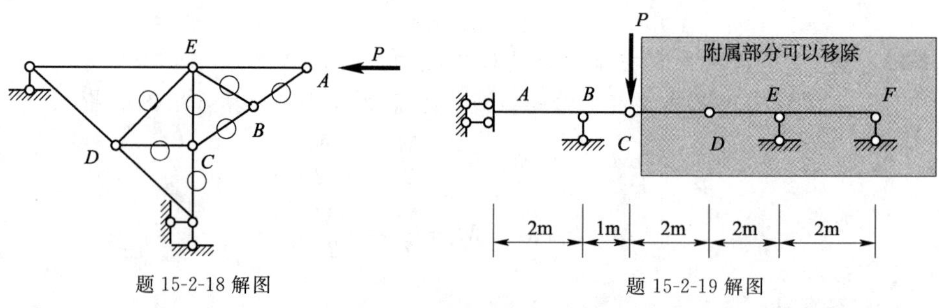

题 15-2-18 解图　　题 15-2-19 解图

15-2-20 **解**：本题结构为等高三铰刚架，承受竖向荷载，左右两图只是荷载作了等效变化。其竖向反力都等于相应简支梁的竖向反力，不发生变化。而水平反力决定于顶铰的高度及相应简支梁的弯矩，当竖向荷载作等效变化时其水平反力要发生变化。

也可直接取整体隔离体平衡求竖向反力，铰一侧隔离体平衡求水平反力，选取正确答案。

答案：C

15-2-21　解:见解图,从顶铰 B 处拆开取出左右两个隔离体。由左隔离体的平衡可得 $X_B=2kN$,再由右隔离体水平力平衡可得 $X_C=2kN$,再由 K 截面之下对 K 取矩得 $M_K=2\times6=12kN\cdot m$,右侧受拉。

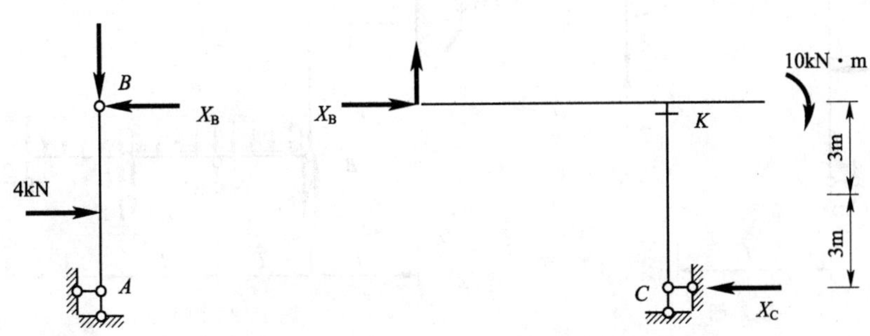

题 15-2-21 解图

答案:D

15-2-22　解:先由整体平衡对右支座取矩可得 $V_A=1/l$,然后从铰 B 处拆开由 AB 隔离体竖向力平衡得 $Y_B=V_A=1/l$,再由右部分隔离体对 K 取矩得 $M_K=Y_B\times l/2=1/2kN\cdot m$

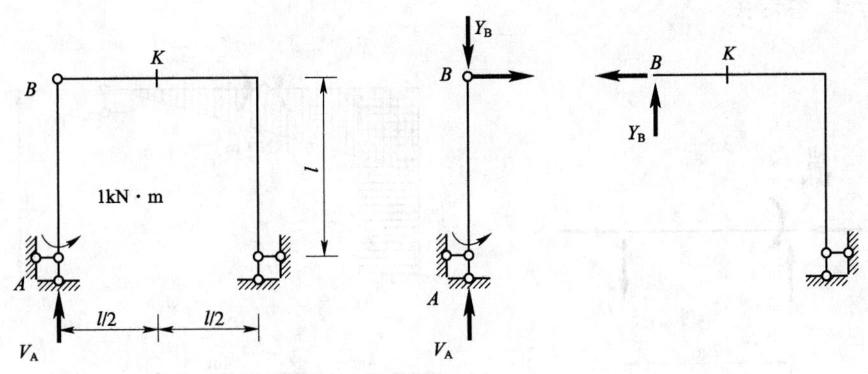

题 15-2-22 解图

答案:B

15-2-23　解:考虑结构整体平衡对 B 取矩可得 $H_A=0$,再由 K 截面之下水平力平衡求得 K 截面剪力为 $-P$。

答案:C

15-2-24　解:撤除铰 B 和铰 C 暴露相应约束力 Y_B 和 Y_C,依次考虑 CD 和 BC 的平衡,可求得 $Y_C=Y_B=ql/2$。再由 AB 段隔离体平衡求得 $M_A=Y_Bl=ql^2/2$(下部受拉)。

(BC 之间荷载合力作用线与链杆轴线重合,产生相应反力,组成自平衡力系,分析时可以移除,不影响所求答案)

答案:B

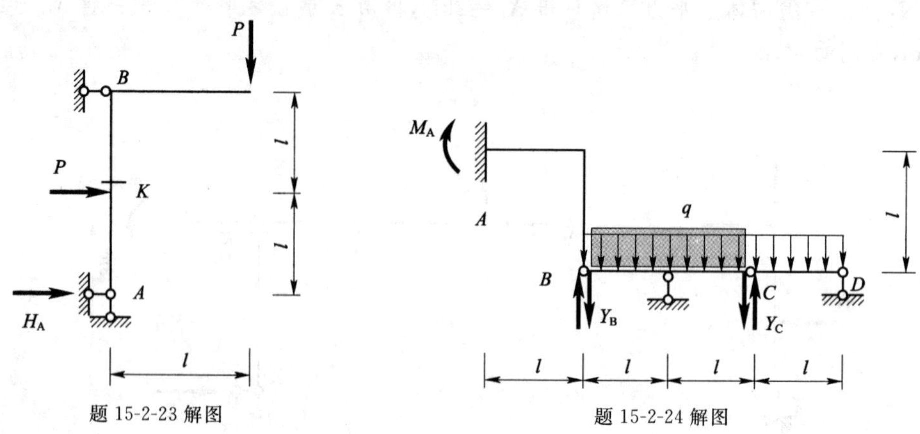

题 15-2-23 解图　　题 15-2-24 解图

15-2-25　**解**:取出 K 截面所在的杆,对左端取矩可得 $Q_K=1/2\text{kN}$。

答案:D

15-2-26　**解**:速画弯矩图(水平杆弯矩图为一条斜直线,竖直杆纯弯其弯矩图为矩形)可得,$M_A=2\text{kN}\cdot\text{m}$ 右侧受拉。或从铰处拆成两个隔离体由平衡计算求得答案。

答案:C

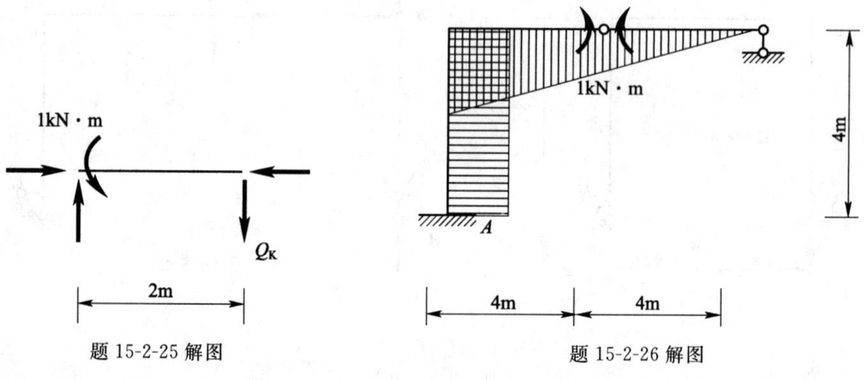

题 15-2-25 解图　　题 15-2-26 解图

15-2-27　**解**:由整体平衡可得 $V_A=V_B=ql$,再由半边隔离体平衡可知顶铰 C 截面剪力为零,轴力等于水平反力 H

$$H=\frac{M_C^0}{f}=\frac{ql(l/2)}{l/2}=ql$$

由 KC 段的平衡可得

$$M_K=H\frac{l}{8}-q\frac{l}{2}\frac{l}{4}=ql\frac{l}{8}-q\frac{l}{2}\frac{l}{4}=0$$

答案:B

15-2-28　**解**:先用结点法判断零杆,然后作截面取出图示隔离体,

$$\sum M_A = 0$$

$$N_1 = \frac{P \times l}{2l} = \frac{P}{2}(\text{拉力})$$

答案:B

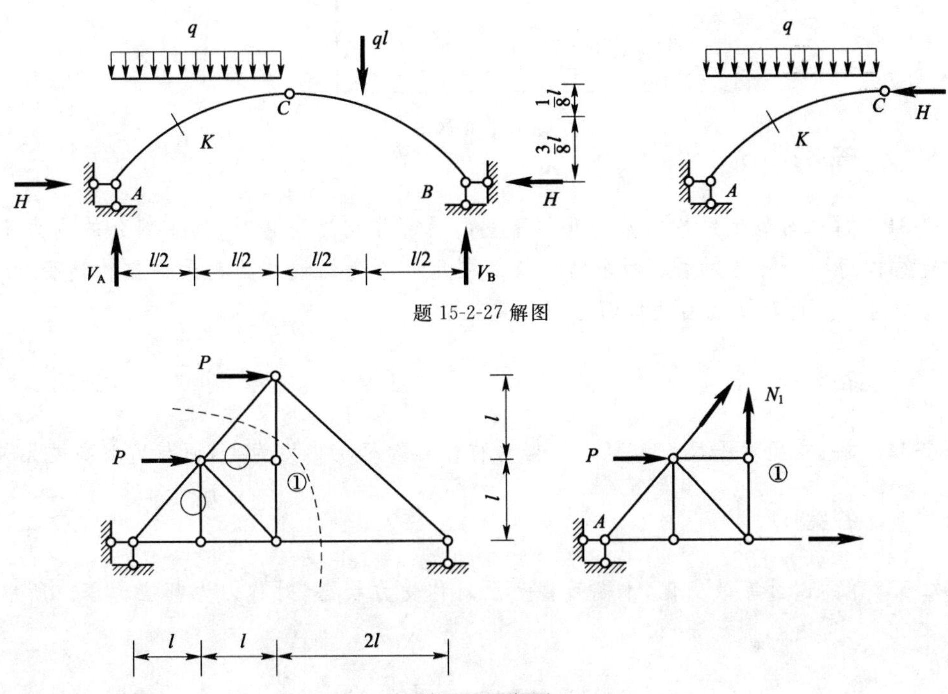

题 15-2-27 解图

题 15-2-28 解图

15-2-29 解:作截面取出图示隔离体,

$$\sum M_A = 0$$

$$N_1 = \frac{P \times a}{a} = P(\text{拉力})$$

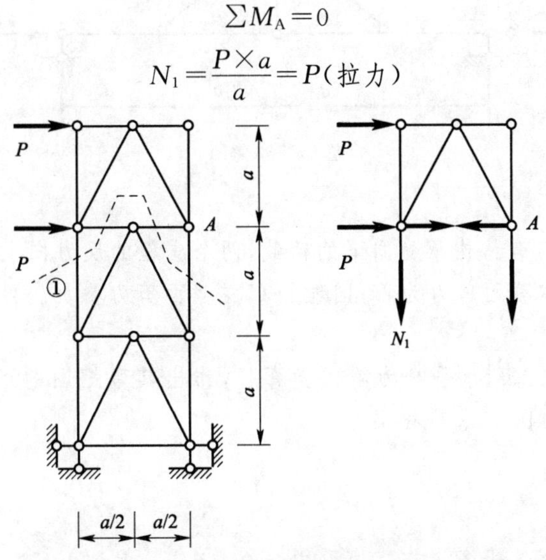

题 15-2-29 解图

答案:B

15-2-30 解:按 $DABC$ 的顺序依次应用结点法,可得 $N_1 = -P/2$

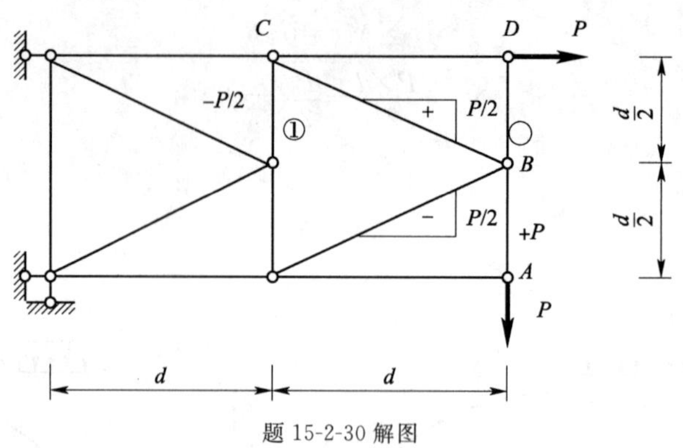

题 15-2-30 解图

答案:C

15-2-31 **解**:“当静定结构内某一几何不变的局部作构造变化时,其余部分的内力不变”,这是静定结构的一个特性。本题两个结构仅是在几何不变的铰结三角形内作构造变化,不影响 AB 杆的内力。这可从截面法求解过程得到证实。

答案:C

15-2-32 **解**:本题水平反力为零。根据对称性可知杆①内力为零,而与桁架高度无关。

答案:D

15-2-33 **解**:通过等效变化,本题可视为反对称受力状态,对称内力都应为零。所以杆①内力为零。

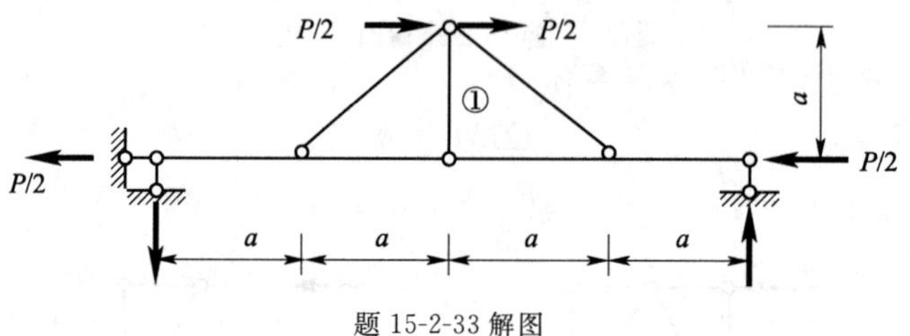

题 15-2-33 解图

答案:A

15-2-34 **解**:图示组合结构承受向下的荷载,两个支座的反力向上。取 CB 隔离体(图 b)对 E 取矩平衡可知,C 右截面剪力为正;同理知 C 左截面剪力为负。再取组合结点 C(图 c)竖向力平衡,可知杆①受拉。

另一求解方法是,注意到水平杆为梁式受弯杆,作出其弯矩图的形状(图 a),根据斜率判断相应剪力的正负,再由图 c)求得答案。

答案:B

15-2-35 **解**:先由整体平衡求右支座反力

由 $\sum M_A=0$ 可得

$$V_B=\frac{Pd}{4d}=\frac{P}{4}$$

再由截面法取结构右半部为隔离体，求 DE 杆的轴力

由 $\sum M_C = 0$ 可得

$$N_{DE} = \frac{V_B(2d)}{d} = \frac{P}{2} \quad (\text{拉力})$$

最后截取结点 D 求得 $N_1 = -P/2$（压力）

答案：D

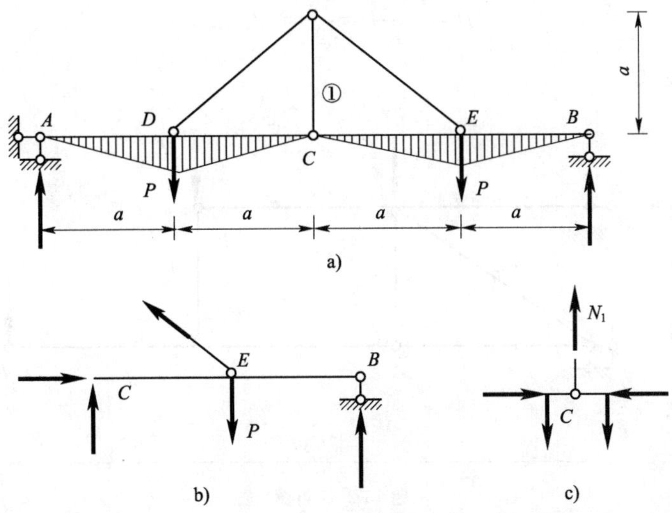

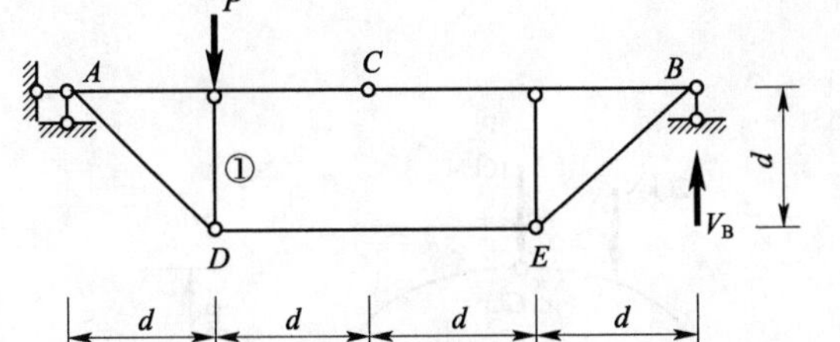

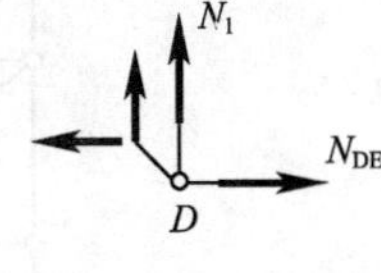

题 15-2-34 解图

题 15-2-35 解图

15-2-36 **解**：顶部一对平衡的水平荷载作用线与顶部水平杆件轴线重合，只引起这两个杆件受压；每个竖向荷载作用线与相应竖向杆件及竖向支座链杆轴线重合，只引起相应竖杆受压，其余杆件内力均为零。这是静定结构局部平衡特性的体现。

答案：A

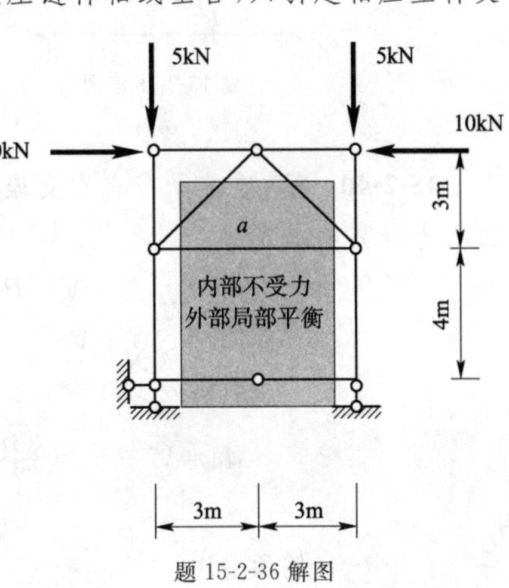

题 15-2-36 解图

15-2-37 **解**：作图示截面取出 AB 杆为隔离体，对 A 取矩平衡可得

$$N_a = \frac{P \cdot 2d}{d} = 2P(\text{拉力})$$

答案：C

15-2-38 **解**：先判断零杆（见解图），再作图示截

面取上部为隔离体可得 $N_a=-P$(受压)。

答案:B

15-2-39 **解**:整体平衡求右支座竖向反力,再由右半部分平衡求水平反力。

$$V_B=\frac{20\times 5+10\times 8}{16}=\frac{45}{4}=11.25\text{kN}$$

$$H=\frac{V_B\times 8}{4}=\frac{45}{2}=22.5\text{kN}$$

答案:C

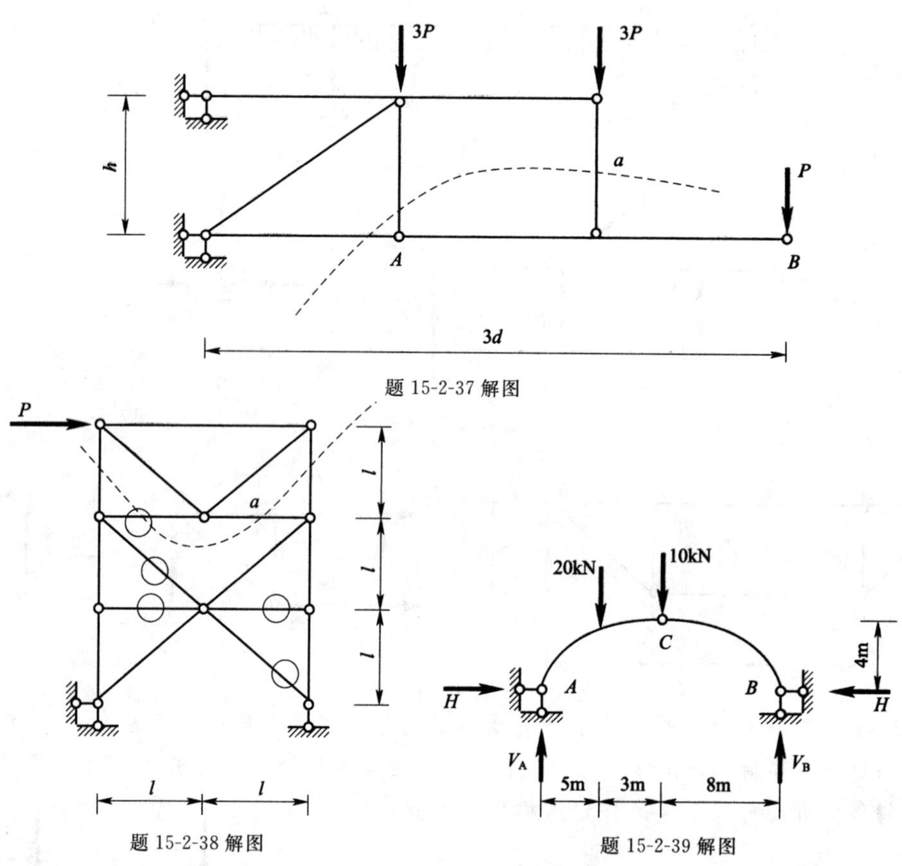

题 15-2-37 解图

题 15-2-38 解图

题 15-2-39 解图

15-2-40 **解**:整体平衡求右支座竖向反力,再由右半部分平衡求水平杆拉力,然后取 K 截面之下隔离体求 M_K。

$$V=P$$

$$N=\frac{Vr}{r}=V=P$$

$$M_K=V\frac{r}{2}-N\frac{\sqrt{3}r}{2}=\frac{1-\sqrt{3}}{2}Pr$$

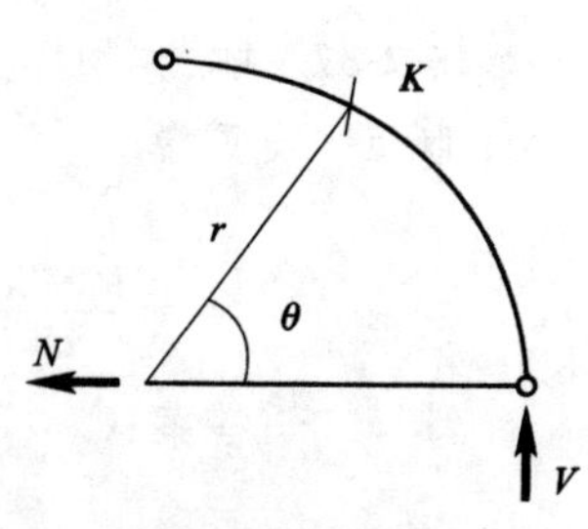

题 15-2-40 解图

答案:C

15-2-41　解:合理拱轴是无弯矩状态,弯矩、剪力均为零,只受轴力。

答案:C

15-2-42　解:由于铰 C 处只能传递集中约束力,对左部基本部分的弯矩没有影响,分析时可以先去掉右部附属部分,对 C 点取矩平衡可得

基本部分 ACD 平衡,$\sum M_C=0$

$$M_A=Pl+Pl=2Pl(\text{下部受拉})$$

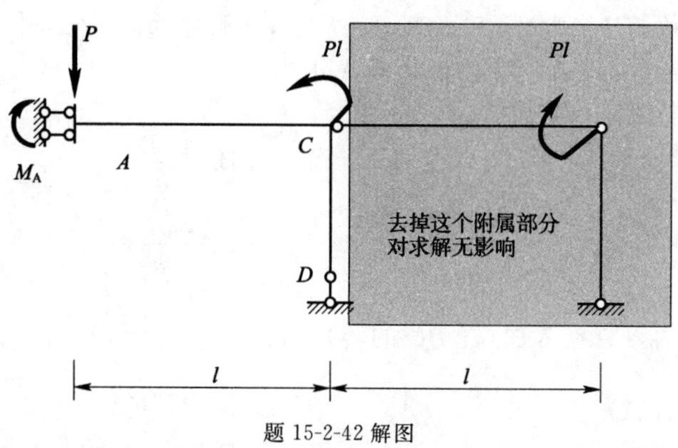

题 15-2-42 解图

答案:D

15-2-43　解:静定结构的反力内力满足平衡条件的解答是唯一确定的。

答案:A

15-2-44　解:本题水平反力为零,可视为对称受力状态,中间铰剪力为零,由下图可知 $M_A=Pd/2$, $Q_{A右}=P/2$,N_A 不为零。

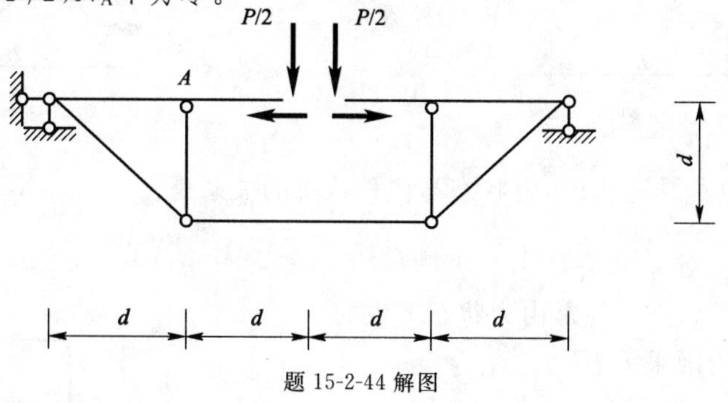

题 15-2-44 解图

答案:B

(三)结构的位移计算

15-3-1　图示结构 EI=常数,当支座 B 发生沉降 Δ 时,支座 B 处梁截面的转角为(以顺时针为正):

A. Δ/l　　B. $1.2\Delta/l$　　C. $1.5\Delta/l$　　D. $2\Delta/l$

15-3-2　图示结构 B 处弹性支座的弹簧刚度 $k=6EI/l^3$,B 结点向下的竖向位移为:

A. $\frac{Pl^3}{12EI}$　　B. $\frac{Pl^3}{6EI}$　　C. $\frac{Pl^3}{4EI}$　　D. $\frac{Pl^3}{3EI}$

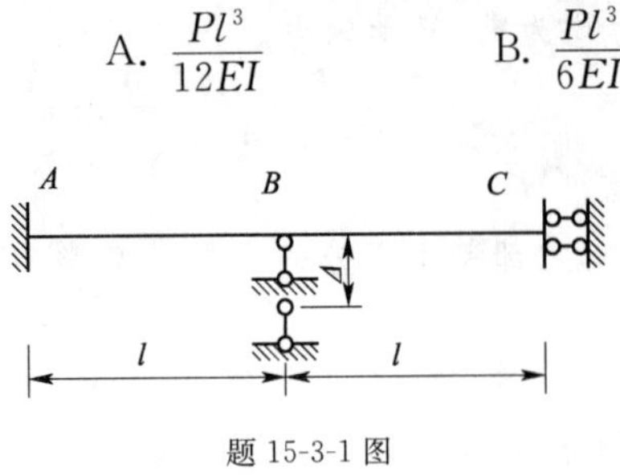

题 15-3-1 图

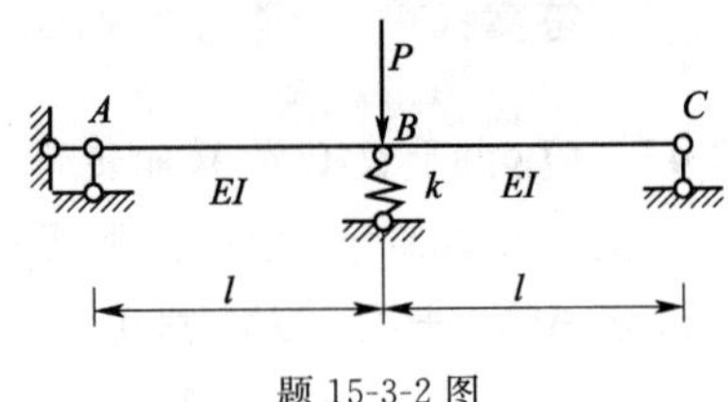

题 15-3-2 图

15-3-3 图示结构，EI＝常数，截面高 h＝常数，线膨胀系数为 α，外侧环境温度降低 t℃，内测环境温度升高 t℃，引起的 C 点竖向位移大小为：

A. $\frac{3\alpha tL^2}{h}$　　B. $\frac{4\alpha tL^2}{h}$

C. $\frac{9\alpha tL^2}{2h}$　　D. $\frac{6\alpha tL^2}{h}$

15-3-4 图示结构，EA＝常数，杆 BC 的转角为：

A. $P/(2EA)$　　B. $P/(EA)$

C. $3P/(2EA)$　　D. $2P/(EA)$

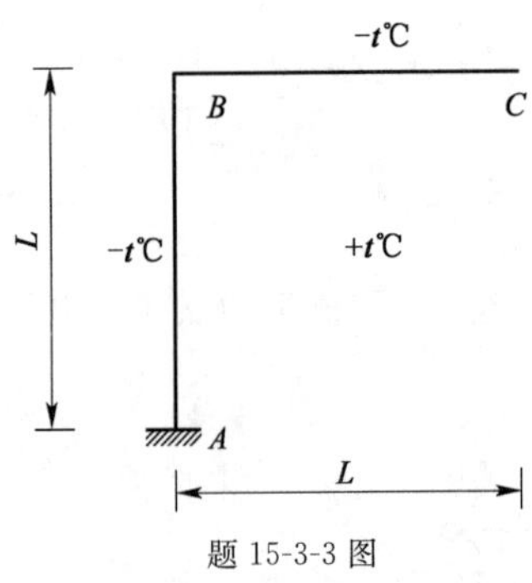

题 15-3-3 图

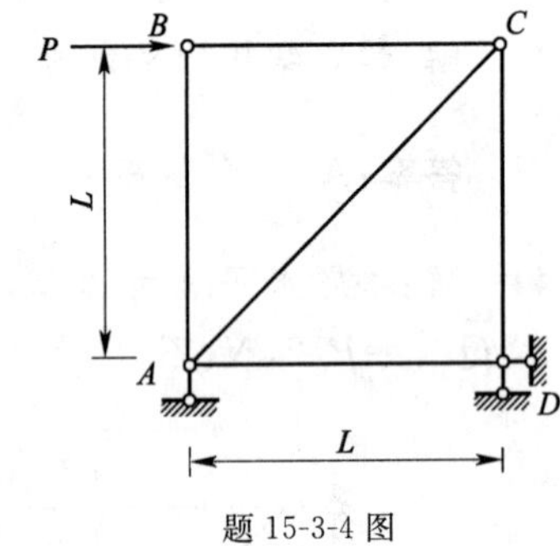

题 15-3-4 图

15-3-5 在建立虚功方程时，力状态与位移状态的关系是：

A. 彼此独立无关

B. 位移状态必须是由力状态产生的

C. 互为因果关系

D. 力状态必须是由位移状态引起的

15-3-6 图示刚架，EI 为常数，忽略轴向变形。当 D 支座发生支座沉降 δ 时，B 点转角为：

A. δ/L　　B. 2δ/L

C. δ/(2L)　　D. δ/(3L)

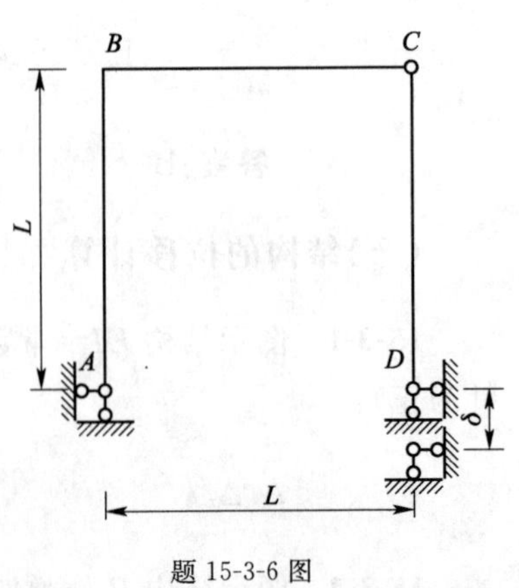

题 15-3-6 图

15-3-7 图示结构，EI 为常数。节点 B 处弹性支撑刚度系数$k=3EI/L^3$，C 点的竖向位移为：

A. $\dfrac{PL^3}{EI}$　　B. $\dfrac{4PL^3}{3EI}$　　C. $\dfrac{11PL^3}{6EI}$　　D. $\dfrac{2PL^3}{EI}$

15-3-8　图示刚架支座 A 下移量为 a，转角为 α，则 B 端竖向位移：

A. 与 h、l、EI 均有关　　B. 与 h、l 有关，与 EI 无关

C. 与 l 有关，与 h、EI 均无关　　D. 与 EI 有关，与 h、l 均无关

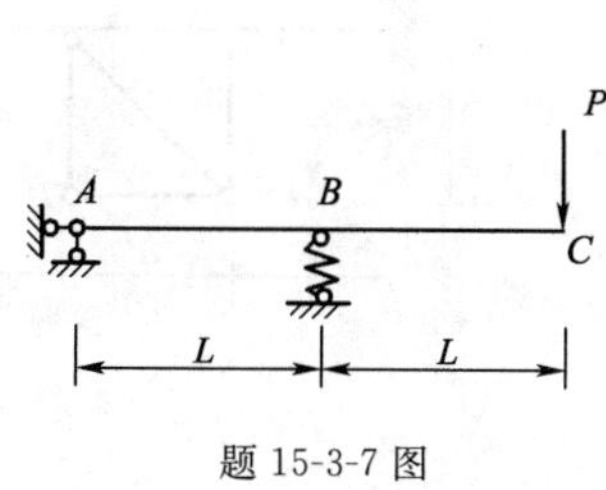

题 15-3-7 图

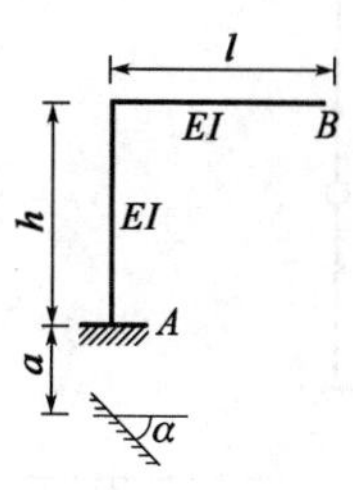

题 15-3-8 图

15-3-9　图示结构 A、B 两点相对水平位移（以离开为正）为：

A. $-\dfrac{2qa^4}{3EI}$　　B. $\dfrac{2qa4}{3EI}$　　C. $-\dfrac{qa^4}{12EI}$　　D. $\dfrac{qa^4}{12EI}$

15-3-10　设 a、b 与 φ 分别为图示结构支座 A 发生的位移及转角，由此引起的 B 点水平位移（向左为正）Δ_{BH} 为：

A. 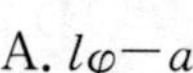 $l\varphi-a$　　B. 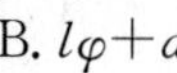 $l\varphi+a$　　C. $a-l\varphi$　　D. 0

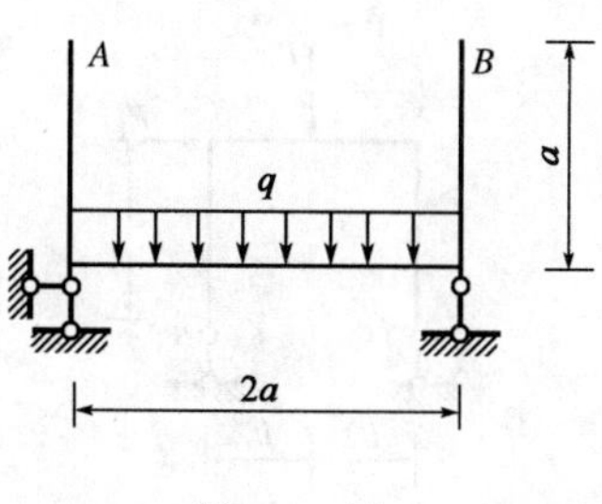

题 15-3-9 图

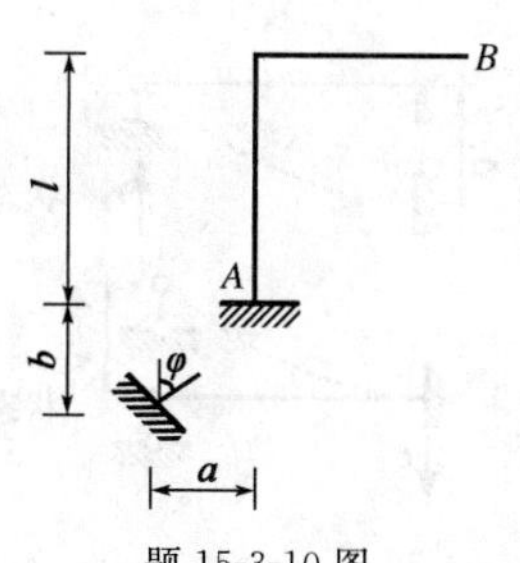

题 15-3-10 图

15-3-11　图示梁 C 点竖向位移为：

A. $\dfrac{5Pl^3}{48EI}$　　B. $\dfrac{Pl^3}{6EI}$

C. $\dfrac{7Pl^3}{24EI}$　　D. $\dfrac{3Pl^3}{8EI}$

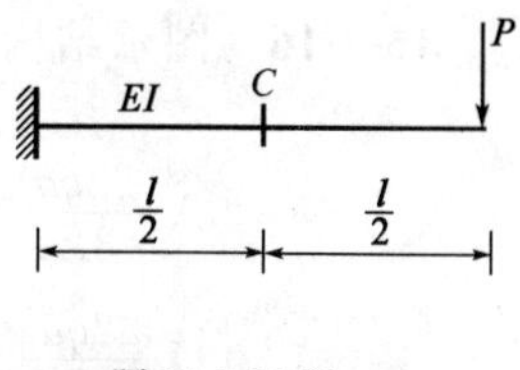

题 15-3-11 图

15-3-12　图示结构（EI＝常数），A、B 两点的相对线位移之值为：

A. $\dfrac{4ml^2}{3EI}(\rightarrow\leftarrow)$　　B. $\dfrac{4ml^2}{3EI}(\leftarrow\rightarrow)$　　C. $\dfrac{2ml^2}{3EI}(\rightarrow\leftarrow)$　　D. $\dfrac{2ml^2}{3EI}(\leftarrow\rightarrow)$

15-3-13　图示结构各杆温度均升高 t℃，且已知 EI 和 EA 均为常数，线膨胀系数为 α，则点 D 的竖向位移 Δ_{DV} 为：

A. $-\alpha ta$　　B. αta　　C. 0　　D. $2\alpha ta$

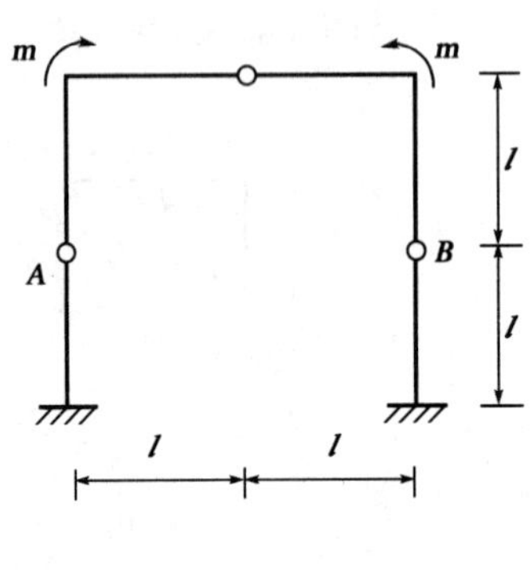

题 15-3-12 图

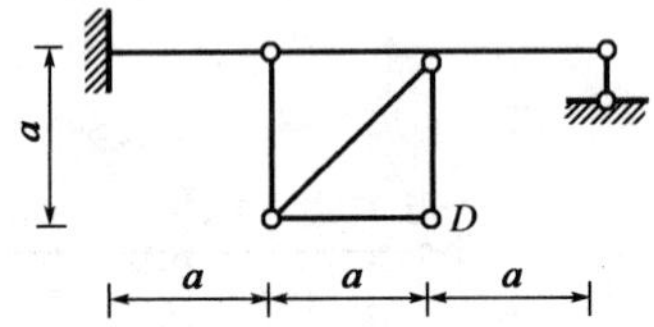

题 15-3-13 图

15-3-14　图示结构两个状态的反力互等定理 $r_{12}=r_{21}$，r_{12} 和 r_{21} 的量纲为：

A. 力　　B. 无量纲　　C. 力/长度　　D. 长度/力

15-3-15　图示结构 EI 为常数，若 B 点水平位移为零，则 P_1/P_2 应为：

A. 10/3　　B. 9/2　　C. 20/3　　D. 17/2

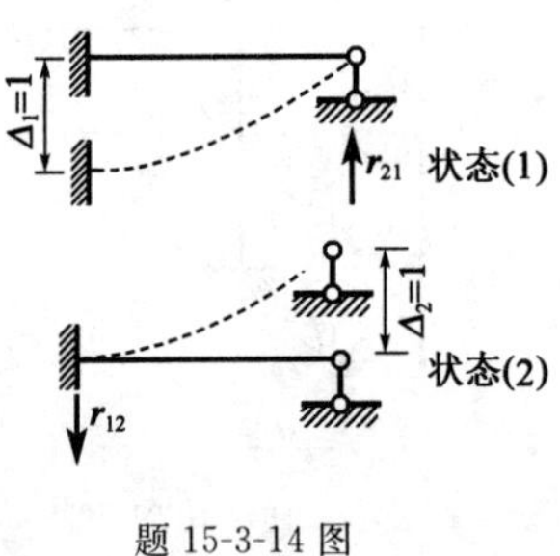

题 15-3-14 图

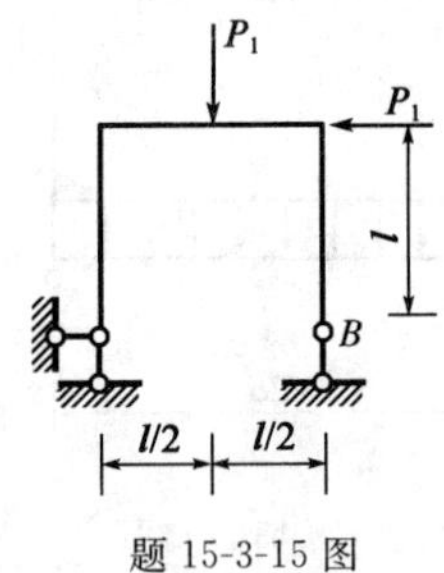

题 15-3-15 图

15-3-16　图示结构 A 点的竖向位移(向下为正)为：

A. $\dfrac{22qa^4}{3EI}$　　B. $\dfrac{18qa^4}{EI}+\dfrac{625qa}{EA}$

C. $\dfrac{22qa^4}{3EI}+\dfrac{625qa}{12EA}$　　D. $\dfrac{22qa^4}{3EI}+\dfrac{625qa}{EA}$

15-3-17　图示结构杆长为 l，EI=常数，C 点两侧截面相对转角 φ_C 为：

A. $\dfrac{3Pl}{2EI}$　　B. $\dfrac{Pl^2}{12EI}$　　C. 0　　D. $\dfrac{Pl^3}{6EI}$

15-3-18　图示梁 C 截面的转角 φ_C(顺时针为正)为：

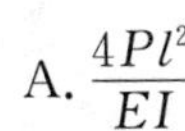

A. $\dfrac{4Pl^2}{EI}$　　B. $\dfrac{2Pl^2}{EI}$　　C. $\dfrac{8Pl^2}{EI}$　　D. $\dfrac{4Pl^2}{3EI}$

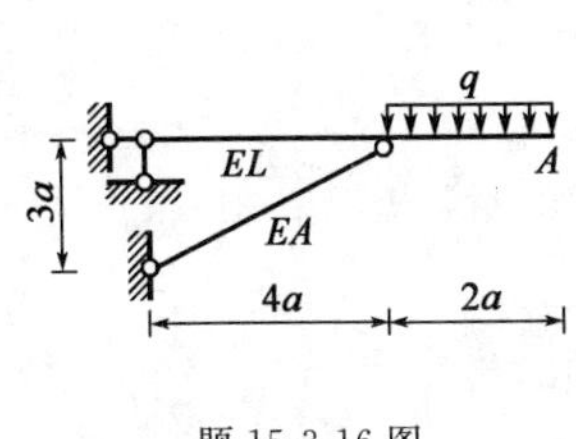

题 15-3-16 图

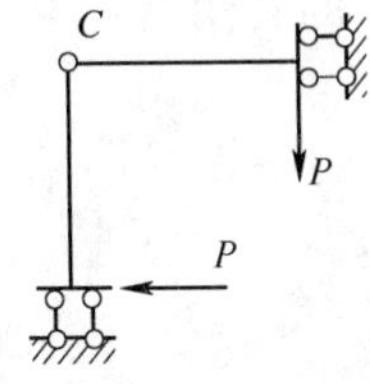

题 15-3-17 图

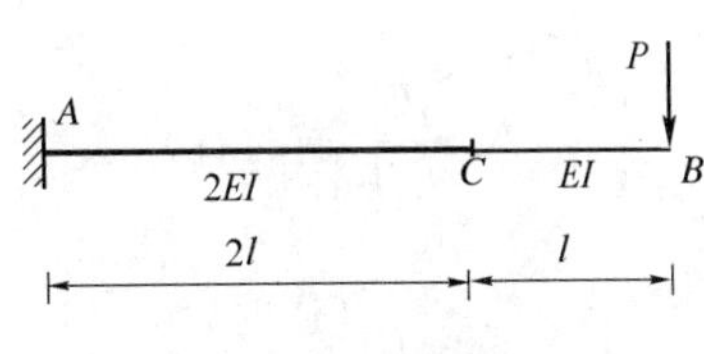

题 15-3-18 图

15-3-19　图示刚架 B 点水平位移 Δ_{BH} 为：

A. $\dfrac{qa^4}{4EI}(\rightarrow)$　　B. $\dfrac{7qa^4}{12EI}(\rightarrow)$　　C. 0　　D. $\dfrac{4qa^4}{12EI}(\rightarrow)$

15-3-20　图示为刚架在均布荷载作用下的 M 图，曲线为二次抛物线，横梁的抗弯刚度为 $2EI$，竖柱为 EI，支座 A 处截面转角为：

A. $\dfrac{5qa^3}{12EI}$(顺时针)　　B. $\dfrac{5qa^3}{12EI}$(逆时针)

C. $\dfrac{qa^3}{2EI}$(顺时针)　　D. $\dfrac{qa^3}{2EI}$(逆时针)

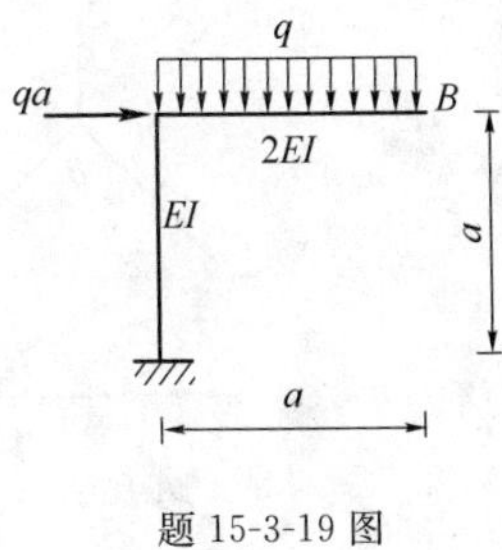

题 15-3-19 图

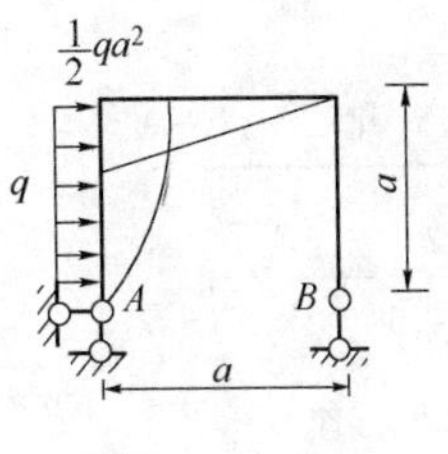

题 15-3-20 图

15-3-21　求图示梁铰 C 左侧截面的转角时，其虚拟单位力状态应取：

A.
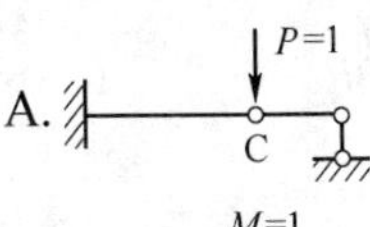

B. M=1　C

C. M=1　C

D. M=1　C

15-3-22 图示结构中 AC 杆的温度升高 t℃，则杆 AC 与 BC 间的夹角变化是：

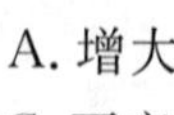

A. 增大　　　　B. 减小

C. 不变　　　　D. 不定

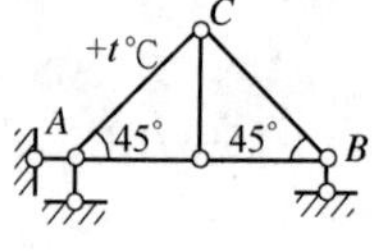

题 15-3-22 图

15-3-23 图示结构 EI＝常数，截面 C 的转角是：

A. $\frac{ql^3}{8EI}$（逆时针）　　B. $\frac{5ql^3}{24EI}$（逆时针）

C. $\frac{ql^3}{24EI}$（逆时针）　　D. $\frac{ql^3}{24EI}$（顺时针）

15-3-24 图示梁 EI＝常数，B 端的转角是：

A. $\frac{5ql^3}{48EI}$（顺时针）　　B. $\frac{5ql^3}{48EI}$（逆时针）

C. $\frac{7ql^3}{48EI}$（逆时针）　　D. $\frac{9ql^3}{48EI}$（逆时针）

15-3-25 图示刚架，EI＝常数，B 点的竖向位移（↓）为：

A. $\frac{Pl^3}{6EI}$　　B. $\frac{\sqrt{2}Pl^3}{3EI}$　　C. $\frac{\sqrt{2}Pl^3}{6EI}$　　D. $\frac{Pl^3}{3EI}$

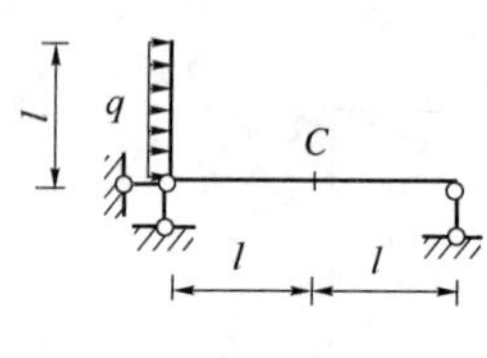

题 15-3-23 图

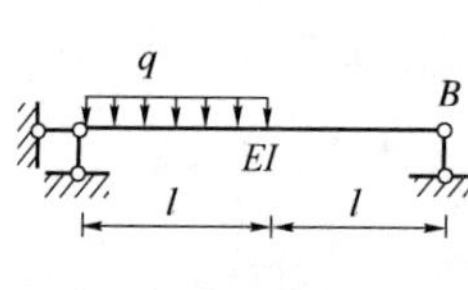

题 15-3-24 图

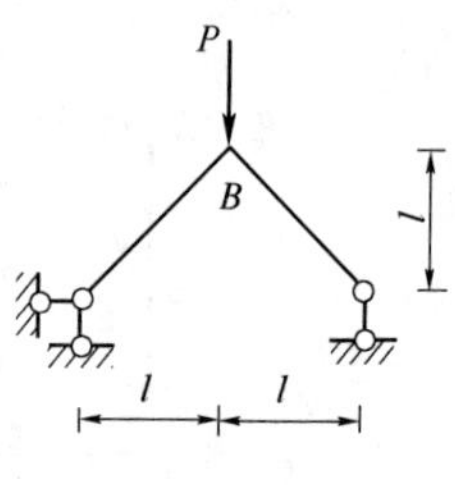

题 15-3-25 图

15-3-26 图示桁架 B 点竖向位移（向下为正）Δ_{BV} 为：

A. $\frac{4+2\sqrt{2}}{EA}Pa$　　B. $\frac{-4+2\sqrt{2}}{EA}Pa$　　C. $\frac{2+2\sqrt{2}}{EA}Pa$　　D. 0

15-3-27 图示结构 A、B 两点相对竖向位移 Δ_{AB} 为：

A. $\frac{2\sqrt{2}Pa}{EA}$　　B. $\frac{3Pa}{EA}$　　C. $\frac{8Pa}{EA}$　　D. 0

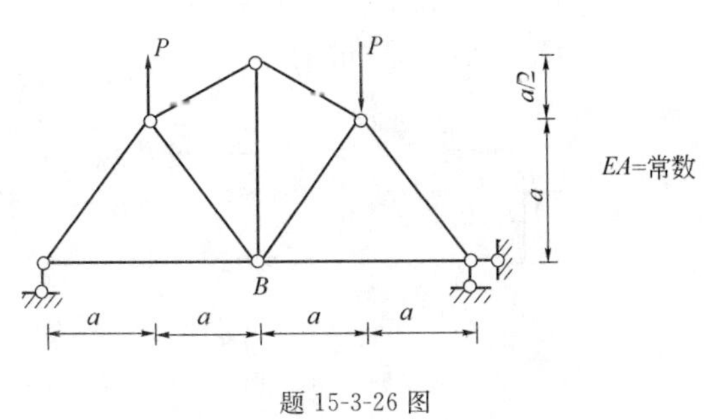

题 15-3-26 图

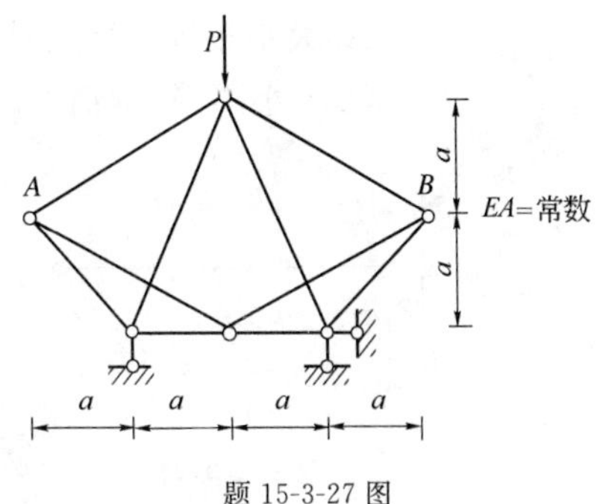

题 15-3-27 图

15-3-28 设 a、b 及 φ 分别为图示结构 A 支座发生的移动及转动，由此引起的 B 点水平位移（向左为正）Δ_{BH} 为：

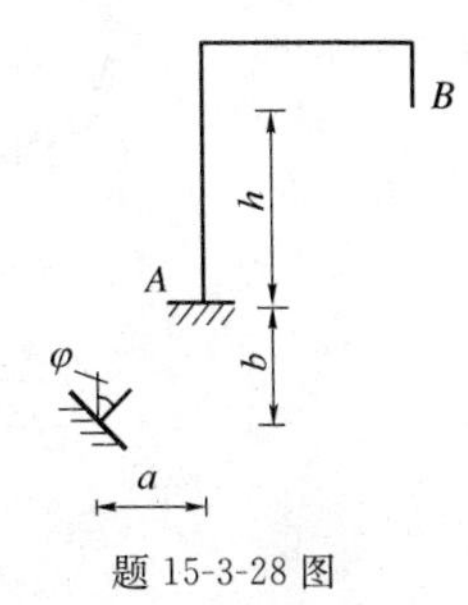

题 15-3-28 图

A. $h\varphi-a$　　B. $h\varphi+a$

C. $a-h\varphi$　　D. 0

15-3-29 用图乘法求位移的必要应用条件之一是：

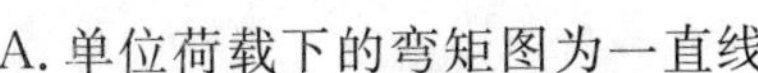

A. 单位荷载下的弯矩图为一直线

B. 结构可分为等截面直杆段

C. 所有杆件 EI 为常数且相同

D. 结构必须是静定的

15-3-30 功的互等定理的适用条件是：

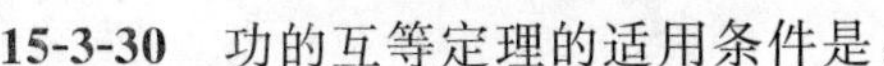

A. 可适用于任意变形结构　　B. 可适用于任意线弹性结构

C. 仅适用于线弹性静定结构　　D. 仅适用于线弹性超静定结构

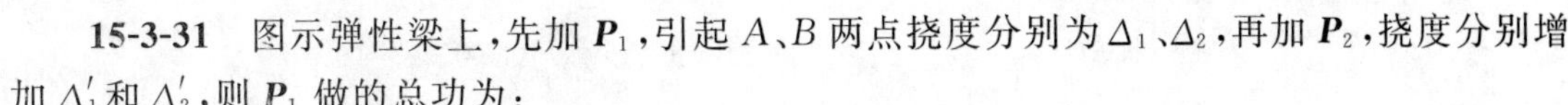

15-3-31 图示弹性梁上，先加 $\boldsymbol{P}_1$，引起 A、B 两点挠度分别为 Δ_1、Δ_2，再加 $\boldsymbol{P}_2$，挠度分别增加 Δ_1' 和 Δ_2'，则 $\boldsymbol{P}_1$ 做的总功为：

A. $P_1\Delta_1/2$　　B. $P_1(\Delta_1+\Delta_1')/2$

C. $P_1(\Delta_1+\Delta_1')$　　D. $P_1\Delta_1/2+P_1\Delta_1'$

15-3-32 变形体虚位移原理的虚功方程中包含了力系与位移（及变形）两套物理量，其中：

A. 力系必须是虚拟的，位移是实际的

B. 位移必须是虚拟的，力系是实际的

C. 力系与位移都必须是虚拟的

D. 力系与位移两者都是实际的

15-3-33 图 a)、b) 两种状态中，图 a) 中作用于 A 截面的水平单位集中力 $P=1$ 引起 B 截面的转角为 φ，图 b) 中作用于 B 截面的单位集中力偶 $M=1$ 引起 A 点的水平位移为 δ，则 φ 与 δ 两者的关系为：

A. 大小相等,量纲不同　　B. 大小相等,量纲相同

C. 大小不等,量纲不同　　D. 大小不等,量纲相同

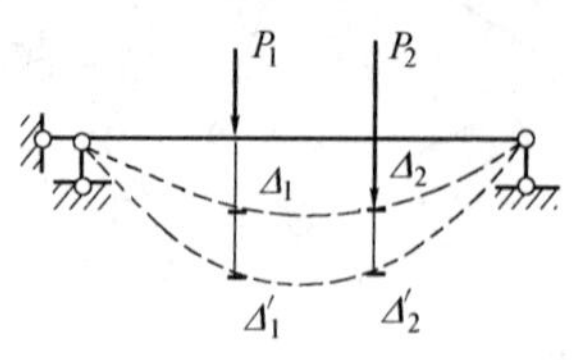

题 15-3-31 图

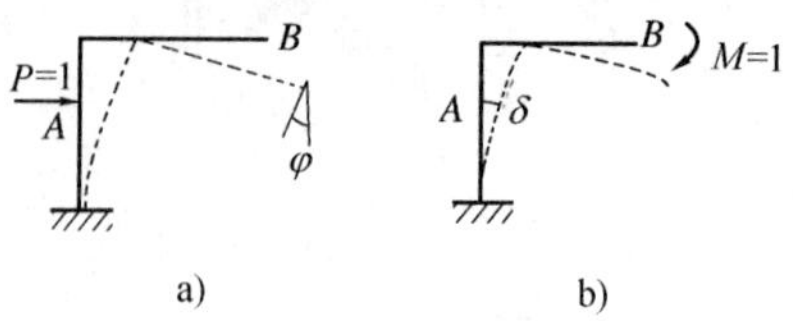

题 15-3-33 图

15-3-34　图 a)、b)两种状态中,梁的转角 φ 与竖向位移 δ 间的关系为:

A. $\delta=\varphi$　　B. δ 与 φ 关系不定,取决于梁的刚度大小

C. $\delta>\varphi$　　D. $\delta<\varphi$

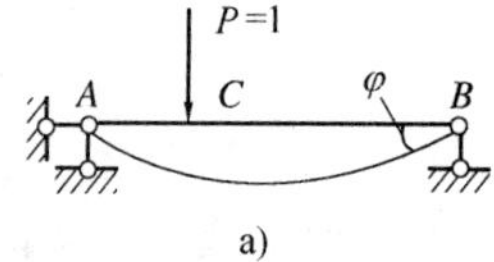

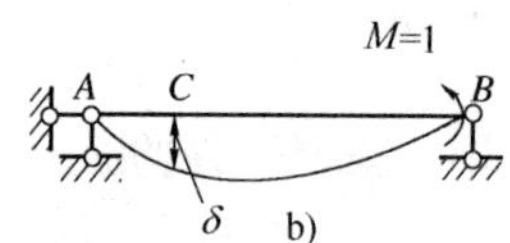

题 15-3-34 图

15-3-35　图示结构两个状态中的反力互等,$r_{12}=r_{21}$,r_{12} 和 r_{21} 的量纲为:

A. 力　　B. 无量纲　　C. 力/长度　　D. 力×长度

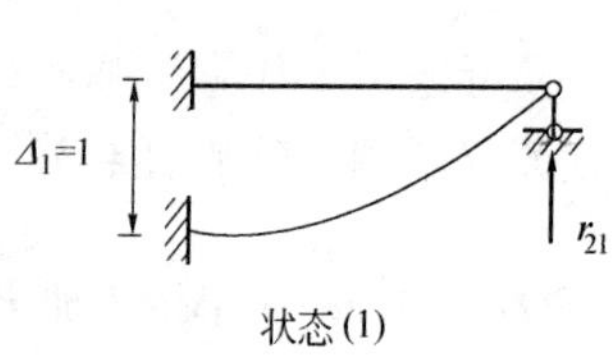

状态(1)

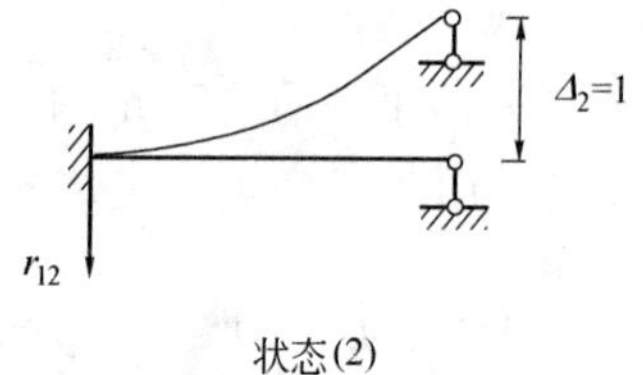

状态(2)

题 15-3-35 图

15-3-36　已知图示结构 EI=常数,A、B 两点的相对水平线位移为:

A. $\dfrac{9qa^4}{4EI}$　　B. $\dfrac{4qa^4}{3EI}$

C. $\dfrac{5qa^4}{3EI}$　　D. $\dfrac{2qa^4}{EI}$

15-3-37　图示结构当 E 点有 $P=1$ 向下作用时,B 截面产生逆时针转角 φ,则当 A 点有图示荷载作用时,E 点产生的竖向位移为:

A. $\varphi\uparrow$　　B. $\varphi\downarrow$　　C. $\varphi a\uparrow$　　D. $\varphi a\downarrow$

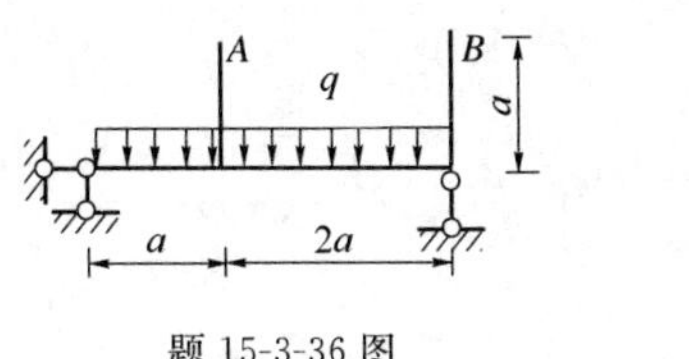

题 15-3-36 图

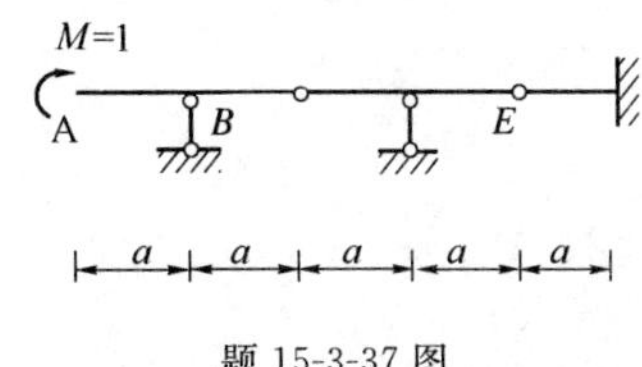

题 15-3-37 图

15-3-38 图 a)、b)为同一结构的两种状态，欲使状态 a 在 1 点向下的竖向位移等于状态 b 在 2 点向右的水平位移的 2 倍，则 $\boldsymbol{P}_1$ 和 $\boldsymbol{P}_2$ 的大小关系应为：

A. $P_2=0.5P_1$　　B. $P_2=P_1$　　C. $P_2=2P_1$　　D. $P_2=-2P_1$

15-3-39 图示结构，各杆 EI、EA 相同，K、H 两点间的相对线位移为：

A. $\dfrac{Pa^3}{6EI}$ (← →)　　B. $\dfrac{Pa^3}{4EI}$ (← →)

C. $\dfrac{Pa^3}{3EI}$ (← →)　　D. $\dfrac{Pa^3}{3EI}$ (→ ←)

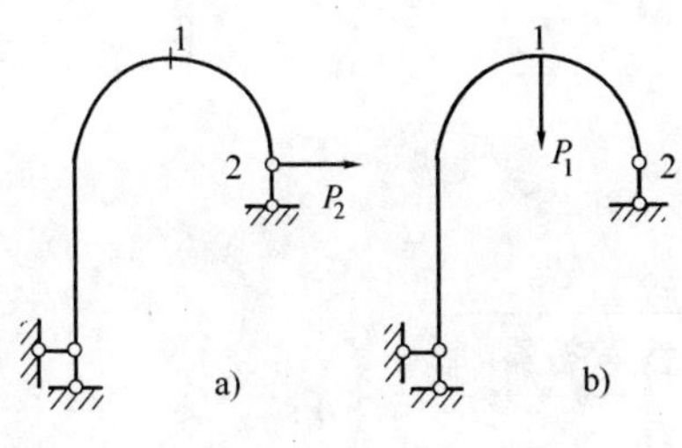

题 15-3-38 图

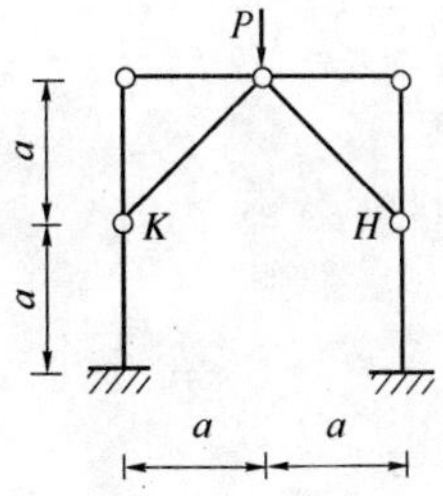

题 15-3-39 图

15-3-40 已知图示结构 EI＝常数，当 B 点水平位移为零时，P_1/P_2 应为：

A. 10/3　　B. 9/2　　C. 20/3　　D. 17/2

15-3-41 图示结构，EA＝常数，C、D 两点的水平相对线位移为：

A. $\dfrac{2Pa}{EA}$　　B. $\dfrac{Pa}{EA}$　　C. $\dfrac{3Pa}{2EA}$　　D. $\dfrac{Pa}{3EA}$

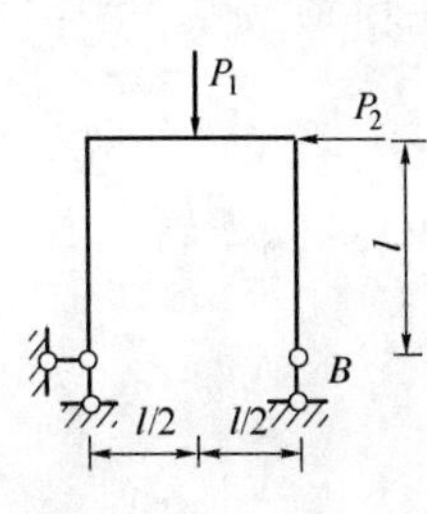

题 15-3-40 图

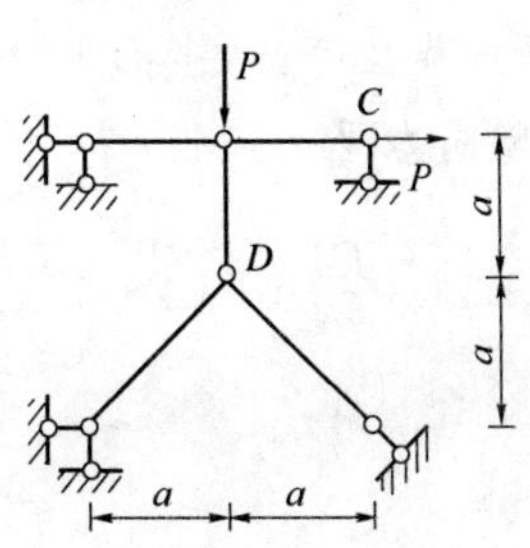

题 15-3-41 图

15-3-42 图示桁架在 **P** 作用下的内力如图所示，EA=常数，此时 C 点的水平位移为：

A. 0　　　　B. $\dfrac{2.914Pa}{EA}(\rightarrow)$

C. $\dfrac{Pa}{2EA}(\rightarrow)$　　　　D. $\dfrac{2.914Pa}{EA}(\leftarrow)$

15-3-43 图示结构，截面 A、B 间的相对转角为：

A. $\dfrac{1}{24}\dfrac{ql^3}{EI}$　　B. $\dfrac{1}{18}\dfrac{ql^3}{EI}$　　C. $\dfrac{1}{12}\dfrac{ql^3}{EI}$　　D. $\dfrac{1}{8}\dfrac{ql^3}{EI}$

15-3-44 图示梁中点 C 的挠度等于：

A. $\dfrac{1}{12}\dfrac{Pl^3}{EI}$　　B. $\dfrac{1}{6}\dfrac{Pl^3}{EI}$　　C. $\dfrac{5}{24}\dfrac{Pl^3}{EI}$　　D. $\dfrac{5}{48}\dfrac{Pl^3}{EI}$

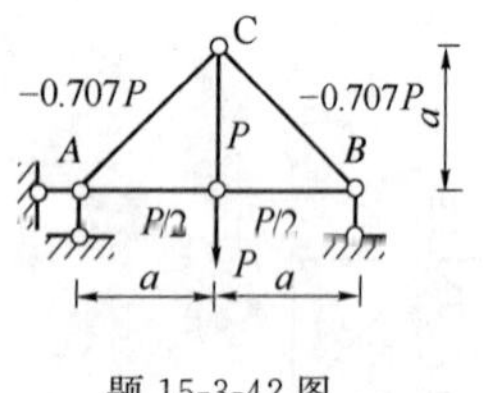

题 15-3-42 图

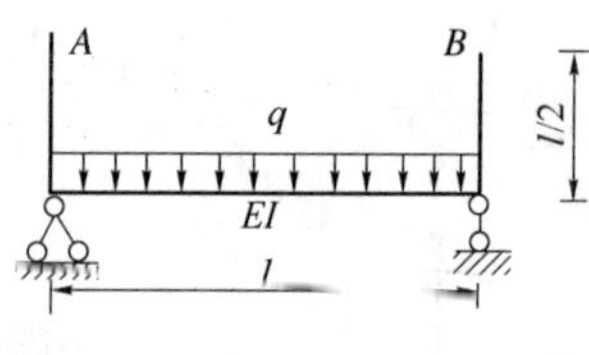

题 15-3-43 图

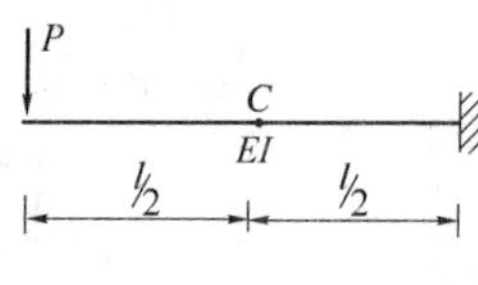

题 15-3-44 图

题解及参考答案

15-3-1 **解**：按位移法，利用转角位移方程，建立结点 B 的力矩平衡方程：

$$M_{BA}+M_{BC}=4i\theta_B-6i\frac{\Delta}{l}+i\theta_B=0$$

解得

$$\theta_B=\frac{6\Delta}{5l}$$

题 15-3-1 解图

答案：B

15-3-2 **解**：根据对称性可知，当 B 点下沉 Δ 时截面 B 的转角为 0，利用杆件的侧移刚度系数，建立结点 B 的竖向力平衡方程：

$$3\frac{EI}{l^3}\Delta+k\Delta+3\frac{EI}{l^3}\Delta=P \quad (\text{其中 } k=6\frac{EI}{l^3})$$

解得

$$\Delta=\frac{Pl^3}{12EI}$$

答案：A

15-3-3 **解**：见解图，$\Delta t=2t, t_0=0$

$$\Delta_{Ct}^{V}=\frac{\alpha(2t)\left(\frac{1}{2}L\times L+L\times L\right)}{h}=\frac{3\alpha tL^2}{h}$$

答案：A

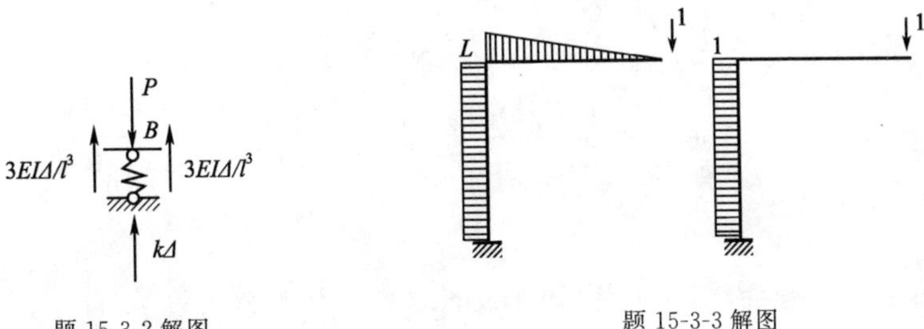

题 15-3-2 解图　　　　题 15-3-3 解图

15-3-4 **解**：见解图，$\theta_{BC}=\frac{(-P)\left(-\frac{1}{L}\right)L}{EA}=\frac{P}{EA}$

答案：B

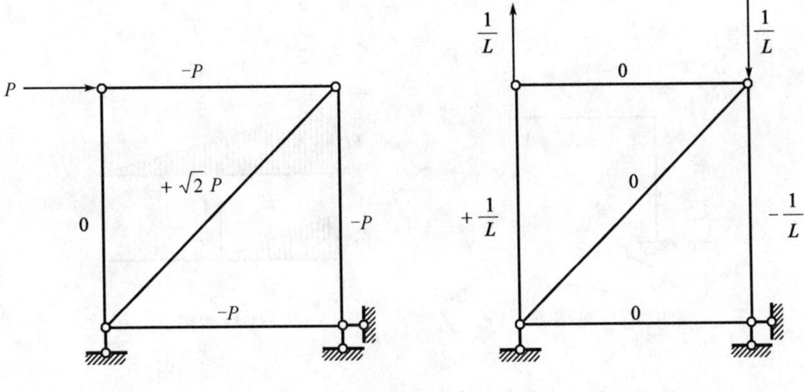

题 15-3-4 解图

15-3-5 **解**：虚功原理中的力状态与位移状态彼此独立无关。

答案：A

15-3-6 **解**：由几何关系判断，或按单位荷载法求解。

答案：A

15-3-7 **解**：按单位荷载法，作单位弯矩图图乘，并叠加弹簧的影响。

答案：D

15-3-8 **解**：此题为刚体位移，由几何关系分析或用单位荷载法求解。

答案：C

15-3-9 **解**：应用图乘法（见解图）求解。

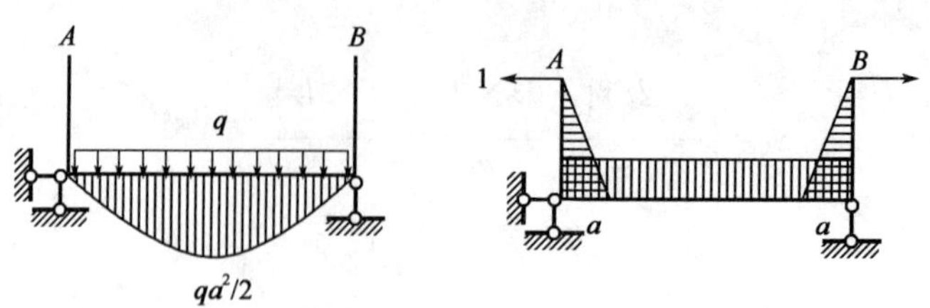

题 15-3-9 解图

$$\Delta_{AB}=-\frac{1}{EI}\left(\frac{2}{3}\frac{qa^2}{2}2a\right)a=-\frac{2qa^4}{3EI}$$

答案:A

15-3-10 **解**:由几何关系判断(见解图)。或根据位移计算公式计算,得

$$\Delta_{BH}=-\sum\overline{R}c=-(-1\times a+l\varphi)=a-l\varphi$$

答案:C

15-3-11 **解**:应用图乘法(见解图)。

$$\Delta_C=\frac{1}{EI}\left(\frac{1}{2}\frac{l}{2}\frac{l}{2}\right)\left(\frac{5}{6}Pl\right)=\frac{5Pl^3}{48EI}(\downarrow)$$

答案:A

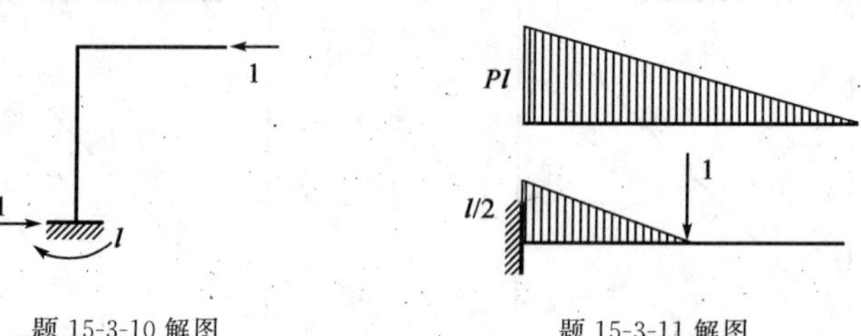

题 15-3-10 解图　　　题 15-3-11 解图

15-3-12 **解**:见解图,$\Delta_{AB}=\frac{2}{EI}\left(\frac{1}{2}ml\right)\left(\frac{2}{3}ml\right)=\frac{2ml^2}{3EI}(\leftarrow\ \rightarrow)$。

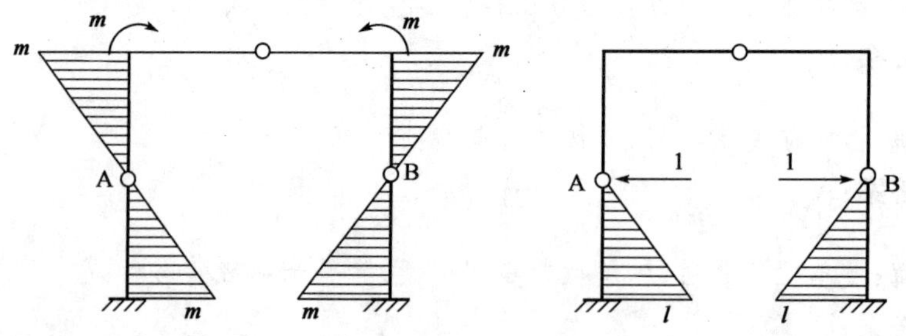

题 15-3-12 解图

答案:D

15-3-13 **解**:各杆均匀伸长,由几何关系可以判断。或用位移计算公式计算。

答案:B(当向下为正时)

15-3-14 **解**：刚度系数 r 是单位位移引起的反力。

答案：C

15-3-15 **解**：提示应用图乘法(见解图)。

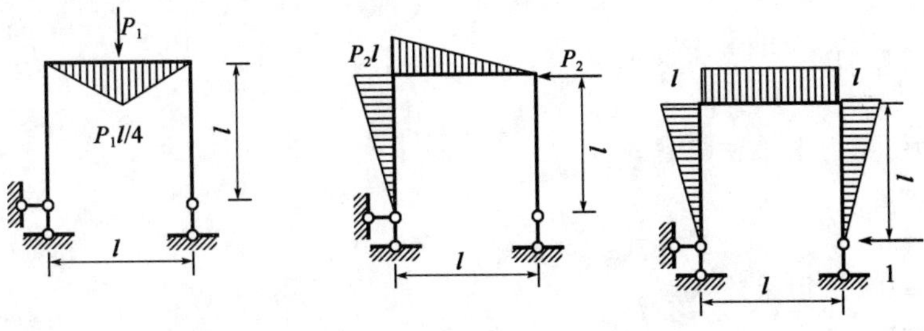

题 15-3-15 解图

令 $\Delta_{BH}=-\frac{1}{2}\frac{P_1l}{4}l\times l+\left(\frac{1}{2}P_2l\times l\right)\left(l+\frac{2}{3}l\right)=0$

可得 $\frac{P_1}{8}=\frac{5P_2}{6}$

答案：C

15-3-16 **解**：见解图。

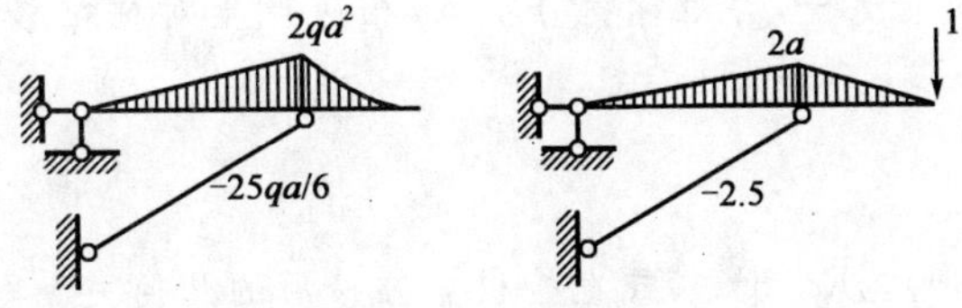

题 15-3-16 解图

$$\Delta_A=\frac{1}{EI}\left[\left(\frac{1}{3}\times 2qa^2\times 2a\right)\left(\frac{3}{4}\times 2a\right)+\left(\frac{1}{2}\times 2qa^2\times 4a\right)\left(\frac{2}{3}\times 2a\right)\right]+\frac{\left(-\frac{25qa}{6}\right)\left(-\frac{5}{2}\right)(5a)}{EA}$$

$$=\frac{22qa^4}{3EI}+\frac{625qa}{12EA}(\downarrow)$$

答案：C

15-3-17 **解**：结构对过铰 45°方向的轴线对称；受反对称荷载，引起的位移是反对称的。

答案：C

15-3-18 **解**：应用图乘法求解。

答案：B

15-3-19 **解**：应用图乘法求解。

答案：B

15-3-20 **解**：应用图乘法求解。

答案：A

15-3-21 **解**:虚拟单位力乘以所求位移应构成虚功。

答案:C

15-3-22 **解**:与夹角变化方向一致的虚拟单位力(一对单位力偶,化为结点力)应使 AC 杆受拉,或根据几何关系判断。

答案:B

15-3-23 **解**:应用图乘法求解。

答案:C

15-3-24 **解**:应用图乘法求解。

答案:C

15-3-25 **解**:应用图乘法求解。

答案:C

15-3-26 **解**:去掉水平支杆,为反对称受力状态,相应产生反对称位移状态。水平支杆的作用是限制水平刚体位移。

答案:D

15-3-27 **解**:去掉水平支杆,为对称受力状态,相应产生对称位移状态。水平支杆的作用是限制水平刚体位移。

答案:D

15-3-28 **解**:用 $\Delta=-\sum\overline{R}c$ 计算,或直接根据位移后的几何关系分析。

答案:C

15-3-29 **解**:图乘法的应用条件是:直杆结构、分段等截面、相乘的两个弯矩图中至少有一个为直线型。

答案:B

15-3-30 **解**:需有线弹性条件。

答案:B

15-3-31 **解**:$\boldsymbol{P}_1$ 在 Δ_1 上做实功,在 Δ_1' 上做虚功。

答案:D

15-3-32 **解**:虚位移原理是在虚设可能位移状态前提下的虚功原理。

答案:B

15-3-33 **解**:位移互等定理。

答案:B

15-3-34 **解**:位移互等定理。

答案:A

15-3-35 **解**:力的量纲除以线位移的量纲。

答案:C

15-3-36 **解**:用图乘法求解。

答案:C

15-3-37 **解**:用位移互等定理。

答案:A

15-3-38 **解**:用功的互等定理。

答案:C

15-3-39 **解**:用图乘法求解。

答案:C

15-3-40 **解**:图乘法求 B 点水平位移,令其为零。

答案:C

15-3-41 **解**:竖向力引起对称的内力与变形,D 点无水平位移,水平力仅使水平杆拉伸;或在 C、D 加一对反向水平单位力,用单位荷载法求解。

答案:A

15-3-42 **解**:用单位荷载法,或利用对称性分析(撤去水平链杆产生对称的内力与变形,下弦向两侧伸长,再左移刚体位移,以满足支座 A 的约束条件)。

答案:C

15-3-43 **解**:用图乘法求解。

答案:C

15-3-44 **解**:用图乘法求解。

答案:D

(四)超静定结构的受力分析与特性

15-4-1 图示等截面梁正确的 M 图是:

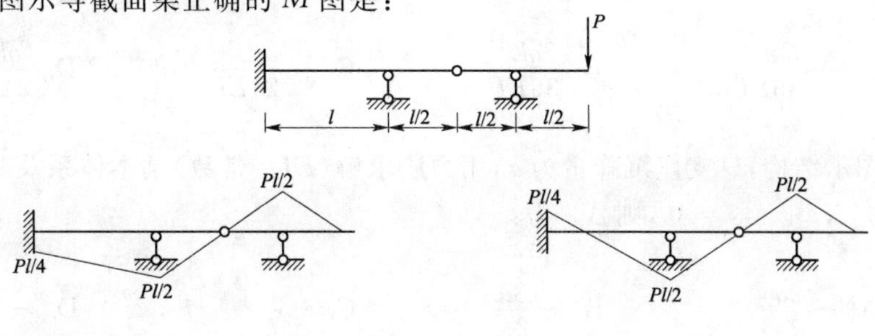

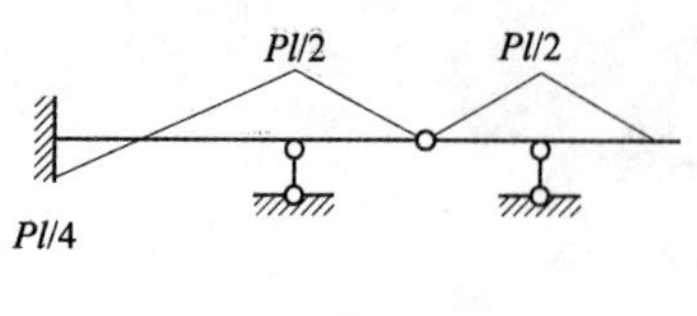

C.　　　　　　　　D.

15-4-2　图示结构 M_{BA} 值的大小为：

A. $Pl/2$　　　B. $Pl/3$　　　C. $Pl/4$　　　D. $Pl/5$

15-4-3　欲使图示连续梁 BC 跨中点正弯矩与 B 支座负弯矩绝对值相等，则 $EI_{AB}:EI_{BC}$ 应等于：

A. 2　　　B. 5/8　　　C. 1/2　　　D. 1/3

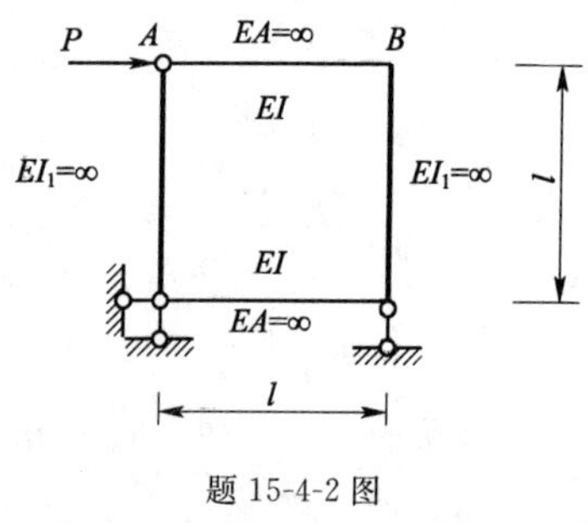

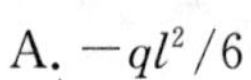

题 15-4-2 图

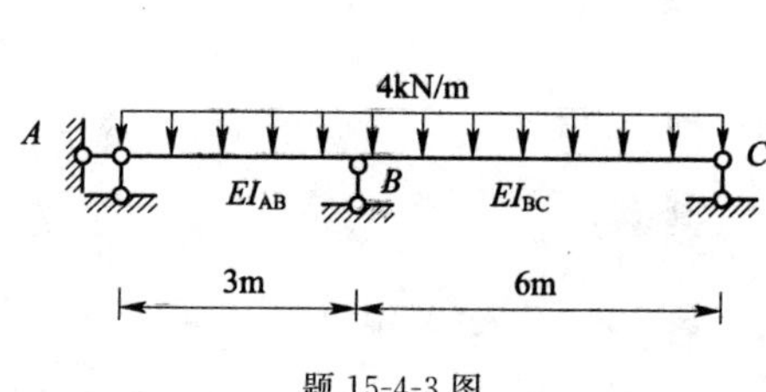

题 15-4-3 图

15-4-4　图示对称结构 $M_{AD}=ql^2/36$（左拉），$F_{NAD}=5ql/12$（压），则 M_{BC} 为（以下侧受拉为正）：

A. $-ql^2/6$

B. $ql^2/6$

C. $-ql^2/9$

D. $ql^2/9$

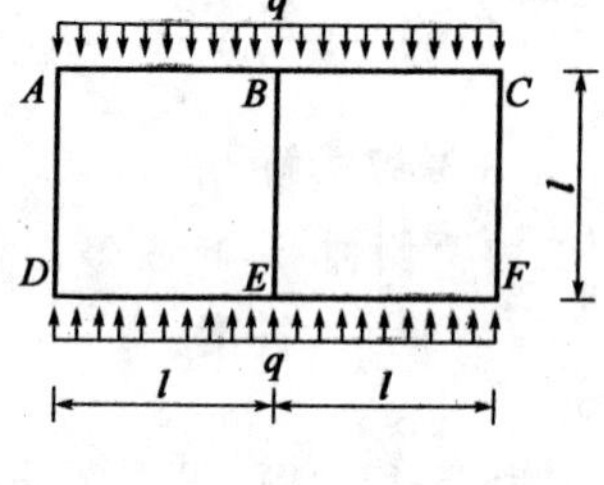

题 15-4-4 图

15-4-5　图示结构用力矩分配法计算时，分配系数 μ_{AC} 为：

A. 1/4　　　B. 4/7　　　C. 1/2　　　D. 6/11

15-4-6　用力法求解图示结构（EI＝常数），基本体系及基本未知量如图所示，力法方程中系数 Δ_{1P} 为：

A. $-\dfrac{5qL^4}{36EI}$　　　B. $\dfrac{5qL^4}{36EI}$　　　C. $-\dfrac{qL^4}{24EI}$　　　D. $\dfrac{qL^4}{24EI}$

15-4-7　图示结构，D 支座沉降量为 a，用力法求解（EI＝常数）基本体系及基本未知量如图，基本方程 $\delta_{11}X_1+\Delta_{1C}=0$，则 Δ_{1C} 为：

A. $-\dfrac{2a}{L}$　　　B. $-\dfrac{3a}{2L}$　　　C. $-\dfrac{a}{L}$　　　D. $-\dfrac{a}{2L}$

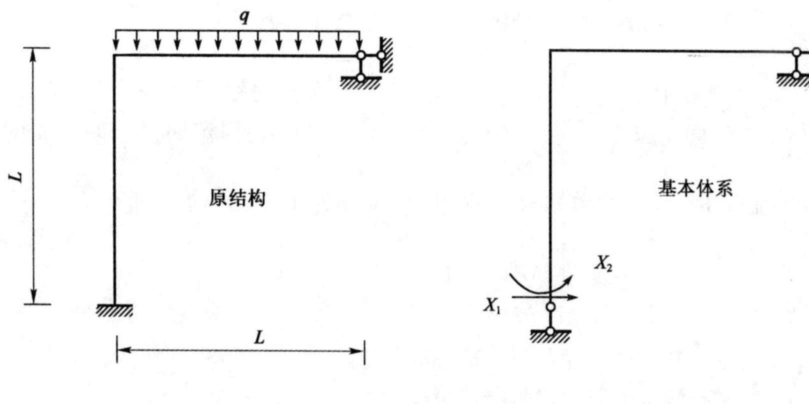

题 15-4-6 图

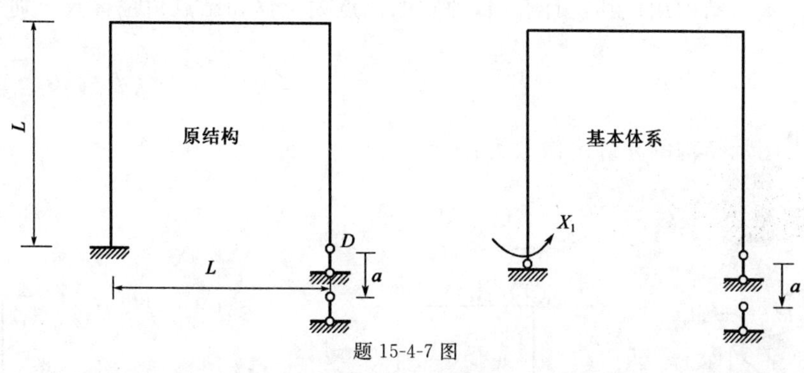

题 15-4-7 图

15-4-8 用位移法求解图示结构，独立的基本未知量个数为：

A. 1　　B. 2　　C. 3　　D. 4

15-4-9 求解图示结构基本未知量最少的方法为：

A. 力法　　B. 位移法

C. 混合法　　D. 力矩分配法

15-4-10 若要保证图示结构在外荷载作用下，梁跨中截面产生负弯矩(上侧受拉)可采用：

A. 增大二力杆刚度且减小横梁刚度

B. 减小二力杆刚度且增大横梁刚度

C. 减小均布荷载 q

D. 该结构为静定结构，与构件刚度无关

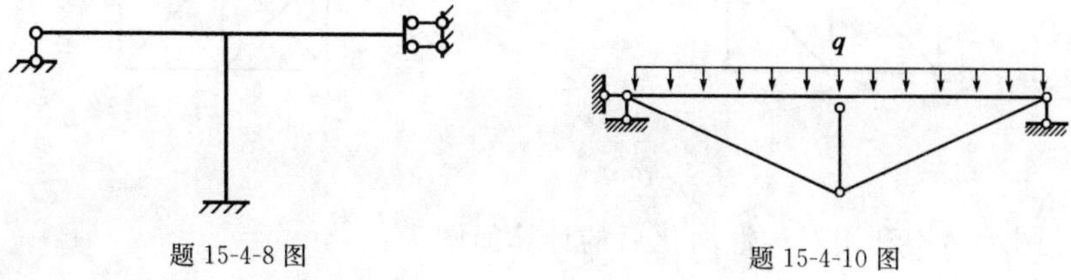

题 15-4-8 图　　题 15-4-10 图

15-4-11 用位移法计算静定、超静定结构时，每根杆都视为：

A. 单跨静定梁　　B. 单跨超静定梁

C. 两端固定梁　　D. 一端固定而另一端铰支的梁

15-4-12 图示结构（E 为常数），杆端弯矩（顺时针为正）正确的一组为：

A. $M_{AB}=M_{AD}=M/4, M_{AC}=M/2$

B. $M_{AB}=M_{AC}=M_{AD}=M/3$

C. $M_{AB}=M_{AD}=0.4M, M_{AC}=0.2M$

D. $M_{AB}=M_{AD}=M/3, M_{AC}=2M/3$

15-4-13 图示结构用位移法计算时，独立的结点线位移和结点角位移数分别为：

A. 2，3　　B. 1，3　　C. 3，3　　D. 2，4

15-4-14 图示结构的超静定次数为：

A. 2　　B. 3　　C. 4　　D. 5

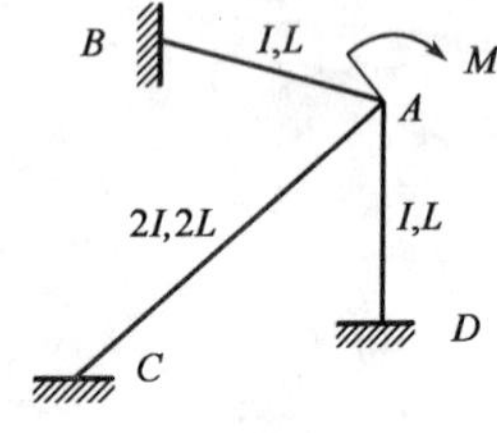

题 15-4-12 图

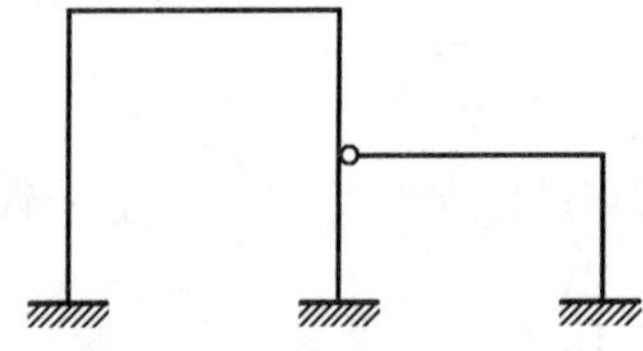

题 15-4-13 图

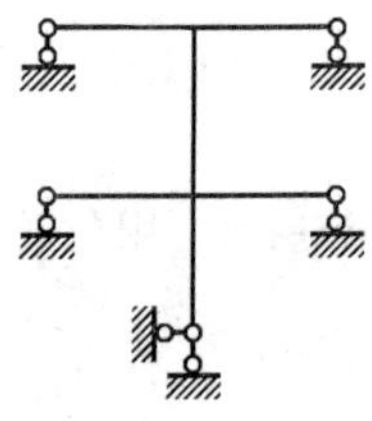

题 15-4-14 图

15-4-15 图示桁架 K 点的竖向位移为最小的图为：

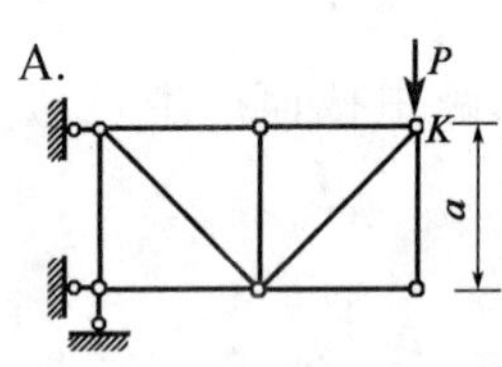

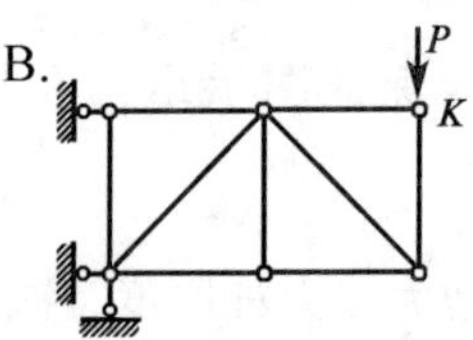

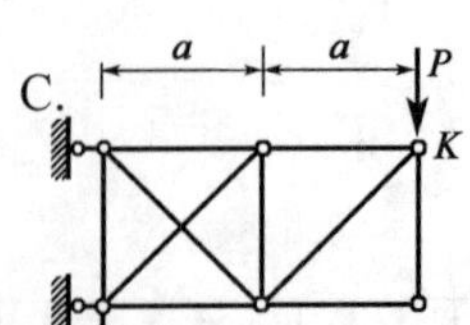

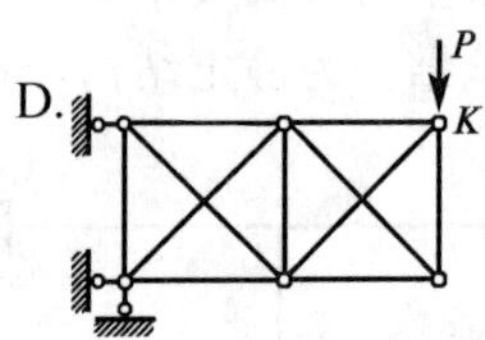

15-4-16 图示结构利用对称性简化后的计算简图为：

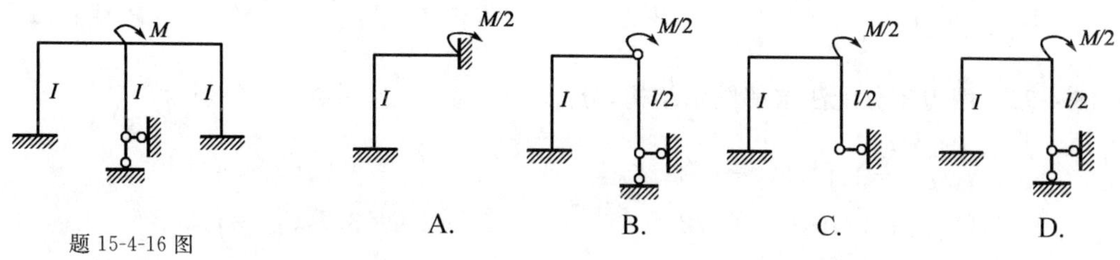

题 15-4-16 图

15-4-17 图示桁架的超静定次数是：

A. 1 次　　B. 2 次　　C. 3 次　　D. 4 次

15-4-18 用力法求解图示结构（EI 为常数），基本体系及基本未知量如图所示，柔度系数 δ_{11} 为：

A. $\frac{2L^3}{3EI}$　　B. $\frac{L^3}{3EI}$　　C. $\frac{L^3}{2EI}$　　D. $\frac{3L^3}{2EI}$

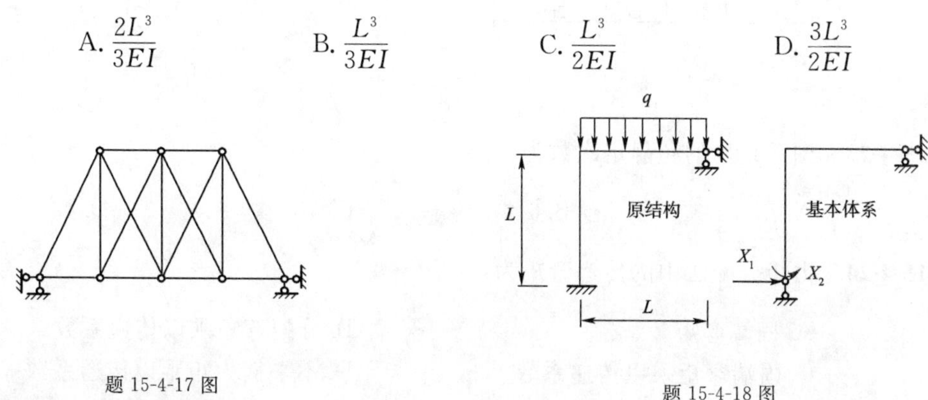

题 15-4-17 图　　题 15-4-18 图

15-4-19 图示梁线刚度为 i，长度为 l，当 A 端发生微小转角 α，B 端发生微小位移 $\Delta = l\alpha$ 时，梁两端的弯矩（对杆端顺时针为正）为：

A. $M_{AB}=2i\alpha, M_{BA}=4i\alpha$　　B. $M_{AB}=-2i\alpha, M_{BA}=-4i\alpha$

C. $M_{AB}=10i\alpha, M_{BA}=8i\alpha$　　D. $M_{AB}=-10i\alpha, M_{BA}=-8i\alpha$

15-4-20 图示梁 AB，EI 为常数，支座 D 的反力 R_D 为：

A. $ql/2$　　B. ql　　C. $3ql/2$　　D. $2pl$

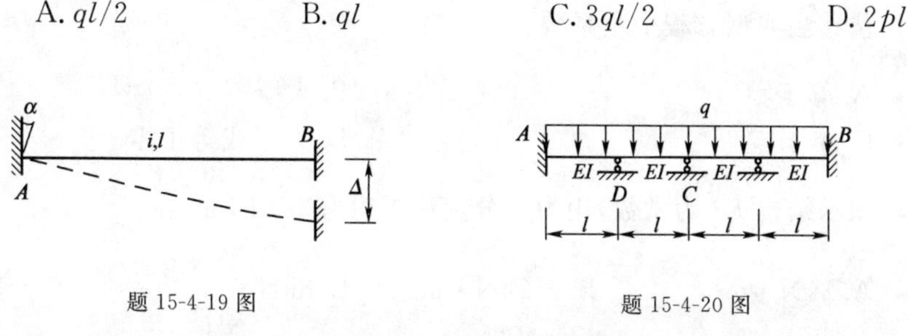

题 15-4-19 图　　题 15-4-20 图

15-4-21 图示组合结构，梁 AB 的抗弯刚度为 EI，二力杆的抗拉刚度都为 EA。DG 杆的轴力为：

A. 0　　B. P，受拉　　C. P，受压　　D. $2P$，受拉

15-4-22 用力矩分配法求解图示结构，分配系数 μ_{BD}、传递系数 C_{BA} 分别为：

A. $\mu_{BD}=3/10, C_{BA}=-1$　　B. $\mu_{BD}=3/7, C_{BA}=-1$

C. $\mu_{BD}=3/10, C_{BA}=1/2$　　D. $\mu_{BD}=3/7, C_{BA}=1/2$

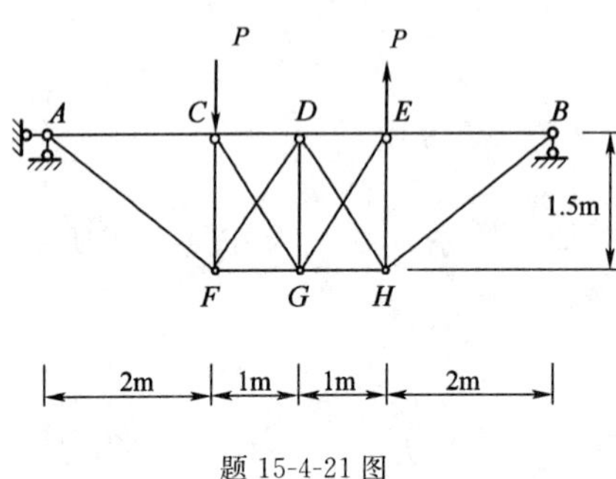

题 15-4-21 图

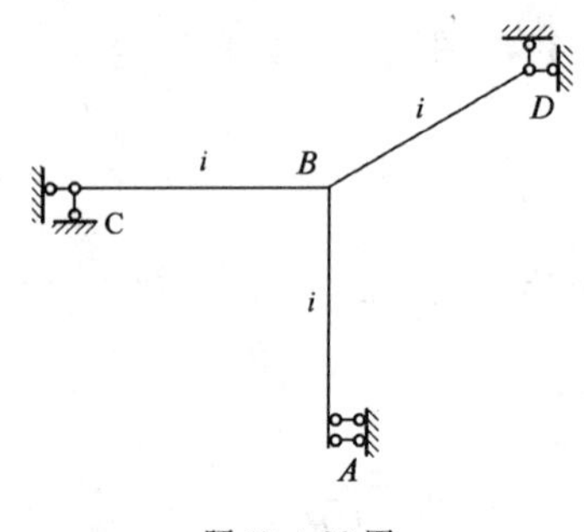

题 15-4-22 图

15-4-23 图示结构的超静定次数为：

A. 7　　B. 6　　C. 5　　D. 4

15-4-24 力矩分配法中的传递弯矩为：

A. 固端弯矩　　B. 分配弯矩乘以传递系数

C. 固端弯矩乘以传递系数　　D. 不平衡力矩乘以传递系数

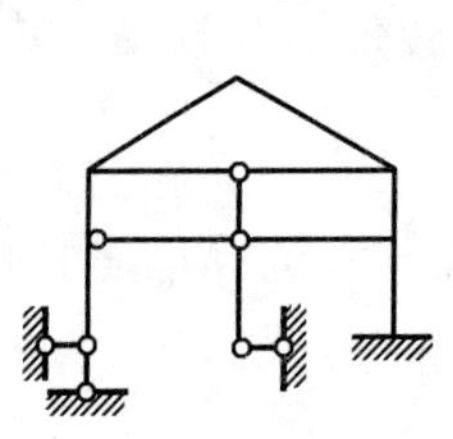
题 15-4-23 图

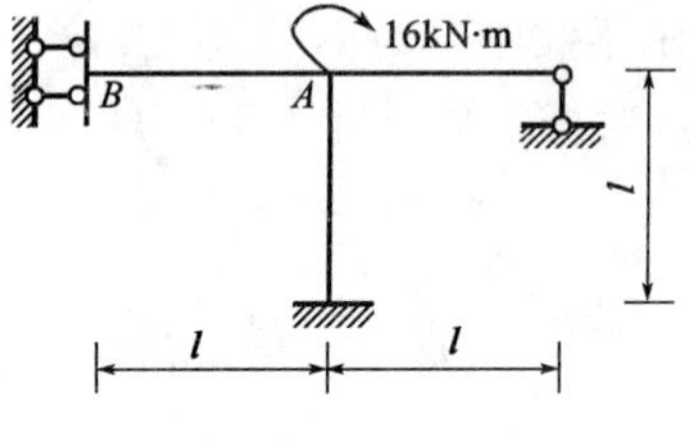

题 15-4-24 图

15-4-25 位移法典型方程中主系数 r_{11} 一定：

A. 等于零　　B. 大于零

C. 小于零　　D. 大于或等于零

15-4-26 图示结构 EI 为常数，用力矩分配法求得弯矩 M_{BA} 是：

A. 2kN・m　　B. −2kN・m　　C. 8kN・m　　C. −8kN・m

15-4-27 位移法的理论基础是：

A. 力法

B. 胡克定律

C. 确定的位移与确定的内力之间的对应关系

D. 位移互等定理

15-4-28 图示结构 E 为常数，在给定荷载作用下若使支座 A 反力为零，则应使：

A. $l_2=I_3$　　B. $I_2=4I_3$　　C. $I_2=2I_3$　　D. $I_3=4I_2$

15-4-29 图示结构用位移法计算时最少的未知数为：

A. 1　　B. 2　　C. 3　　D. 4

15-4-30 图示结构，弯矩正确的一组为：

A. $M_{BD}=Ph/4, M_{AC}=Ph/4$　　B. $M_{BD}=-Ph/4, M_{AC}=-Ph/2$

C. $M_{BD}=Ph/2, M_{AC}=Ph/4$　　D. $M_{BD}=Ph/2, M_{AC}=Ph/2$

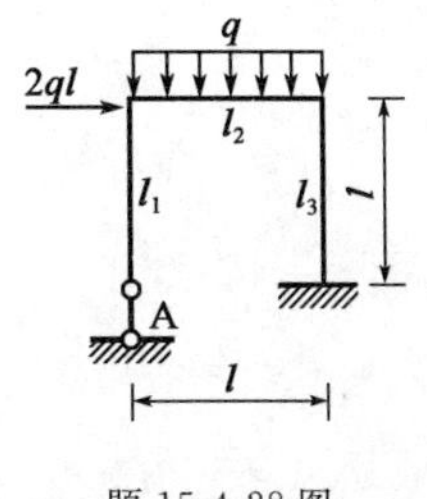

题 15-4-28 图

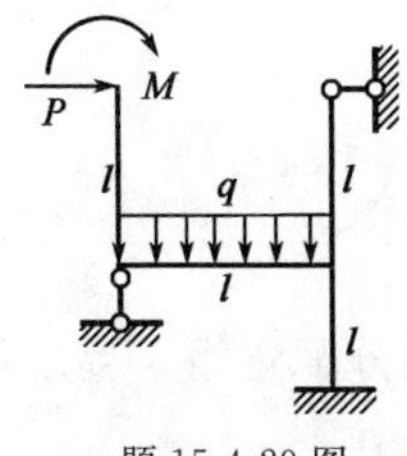

题 15-4-29 图

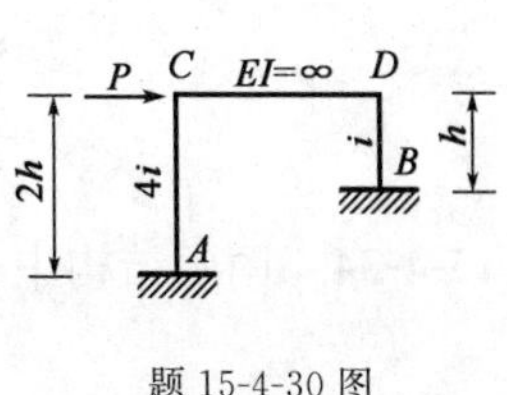

题 15-4-30 图

15-4-31 图示结构按对称性在反对称荷载作用下的计算简图为：

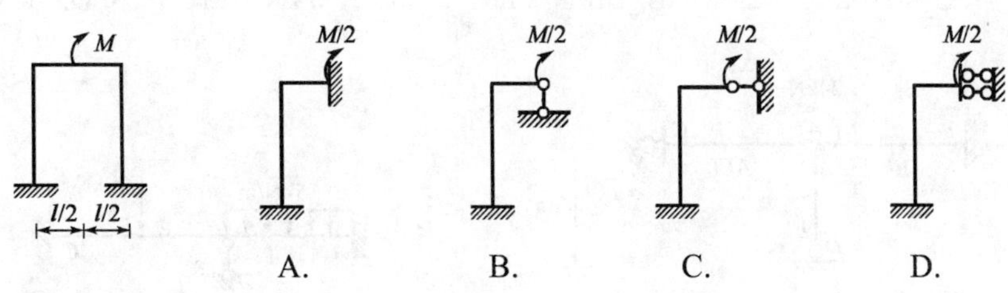

题 15-4-31 图

15-4-32 图示刚架，各杆线刚度相同，则节点 A 的转角大小为：

A. $\frac{m_0}{9i}$　　B. $\frac{m_0}{8i}$　　C. $\frac{m_0}{11i}$　　D. $\frac{m_0}{4i}$

15-4-33 图示结构，各杆 $EI=13440\text{kN}\cdot\text{m}^2$，当支座 B 发生图示的支座移动时，节点 E 的水平位移为：

A. 4.357cm(→)　　B. 4.357cm(←)　　C. 2.643cm(→)　　D. 2.643cm(←)

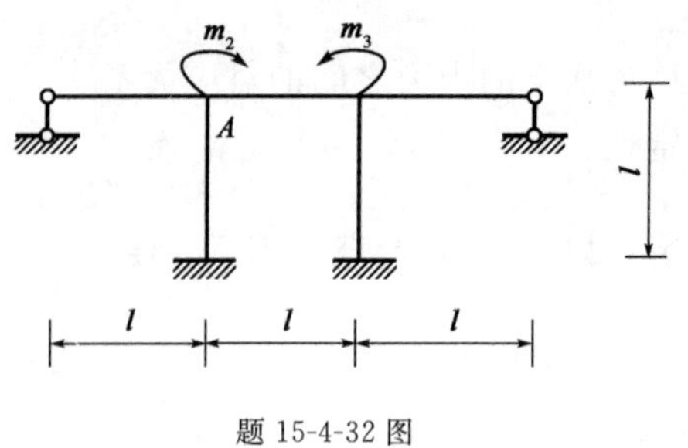

题 15-4-32 图

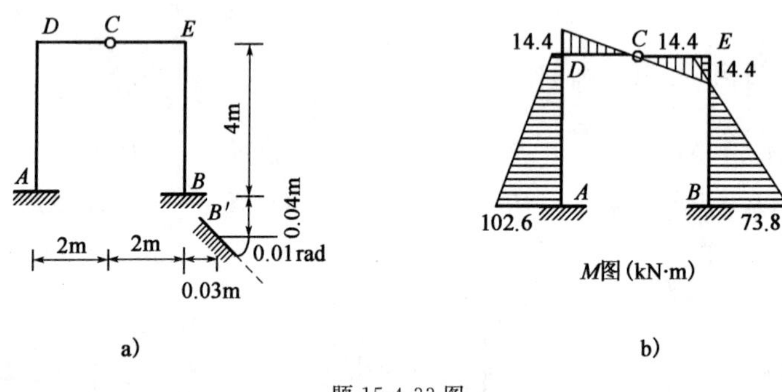

题 15-4-33 图

15-4-34 图示结构中，AB 杆 A 端的分配弯矩 M_{AB}^{μ}之值为：

A. －6kN・m　　B. －12kN・m　　C. 5kN・m　　D. 8kN・m

15-4-35 图示连续梁，EI 为常数，用力矩分配法求得节点 B 的不平衡力矩为：

A. －20kN・m　　B. 15kN・m　　C. －5kN・m　　D. 5kN・m

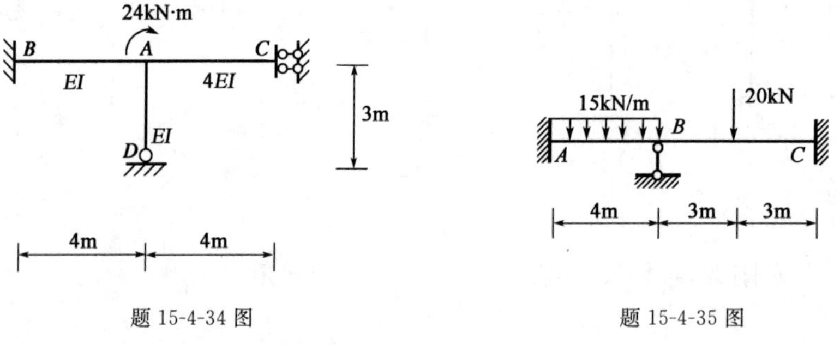

题 15-4-34 图　　　　题 15-4-35 图

15-4-36 图示为超静定桁架的基本结构及多余未知力 $\overline{X}_1=1$ 作用下的各杆内力，EA 为常数，则 δ_{11} 为：

A. $d(0.5+1.414)/EA$　　B. $d(1.5+1.414)/EA$

C. $d(2.5+1.414)/EA$　　D. $d(1.5+2.828)/EA$

15-4-37 已知超静定梁的支座反 $X_1=3qL/8$，跨中央截面的弯矩值为：

A. $qL^2/8$(上侧受拉)　　B. $qL^2/16$(下侧受拉)

C. $qL^2/32$(下侧受拉)　　D. $qL^2/32$(上侧受拉)

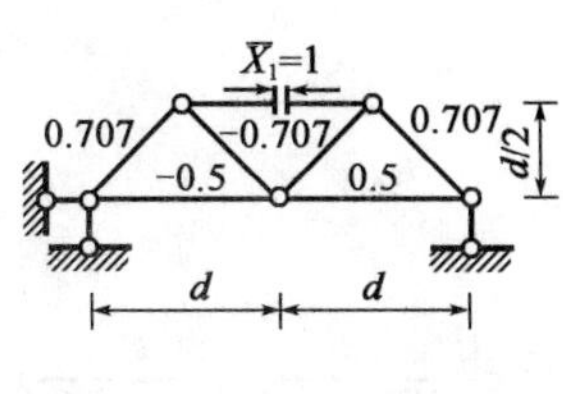

题 15-4-36 图

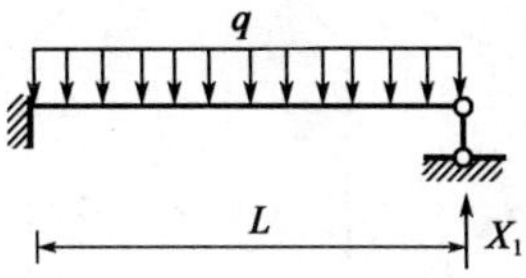

题 15-4-37 图

15-4-38 当杆件 AB 的 A 端的转动刚度为 $3i$ 时,杆件的 B 端为:

A. 自由端　　B. 固定端　　C. 铰支端　　D. 定向支座

15-4-39 图示结构,各杆 EI 为常数,M_{CD} 为:

A. $3EI/(200l)$　　B. $3EI/(200l)+Pl/2$

C. $3EI/(400l)$　　D. $3EI/(100l)-Pl/2$

15-4-40 图示对称刚架,不计轴向变形,弯矩图为:

A. 两杆均内侧受拉　　B. 两杆均外侧受拉

C. 两杆均部分内侧受拉　　D. 两杆弯矩都为零

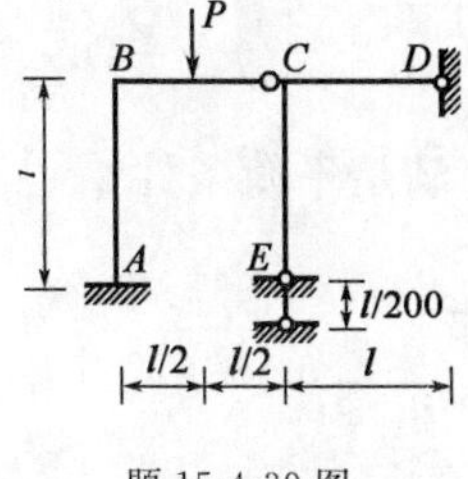

题 15-4-39 图

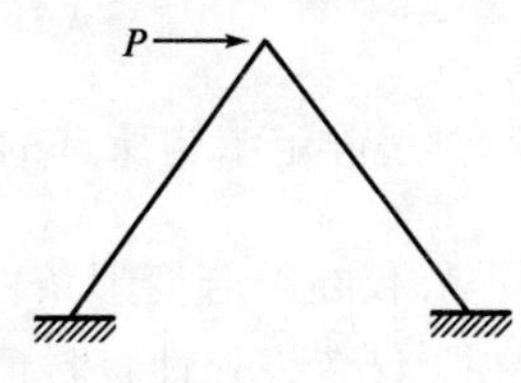

题 15-4-40 图

15-4-41 图示对称结构,在不计杆件轴向变形的情况下,各节点线位移:

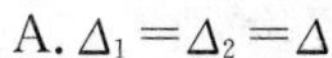

A. $\Delta_1=\Delta_2=\Delta_3$

B. $\Delta_1=\Delta_2\neq\Delta_3$

C. $\Delta_1\neq\Delta_2\neq\Delta_3$

D. $\Delta_1=\Delta_3\neq\Delta_2$

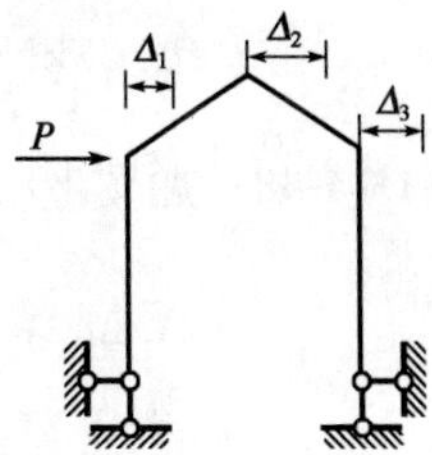

题 15-4-41 图

15-4-42 图示结构 EI=常数,在给定荷载作用下,水平反力 H_A 为:

A. P　　B. $2P$　　C. $3P$　　D. $4P$

15-4-43 图示连续梁中力矩分配系数 μ_{BC} 和 μ_{CB} 分别为:

A. 0.429,0.571　　B. 0.5,0.5　　C. 0.571,0.5　　D. 0.6,0.4

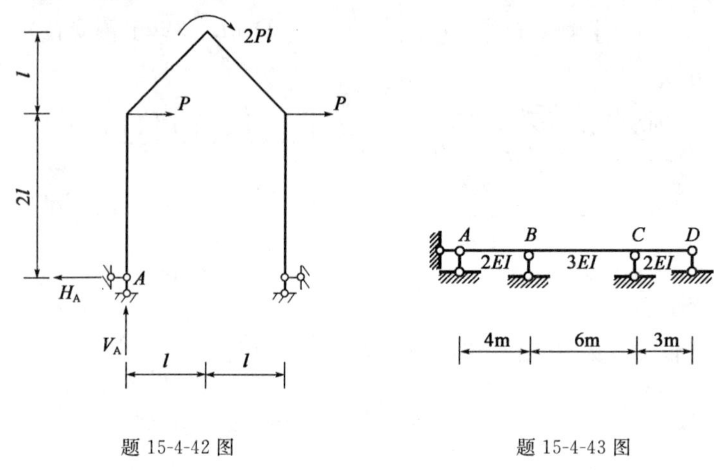

题 15-4-42 图　　　　题 15-4-43 图

15-4-44 在力矩分配法中，转动刚度表示杆端对什么的抵抗能力？

A. 变形　　B. 移动　　C. 转动　　D. 荷载

15-4-45 图示为两次超静定结构，下列图中，作为力法的基本结构求解过程最简便的是：

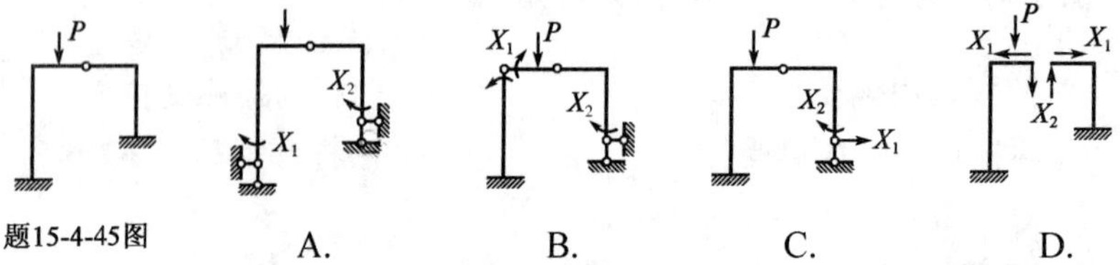

题15-4-45图　　A.　　B.　　C.　　D.

15-4-46 对超静定结构所选的任意基本结构上的力如何满足平衡条件？

A. 仅在符合变形条件下才能　　B. 都能
C. 仅在线弹性材料情况下才能　　D. 不一定都能

15-4-47 用力矩分配法计算图示梁时，节点 B 的不平衡力矩的绝对值为：

A. 28kN・m　　B. 24kN・m　　C. 4kN・m　　D. 8kN・m

15-4-48 题图 b)是图 a)结构的力法基本体系，则力法方程中的系数和自由项为：

A. $\Delta_{1P}>0,\delta_{12}<0$　　B. $\Delta_{1P}<0,\delta_{12}<0$　　C. $\Delta_{1P}>0,\delta_{12}>0$　　D. $\Delta_{1P}<0,\delta_{12}>0$

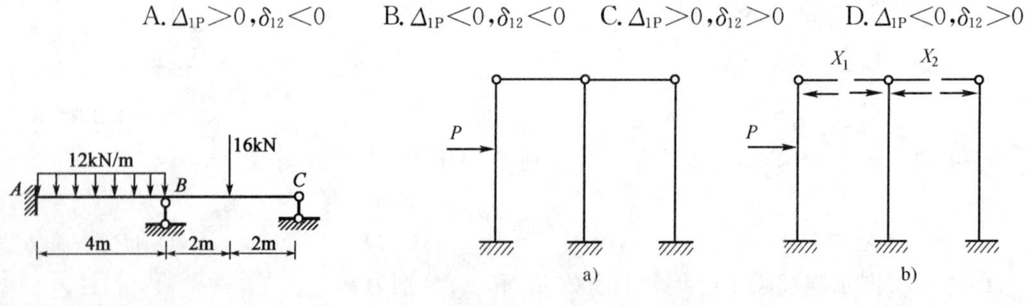

题 15-4-47 图　　　　题 15-4-48 图

15-4-49 在力法方程$\sum\delta_{ij}X_j+\Delta_{1C}=\Delta_i$中，下列结论肯定出现的是：

A. $\Delta_i=0$
B. $\Delta_i>0$
C. $\Delta_i<0$
D. 前三种答案都有可能

15-4-50 力法方程是沿基本未知量方向的：

A. 力的平衡方程
B. 位移为零方程
C. 位移协调方程
D. 力与位移间的物理方程

15-4-51 表示题图结构正确的弯矩图的是：

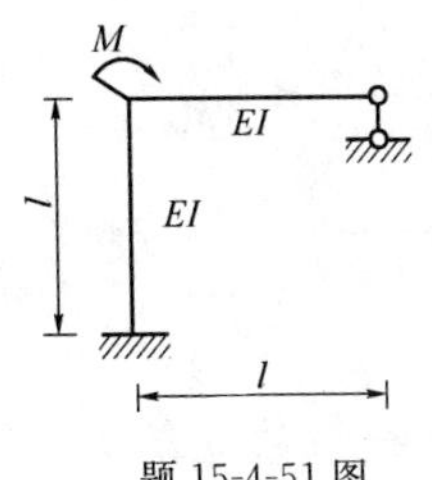

题 15-4-51 图

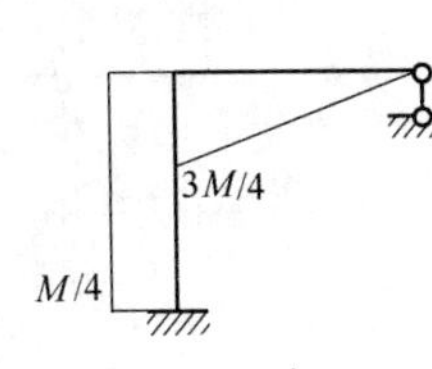

A.

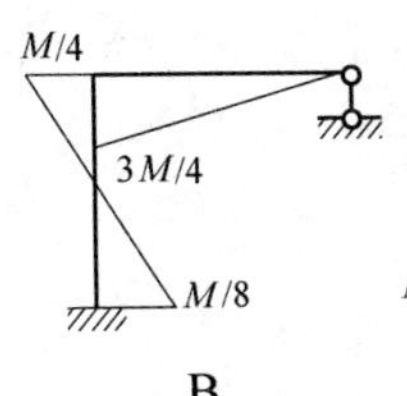

B.

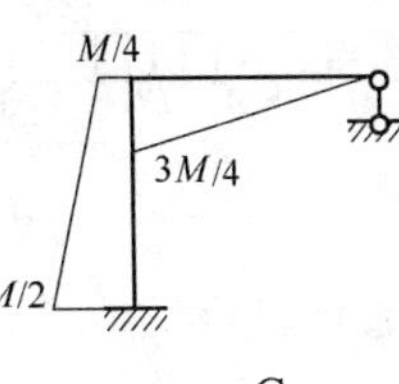

C.

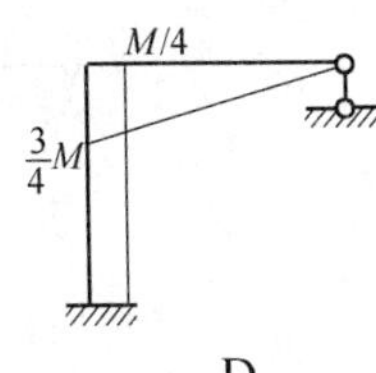

D.

15-4-52 图示结构中，杆 CD 的轴力 N_{CD}是：

A. 拉力
B. 零
C. 压力
D. 不定，取决于 P_1 与 P_2 的比值

15-4-53 图示桁架取杆 AC 轴力(拉为正)为力法的基本未知量 X_1，则有：

A. $X_1=0$
B. $X_1>0$
C. $X_1<0$
D. X_1 不定，取决于 A_1/A_2 值及 α 值

15-4-54 图示桁架中 AC 为刚性杆，则杆件内力将为：

A. $N_{AD}=-2P, N_{AC}=N_{AB}=0$
B. $N_{AD}=-\sqrt{2}P, N_{AC}=-P$
C. $N_{AD}=-\sqrt{2}P, N_{AC}=-\sqrt{2}P$
D. $N_{AD}=-P, N_{AC}=-\sqrt{2}P$

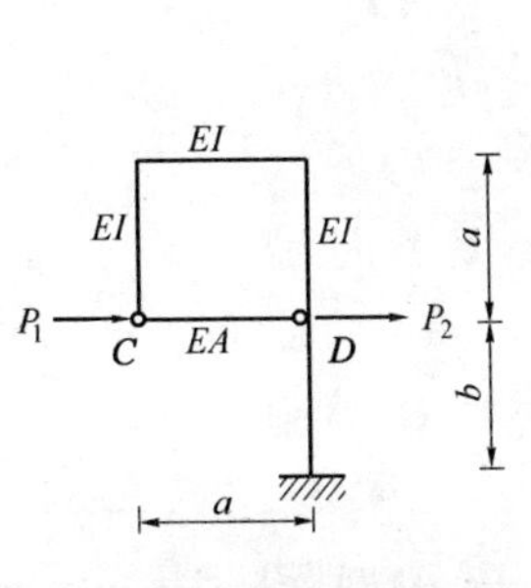

题 15-4-52 图

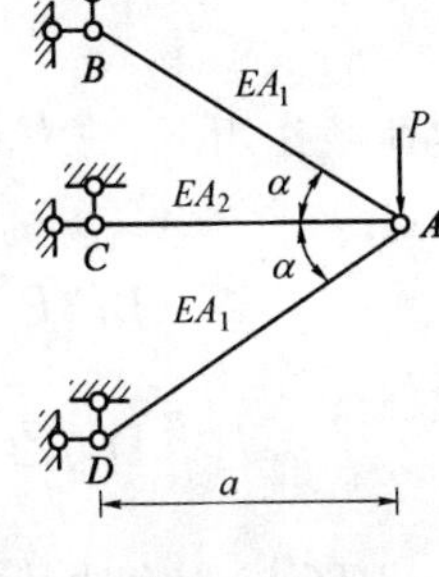

题 15-4-53 图

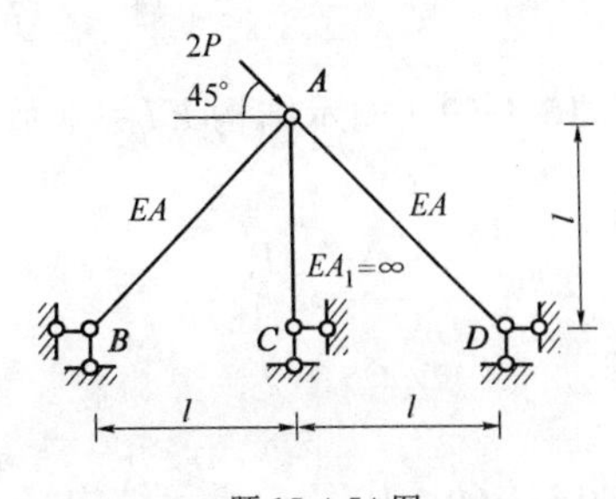

题 15-4-54 图

15-4-55 图示结构，若取梁 B 截面弯矩为力法的基本未知量 X_1，当 I_2 增大时，则 X_1 绝对值的变化状况是：

A. 增大　　　　B. 减小

C. 不变　　　　D. 增大或减小，取决于 I_2/I_1 比值

15-4-56 图中取 A 支座反力为力法的基本未知量 X_1，当 I_1 增大时，柔度系数 δ_{11} 的变化状况是：

A. 变大　　B. 变小　　C. 不变　　D. 不能确定

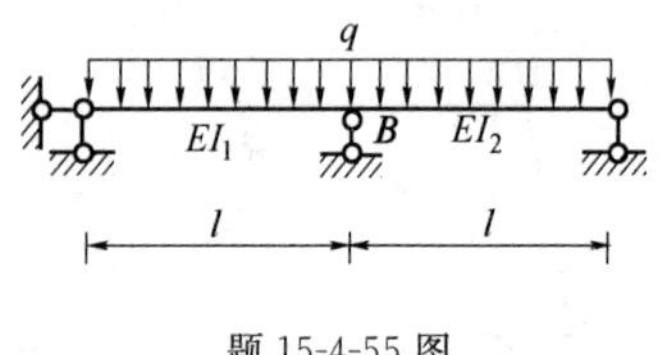

题 15-4-55 图

P
A
EI1
EI2
l/2
l/2
l

题 15-4-56 图

15-4-57 图 a)所示桁架，$EA=$常数，取图 b)为力法基本体系，则力法方程系数间的关系为：

A. $\delta_{11}=\delta_{22}, \delta_{12}>0$　　　　B. $\delta_{11}\neq\delta_{22}, \delta_{12}>0$

C. $\delta_{11}\neq\delta_{22}, \delta_{12}<0$　　　　D. $\delta_{11}=\delta_{22}, \delta_{12}<0$

15-4-58 图示结构 $EI=$常数，在给定荷载作用下，剪力 Q_{BA} 为：

A. $P/2$　　B. $P/4$　　C. $-P/4$　　D. 0

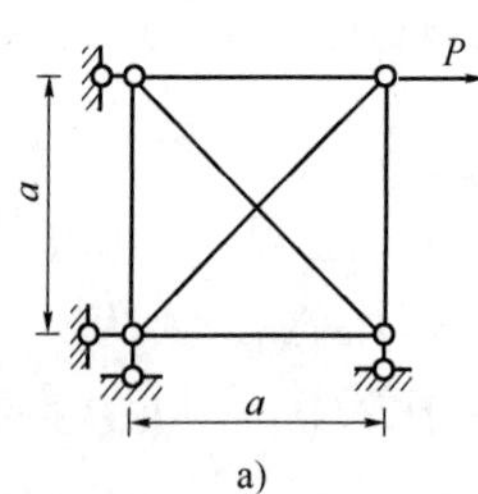

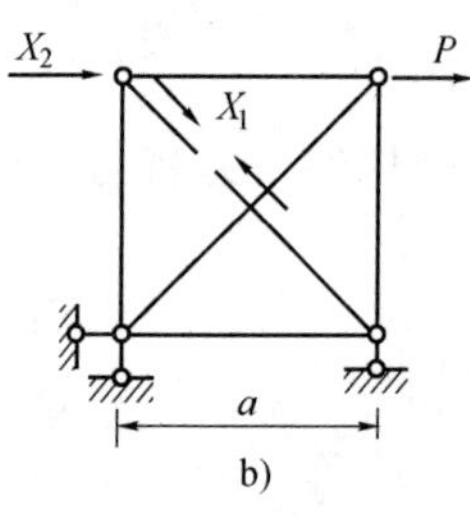

题 15-4-57 图

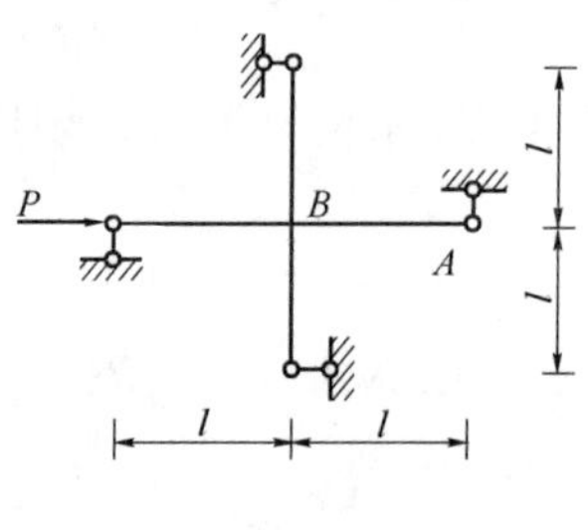

题 15-4-58 图

15-4-59 图示结构 $EI=$常数，在给定荷载作用下，剪力 Q_{AB} 为：

A. $\frac{1}{\sqrt{2}}P$　　　　B. $3P/16$

C. $P/2$　　　　D. $\sqrt{2}P$

15-4-60 如图 a)所示结构，$EI=$常数，取图 b)为力法基本体系，则下述结果中错误的是：

A. $\delta_{23}=0$　　B. $\delta_{31}=0$　　C. $\Delta_{2P}=0$　　D. $\delta_{12}=0$

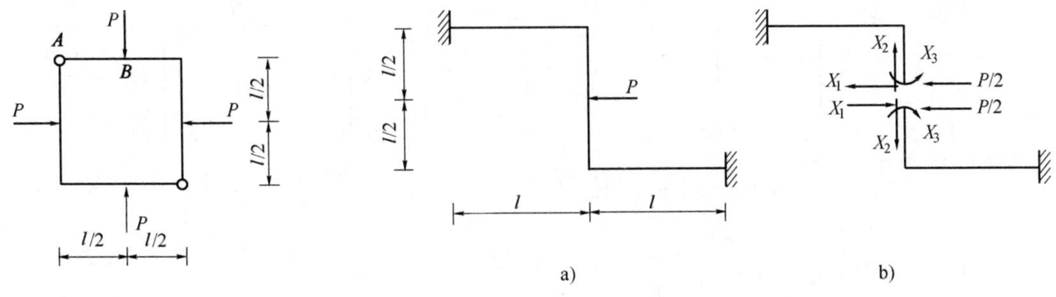

题 15-4-59 图　　　　　　　　　　　　题 15-4-60 图

15-4-61　图示结构(杆件截面为矩形)在温度变化时,已知 $t_1>t_2$。若规定内侧受拉的弯矩为正,则各杆端弯矩为:

A. $M_{BC}=M_{BA}=M_{AB}>0$　　　　B. $M_{BC}=M_{BA}=M_{AB}<0$

C. $M_{BC}=M_{BA}<0,M_{AB}>0$　　　　D. $M_{BC}=M_{BA}>0,M_{AB}<0$

15-4-62　图示结构(杆件截面为矩形)在温度变化 $t_1>t_2$ 时,其轴力为:

A. $N_{BC}>0,N_{AB}=N_{CD}=0$　　　　B. $N_{BC}=0,N_{AB}=N_{CD}>0$

C. $N_{BC}<0,N_{AB}=N_{CD}=0$　　　　D. $N_{BC}<0,N_{AB}=N_{CD}>0$

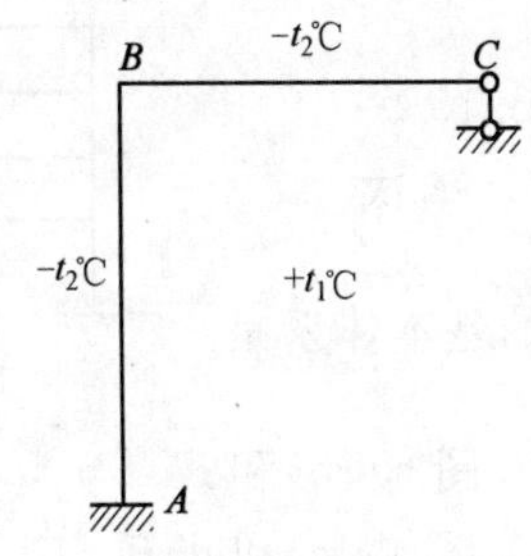

题 15-4-61 图

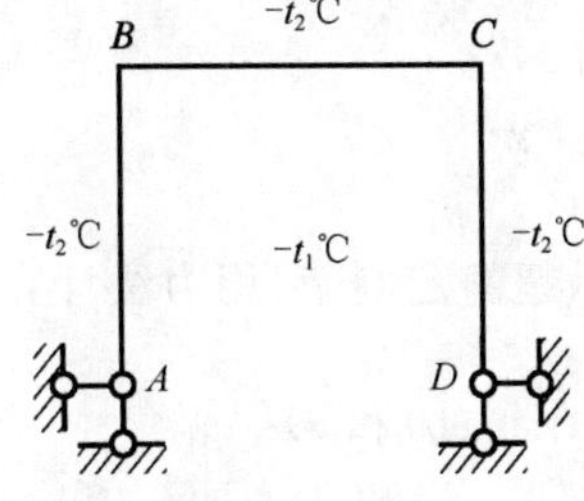

题 15-4-62 图

15-4-63　在图示结构中,横梁的跨度、刚度和荷载均相同,各加劲杆的刚度和竖杆位置也相同,其中横梁的正弯矩最小或负弯矩最大的是哪个图示的结构?

A. 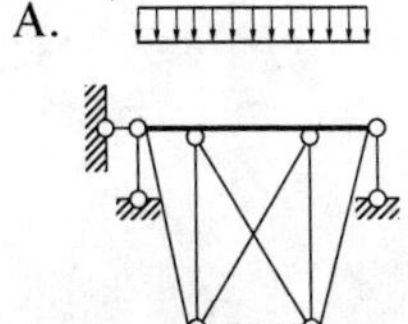　B. 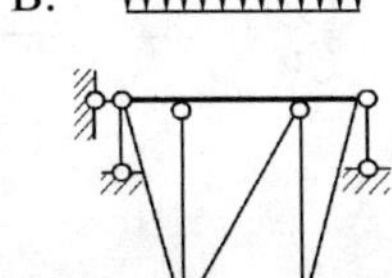　C. 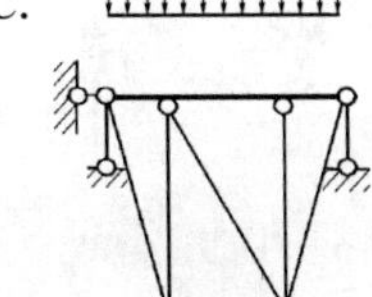　D. 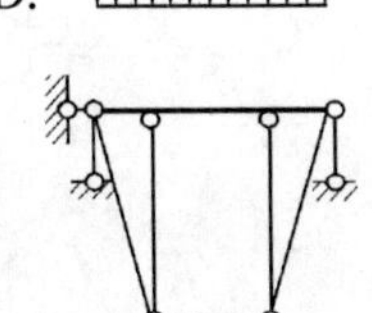

15-4-64　题图为对称结构,其正确的半结构计算简图四个图中的哪一个?

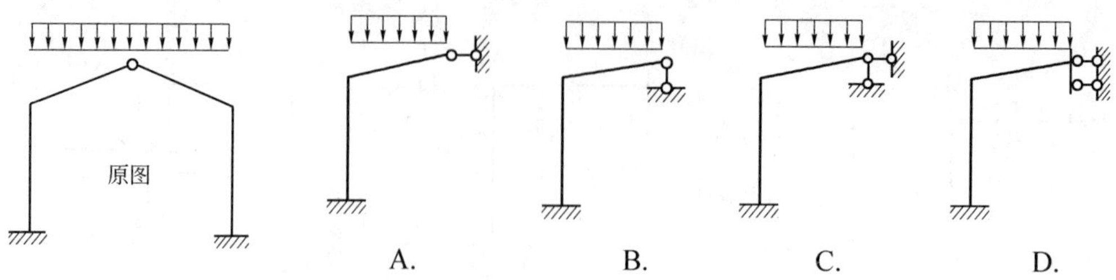

题 15-4-64 图

15-4-65 题图为对称刚架，具有两根对称轴，利用对称性简化后，正确的计算简图为四个图中的哪一个？

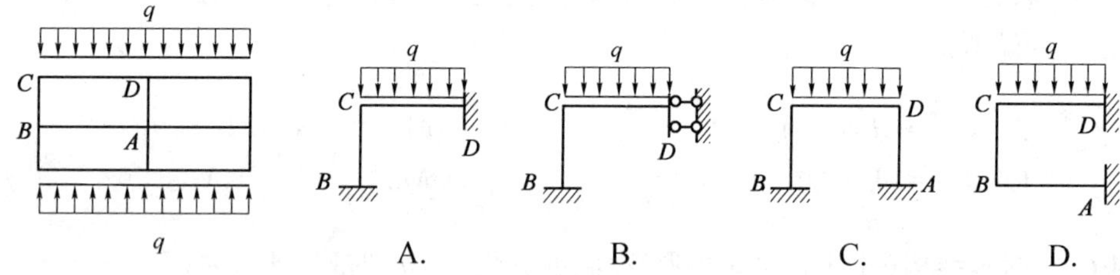

题 15-4-65 图

15-4-66 图示结构的超静定次数为：

A. 12 次　　B. 15 次

C. 24 次　　D. 35 次

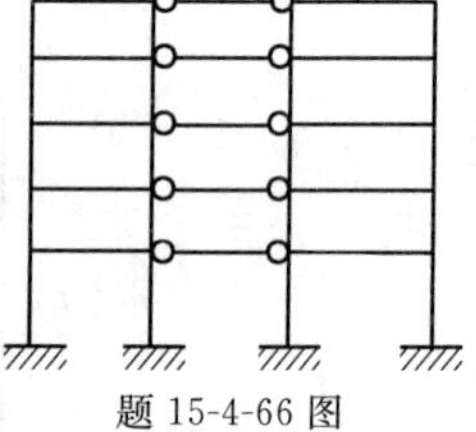

题 15-4-66 图

15-4-67 图示超静定刚架，用力法计算时，可选取的基本体系是：

A. 图 a)、b)和 c)　　B. 图 a)、b)和 d)

C. 图 b)、c)和 d)　　D. 图 a)、c)和 d)

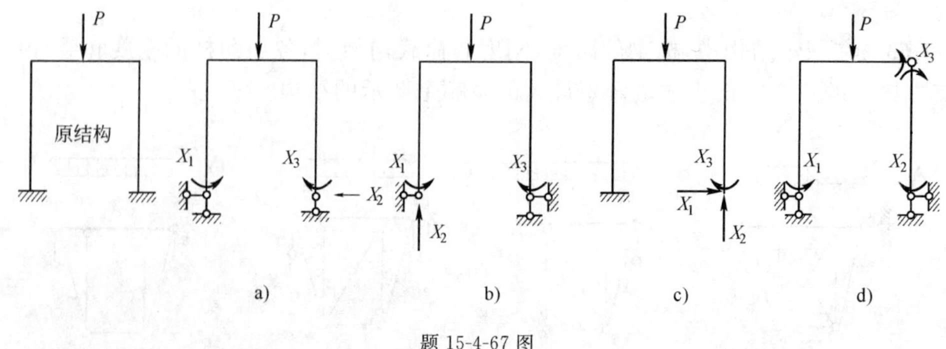

题 15-4-67 图

15-4-68 图示两刚架的 EI 均为常数，已知 $EI_a = 4EI_b$，则图 a)刚架各截面弯矩与图 b)刚架各相应截面弯矩的倍数关系为：

A. 2 倍　　B. 1 倍　　C. $\frac{1}{2}$　　D. $\frac{1}{4}$

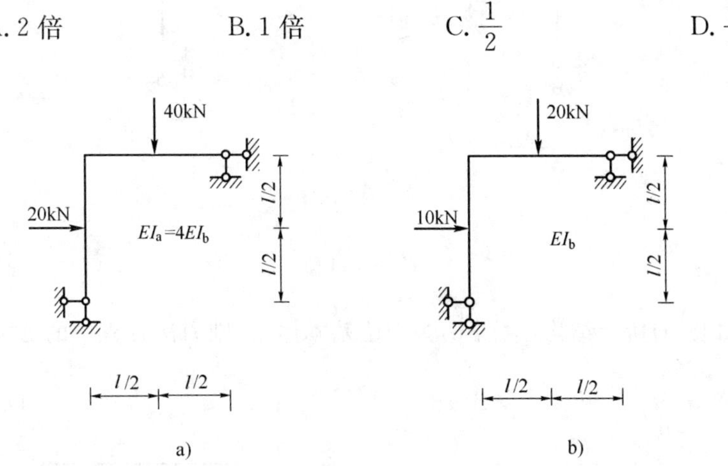

题 15-4-68 图

15-4-69　图示结构 EI = 常数，A 点右侧截面的弯矩为：

A. $\frac{M}{2}$　　B. M　　C. $\frac{M}{2}-Pa$　　D. $\frac{M}{2}+Pa$

15-4-70　如图 a）所示结构，若将链杆撤去，取图 b）为力法基本体系，则力法方程及 δ_{11} 分别为：

A. $\delta_{11}X_1+\Delta_{1P}=-\frac{\sqrt{2}lX_1}{EA}$，$\delta_{11}=\frac{l^3}{6EI}$　　B. $\delta_{11}X_1+\Delta_{1P}=\frac{\sqrt{2}lX_1}{EA}$，$\delta_{11}=\frac{l^3}{6EI}$

C. $\delta_{11}X_1+\Delta_{1P}=-\frac{\sqrt{2}lX_1}{EA}$，$\delta_{11}=\frac{l^3}{3EI}$　　D. $\delta_{11}X_1+\Delta_{1P}=\frac{\sqrt{2}lX_1}{EA}$，$\delta_{11}=\frac{l^3}{3EI}$

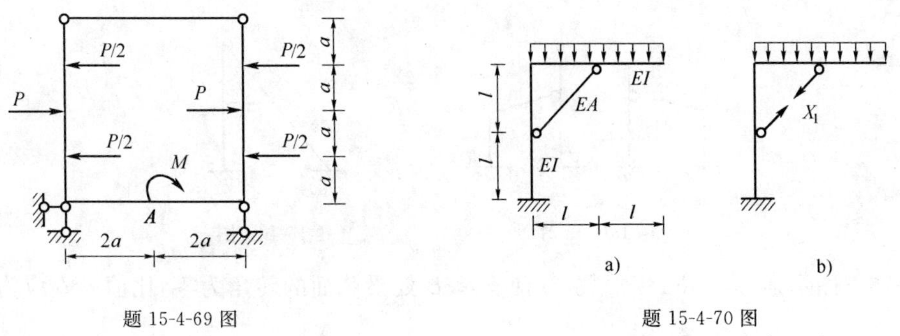

题 15-4-69 图　　题 15-4-70 图

15-4-71　如图 a）所示结构，取图 b）为力法基本体系，相应力法方程为 $\delta_{11}X_1+\Delta_{1C}=0$，其中 Δ_{1C} 为：

A. $\Delta_1+\Delta_2$　　B. $\Delta_1+\Delta_2+\Delta_3$

C. $2\Delta_2-\Delta_1$　　D. $\Delta_1-2\Delta_2$

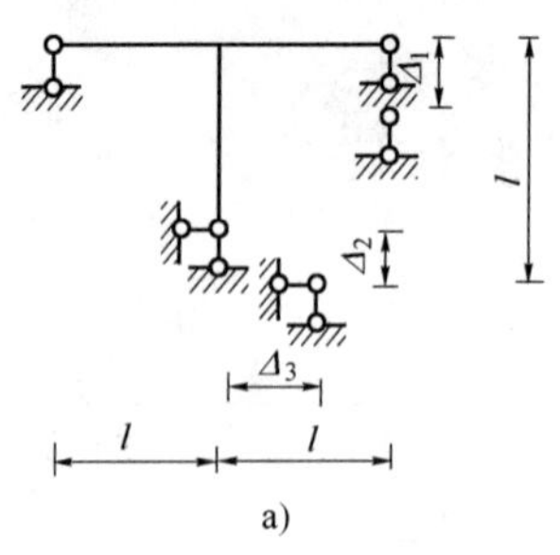

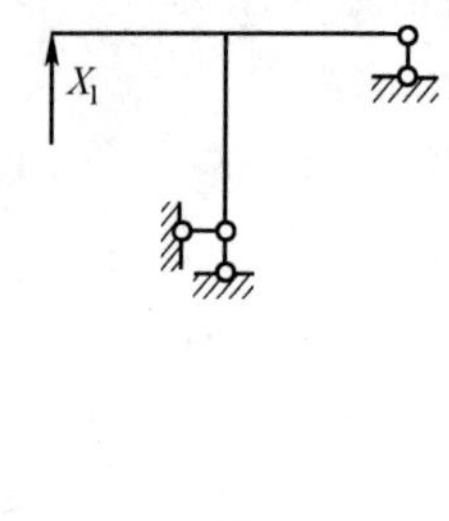

题 15-4-71 图

15-4-72 如图 a)所示结构，取图 b)为力法基本体系，则力法方程中的 Δ_{2C} 为：

A. $a+b$　　B. $a+l\theta$　　C. $-a$　　D. a

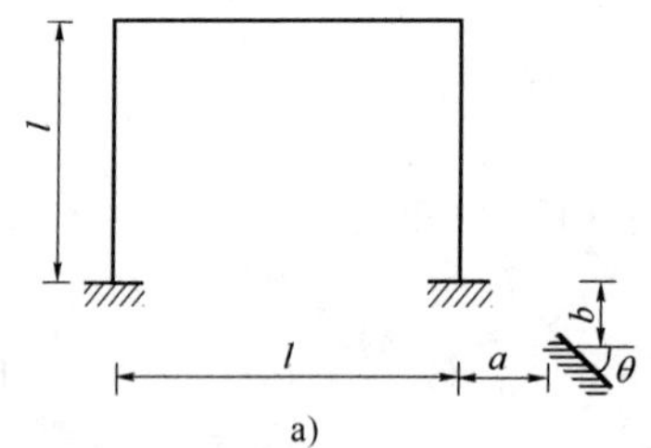

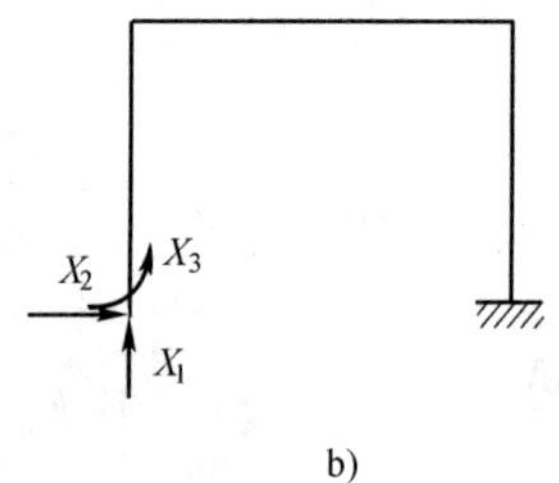

题 15-4-72 图

15-4-73 图示结构用位移法计算时的基本未知量最小数目为：

A. 10　　B. 9　　C. 8　　D. 7

15-4-74 图示结构用位移法计算时，其基本未知量的数目为：

A. 3　　B. 4　　C. 5　　D. 6

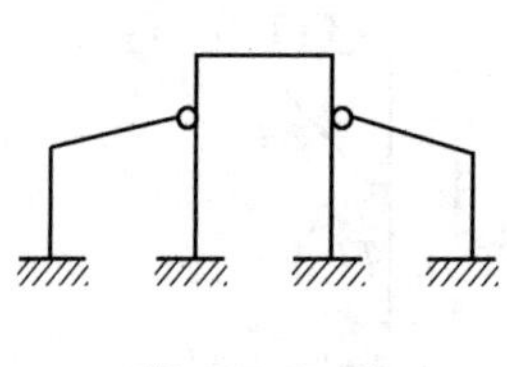

题 15-4-73 图

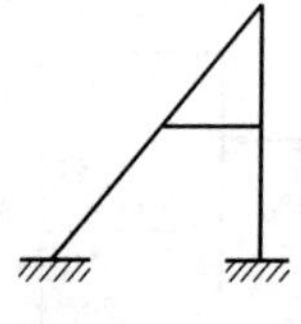

题 15-4-74 图

15-4-75 图示连续梁，EI=常数，欲使支承 B 处梁截面的转角为零，比值 a/b 应为：

A. 1/2　　B. 2

C. 1/4　　D. 4

15-4-76 图示连续梁，EI=常数，欲使支承 B 处梁截面的转角为零，比值 a/b 应为：

A. $\sqrt{3}/3$　　B. $\sqrt{3}$

C. $\sqrt{2}/2$　　　　D. $\sqrt{2}$

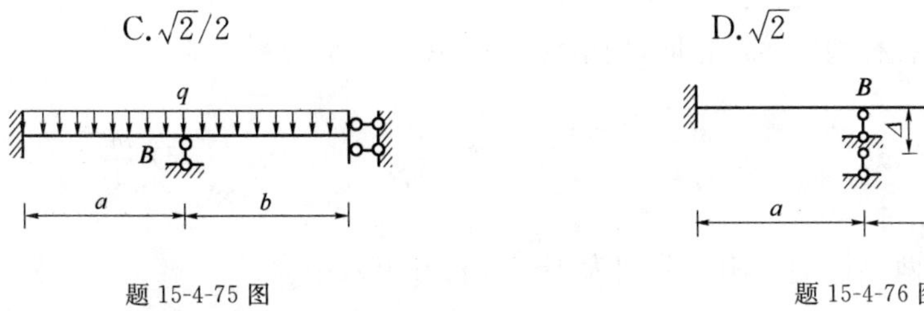

题 15-4-75 图　　　　题 15-4-76 图

15-4-77　图示结构，EI=常数，欲使节点 B 的转角为零，比值 P_1/P_2 应为：

A. 1.5　　B. 2　　C. 2.5　　D. 3

15-4-78　图示连续梁，EI=常数，已知支承 B 处梁截面转角为 $-7Pl^2/240EI$（逆时针向），则支承 C 处梁截面转角 φ_C 应为：

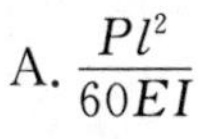

A. $\dfrac{Pl^2}{60EI}$　　B. $\dfrac{Pl^2}{120EI}$　　C. $\dfrac{Pl^2}{180EI}$　　D. $\dfrac{Pl^2}{240EI}$

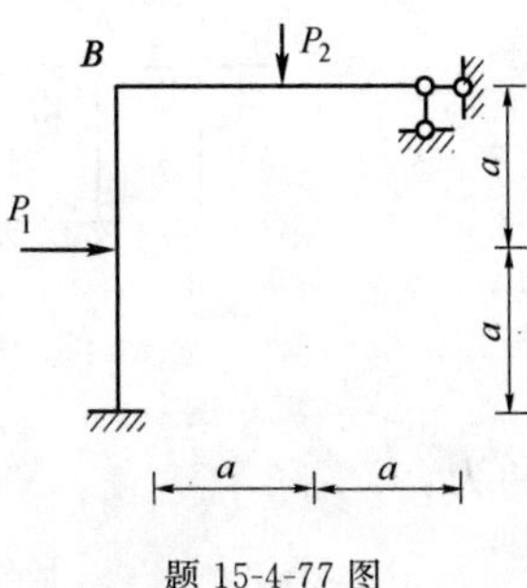

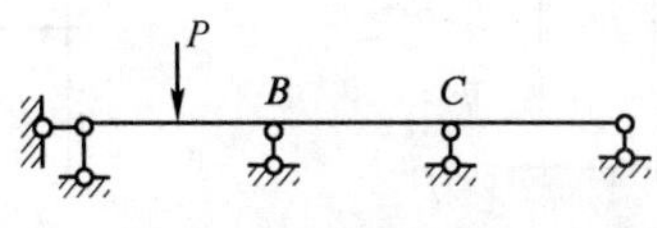

题 15-4-77 图　　　　题 15-4-78 图

15-4-79　图示结构，EI=常数，已知节点 C 的水平线位移为 $\Delta_{CH}=7ql^4/184EI(\rightarrow)$，则节点 C 的角位移 φ_C 应为：

A. $\dfrac{ql^3}{46EI}$（顺时针向）　　B. $\dfrac{-ql^3}{46EI}$（逆时针向）

C. $\dfrac{3ql^3}{92EI}$（顺时针向）　　D. $\dfrac{-3ql^3}{92EI}$（逆时针向）

15-4-80　图示结构，当支座 B 发生沉降 Δ 时，支座 B 处梁截面的转角大小为：

A. $\dfrac{6}{5}\dfrac{\Delta}{l}$　　B. $\dfrac{6}{7}\dfrac{\Delta}{l}$　　C. $\dfrac{3}{5}\dfrac{\Delta}{l}$　　D. $\dfrac{3}{7}\dfrac{\Delta}{l}$

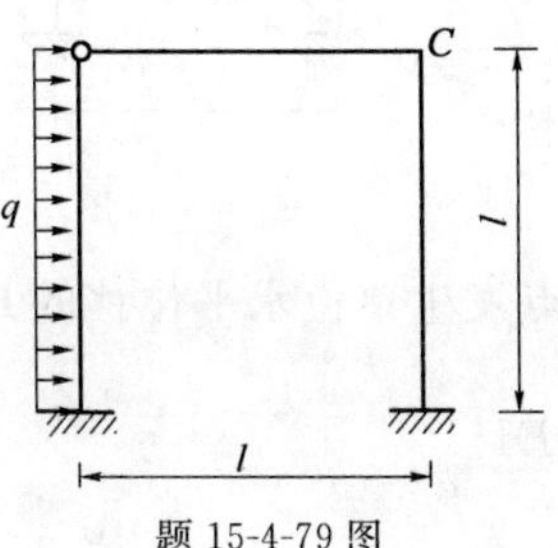

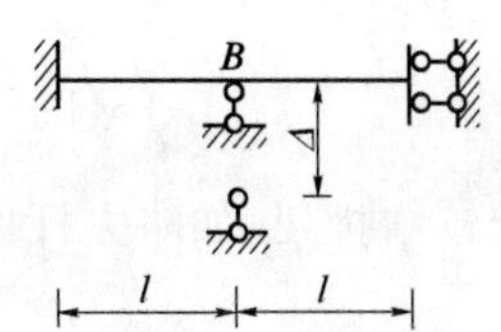

题 15-4-79 图　　　　题 15-4-80 图

15-4-81 图示刚架，各杆线刚度 i 相同，则节点 A 的转角大小为：

A. $\frac{m_0}{9i}$　　B. $\frac{m_0}{8i}$　　C. $\frac{m_0}{11i}$　　D. $\frac{m_0}{4i}$

15-4-82 图示结构(两立柱的线刚度分别为 $4i$、i)，其弯矩大小为：

A. $M_{AC}=Ph/4, M_{BD}=Ph/4$　　B. $M_{AC}=Ph/2, M_{BD}=Ph/4$

C. $M_{AC}=Ph/4, M_{BD}=Ph/2$　　D. $M_{AC}=Ph/2, M_{BD}=Ph/2$

15-4-83 图示排架，已知各单柱柱顶有单位水平力时，产生柱顶水平位移为 $\delta_{AB}=\delta_{EF}=h/100D$，$\delta_{CD}=h/200D$，$D$ 为与柱刚度有关的给定常数，则此结构柱顶水平位移为：

A. $\frac{5Ph}{200D}$　　B. $\frac{Ph}{100D}$　　C. $\frac{Ph}{200D}$　　D. $\frac{Ph}{400D}$

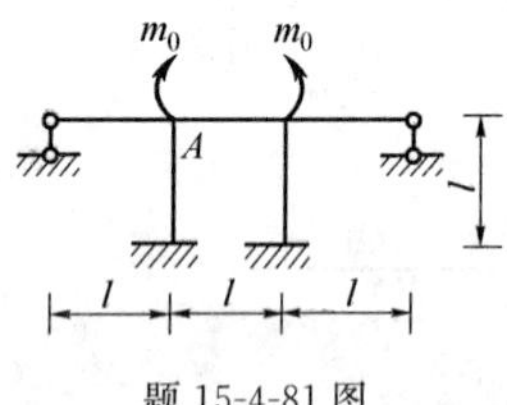

题 15-4-81 图

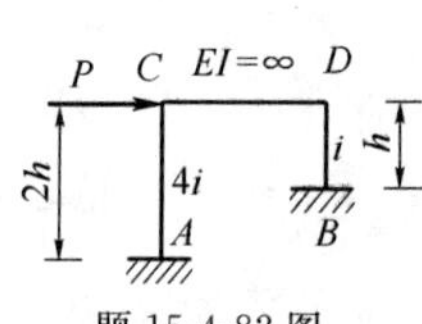

题 15-4-82 图

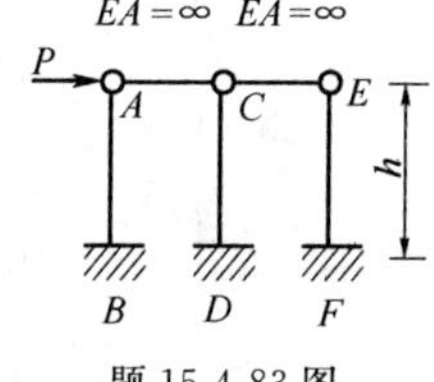

题 15-4-83 图

15-4-84 图示两结构中，以下四种弯矩关系中正确的为：

A. $|M_A|=|M_C|$　　B. $|M_D|=|M_F|$

C. $|M_A|=|M_D|$　　D. $|M_C|=|M_F|$

15-4-85 图示结构(不计轴向变形)AB 杆轴力为(EI=常数)：

A. $\frac{5\sqrt{2}ql}{8}$　　B. $\frac{3\sqrt{2}ql}{8}$　　C. $\frac{5ql}{16}$　　D. $\frac{3ql}{16}$

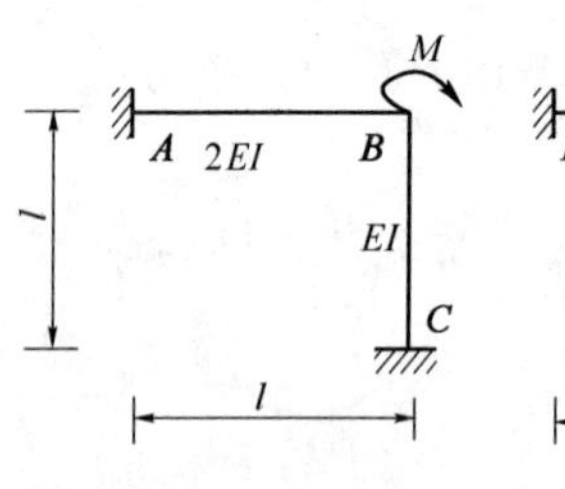

题 15-4-84 图

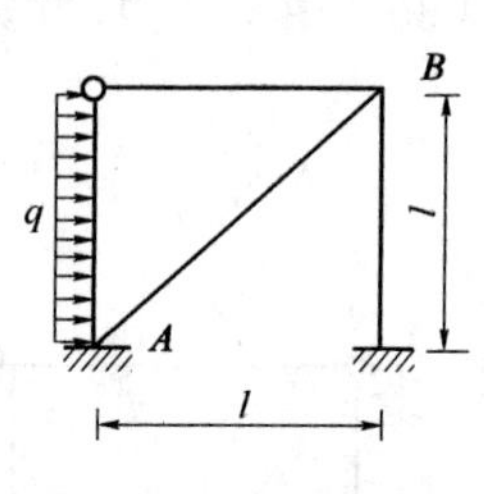

题 15-4-85 图

15-4-86 图示铰结排架，如略去杆件的轴向变形，使 A 点发生单位水平位移的 $\boldsymbol{P}$ 值为：

A. $6\frac{EI}{h^3}$　　B. $12\frac{EI}{h^3}$

C. $24\dfrac{EI}{h^3}$

D. $48\dfrac{EI}{h^3}$

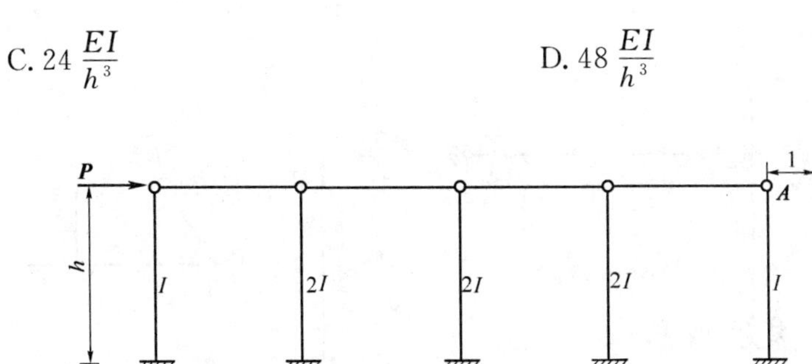

题 15-4-86 图

15-4-87 图示结构 B 点的竖向位移为：

A. $\dfrac{Pl^3}{15EI}$

B. $\dfrac{Pl^3}{25EI}$

C. $\dfrac{Pl^3}{51EI}$

D. $\dfrac{Pl^3}{72EI}$

15-4-88 图示结构，各杆 EI＝常数，截面 C、D 两处的弯矩值 M_C、M_D（对杆端顺时针转为正）分别为（单位：kN·m）：

A. 1.0，2.0

B. 2.0，1.0

C. －1.0，－2.0

D. －2.0，－1.0

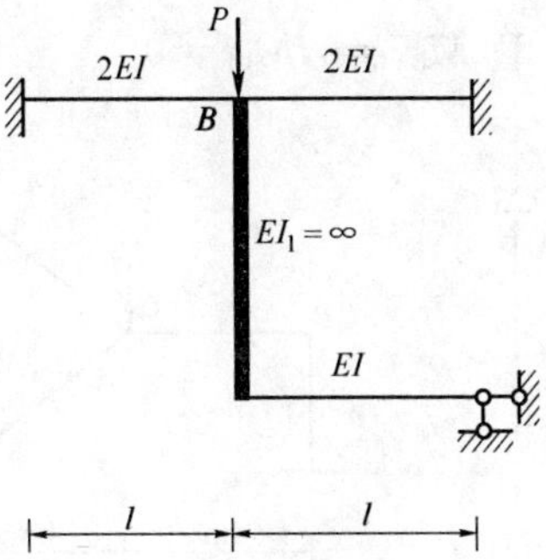

题 15-4-87 图

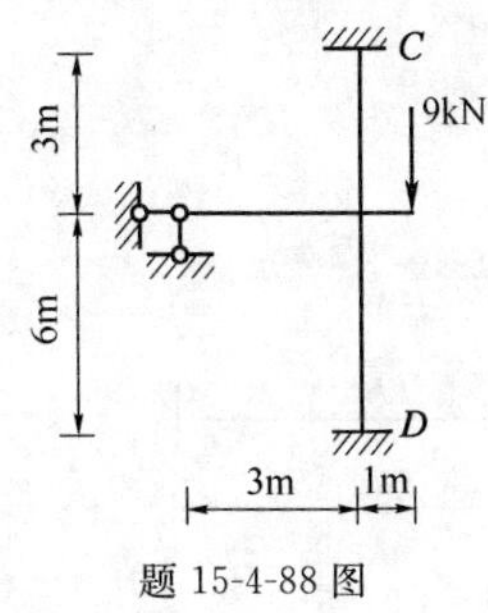

题 15-4-88 图

15-4-89 已知刚架的弯矩图如图所示，AB 杆的抗弯刚度为 EI，BC 杆的为 $2EI$，则节点 B 的角位移等于：

A. $\dfrac{10}{3EI}$

B. $\dfrac{20}{EI}$

C. $\dfrac{20}{3EI}$

D. 由于荷载未给出，无法求出

15-4-90 图示结构（EI＝常数）支座 B 的水平反力 R_B 等于：

A. 10kN(→)　B. 10kN(←)　C. 15kN(→)　D. 0

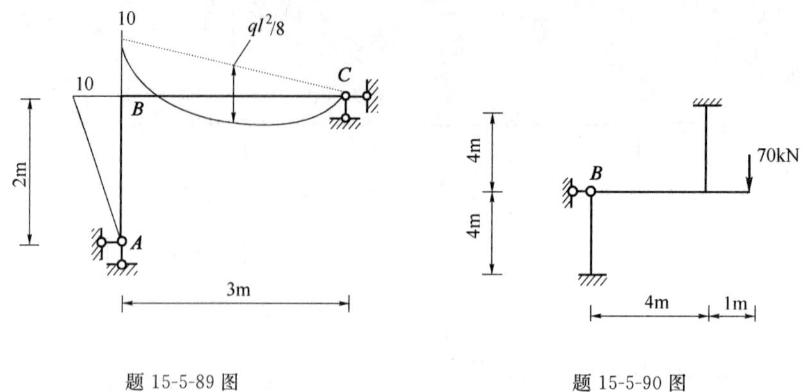

题 15-5-89 图　　题 15-5-90 图

15-4-91　用位移法计算图示刚架时，位移法方程的主系数 k_{11} 等于：

A. $4\dfrac{EI}{l}$　　B. $6\dfrac{EI}{l}$　　C. $10\dfrac{EI}{l}$　　D. $12\dfrac{EI}{l}$

15-4-92　用位移法计算图示刚架时，位移法方程的自由项 F_{1P} 等于：

A. 10kN・m　　B. 30kN・m　　C. 40kN・m　　D. 60kN・m

15-4-93　图示结构，各杆 EI＝常数，不计轴向变形，M_{BA} 及 M_{CD} 的状况为：

A. $M_{BA}\neq 0, M_{CD}=0$　　B. $M_{BA}=0, M_{CD}\neq 0$

C. $M_{BA}=0, M_{CD}=0$　　D. $M_{BA}\neq 0, M_{CD}\neq 0$

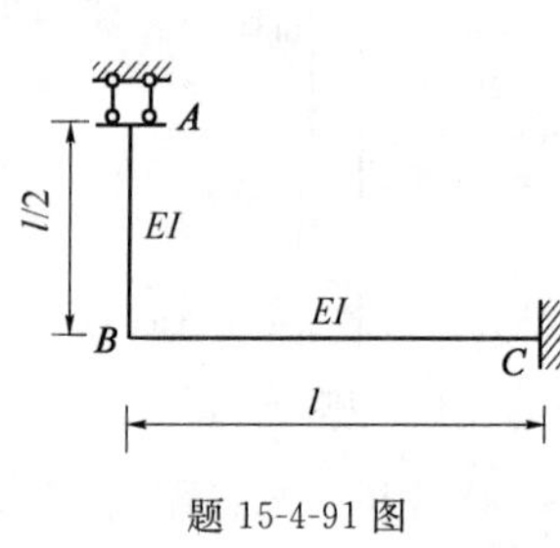

题 15-4-91 图

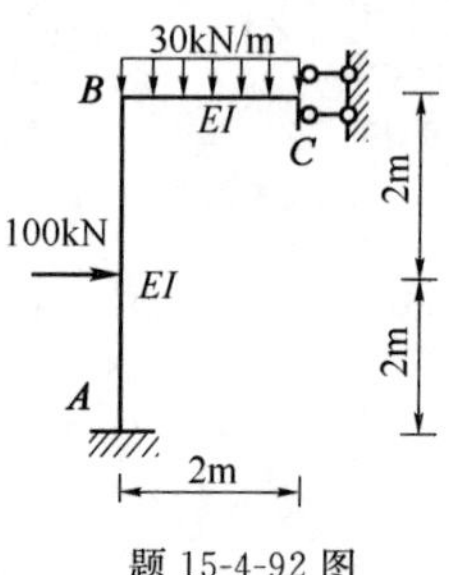

题 15-4-92 图

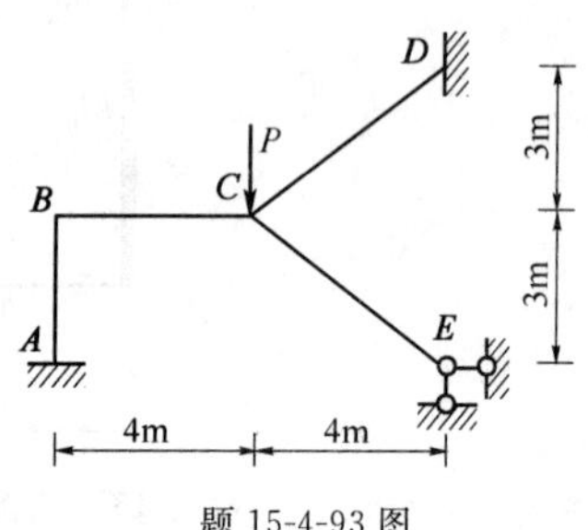

题 15-4-93 图

15-4-94　图示各结构中，除特殊注明者外，各杆件 EI＝常数。其中不能直接用力矩分配法计算的结构是：

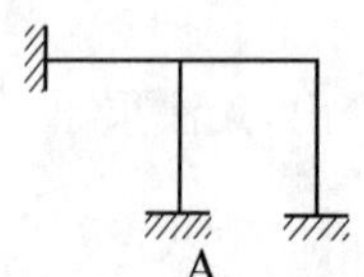

A.

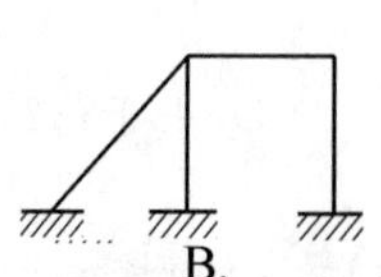

B.

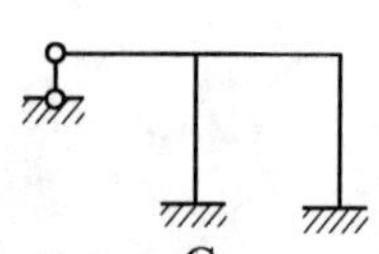

C.

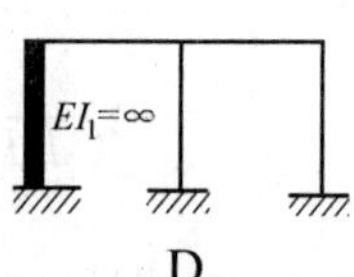

D.

15-4-95　左图所示对称刚架受同向结点力偶作用，弯矩图的正确形状是右侧四个图中的：

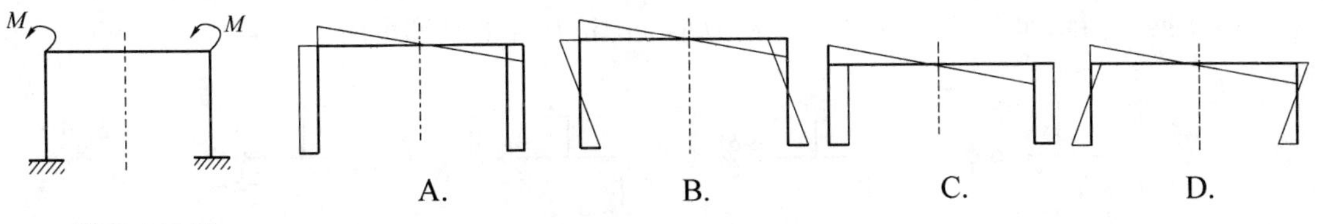

题 15-4-95 图

15-4-96 图示结构用力矩分配法计算时，节点 A 的约束力矩（不平衡力矩）M_A 为：

A. $\frac{Pl}{6}$　　B. $\frac{2Pl}{3}$　　C. $\frac{17Pl}{24}$　　D. $\frac{-4Pl}{3}$

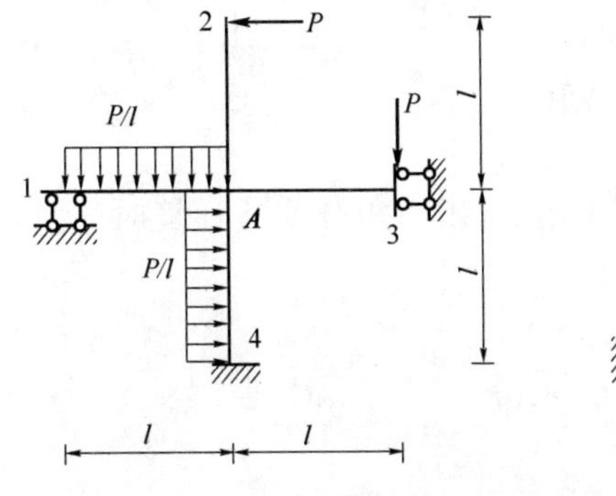

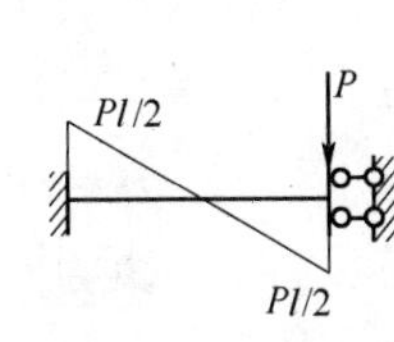

题 15-4-96 图

15-4-97 图示结构 EI＝常数，用力矩分配法计算时，分配系数 μ_{A4} 为：

A. $\frac{4}{11}$　　B. $\frac{1}{2}$

C. $\frac{1}{3}$　　D. $\frac{4}{9}$

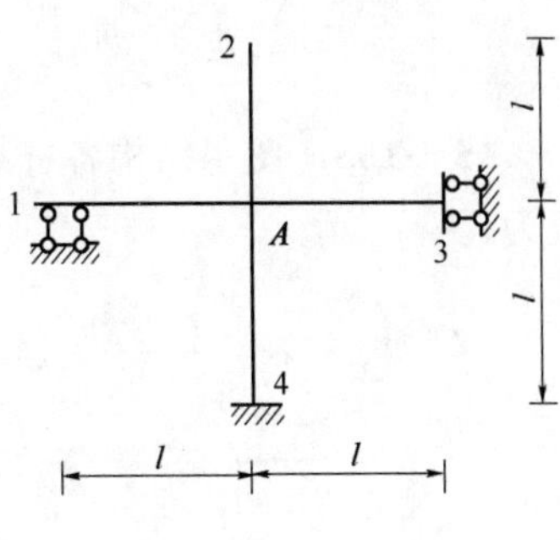

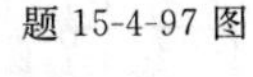

题 15-4-97 图

15-4-98 图示各杆件的 E、I、l 均相同，在图 b）的四个图中，与图 a）杆件左端的转动刚度（劲度）系数相同的是：

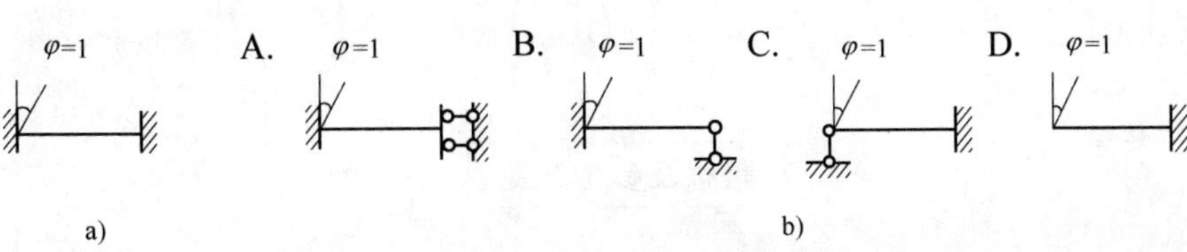

题 15-4-98 图

15-4-99 图示四个图中，不能直接用力矩分配法计算的是哪个图示结构？

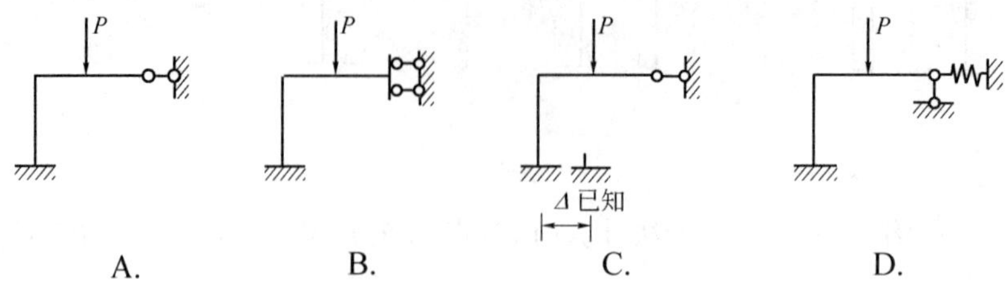

15-4-100 下列各结构中，可直接用力矩分配法计算的是：

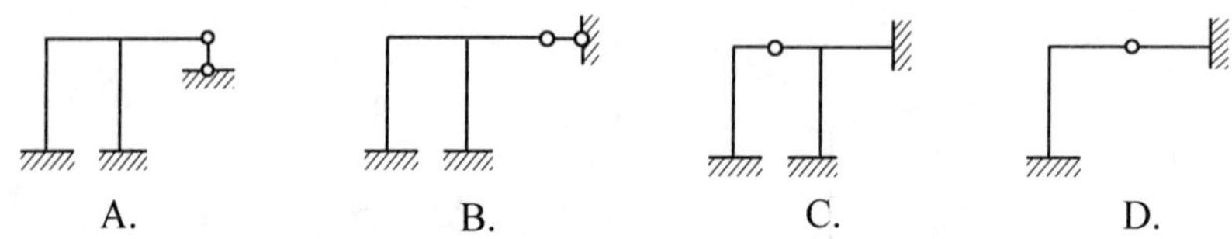

15-4-101 图示结构各杆线刚度 i 相同，用力矩分配法计算时，力矩分配系数 μ_{BA} 及传递系数 C_{BC} 分别为：

A. $\frac{1}{2}$，0　　B. $\frac{4}{7}$，0　　C. $\frac{4}{7}$，$\frac{1}{2}$　　D. $\frac{4}{5}$，-1

15-4-102 图示结构各杆线刚度 i 相同，用力矩分配法计算时，力矩分配系数 μ_{BA} 应为：

A. $\frac{1}{2}$　　B. $\frac{4}{7}$　　C. $\frac{4}{5}$　　D. 1

15-4-103 图示结构各杆线刚度 i 相同，角 $\alpha\neq0$，用力矩分配法计算时，力矩分配系数 μ_{AB} 应为：

A. $\frac{1}{8}$　　B. $\frac{3}{10}$　　C. $\frac{4}{11}$　　D. $\frac{1}{3}$

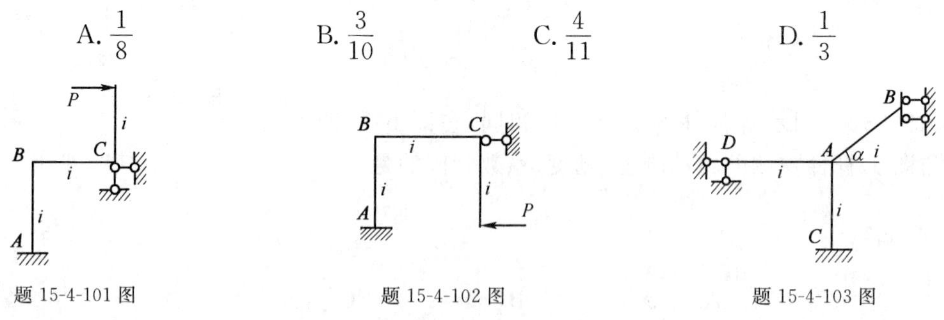

题 15-4-101 图　　题 15-4-102 图　　题 15-4-103 图

题解及参考答案

15-4-1 **解**：此题左边第一跨为超静定梁，右边为静定梁。先求得右链杆支座处截面弯矩 $Pl/2$(上部受拉)及铰结点弯矩 0，连直线，即可得到静定部分的弯矩图，并求得中间链杆处截面弯矩 $Pl/2$(下部受拉)，再按力矩分配法向远端(固定端)传递 1/2，得全梁弯矩图，固定端截

面弯矩为 $Pl/4$(上部受拉)。

答案:B

15-4-2 **解:**用静力平衡条件求得反力后,利用对称性可作图示转化,从而求得:

$$M_{BA}=\frac{pl}{2}$$

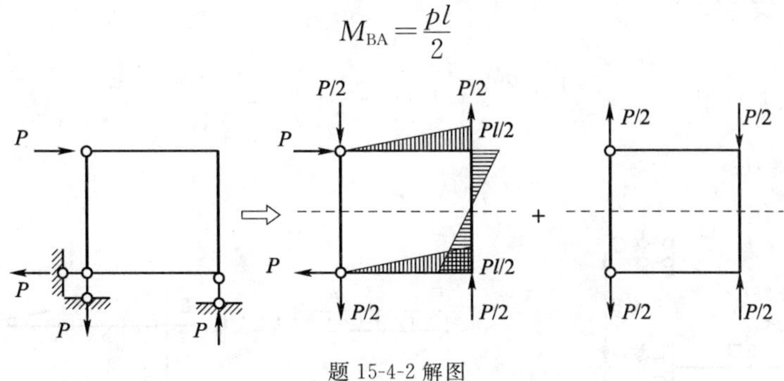

题 15-4-2 解图

15-4-3 **解:**梁的弯矩图如图所示。为满足题目条件,须有:

$$|M_{BC}|+\frac{1}{2}|M_{BC}|=\frac{4\times6^2}{8}$$

即 $|M_{BC}|=12$

按力矩分配法可得:

$$M_{BC}=\frac{I_{BC}}{2I_{AB}+I_{BC}}\left[-\frac{4\times(3^2-6^2)}{8}\right]-\frac{4\times6^2}{8}=\frac{1}{2\dfrac{I_{AB}}{I_{BC}}+1}\left(\frac{27}{2}\right)-18$$

注意 M_{BC} 为上部受拉的负弯矩,其绝对值需变号,可得:

$$|M_{BA}|=-\left(\frac{1}{2\dfrac{I_{AB}}{I_{BC}}+1}\left(\frac{27}{2}\right)-18\right)=12$$

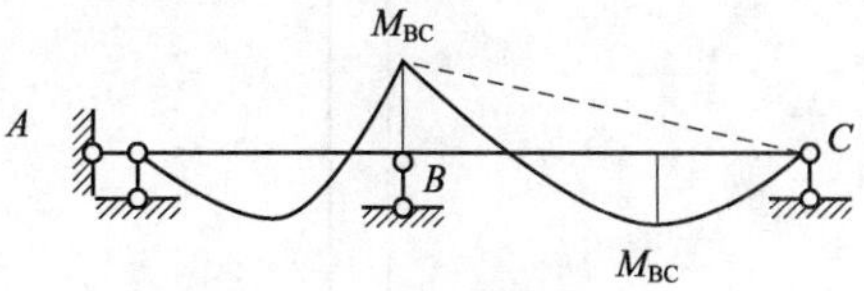

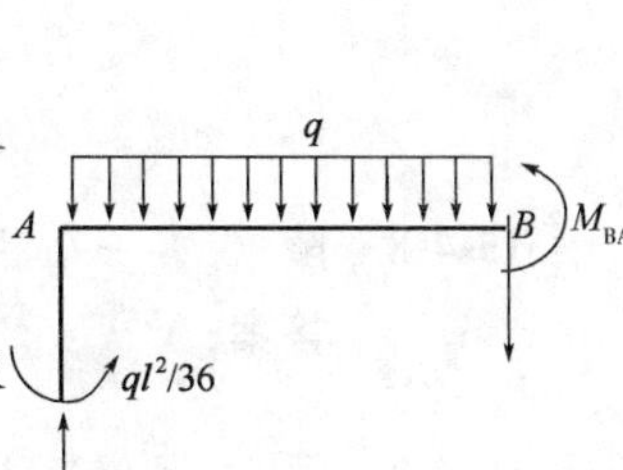

题 15-4-3 解图

解得 $\dfrac{I_{AB}}{I_{BC}}=\dfrac{5}{8}$

答案:B

15-4-4 **解:**此结构为双轴对称结构承受对称荷载,其内力分布对称,可知杆 AD 及 CF 的中点剪力为零。

通过杆 AD 中点及点 B 作截面取出隔离体(见解图),对 B 取矩得:

题 15-4-4 解图

$$M_{BA}=\frac{5ql}{12}l-\frac{ql^2}{36}-ql\frac{l}{2}=-\frac{ql^2}{9}$$

由于对称,故 $M_{BC}=M_{BA}=-\dfrac{ql^2}{9}$

答案:C

15-4-5　解：如图所示，$\mu_{AC}=\dfrac{4\times\dfrac{2.5}{5}}{4\times\dfrac{1}{4}+\dfrac{2}{4}+4\times\dfrac{2.5}{5}}=\dfrac{4}{7}$。

答案：B

15-4-6　解：见解图，$\Delta_{1P}=\dfrac{1}{EI}\left(\dfrac{2}{3}\dfrac{qL^2}{8}L\right)\left(-\dfrac{1}{2}L\right)=-\dfrac{qL^4}{24EI}$

答案：C

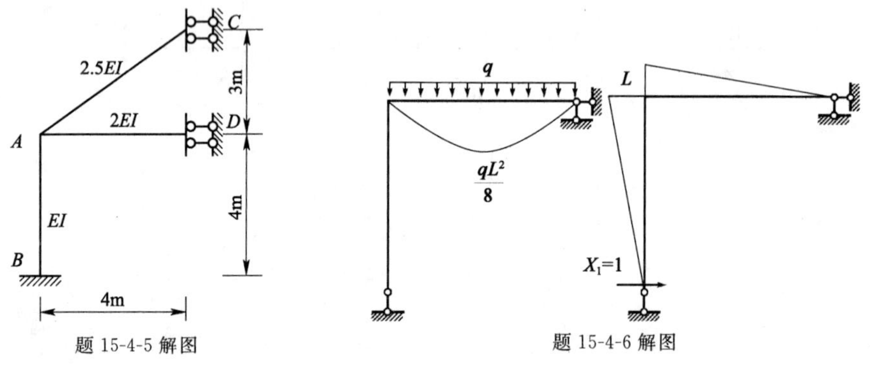

题 15-4-5 解图

题 15-4-6 解图

15-4-7　解：见解图，由几何直观，或由单位荷载法，可得 $\Delta_{1C}=-\sum\bar{R}_C=-\left(\dfrac{1}{L}a\right)$。

答案：C

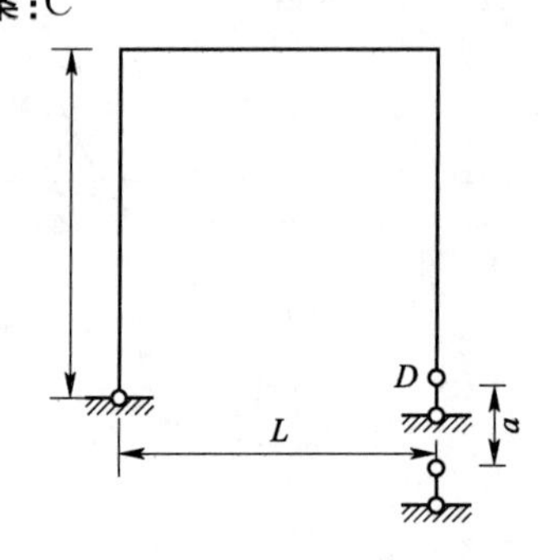

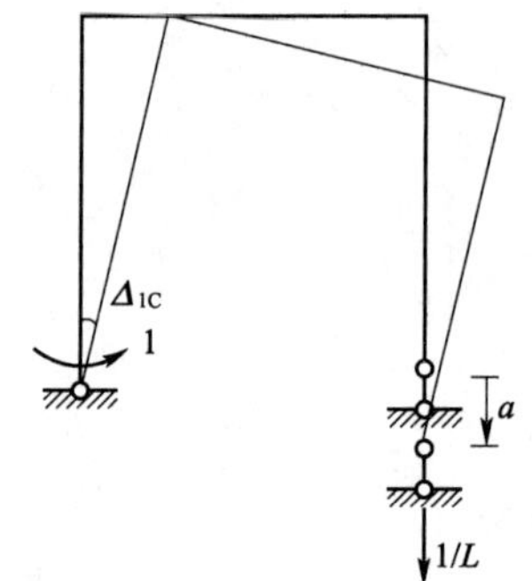

题 15-4-7 解图

15-4-8　解：仅有一个独立节点角位移。

答案：A

15-4-9　解：力矩分配法是基于位移法原理的一种渐近解法，无从讨论力矩分配法的基本未知量。在选项 A、B、C 中以选项 C 最少。

答案：C

15-4-10　解：增大下部二力杆的刚度可减小梁的挠度和弯矩，有可能使梁产生负弯矩。

答案：A

15-4-11　解：位移法基本结构一般可视为单跨超静定梁的组合体。

答案:B

15-4-12 **解:**三杆线刚度相同,远端均为固定端,故近端转动刚度、力矩分配系数相同。

答案:B

15-4-13 **解:**每一横梁有一个独立线位移,每一刚节点有一个独立角位移。

答案:D

15-4-14 **解:**去掉三个竖向链杆即成为静定结构。

答案:B

15-4-15 **解:**刚度越大位移越小。

答案:D

15-4-16 **解:**将中柱视为刚度为 $I/2$、相距为零的两个柱子,按对称结构承受反对称荷载取半边结构的简化规则考虑。

答案:D

15-4-17 **解:**内部 2 次,外部 1 次。

答案:C

15-4-18 **解:**作单位弯矩图图乘。

答案:A

15-4-19 **解:**用转角位移方程求解。

答案:B

15-4-20 **解:**利用对称性可知每跨都可视为两端固定梁。

答案:B

15-4-21 **解:**利用对称性。

答案:A

15-4-22 **解:**注意支座 A 相当于固定端。

答案:C

15-4-23 **解:**先去掉中间下部的二元体再去掉多余约束。

答案:B

15-4-24 **解:**传递弯矩是分配弯矩乘以传递系数。

答案:B

15-4-25 **解:**主系数恒大于零。

答案:B

15-4-26 **解**:$M_{AB}=\frac{1}{1+4+3}\times16=2\text{kN}\cdot\text{m}$

$M_{BA}=-1\times M_{AB}=-2\text{kN}\cdot\text{m}$

答案:B

15-4-27 **解**:C 项只是位移法应用的一个先决条件,称为理论基础似欠妥。

答案:C

15-4-28 **解**:根据力法(见解图),为使 $X_1=-\frac{\Delta_{1P}}{\delta_{11}}=0$

即使 $\Delta_{1P}=\frac{1}{EI_3}\left[\left(\frac{1}{2}\times2ql^2\times l\right)l-\left(\frac{ql^2}{2}\times l\right)l\right]-\frac{1}{EI_2}\left(\frac{1}{3}\times\frac{ql^2}{2}\times l\right)\left(\frac{3}{4}l\right)=0$

得 $I_3=4I_2$

答案:D

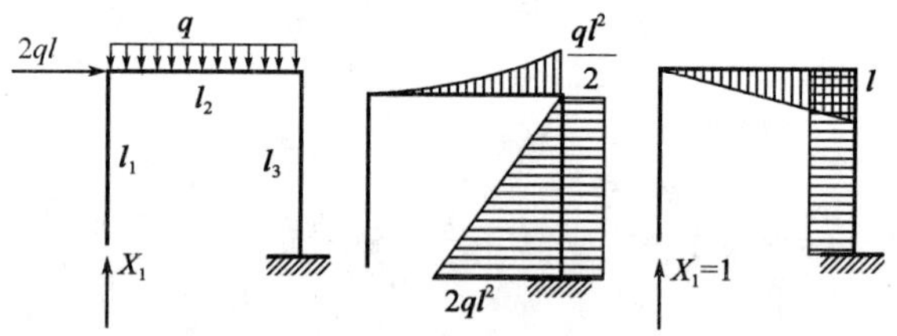

题 15-4-28 解图

15-4-29 **解**:水平杆右端刚节点有一个线位移一个角位移,左端角位移可不作为基本未知量。

答案:B

15-4-30 **解**:按剪力分配计算。

答案:B

15-4-31 **解**:按对称结构承受反对称荷载取半结构的简化规则考虑。

答案:B

15-4-32 **解**:利用对称性,应用位移法,截取节点 A 平衡,得 $(3+4+2)i\theta_A=m_0$,则 $\theta_A=\frac{m_0}{9i}$。

答案:A

15-4-33 **解**:应用求位移的单位荷载法计算(见解图)。

$$\Delta_{EH}=\frac{1}{13440}\left(\frac{1}{2}\times4\times4\right)\left(\frac{1}{3}\times14.4-\frac{2}{3}\times73.8\right)-(-1\times0.03-4\times0.01)=0.04357\text{m}$$

答案:A

15-4-34 **解**:$M_{AB}^{\mu}=\frac{4\frac{EI}{4}}{4\frac{EI}{4}+3\frac{EI}{3}+\frac{4EI}{4}}\times24\text{kN}\cdot\text{m}=8\text{kN}\cdot\text{m}$

答案:D

15-4-35 **解**:$M_B=\dfrac{15\times4^2}{12}-\dfrac{20\times6}{8}=5\text{kN}\cdot\text{m}$

答案:D

15-4-36 **解**:原图有误。需在中间加一链杆支座(见解图)才能有如下解答。

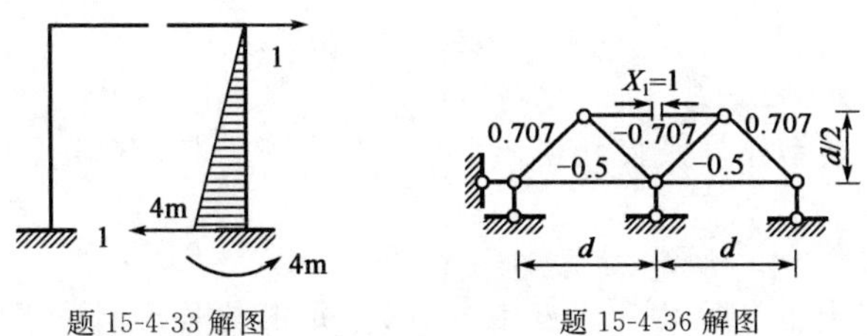

题 15-4-33 解图　　题 15-4-36 解图

$$\delta_{11}=\sum\frac{\overline{N}_1^2 l}{EA}=\frac{1}{EA}\left[4\left(0.707^2\sqrt{2}\,\frac{d}{2}\right)+2(0.5^2 d)+1^2 d\right]=\frac{1}{EA}(\sqrt{2}+0.5+1)d$$

答案:B

15-4-37 **解**:$M_{中}=\dfrac{3ql^2}{8}\,\dfrac{l}{2}-q\,\dfrac{l}{2}\,\dfrac{l}{4}=\dfrac{ql^2}{16}$(下侧受拉)。

答案:B

15-4-38 **解**:远端铰支,近端转动刚度为 $3i$。

答案:C

15-4-39 **解**:铰 C 的约束力对右部不产生弯矩,故可排除 B、D 选项。

使用位移法得:$M_{CD}=3i\theta_C-3i\left|-\dfrac{\frac{l}{200}}{l}\right|,M_{CE}=3i\theta_C$

由节点 C 平衡:$M_{CD}+M_{CE}=0$,即$(3+3)i\theta_C+\dfrac{3i}{200}=0$,得到 $\theta_C=-\dfrac{1}{400}$,则

$$M_{CD}=3i\left(-\frac{1}{400}\right)-3i\left|-\frac{\frac{l}{200}}{l}\right|=\frac{3}{400}i$$

答案:C

15-4-40 **解**:集中力作用在不动的节点上,不引起弯矩。

答案:D

15-4-41 **解**:对称结构受一般荷载引起一般位移,既不是对称位移,也不是反对称位移,而是二者的组合。

答案:C

15-4-42 **解**:结构对称荷载反对称,其反力及内力必为反对称,可知两个水平反力等值同向,设方向向左,根据结构整体平衡有:

$$\sum X=0,H_A+H_B=2H_A=P+P$$

$$H_A = P$$

答案:A

15-4-43 **解:**$\mu_{BC}=\dfrac{4\left(\frac{1}{4}\right)}{3\left(\frac{1}{2}\right)+4\left(\frac{1}{2}\right)}=\dfrac{2}{7}$,$\mu_{CB}=\dfrac{4\left(\frac{1}{2}\right)}{4\left(\frac{1}{2}\right)+3\left(\frac{1}{2}\right)}=\dfrac{4}{7}$。

答案:C

15-4-44 **解:**杆端转动刚度是使杆端产生单位转角所需杆端弯矩。

答案:C

15-4-45 **解:**图D结构为左右两个独立部分,弯矩图较易绘制。当立柱等高、对称时,可使副系数为零。

答案:D

15-4-46 **解:**力法基本结构为静定结构,各种外力作用都能满足平衡条件。

答案:B

15-4-47 **解:**$M_B = \dfrac{12\times 4^2}{12} - \dfrac{3}{16}\times 16\times 4 = 4\text{kN}\cdot\text{m}$。

答案:C

15-4-48 **解:**图乘法求Δ_{1P}、δ_{12}时,同侧弯矩图相乘为正,异侧相乘为负。

答案:B

15-4-49 **解:**Δ_i为原超静定结构沿基本未知量X_i方向的位移,与X_i同向、反向或为零都有可能。

答案:D

15-4-50 **解:**力法方程是位移协调方程。

答案:C

15-4-51 **解:**注意节点平衡,竖杆剪力为零。

答案:A

15-4-52 **解:**取杆CD的轴力为力法基本未知量X_1,其真实受力应使Δ_{1P}为负值。

答案:C

15-4-53 **解:**对称结构,受反对称荷载,只引起反对称内力。

答案:A

15-4-54 **解:**将荷载分解为竖向分力和水平分力,分别利用对称性判断。

答案:D

15-4-55 **解:**从力法求解角度看,Δ_{1P}与δ_{11}的比值不变;或从力矩分配的角度看,B点约束力矩为零。

答案:C

15-4-56 **解:**在δ_{11}的表达式中,刚度EI在分母中。

答案:B

15-4-57 **解:**利用杆的拉压性质判断副系数,通过计算判断主系数。

答案:B

15-4-58 **解:**利用对称性判断。或用力法判断支座A的反力为零。

答案:D

15-4-59 **解:**利用对称性。

答案:C

15-4-60 **解:**根据图乘法或物理概念判断。

答案:D

15-4-61 **解:**弯矩图在降温侧。

答案:B

15-4-62 **解:**竖向无多余约束,竖杆轴力静定。水平方向有多余约束,轴线温度升高,产生向内的水平反力。

答案:C

15-4-63 **解:**下部刚度大的,横梁挠度小,正弯矩小。

答案:A

15-4-64 **解:**半结构应与原结构相应位置受力及位移情况完全一致。

答案:A

15-4-65 **解:**$\frac{1}{4}$结构应与原结构相应位置受力及位移情况完全一致。

答案:A

15-4-66 **解:**切断一链杆相当于去掉一个约束,受弯杆作一切口相当于去掉三个约束。

答案:D

15-4-67 **解:**必要约束不能撤,需保证基本结构为几何不变。

答案:D

15-4-68 **解:**荷载作用下的内力,取决于杆件的相对刚度,且与荷载值成正比。

答案:A

15-4-69 **解:**利用对称性判断。

答案:A

15-4-70 **解**:力法方程等号右端应为负,并计算 δ_{11}。

答案:C

15-4-71 **解**:用公式 $\Delta=-\sum\overline{R}c$ 求,或根据几何关系分析。

答案:D

15-4-72 **解**:用公式 $\Delta=-\sum\overline{R}c$ 求,或根据几何关系分析。

答案:D

15-4-73 **解**:铰所在部位为复合节点,上下杆刚接,有独立角位移。

答案:B

15-4-74 **解**:顶节点无线位移。

答案:B

15-4-75 **解**:当 B 截面转角为零时,相应有固端弯矩而达平衡状态,B 两边固端弯矩绝对值相等。

答案:B

15-4-76 **解**:由 Δ 引起的 B 两边固端弯矩绝对值相等。

答案:D

15-4-77 **解**:B 相当于固定端,两边固端弯矩绝对值相等。

答案:A

15-4-78 **解**:由节点 C 的平衡求解。

答案:B

15-4-79 **解**:由节点 C 的平衡求解。

答案:C

15-4-80 **解**:建立节点 B 的平衡方程。

答案:A

15-4-81 **解**:利用对称性,并建立节点 A 的平衡方程。

答案:A

15-4-82 **解**:剪力分配,求反弯点处剪力,再求弯矩。

答案:B

15-4-83 **解**:建立截面平衡方程。

答案:D

15-4-84 **解**:利用力矩分配与传递的概念判断。

答案:B

15-4-85 **解**:交于 B 点的三杆只受轴力。

答案:B

15-4-86 **解**:建立截面平衡方程,各柱侧移刚度求和。

答案:C

15-4-87 **解**:用位移法,利用侧移刚度。

答案:C

15-4-88 **解**:用力矩分配法。

答案:B

15-4-89 **解**:使用 BA 杆的转角位移方程。

答案:C

15-4-90 **解**:用力矩分配法求上面竖杆的弯矩,并求其剪力。

答案:C

15-4-91 **解**:节点 B 平衡,两杆转动刚度求和。

答案:B

15-4-92 **解**:在节点 B 附加刚臂,两杆固端弯矩求和。

答案:A

15-4-93 **解**:集中力作用在不动节点上,各杆弯矩为零。

答案:C

15-4-94 **解**:力矩分配法只能直接用于无未知节点线位移的结构。

答案:C

15-4-95 **解**:利用对称性,注意竖杆无剪力,注意节点平衡。

答案:C

15-4-96 **解**:M_A 等于交于 A 点各固端弯矩的代数和。

答案:B

15-4-97 **解**:支座 1 相当于固定端。

答案:D

15-4-98 **解**:要求左端无线位移,右端既无线位移也无角位移。

答案:C

15-4-99 **解**:力矩分配法可直接用于无未知节点线位移的结构。

答案:D

15-4-100 **解**:力矩分配法可直接用于无未知节点线位移的结构(中间铰也是节点)。

答案:B

15-4-101 **解**:节点 C 可视为 BC 杆的铰支端。

答案:B

15-4-102 **解**:BC 杆弯矩静定,转动刚度系数 $S_{BC}=0$。

答案:D

15-4-103 **解**:支座 B 相当于固定端。

答案:C

(五)结构的动力特性与动力反应

15-5-1 如图,梁 EI=常数,弹簧刚度为 $k=\dfrac{48EI}{l^3}$,梁的质量忽略不计,自振频率为:

A. $\sqrt{\dfrac{32EI}{ml^3}}$　　B. $\sqrt{\dfrac{192EI}{5ml^3}}$

C. $\sqrt{\dfrac{192EI}{9ml^3}}$　　D. $\sqrt{\dfrac{96EI}{9ml^3}}$

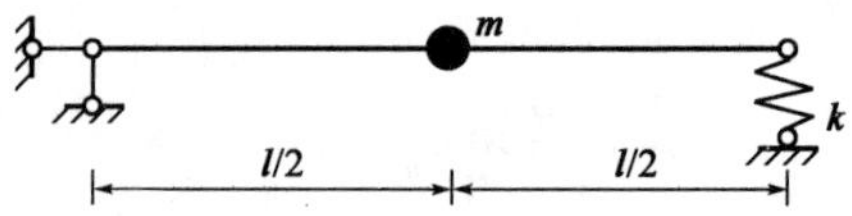

题 15-5-1 图

15-5-2 图示体系杆的质量不计,$EI_1=\infty$,则体系的自振频率 ω 等于:

A. $\sqrt{\dfrac{3EI}{ml}}$　　B. $\dfrac{1}{h}\sqrt{\dfrac{3EI}{ml}}$　　C. $\dfrac{2}{h}\sqrt{\dfrac{EI}{ml}}$　　D. $\dfrac{1}{h}\sqrt{\dfrac{EI}{3ml}}$

15-5-3 图示结构,质量 m 在杆件中点,$EI=\infty$,弹簧刚度为 k。该体系自振频率为:

A. $\sqrt{\dfrac{9k}{4m}}$　　B. $\sqrt{\dfrac{2k}{m}}$　　C. $\sqrt{\dfrac{9k}{2m}}$　　D. $\sqrt{\dfrac{4k}{m}}$

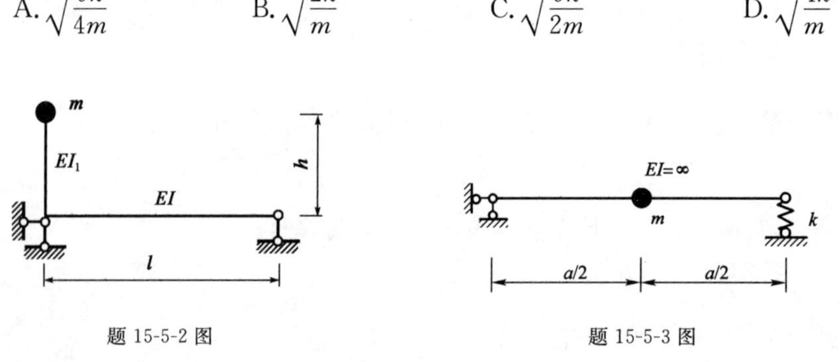

题 15-5-2 图　　题 15-5-3 图

15-5-4 已知无阻尼单自由度体系的自振频率 $\omega=60\text{s}^{-1}$,质点的初位移 $\gamma_0=0.4\text{cm}$,初速度 $v_0=15\text{cm/s}$,则质点的振幅为:

A. 0.65cm　　B. 4.02cm　　C. 0.223cm　　D. 0.472cm

15-5-5 图示三根梁的自振周期按数值由小到大排列,其顺序为:

A. (a), (b), (c)　　B. (c), (a), (b)

C. (a), (c), (b)　　D. (b), (c), (a)

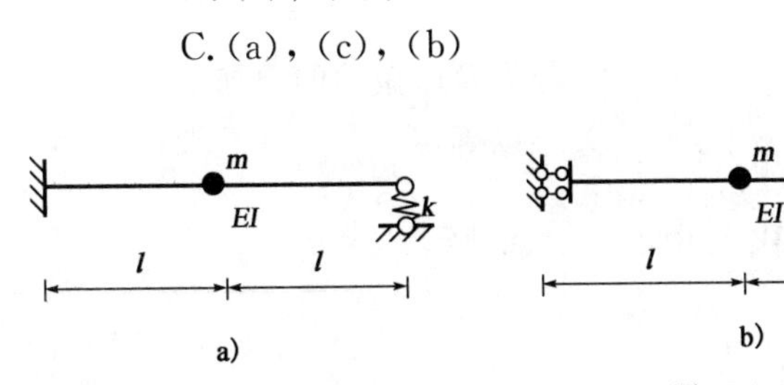

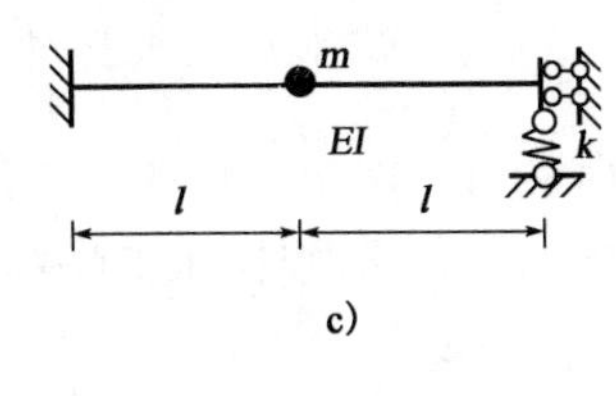

题 15-5-5 图

15-5-6 结构自振周期 T 的物理意义是：

A. 每秒振动的次数　　B. 干扰力变化一周所需秒数

C. 2π 内秒振动的次数　　D. 振动一周所需秒数

15-5-7 无阻尼单自由度体系的自由振动方程的通解为 $y(t)=C_1\sin\omega t+C_2\cos\omega t$，则质点的振幅为：

A. $y_{\max}=C_1$　　B. $y_{\max}=C_2$

C. $y_{\max}=C_1+C_2$　　D. $y_{\max}=\sqrt{C_1^2+C_2^2}$

15-5-8 图示体系(不计梁的分布质量)作动力计算时，内力和位移动力系数相同的体系为：

A.

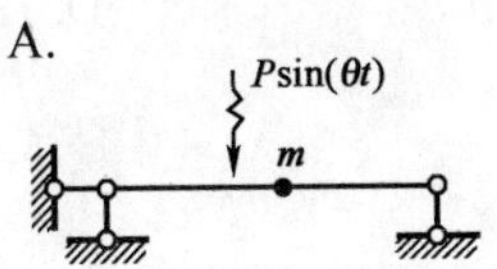

B.

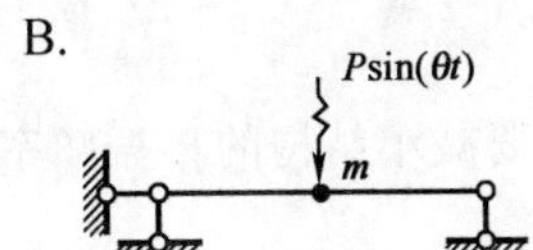

C.

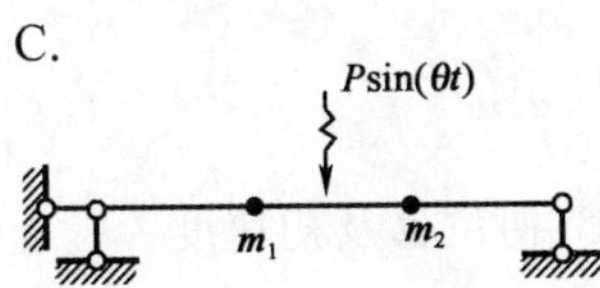

D.

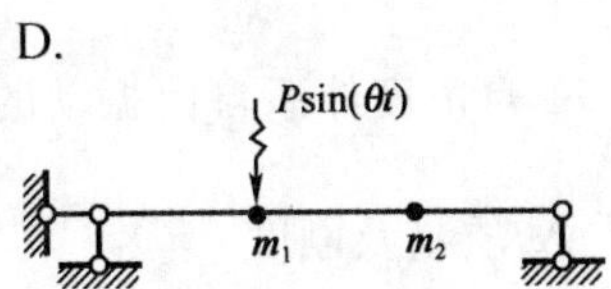

15-5-9 图所示刚架的自振频率为：

A. $\omega=\sqrt{\dfrac{51EI+kl^3}{3ml^3}}$

B. $\omega=\sqrt{\dfrac{17EI+kl^3}{ml^3}}$

C. $\omega=\sqrt{\dfrac{48EI+kl^3}{3ml^3}}$

D. $\omega=\sqrt{\dfrac{16EI+kl^3}{ml^3}}$

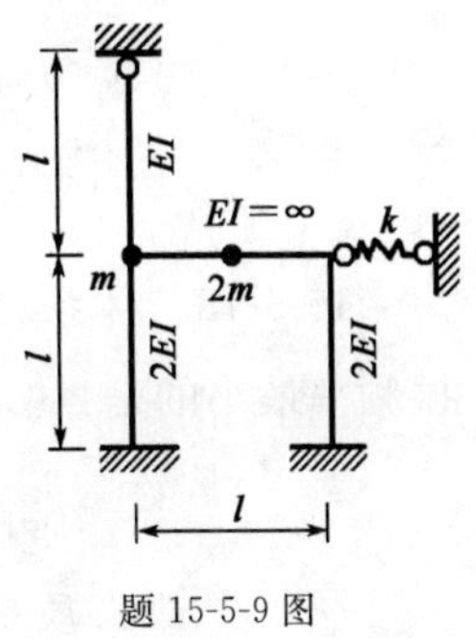

题 15-5-9 图

15-5-10 无阻尼单自由度体系的自由振动是：

A. 简谐振动　　B. 若干简谐振动的叠加
C. 衰减周期振动　　D. 难以确定

15-5-11 图示梁自重不计，在集中重量 W 作用下，C 点的竖向位移 $\Delta_C=1\text{cm}$，则该体系的自振周期为：

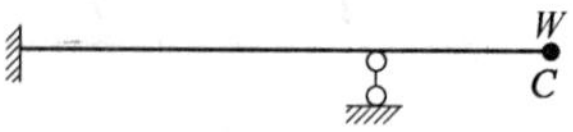

题 15-5-11 图

A. 0.032s　　B. 0.201s
C. 0.319s　　D. 2.007s

15-5-12 结构的自振频率反映结构固有的动力特性，它只取决于结构的：

A. 类型与超静定次数　　B. 刚度和柔度
C. 刚度和质量　　D. 类型和质量

15-5-13 单自由度动力体系，当质点受简谐荷载作用时，其动力系数：

A. 一定为正值　　B. 一定为负值
C. 正负值都有可能　　D. 正负与荷载大小有关

15-5-14 单自由度体系的其他参数不变，只有刚度增大到原来刚度的两倍，则其周期与原周期之比为：

A. 1/2　　B. $1/\sqrt{2}$　　C. 2　　D. $\sqrt{2}$

15-5-15 若要减小结构的自振频率，可采用的措施是：

A. 增大刚度，增大质量　　B. 减小刚度，减少质量
C. 减小刚度，增大质量　　D. 增大刚度，减少质量

15-5-16 单自由度体系自由振动的振幅仅取决于体系的：

A. 质量及刚度　　B. 初位移及初速度
C. 初位移、初速度及质量　　D. 初位移、初速度及自振频率

15-5-17 图示结构，不计杆件分布质量，当 EI_2 增大时，结构自振频率：

A. 不变　　B. 增大
C. 减少　　D. 不能确定

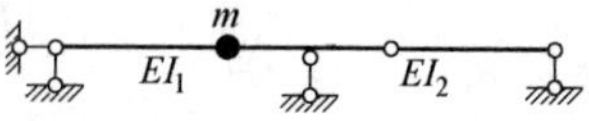

题 15-5-17 图

15-5-18 体系的跨度、约束、质点位置不变，下列四种情况中自振频率最小的是：

A. 质量小，刚度小　　B. 质量大，刚度大
C. 质量小，刚度大　　D. 质量大，刚度小

15-5-19 单自由度体系运动方程为 $m\ddot{y}+c\dot{y}+ky=P(t)$，其中未包含质点重力，这是因为：

A. 重力包含在弹性力 ky 中

B. 重力与其他力相比，可略去不计

C. 以重力作用时的静平衡位置为 y 坐标零点

D. 体系振动时没有重力

15-5-20 图 a)体系的自振频率 ω_a 与图 b)体系的自振频率 ω_b 的关系是：

A. $\omega_a<\omega_b$　　B. $\omega_a>\omega_b$　　C. $\omega_a=\omega_b$　　D. 不能确定

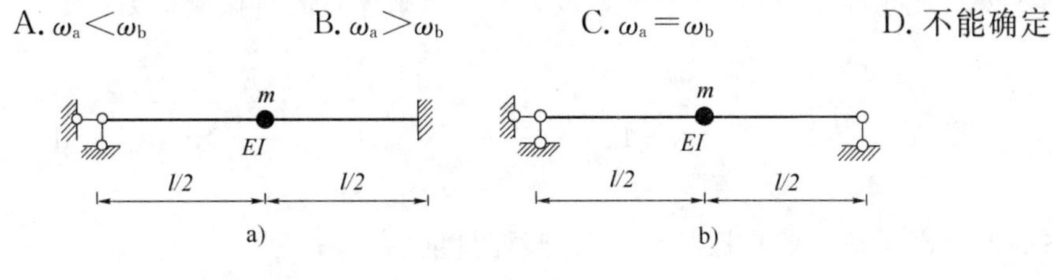

题 15-5-20 图

15-5-21 图示体系，质点的运动方程为：

A. $y=\dfrac{7l^3}{768EI}[P\sin(\theta t)-m\ddot{y}]$　　B. $m\ddot{y}+\dfrac{192EI}{7l^3}y=P\sin(\theta t)$

C. $m\ddot{y}+\dfrac{384EI}{7l^3}y=P\sin(\theta t)$　　D. $y=\dfrac{7l^3}{96EI}[P\sin(\theta t)-m\ddot{y}]$

15-5-22 图示体系不计阻尼的稳态最大动位移 $y_{max}=4Pl^3/9EI$，其最大动力弯矩为：

A. $7Pl/3$　　B. $4Pl/3$　　C. Pl　　D. $Pl/3$

15-5-23 不计阻尼，不计杆重时，图示体系的自振频率为：

A. $\sqrt{\dfrac{3EI}{4ml^3}}$　　B. $\sqrt{\dfrac{3EI}{ml^3}}$　　C. $\sqrt{\dfrac{12EI}{ml^3}}$　　D. $\sqrt{\dfrac{6EI}{ml^3}}$

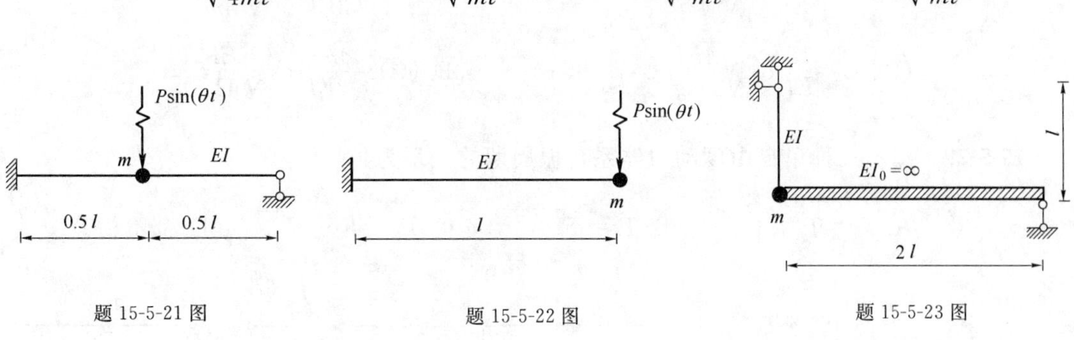

题 15-5-21 图　　题 15-5-22 图　　题 15-5-23 图

15-5-24 图示体系的自振频率为 $\omega=\sqrt{3EI/ml^3}$，其稳态最大动力弯矩幅值为：

A. $3Pl$　　B. $4.5Pl$　　C. $8.54Pl$　　D. $2Pl$

15-5-25 设 $\theta=0.5\omega$（ω 为自振频率），则图示体系的最大动位移为：

A. $\dfrac{Pl^3}{40EI}$　　B. $\dfrac{4Pl^3}{18EI}$　　C. $\dfrac{Pl^3}{3EI}$　　D. $\dfrac{4Pl^3}{36EI}$

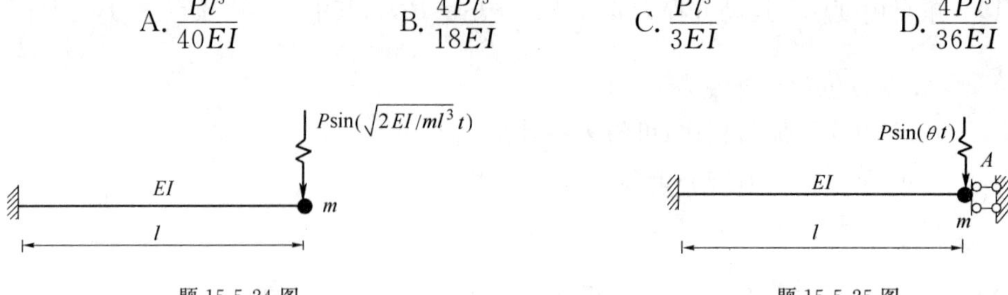

题 15-5-24 图　　　　题 15-5-25 图

15-5-26　图示体系，设弹簧刚度系数 $k=\dfrac{2EI}{l^3}$，则体系的自振频率为：

A. $\sqrt{\dfrac{3EI}{ml^3}}$　　B. $\sqrt{\dfrac{5EI}{ml^3}}$　　C. $\sqrt{\dfrac{6EI}{5ml^3}}$　　D. $\sqrt{\dfrac{5EI}{6ml^3}}$

15-5-27　图示体系的自振频率（不计竖杆自重）为：

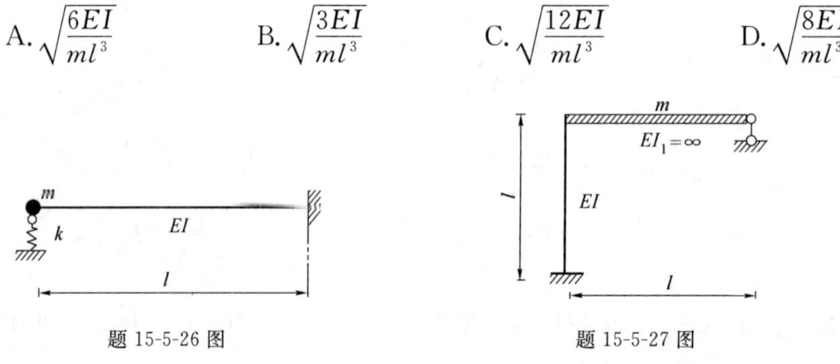

A. $\sqrt{\dfrac{6EI}{ml^3}}$　　B. $\sqrt{\dfrac{3EI}{ml^3}}$　　C. $\sqrt{\dfrac{12EI}{ml^3}}$　　D. $\sqrt{\dfrac{8EI}{ml^3}}$

题 15-5-26 图　　　　题 15-5-27 图

15-5-28　无阻尼等截面梁承受一静力荷载 P，设在 $t=0$ 时把这个荷载突然撤除，质点 m 的位移为：

A. $y(t)=\dfrac{11}{EI}\cos\sqrt{\dfrac{3EI}{4m}}t$　　B. $y(t)=\dfrac{4mg}{3EI}\cos\sqrt{\dfrac{3EI}{4m}}t$

C. $y(t)=\dfrac{11}{EI}\cos\sqrt{\dfrac{4EI}{3mg}}t$　　D. $y(t)=\dfrac{4mg}{3EI}\cos\sqrt{\dfrac{EI}{11}}t$

15-5-29　图示三种单自由度动力体系自振周期的关系为：

A. $T_a=T_b$　　B. $T_a=T_c$　　C. $T_b=T_c$　　D. 都不相等

题 15-5-28 图（P=12kN；m；EI；2m，1m，1m）　　　　题 15-5-29 图（a) m，EI，l/2，l/2；b) 2m，2EI，l/2，l/2；c) 2m，2EI，l，l）

15-5-30 图示三种单自由度动力体系中，质量 m 均在杆件中点，各杆 EI、l 相同。其自振频率的大小排列次序为：

A. a)＞b)＞c)　　B. c)＞b)＞a)　　C. b)＞a)＞c)　　D. a)＞c)＞b)

题 15-5-30 图

题解及参考答案

15-5-1 **解**：沿振动方向加单位力，可求得 $\delta=\dfrac{l^3}{48EI}+\dfrac{1}{2}\dfrac{1}{2k}=\dfrac{5l^3}{192EI}$

$$\omega=\sqrt{\frac{1}{m\delta}}=\sqrt{\frac{192EI}{5ml^3}}$$

答案：B

15-5-2 **解**：沿振动方向加单位力求柔度系数，代入频率计算公式，得

$$\delta=\frac{1}{EI}\frac{1}{2}hl\times\frac{2}{3}h=\frac{h^2l}{3EI}$$

$$\omega=\sqrt{\frac{3EI}{mh^2l}}=\frac{1}{h}\sqrt{\frac{3EI}{ml}}$$

答案：B

题 15-5-2 解图

15-5-3 **解**：沿振动方向加单位力求柔度系数 δ(图 b)，代入频率计算公式。

$$\delta=\frac{1}{2}\frac{1}{2k}=\frac{1}{4k}$$

$$\omega=\sqrt{\frac{1}{\delta m}}=\sqrt{\frac{4k}{m}}$$

也可按图 c)沿振动方向给以单位位移，求相应的刚度系数 $K=4k$，代入频率计算公式。

答案：D

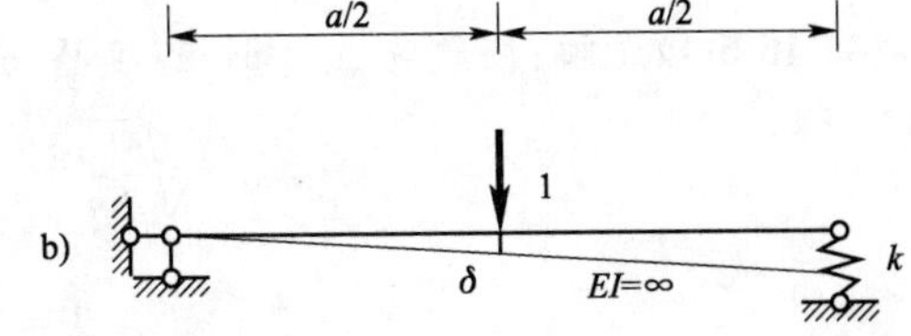

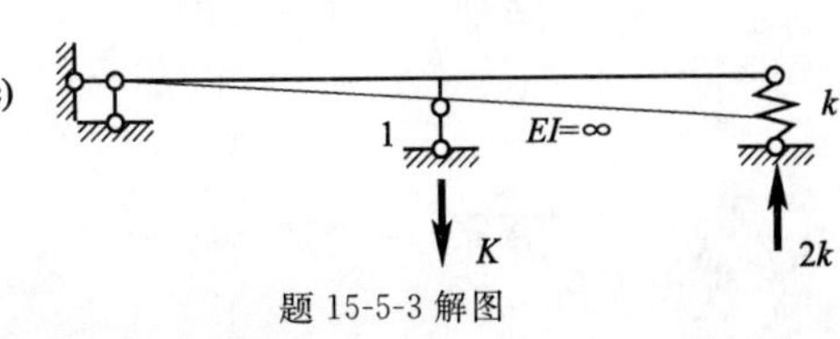

题 15-5-3 解图

15-5-4 **解**：振幅 $a=\sqrt{(0.4)^2+\left(\dfrac{15}{60}\right)^2}=0.472\text{cm}$。

答案：D

15-5-5 **解**:刚度愈大,自振周期值愈小。

答案:B

15-5-6 **解**:周期的定义为振动一个循环所需时间。

答案:D

15-5-7 **解**:令 $C_1=a\cos\alpha$,$C_2=a\sin\alpha$,通解可表达为 $y(\mathrm{t})=a\sin(\omega t+\alpha)$,$a=\sqrt{C_1^2+C_2^2}$ 即为振幅。

答案:D

15-5-8 **解**:当简谐荷载作用在单自由度体系振动质点上时,其内力与位移具有相同的动力系数。

答案:B

15-5-9 **解**:沿振动方向给以单位位移(见解图)求刚度系数 $K=51\dfrac{EI}{l^3}+k$

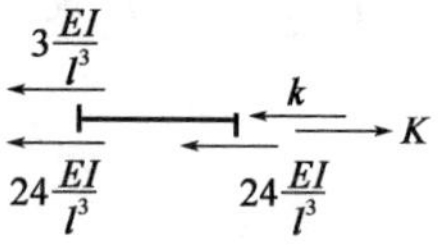

$3\frac{EI}{l^3}$ k K $24\frac{EI}{l^3}$ $24\frac{EI}{l^3}$

题 15-5-9 解图

代入频率计算公式 $\omega=\sqrt{\dfrac{k}{m}}=\sqrt{\dfrac{51EI+kl^3}{3ml^3}}$。

答案:A

注:原题 l EI $EI=\infty$ k m $2m$ l $2EI$ $2EI$ l ,$\omega=\sqrt{\dfrac{33EI+kl^3}{3ml^3}}$,备选项没有给出正确结果。

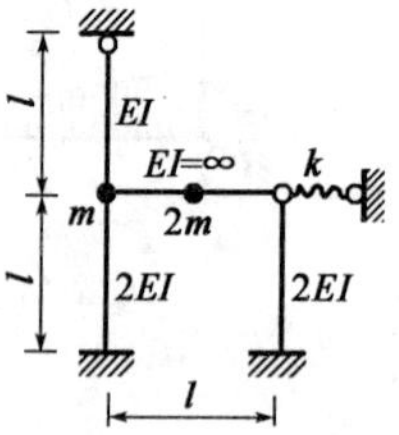

15-5-10 **解**:无阻尼单自由度体系的自由振动是简谐振动。

答案:A

15-5-11 **解**:按题意 $\Delta_C=1\mathrm{cm}$,即 W 引起的静位移 Δ_{st},代入公式

$$\omega=\sqrt{\frac{1}{\delta m}}=\sqrt{\frac{\mathrm{g}}{\delta m\mathrm{g}}}=\sqrt{\frac{\mathrm{g}}{\omega W}}=\sqrt{\frac{\mathrm{g}}{\Delta_{st}}}$$

$$T=\frac{2\pi}{\omega}=2\pi\sqrt{\frac{\Delta_{st}}{\mathrm{g}}}$$

可得

$$T=2\pi\sqrt{\frac{1}{\mathrm{g}}}=2.007\mathrm{s}$$

答案:D

15-5-12 **解**:由 $\omega=\sqrt{\dfrac{k}{m}}$ 可知,结构的自振频率取决于结构的刚度 k 和质量 m。

答案:C

15-5-13 **解**:由动力系数的表达式

$$\beta=\frac{1}{1-\left(\frac{\theta}{\omega}\right)^2}$$

可以看出:当频率比值 $\theta/\omega<1$ 时,$\beta>0$;当 $\theta/\omega>1$ 时,$\beta<0$。正负都有可能,与荷载大小无关。

答案:C

15-5-14 **解**:$T=2\pi\sqrt{\frac{m}{k}}$。

答案:B

15-5-15 **解**:由 $\omega=\sqrt{\frac{k}{m}}$ 可知,减小刚度 k、增大质量 m,均可减小结构的自振频率。

答案:C

15-5-16 **解**:由 $A=\sqrt{y_0^2+(\frac{v_0}{\omega})^2}$ 可知,单自由度体系自由振动的振幅仅取决于初位移 y_0、初速度 v_0 及自振频率 ω。

答案:D

15-5-17 **解**:质点振动方向的刚度(或柔度)系数与 EI_2 无关。

答案:A

15-5-18 **解**:由 $\omega=\sqrt{\frac{k}{m}}$ 可知,四个选项中,质量 m 大、刚度 k 小,自振频率最小。

答案:D

15-5-19 **解**:动位移从静平衡位置算起。

答案:C

15-5-20 **解**:结构的自振频率取决于结构的刚度和质量,刚度大自振频率就高。比较 a)、b)两图,图 a)的约束强于图 b),所以图 a)的自振频率应大于图 b)。

答案:B

15-5-21 **解**:本题为无阻尼单自由度超静定梁强迫振动,其运动方程的建立,可使用刚度法(用刚度系数 k),也可使用柔度法(用柔度系数 δ)。四个备选选项的不同仅在于 δ(或 k)不同。按下图求柔度系数 δ,对比备选选项选 A。

$$\delta=\frac{1}{EI}\left(\frac{l^3}{48}-\frac{1}{2}\frac{l}{4}l\frac{3l}{32}\right)=\frac{7l^3}{768EI}$$

答案:A

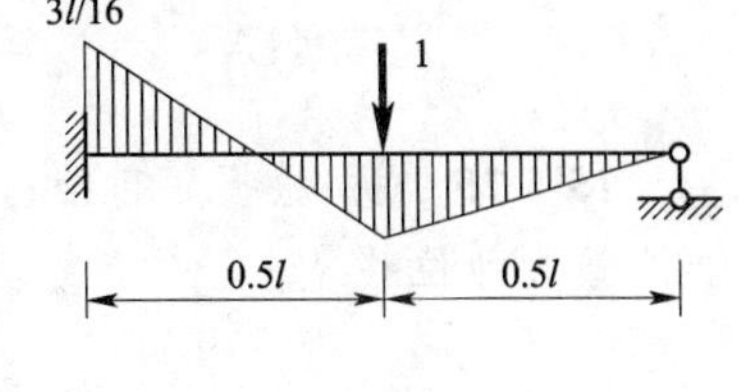

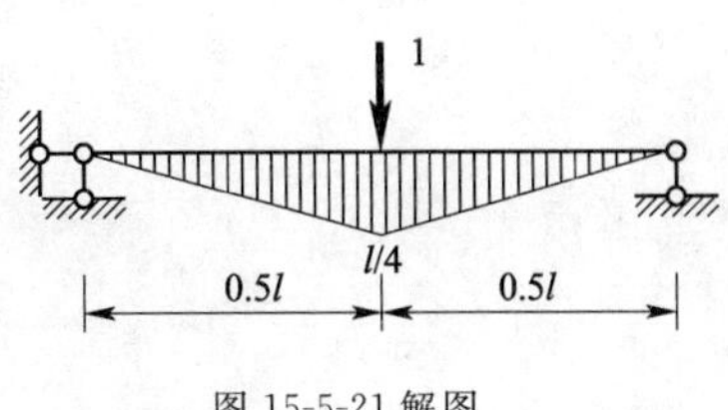

图 15-5-21 解图

15-5-22 **解**:先求出发生于自由端的最大静位移 y_{st} 和

发生于固定端的最大静弯矩 M_{st}，再求动力系数 β 和固定端的最大动弯矩 M_{max}。

$$y_{st}=\frac{3Pl^3}{EI}\quad M_{st}=Pl$$

$$\beta=\frac{y_{max}}{y_{st}}=\frac{4Pl^3}{9EI}\frac{3EI}{Pl^3}=\frac{4}{3}$$

$$M_{max}=\beta M_{st}=\frac{4}{3}Pl$$

答案：B

15-5-23 **解**：由解图给水平杆以单位位移，求相应的刚度系数 k，代入频率公式

$$k=\frac{3EI}{l^3}$$

$$\omega=\sqrt{\frac{k}{m}}=\sqrt{\frac{3EI}{ml^3}}$$

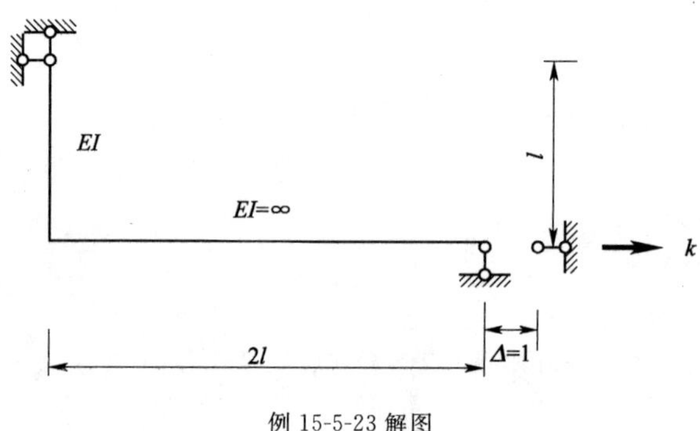

例 15-5-23 解图

答案：B

15-5-24 **解**：根据题目给出的干扰力频率 θ 及自振频率 ω 求动力系数 β，再求最大动弯矩 M_{max}。

$$\theta=\sqrt{\frac{2EI}{ml^3}}\qquad\omega=\sqrt{\frac{3EI}{ml^3}}$$

$$\beta=\frac{1}{1-\left(\frac{\theta}{\omega}\right)^2}=\frac{1}{1-\frac{2}{3}}=3$$

$$M_{max}=3Pl$$

答案：A

15-5-25 **解**：根据题目给出 θ 及 ω 的关系求动力系数 β，并按下图图乘求最大静位移 y_{st}，再求最大动位移 y_{max}。

$$\beta=\frac{1}{1-\left(\frac{\theta}{\omega}\right)^2}=\frac{1}{1-(0.5)^2}=\frac{4}{3}$$

$$y_{st}=\frac{1}{2EI}\cdot l\cdot l\left(\frac{1}{3}\frac{Pl}{2}\right)=\frac{Pl^3}{12EI}$$

$$y_{max}=\frac{4}{3}\frac{Pl^3}{12EI}=\frac{Pl^3}{9}$$

答案：D

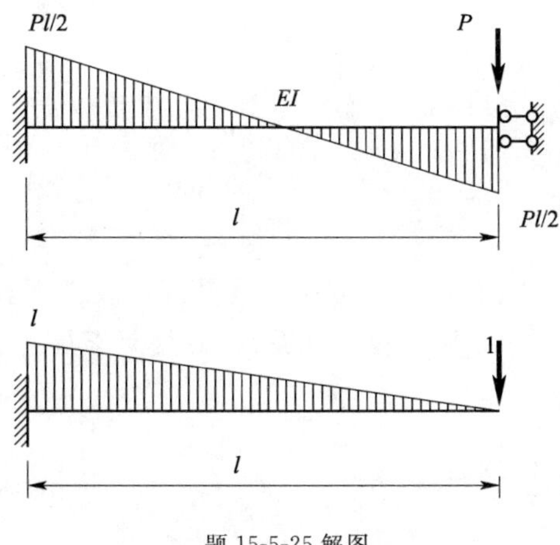

题 15-5-25 解图

15-5-26　解：可求出悬臂梁自由端沿振动方向的刚度系数为 $3EI/l^3$，再与题目所给弹簧刚度系数相加，代入频率计算公式可得

$$\omega=\sqrt{\frac{(3+2)EI}{ml^3}}=\sqrt{\frac{5EI}{ml^3}}$$

答案：B

15-5-27　解：由解图给水平杆以单位位移，求相应的刚度系数 k，代入频率公式

$$k=\frac{12EI}{l^3}$$

$$\omega=\sqrt{\frac{k}{m}}=\sqrt{\frac{12EI}{ml^3}}$$

题 15-5-27 解图

答案：C

15-5-28　解：本题为无阻尼单自由度体系，以初速为零、初位移为 y_0 引起的自由振动，其位移表达式应为 $y(t)=y_0\cos\omega t$，初位移 y_0 与重力加速度 g 无关，可排除备选选项 B 和 D。求得梁的柔度系数代入频率计算公式，得：

$$\delta=\frac{l^3}{48EI}\qquad k=\frac{48EI}{l^3}$$

$$\omega=\sqrt{\frac{k}{m}}=\sqrt{\frac{48EI}{ml^3}}=\sqrt{\frac{48EI}{m(4)^3}}=\sqrt{\frac{3EI}{4m}}$$

对比备选选项 A 和 C 可知 A 正确。

答案:A

15-5-29　**解:**自振频率及周期决定于刚度系数 k 与质量 m 的比值,比较图 a)与图 b)可知其比值 k/m 相同,其他都不同。

答案:A

15-5-30　**解:**自振频率决定于体系的刚度与质量。比较三图,质量、跨度相同,只是支座约束不同,约束越多刚度越强。图 b)支座约束最强,自振频率最大。

答案:C

十六、结 构 设 计

复习指导

结构设计是注册岩土工程师基础考试下午段的考试内容，共 6 题，12 分，占下午段考试分数的 10%。其内容包括了工业与民用建筑专业的三门主干课程——混凝土结构、钢结构和砌体结构，所涉及的规范包括《混凝土结构设计规范》(GB 50010—2010)、《钢结构设计规范》(GB 50017—2003)、《砌体结构设计规范》(GB 50003—2011)、《建筑结构荷载规范》(GB 50009—2012)、《建筑结构可靠度设计统一标准》(GB 50068—2001)、《建筑抗震设计规范》(GB 50011—2010)和《高层建筑混凝土结构技术规程》(JGJ 2—2010)。

参加考试的岩土工程师首先应熟悉"考试大纲"的要求，通过学习《教程》，对基本概念、基本原理和基本知识有一个整体把握，并在此基础上对每节的重点、难点进行重点复习、重点掌握。根据基础考试命题的特点，复习时不要偏重难度大、过于繁杂的知识，而应注重对基本知识的理解和掌握。

结构设计包括了三类不同的结构，每一类结构基本上由三部分组成：①材料性能，包括基本物理、力学性能及其影响因素，不同受力状态下材料强度的取值等；②基本计算方法，包括计算公式建立的依据、基本假定及适用条件；③构造，包括构件设计中的构造要求和构造设计。不同类型的结构之间，或同一类结构的不同受力构件之间存在着相同点与不同点，应善于比较分析，找出规律性的东西。比如，我国规范采用以概率理论为基础的极限状态设计法，并用多个分项系数表达的设计公式进行设计，对于三类结构构件承载能力的设计采用的是相同的基本公式，但其中的个别系数(如材料的分项系数)取值不同；再如，不同受力情况下钢筋混凝土基本构件的设计，一般是根据某一破坏形态并在一些假定基础上建立的计算公式，因此设计计算时应注意其适用条件，保证结构不发生其他类型的破坏。

结构设计的命题类型为选择性考题。选择性考题可分为记忆性选择题、比较类选择题、组合类选择题、最佳类选择题和计算类选择题等。考生可结合自身的实际情况总结出适合自己特点的解题技巧。考试时，应结合各类结构的基本概念和基本原理，分清题型，选择出正确的答案。

记忆性选择题要求考生熟记结构的基本原理和基本构造规定。许多知识必须通过记忆才能掌握，而有些知识在记忆的同时又要理解，通过理解可以帮助记忆。这类题目考查的是理解记忆，当对题目没有把握时，可利用已掌握的知识采用排除法进行选择。

比较类选择题要求在几种类似的情况或数量下进行选择。这就要求考生对一些基本概念必须完全掌握。解题时可先将不可能的选项剔除，然后对剩余选项进行比较，选出正确答案。

组合类选择题要求对题目给出的几组约定组合进行判断。对于给定的条件，题目将若干小题进行适当地组合，也可能所有小题均为正确。解题时首先应分析每个小题的正误性，然后结合选项所给出的约定组合，进行正确判断。

最佳类选择题中所给出的几个选项都有可能是正确的，但只有一个是最佳的。解题时应结合基本理论、基本概念和基本构造规定，从若干选项中选出最佳的一个作为正确解答。

计算类选择题是在给定条件下，经过结构计算，然后选择答案。考生应掌握各种结构、各种受力构件的计算方法，计算公式的适用条件及相应的构造要求。解题时根据已知条件，按题目要求，通过结构计算选择正确的答案。

练习题、题解及参考答案

（一）钢筋混凝土材料性质

16-1-1 不能提高钢筋混凝土构件中钢筋与混凝土间的黏结强度的处理措施是：

A. 减小钢筋净间距
B. 提高混凝土的强度等级
C. 由光圆钢筋改为变形钢筋
D. 配置横向钢筋

16-1-2 对适筋梁，受拉钢筋刚屈服时，则：

A. 承载力达到极限
B. 受压边缘混凝土达到极限压应变 ε_{cu}
C. 受压边缘混凝土被压碎
D. $\varepsilon_s=\varepsilon_y$，$\varepsilon_c<\varepsilon_{cu}$

16-1-3 在受拉构件中由于纵筋拉力的存在，构件的抗剪能力将：

A. 难以测定　　B. 降低　　C. 提高　　D. 不变

16-1-4 对于有明显屈服点的钢筋，其强度标准值取值的依据是：

A. 极限抗拉强度
B. 屈服强度
C. 0.85 倍的极限抗拉强度
D. 钢筋比例极限对应的应力

16-1-5 对于无明显屈服点的钢筋，进行钢筋质量检验的主要指标是下列中哪几项？
①极限强度；②条件屈服强度；③伸长率；④冷弯性能。

A. ①③④　　B. ①②④　　C. ①②③　　D. ①②③④

16-1-6 对于无明显屈服点的钢筋，规范规定的条件屈服点为：

A. 最大应变对应的应力

B. 0.9 倍极限抗拉强度

C. 0.85 倍极限抗拉强度

D. 0.8 倍极限抗拉强度

16-1-7 混凝土强度等级是由边长为 150mm 的立方体抗压试验后得到的下列哪个数值确定的？

A. 平均值 μ_f

B. $\mu_f-2\sigma$

C. $\mu_f-1.645\sigma$

D. 试块中最低强度值

16-1-8 《混凝土结构设计规范》中，混凝土各种力学指标的基本代表值是：

A. 立方体抗压强度标准值

B. 轴心抗压强度标准值

C. 轴心抗压强度设计值

D. 轴心抗拉强度设计值

16-1-9 边长为 100mm 和 200mm 的立方体试块，换算为边长为 150mm 立方体的抗压强度时，考虑尺寸效应影响应分别乘以下列哪个系数？

A. 0.9 和 1.05

B. 0.95 和 1.05

C. 0.9 和 1.1

D. 0.95 和 1.0

16-1-10 混凝土双向受力时，何种情况下强度最低？

A. 两向受拉

B. 两向受压

C. 一拉一压

D. 两向受拉，且两向拉应力值相等时

16-1-11 对于混凝土的徐变，以下叙述哪一个是正确的？

A. 混凝土的水灰比越小，徐变越小，收缩越小

B. 混凝土的水灰比越小，徐变越小，收缩越大

C. 混凝土的水灰比越大，徐变越大，收缩越小

D. 徐变为非受力变形，收缩为受力变形

题解及参考答案

16-1-1 **解：**选项 B、C、D 对提高黏结强度均有作用。

答案：A

16-1-2 **解：**根据适筋梁的破坏特点，受拉钢筋刚屈服时，受压边缘的混凝土的应变应小于等于其极限压应变 ε_{cu}。

答案：D

16-1-3 **解**:拉应力的存在对截面的抗剪强度不利。

答案:B

16-1-4 **解**:有明显屈服点的钢筋,其强度标准值的取值依据为屈服强度;对于无明显屈服点的钢筋为极限抗拉强度。

答案:B

16-1-5 **解**:条件屈服强度是人为定义的强度指标,不作为钢筋质量检验的内容。

答案:A

16-1-6 **解**:一般取0.2%残余应变所对应的应力作为条件屈服点$\sigma_{0.2}$,对传统的预应力钢丝、钢绞线,《混凝土结构设计规范》(GB 50010—2010)取0.85倍的极限抗拉强度σ_b作为条件屈服点。

答案:C

16-1-7 **解**:混凝土强度等级是按立方体抗压强度标准值确定的,立方体抗压强度标准值是指按标准方法制作养护的边长为150mm的立方体试块,在28d龄期用标准试验方法测得的具有95%保证率的抗压强度。$\mu_f-1.645\sigma$的保证率为95%,其中μ_f为平均值,σ为均方差。

答案:C

16-1-8 **解**:标准制作、养护,标准试验方法得到的150mm立方体试块的抗压强度标准值为混凝土各种力学指标的基本代表值(见16-1-7解)。

答案:A

16-1-9 **解**:截面尺寸越小,承压面对其约束越强,测得的承载力越高。

答案:B

16-1-10 **解**:混凝土一个方向受拉,一个方向受压时,其抗压和抗拉强度均比单轴抗压或抗拉强度低。这是由于异号应力加速变形的发展,使其较快达到极限应变值。

答案:C

16-1-11 **解**:水泥用量越多,水灰比越大,徐变和收缩越大。

答案:A

(二)基本设计原则

16-2-1 对于一般的工业与民用建筑钢筋混凝土构件,延性破坏时的可靠指标β为:

A. 2.7　　B. 3.7　　C. 3.2　　D. 4.2

16-2-2 进行钢筋混凝土构件变形和裂缝宽度验算时,应采用:

A. 荷载设计值,材料强度设计值　　B. 荷载设计值,材料强度标准值

C. 荷载标准值,材料强度设计值　　D. 荷载标准值,材料强度标准值

16-2-3 在钢筋混凝土连续梁活荷载的不利布置中，若求某支座的最大弯矩，活荷载应：

A. 在该支座的左跨布置活荷载，然后隔跨布置
B. 在该支座的右跨布置活荷载，然后隔跨布置
C. 在该支座相邻两跨布置活荷载，然后隔跨布置
D. 各跨均布置活荷载

16-2-4 考虑风吸力的荷载组合时，永久荷载的分项系数为：

A. 1.0　　B. 1.2
C. 1.3　　D. 1.4

16-2-5 下列情况属于超出正常使用极限状态但未达到承载能力极限状态的是哪一项？

A. 雨篷倾倒
B. 现浇双向楼板在人行走时振动较大
C. 连续板中间支座出现塑性铰
D. 钢筋锚固长度不够而被拔出

16-2-6 根据结构的重要性，将结构安全等级划分为：

A. 3 级　　B. 5 级　　C. 4 级　　D. 8 级

16-2-7 安全等级为二级的延性结构构件的可靠性指标为：

A. 4.2　　B. 3.7
C. 3.2　　D. 2.7

16-2-8 我国规范规定的设计基准期为：

A. 50 年　　B. 70 年
C. 100 年　　D. 25 年

16-2-9 我国规范度量结构构件可靠度的方法是下列中哪一种？

A. 用可靠性指标 β，不计失效概率 P_f
B. 用荷载、材料的分项系数及结构的重要性系数，不计 P_f
C. 用 β 表示 P_f，并在形式上采用分项系数和结构构件的重要性系数
D. 用荷载及材料的分项系数，不计 P_f

16-2-10 荷载的标准值是该荷载在结构设计基准期内可能达到的下述何值？

A. 最小值　　B. 平均值
C. 加权平均值　　D. 最大值

16-2-11 可变荷载的准永久值是可变荷载在设计基准期内被超越一段时间的荷载值，一般建筑此被超越的时间是多少年？

A. 10 年　　B. 15 年
C. 20 年　　D. 25 年

16-2-12 在永久荷载控制的组合中，永久荷载的分项系数是：

A. 1.2　　B. 1.25
C. 1.3　　D. 1.35

16-2-13 一计算跨度为 4m 的简支梁，梁上作用有恒荷载标准值(包括自重)15kN/m，活荷载标准值 5kN/m，其跨中最大弯矩设计值为：

A. 50kN・m　　B. 50.3kN・m
C. 100kN・m　　D. 100.6kN・m

16-2-14 钢筋混凝土梁中，钢筋的混凝土保护层厚度是指下列中哪个距离？

A. 箍筋外表面至梁表面的距离
B. 主筋内表面至梁表面的距离
C. 主筋截面形心至梁表面的距离
D. 主筋外表面至梁表面的距离

16-2-15 钢筋混凝土受弯构件挠度验算采用的荷载组合为：

A. 荷载标准组合
B. 荷载准永久组合并考虑荷载长期作用影响
C. 荷载频遇组合
D. 荷载准永久组合

16-2-16 混凝土材料的分项系数为：

A. 1.25　　B. 1.35
C. 1.4　　D. 1.45

16-2-17 结构在设计使用年限超过设计基准期后，对结构的可靠度如何评价？

A. 立即丧失其功能　　B. 可靠度降低
C. 不失效则可靠度不变　　D. 可靠度降低，但可靠指标不变

题解及参考答案

16-2-1 **解**：见《建筑结构可靠度设计统一标准》(GB 50068—2001)第 3.0.11 条，安全等

级为二级延性破坏的结构构件的可靠性指标为3.2,脆性破坏的结构构件为3.7。

答案:C

16-2-2 **解**:正常使用极限状态,荷载和材料强度均采用标准值。

答案:D

16-2-3 **解**:根据活荷载最不利布置的原则。若求某支座的最大负弯矩,活荷载应在该支座相邻两跨布置,然后隔跨布置。

答案:C

16-2-4 **解**:永久荷载的效应对结构有利时,一般情况下荷载分项系数取1.0。

答案:A

16-2-5 **解**:除B外,其余均超出了承载能力极限状态。

答案:B

16-2-6 **解**:根据结构破坏可能产生后果的严重性(结构的重要性),将结构安全等级划分为三级,其重要性系数分别为一级1.1、二级1.0和三级0.9。

答案:A

16-2-7 **解**:《建筑结构可靠度设计统一标准》(GB 50068—2001)第3.0.11条规定,安全等级为二级的结构构件,延性破坏的可靠指标$\beta \geqslant 3.2$。

答案:C

16-2-8 **解**:《建筑结构可靠度设计统一标准》(GB 50068—2001)规定的设计基准期为50年。

答案:A

16-2-9 **解**:我国规范采用以概率理论为基础的极限状态设计法,并采用多个分项系数(包括结构构件的重要性系数)表达的设计式进行设计。

答案:C

16-2-10 **解**:荷载标准值为设计基准期内最大荷载统计分布的特征值。

答案:D

16-2-11 **解**:设计规范规定,见《建筑结构荷载规范》(GB 50009—2012)第2.1.9条。可变荷载准永久值超越时间是设计基准期的一半,而我国一般建筑的设计基准期是50年。

答案:D

16-2-12 **解**:设计规范规定,见《建筑结构荷载规范》(GB 50009—2012)第3.2.4条。

答案:D

16-2-13 **解**:该题的考察对象为永久荷载效应控制的组合,$(1.35\times15+1.4\times0.7\times5)\times4^2/8=50.3\text{kN}\cdot\text{m}$。

答案：B

16-2-14 **解**：《混凝土结构设计规范》(GB 50010—2010)规定，混凝土保护层厚度以最外层钢筋(包括箍筋、构造筋、分布筋等)的外缘计算。

答案：A

16-2-15 **解**：徐变和收缩均随时间而增长，而徐变和收缩都将导致刚度的降低，使构件挠度增大，所以挠度验算应采用荷载效应准永久组合并考虑荷载长期作用影响。

答案：B

16-2-16 **解**：《混凝土结构设计规范》(GB 50010—2010)规定，混凝土的材料分项系数 γ_c 取为 1.40。

答案：C

16-2-17 **解**：结构的使用年限超过设计基准期后，并非立即丧失其使用功能，只是可靠度降低。

答案：B

(三)钢筋混凝土构件承载能力极限状态计算

16-3-1 提高受弯构件抗弯刚度(减小挠度)最有效的措施是：

A. 加大截面宽度　　B. 增加受拉钢筋截面面积
C. 提高混凝土强度等级　　D. 加大截面的有效高度

16-3-2 钢筋混凝土构件承载力计算中受力钢筋的强度限值为：

A. 有明显流幅的取其极限抗拉强度，无明显流幅的按其条件屈服点取
B. 所有均取其极限抗拉强度
C. 有明显流幅的按其屈服点取，无明显流幅的按其条件屈服点取
D. 有明显流幅的按其屈服点取，无明显流幅的取其极限抗拉强度

16-3-3 为了避免钢筋混凝土受弯构件因斜截面受剪承载力不足而发生斜压破坏，下列措施不正确的是：

A. 增加截面高度　　B. 增加截面宽度
C. 提高混凝土强度等级　　D. 提高配筋率

16-3-4 钢筋混凝土梁的受拉区边缘达到下列哪项时，受拉区开始出现裂缝？

A. 混凝土实际的抗拉强度　　B. 混凝土的抗拉标准强度
C. 混凝土的抗拉设计强度　　D. 混凝土弯曲时的极限拉应变

16-3-5 下列哪项属于承载能力极限状态？

A. 连续梁中间支座产生塑性铰
B. 裂缝宽度超过规定限值
C. 结构或构件作为刚体失去平衡
D. 预应力构件中混凝土的拉应力超过规范限值

16-3-6 关于受扭构件的抗扭纵筋的说法,下列哪项是不正确的?

A. 在截面的四角必须设抗扭纵筋
B. 应尽可能均匀地沿截面周边对称布置
C. 抗扭纵筋间距不应大于 200mm,也不应大于截面短边尺寸
D. 在截面的四角可以设抗扭纵筋也可以不设抗扭纵筋

16-3-7 计算钢筋混凝土偏心受压构件时,判别大、小偏心受压构件的条件是:

A. 受拉钢筋屈服(大偏心);受压钢筋屈服(小偏心)
B. 受拉钢筋用量少(大偏心);受压钢筋用量大(小偏心)
C. $e \geqslant e_0 = \frac{M}{N}$(大偏心);$e \leqslant e_0 = \frac{M}{N}$(小偏心)
D. $\xi \leqslant \xi_b$(大偏心);$\xi > \xi_b$(小偏心)

16-3-8 对受扭构件中箍筋,正确的叙述是:

A. 箍筋必须采用螺旋箍筋
B. 箍筋可以是开口的,也可以是封闭的
C. 箍筋必须封闭且焊接连接,不得搭接
D. 箍筋必须封闭,且箍筋的端部应做成 135°的弯钩,弯钩端的直线长度不应小于 $5d$ 和 50mm

16-3-9 某均布荷载作用下的钢筋混凝土矩形截面简支梁,截面尺寸为 $b \times h = 200\text{mm} \times 500\text{mm}$,$a_s = 35\text{mm}$,计算跨度 $L = 4.0\text{m}$,采用混凝土 C20($f_c = 9.6\text{N/mm}^2$),梁内配置了单排II级纵向钢筋和充足的箍筋,该梁能承受的最大剪力标准值:

A. 186kN　　B. 223kN
C. 102.3kN　　D. 71.6kN

16-3-10 有两个配置螺旋箍筋的圆形截面柱,一个直径大,另一个直径小,但螺旋箍筋的品种、直径和螺旋距都相同,则螺旋箍筋对哪个的承载力提高得大些(相对于该柱本身)?

A. 直径大的　　B. 直径小的
C. 两者相同　　D. 不能确定

16-3-11 一截面面积为 A、净截面面积为 A_n 的构件,在拉力 N 作用下的强度计算公式为:

A. $\sigma=N/A_n\leqslant f_y$　　B. $\sigma=N/A\leqslant f$

C. $\sigma=N/A_n\leqslant f$　　D. $\sigma=N/A\leqslant f_y$

16-3-12　轴心压杆整体稳定计算时，下列截面中属 a 类截面的是：

A. 轧制工字钢，对弱轴 $y-y$　　B. 轧制圆管，对任意轴

C. 焊接工字钢，对强轴 $x-x$　　D. 等边单角钢，对任意轴

16-3-13　某均布荷载作用下的钢筋混凝土简支梁，截面尺寸为 $b\times h=200\text{mm}\times500\text{mm}$，采用混凝土 C20（$f_c=9.6\text{N/mm}^2$），箍筋为 HPB235（$f_y=210\text{N/mm}^2$），采用直径为 8mm 的双肢箍，间距为 200mm，$V=170\text{kN}$。梁的斜截面破坏形式为：

A. 斜拉破坏　　B. 斜压破坏

C. 剪切破坏　　D. 不确定

16-3-14　在钢筋混凝土轴心受压构件中，宜采用：

A. 圆形截面

B. 较高强度等级的混凝土

C. 较高强度等级的纵向受力钢筋

D. 在钢筋面积不变的前提下，宜采用直径较细的钢筋

16-3-15　图示四种梁格布置方案，主梁及次梁的跨度均为 6m，优先选用：

A.

ZL　CL

B.

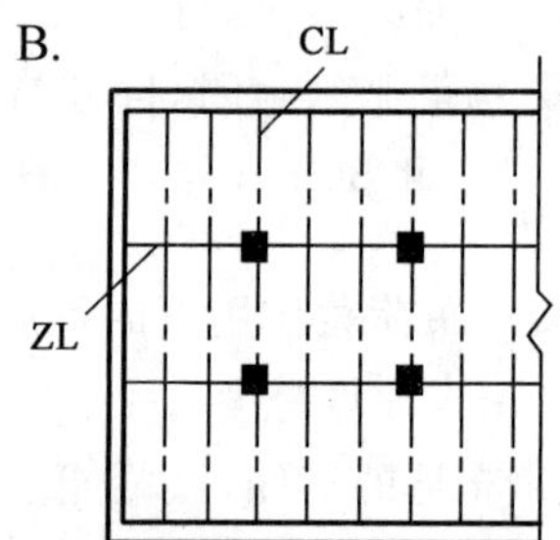

C.

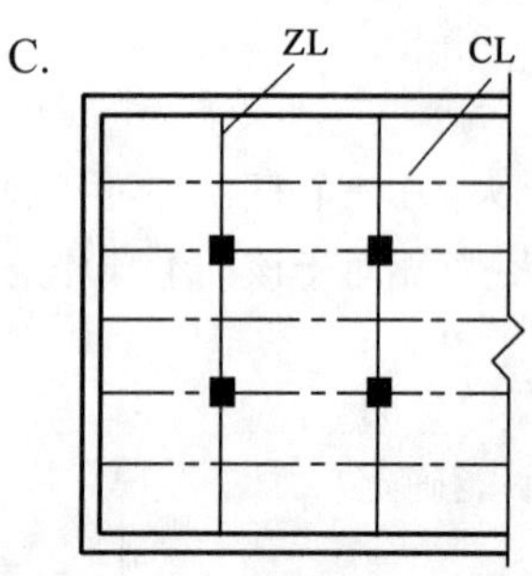

D.

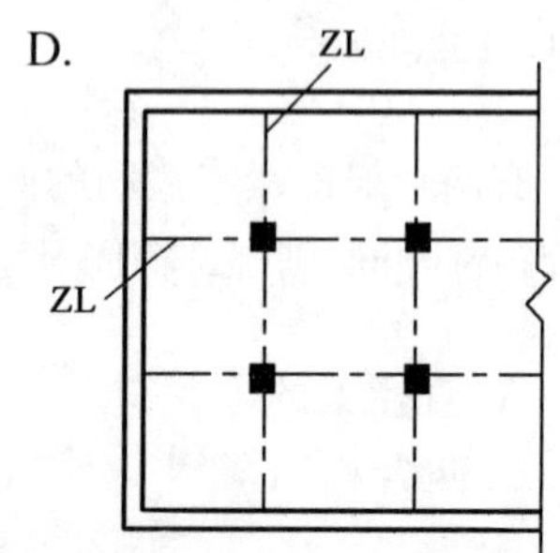

16-3-16 在受弯构件正截面计算中要求 $\rho_{min} \leqslant \rho \leqslant \rho_{max}$，$\rho$ 的计算是以哪种截面的梁为依据的？

A. 单筋矩形截面梁　　B. 双筋矩形截面梁
C. 第一类 T 形截面梁　　D. 第二类 T 形截面梁

16-3-17 当构件截面尺寸和材料强度相同时，钢筋混凝土受弯构件正截面承载力 M_u 与纵向受拉钢筋配筋率 ρ 的关系是：

A. ρ 越大，M_u 亦越大
B. ρ 越大，M_u 按线性关系越大
C. 当 $\rho_{min} \leqslant \rho \leqslant \rho_{max}$ 时，M_u 随 ρ 增大按线性关系增大
D. 当 $\rho_{min} \leqslant \rho \leqslant \rho_{max}$ 时，M_u 随 ρ 增大按非线性关系增大

16-3-18 对钢筋混凝土适筋梁正截面破坏特征的描述，下列选项中哪个正确？

A. 受拉钢筋首先屈服，然后受压区混凝土被压坏
B. 受拉钢筋被拉断，但受压区混凝土并未达到其抗压强度
C. 受压区混凝土先被压坏，然后受拉区钢筋达到其屈服强度
D. 受压区混凝土被压坏

16-3-19 钢筋混凝土受弯构件，当受拉纵筋达到屈服强度时，受压区边缘的混凝土也同时达到极限压应变，称为哪种破坏？

A. 少筋破坏　　B. 界限破坏
C. 超筋破坏　　D. 适筋破坏

16-3-20 T 形截面梁，尺寸如图所示，如按最小配筋率 $\rho_{min}=0.2\%$ 配置纵向受力钢筋 A_s，则 A_s 的计算式为：

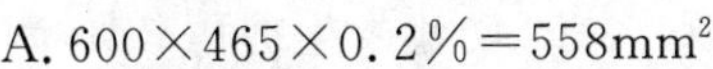
A. $600\times465\times0.2\%=558\text{mm}^2$
B. $600\times500\times0.2\%=600\text{mm}^2$
C. $200\times500\times0.2\%=200\text{mm}^2$
D. $[200\times500+(600-200)\times120]\times0.2\%$
$=296\text{mm}^2$

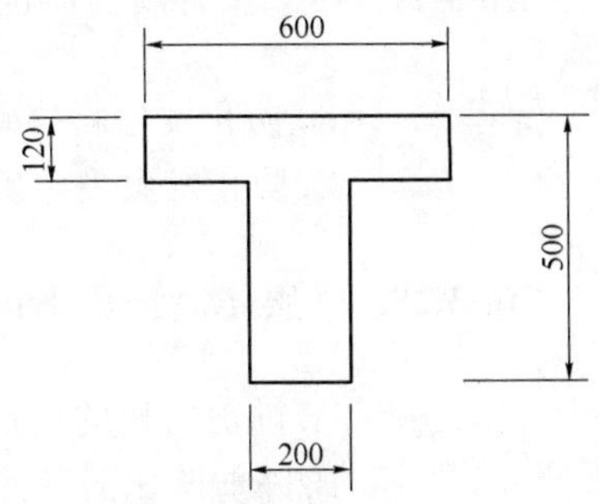

题 16-3-20 图　（尺寸单位：mm）

16-3-21 一矩形截面梁，$b\times h=200\text{mm}\times500\text{mm}$，混凝土强度等级 C20（$f_c=9.6\text{MPa}$），受拉区配有 4ɸ20（$A_s=1256\text{mm}^2$）的 HRB335 级钢筋（$f_y=300\text{MPa}$）。该梁沿正截面的破坏为下列中哪种破坏？

A. 少筋破坏　　B. 超筋破坏
C. 适筋破坏　　D. 界限破坏

16-3-22 关于钢筋混凝土受弯构件正截面即将开裂时的描述，下列哪个不正确？

A. 截面受压区混凝土应力沿截面高度呈线性分布
B. 截面受拉区混凝土应力沿截面高度近似均匀分布
C. 受拉钢筋应力很小,远未达其屈服强度
D. 受压区高度约为截面高度的 1/3

16-3-23 钢筋混凝土梁即将开裂时,受拉钢筋的应力 σ_s 与配筋率 ρ 的关系是:

A. ρ 增大,σ_s 减小
B. ρ 增大,σ_s 增大
C. σ_s 与 ρ 关系不大
D. σ_s 随 ρ 线性变化

16-3-24 当适筋梁受拉钢筋刚达到屈服时,是下列中的哪一种状态?

A. 达到极限承载能力
B. 受压边缘混凝土的压应变 $\varepsilon_c=\varepsilon_u$($\varepsilon_u$ 为混凝土的极限压应变)
C. 受压边缘混凝土的压应变 $\varepsilon_c\leqslant\varepsilon_u$
D. 受压边缘混凝土的压应变 $\varepsilon_c=0.002$

16-3-25 设计双筋矩形截面梁,当 A_s 和 A'_s 均未知时,使用钢量接近最少的方法是:

A. 取 $\xi=\xi_b$
B. 取 $A_s=A'_s$
C. 使 $x=2a'_s$
D. 取 $\rho=0.8\%\sim1.5\%$

16-3-26 钢筋混凝土受弯构件斜截面承载力的计算公式是根据哪种破坏状态建立的?

A. 斜拉破坏
B. 斜压破坏
C. 剪压破坏
D. 锚固破坏

16-3-27 受弯构件斜截面抗剪设计时,限制其最小截面尺寸的目的是:

A. 防止发生斜拉破坏
B. 防止发生斜压破坏
C. 防止发生受弯破坏
D. 防止发生剪压破坏

16-3-28 无腹筋钢筋混凝土梁沿斜截面的抗剪承载力与剪跨比的关系是:

A. 随剪跨比的增加而提高
B. 随剪跨比的增加而降低
C. 在一定范围内随剪跨比的增加而提高
D. 在一定范围内随剪跨比的增加而降低

16-3-29 对钢筋混凝土梁斜截面受剪承载力计算的位置是下列中哪几个截面?
①支座边缘处的截面;
②受拉区弯起钢筋弯起点处的截面;
③箍筋截面面积或间距改变处的截面;
④截面尺寸改变处的截面。

A. ①③④　　B. ①②④

C. ①②③　　D. ①②③④

16-3-30　受弯构件架立筋的配置如图所示，其中哪个图的配筋是错误的(l 为跨度)？

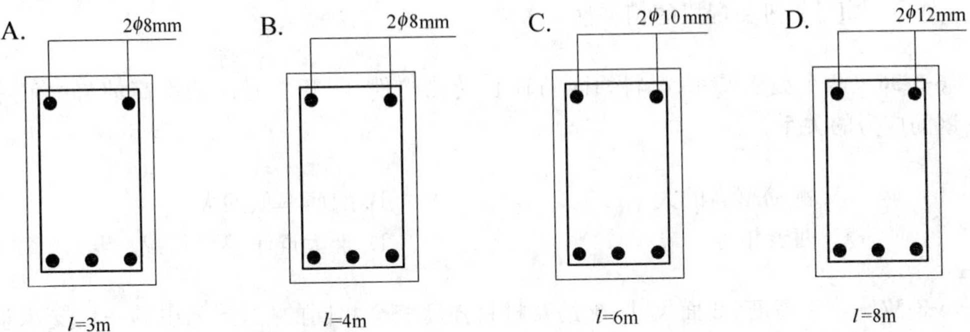

16-3-31　钢筋混凝土纯扭构件应如何配筋？

A. 只配与梁轴线成 45°角的螺旋筋

B. 只配抗扭纵向受力钢筋

C. 只配抗扭箍筋

D. 既配抗扭纵筋，又配抗扭箍筋

16-3-32　设计钢筋混凝土受扭构件时，受扭纵筋与受扭箍筋的强度比 ζ 应为：

A. <0.5　　B. >1.8

C. 不受限制　　D. 在 0.6～1.7 之间

16-3-33　素混凝土构件的实际抗扭承载力应如何确定？

A. 按弹性分析方法确定

B. 按塑性分析方法确定

C. 大于按弹性分析方法确定的而小于按塑性分析方法确定的

D. 大于按塑性分析方法确定的而小于按弹性分析方法确定的

16-3-34　在钢筋混凝土纯扭构件中，当受扭纵筋与受扭箍筋的强度比 $\zeta=0.6\sim1.7$ 时，则受扭构件的受力会出现下述哪种状态？

A. 纵筋与箍筋的应力均达到了各自的屈服强度

B. 只有纵筋与箍筋配得不过多或过少时，才能使两者都达到屈服强度

C. 构件将会发生超筋破坏

D. 构件将会发生少筋破坏

16-3-35　弯矩、剪力和扭矩共同作用的弯剪扭混凝土构件，剪力与扭矩、弯矩与扭矩均存

在相关性，规范在设计这类构件时采取的方法是下列中哪一项？

A. 只考虑剪扭的相关性，而不考虑弯扭的相关性
B. 只考虑弯扭的相关性，而不考虑剪扭的相关性
C. 剪扭和弯扭的相关性均不考虑
D. 剪扭和弯扭的相关性均考虑

16-3-36 两个截面尺寸、材料相同的轴心受拉构件，刚开裂时配筋率高的与配筋率低的二者钢筋应力的关系为：

A. 配筋率高的大　　B. 配筋率低的大
C. 两者相等　　D. 谁大谁小要看情况

16-3-37 对于高度、截面尺寸、配筋及材料强度完全相同的柱，下列中哪一种支承条件下的轴心抗压承载力最大？

A. 两端嵌固　　B. 一端嵌固，一端不动铰支
C. 两端不动铰支　　D. 一端嵌固，一端自由

16-3-38 钢筋混凝土受压短柱在持续不变的轴向压力作用下，经过一段时间后，测量钢筋和混凝土的应力，与加载时相比会出现下述哪种情况？

A. 钢筋的应力减小，混凝土的应力增加
B. 钢筋的应力增加，混凝土的应力减小
C. 钢筋和混凝土的应力均未变化
D. 钢筋和混凝土的应力均增大

16-3-39 对钢筋混凝土大偏心受压构件破坏特征的描述，下列中哪一个是正确的？

A. 远离轴向力一侧的钢筋先受拉屈服，随后另一侧钢筋压屈，混凝土压碎
B. 远离轴向力一侧的钢筋应力不定，随后另一侧钢筋压屈，混凝土压碎
C. 靠近轴向力一侧的钢筋和混凝土应力不定，而另一侧钢筋受压屈服，混凝土压碎
D. 靠近轴向力一侧的钢筋和混凝土先屈服和压碎，而另一侧钢筋随后受拉屈服

16-3-40 钢筋混凝土偏心受压构件正截面承载力计算中，轴向压力的附加偏心距应取下列哪个数值？

A. 20mm　　B. 截面最大尺寸的 1/30
C. 偏心方向截面最大尺寸的 1/30　　D. A、C 两者中的较大值

16-3-41 在钢筋混凝土双筋梁、大偏心受压和大偏心受拉构件的正截面承载力计算中，要求受压区高度 $x \geqslant 2a_s'$ 是为了保证下述哪项要求？

A. 保证受压钢筋在构件破坏时能达到其抗压强度设计值

B. 防止受压钢筋压屈

C. 避免保护层剥落

D. 保证受压钢筋在构件破坏时能达到其极限抗压强度

16-3-42 矩形截面对称配筋的偏心受压构件，发生界限破坏时的 N_b 值与 ρ 值有何关系？

A. 将随配筋率 ρ 值的增大而增大　　B. 将随配筋率 ρ 值的增大而减小

C. N_b 与 ρ 值无关　　D. N_b 与 ρ 值无关，但与配箍率有关

16-3-43 某矩形截面柱，截面尺寸为 400mm×400mm，混凝土强度等级为 C20（f_c＝9.6MPa），钢筋采用 HRB335 级，对称配筋。在下列四组内力组合中，哪一组为最不利组合？

A. M＝30kN·m，N＝200kN　　B. M＝50kN·m，N＝300kN

C. M＝30kN·m，N＝205kN　　D. M＝50kN·m，N＝305kN

16-3-44 轴向压力 N 对构件抗剪承载力 V_u 的影响符合下列哪项所述？

A. 不论 N 的大小，均可提高构件的 V_u

B. 不论 N 的大小，均会降低构件的 V_u

C. N 适当时提高构件的 V_u

D. N 大时提高构件的 V_u，N 小时降低构件的 V_u

16-3-45 偏心受压矩形截面构件，在下列哪种情况下，令 $x=x_b$ 来求配筋？

A. $A_s \neq A'_s$，而且均未知的大偏心受压构件

B. $A_s \neq A'_s$，而且均未知的小偏心受压构件

C. $A_s \neq A'_s$，且 A'_s已知的大偏心受压构件

D. $A_s = A'_s$，且均未知的小偏心受压构件

题解及参考答案

16-3-1 **解**：抗弯刚度与截面有效高度的平方成正比，因此对挠度的影响最大。

答案：D

16-3-2 **解**：有明显流幅的钢筋，屈服强度作为强度标准值取值的依据；而对于无明显屈服点的钢筋，条件屈服点是强度标准值取值的依据。

答案：C

16-3-3 **解**：斜压破坏为超筋破坏，选项 D 明显错误。

答案：D

16-3-4 **解**：根据受弯构件受力特点可知，钢筋混凝土梁的受拉区边缘达到混凝土弯曲时的极限拉应变时，受拉区开始出现裂缝。

答案:D

16-3-5 解:结构作为刚体失去平衡属于承载能力极限状态,其余均属于正常使用极限状态。

答案:C

16-3-6 解:构造要求,见《混凝土结构设计规范》(GB 50010—2010)第 9.2.5 条。沿截面周边布置受扭纵向钢筋的间距不应大于 200mm 及梁截面短边长度;除应在梁截面四角设置受扭纵向钢筋外,其余受扭纵向钢筋宜沿截面周边均匀对称布置。

答案:D

16-3-7 解:大偏心受压构件的破坏特征为受拉破坏,类似于适筋的双筋梁。因此,相对界限受压区高度 ξ_b 是判别大、小偏心受压构件的唯一条件。

答案:D

16-3-8 解:见《混凝土结构设计规范》(GB 50010—2010)第 9.2.10 条,其要求是 $10d$。

答案:D

16-3-9 解:$V_k = V/\gamma_G \leqslant 0.25\beta_c f_c b h_0/\gamma_G$

$= 0.25\times 1.0\times 9.6\times 200\times 465/1.2 = 223.2/1.2 = 186\text{kN}$

答案:A

16-3-10 解:根据《混凝土结构设计规范》(GB 50010—2010)式(6.2.16-1),配置螺旋箍筋提高正截面受压承载力为:$\Delta N = 2\alpha f_{yV} A'_{ss0} = \dfrac{2\alpha f_{yV}\pi d_{cor} A_{ss1}}{s}$,所以其他条件均相同的情况下,直径大的承载力提高得大些。

答案:A

16-3-11 解:强度计算应采用净截面面积,且应采用强度设计值。

答案:C

16-3-12 解:a 类截面属于残余应力小,对稳定性影响最小的一类,见《钢结构设计规范》(GB 50017—2003)第 5.1.2 条。

答案:B

16-3-13 解:因 $V = 170\text{kN} < 0.25\beta_c f_c b h_0 = 0.25\times 1.0\times 9.6\times 200\times 465 = 223.2\text{kN}$,故不会发生斜压破坏;因 $\rho_{sv} = 2\times 50.3/200\times 200 = 0.252\% > \rho_{min} = 0.24 f_t/f_{yv} = 0.24\times 1.1/210 = 0.126\%$,故不会发生斜拉破坏。

答案:C

16-3-14 解:不宜采用强度等级较高的纵向受力钢筋,否则可能出现混凝土压碎,构件破坏时钢筋尚未屈服,钢筋得不到充分利用。钢筋混凝土轴心受压构件主要由混凝土承压,故应采用较高强度等级的混凝土。

答案:B

16-3-15 **解**:方案A中,板、次梁和主梁的跨度均较为经济。

答案:A

16-3-16 **解**:配筋率的要求是针对受拉区的钢筋,截面面积不考虑受压侧挑出翼缘的面积。

答案:A

16-3-17 **解**:只有在适筋情况下,ρ越大,M_u越大,但并不是线性关系,因为$\xi=\rho\frac{f_y}{\alpha_1 f_c}$,$M_u=\alpha_1 f_c bh_0^2\xi(1-0.5\xi)$。

答案:D

16-3-18 **解**:根据适筋梁正截面的破坏特征可知。

答案:A

16-3-19 **解**:适筋梁的特点是破坏始于受拉钢筋的屈服,在钢筋应力达到屈服强度之初,受压区边缘纤维应变尚小于受弯时混凝土的极限压应变,在梁破坏之前,由于钢筋要经历较大的塑性伸长,具有明显的破坏预兆,称为“延性破坏”。若梁的配筋率很大时,其特点是破坏始于受压区混凝土压碎,在受压区边缘纤维应变达到混凝土受弯极限压应变时,钢筋应力尚小于屈服强度,称为“脆性破坏”。如果钢筋应力达到屈服强度的同时受压区边缘纤维应变也恰好达到混凝土受弯极限压应变值,这种梁的破坏称为“界限破坏”,即适筋破坏与超筋破坏的界限。

答案:B

16-3-20 **解**:理论上,最小配筋率是根据受弯构件的破坏弯矩等于同样截面素混凝土构件的破坏弯矩确定的,而T形截面素混凝土梁的受弯承载力比矩形截面梁提高不多,为简化计算,ρ_{min}仍按矩形截面计算,故$\rho_{min}=A_{s,min}/bh$。

答案:C

16-3-21 **解**:相对界限受压区高度$\xi_b=\frac{\beta_1}{1+f_y/E_s\varepsilon_u}=\frac{0.8}{1+300/(2.0\times10^5\times0.0033)}=0.55$。根据已知条件,$\xi=\frac{f_yA_s}{\alpha_1 f_c bh_0}=300\times1256/(1.0\times9.6\times200\times465)=0.422<\xi_b$,故不会发生超筋破坏。配筋率$\rho=\frac{A_s}{bh_0}=1256/(200\times465)=1.35\%>\rho_{min}=0.2\%$,也不会发生少筋破坏。

答案:C

16-3-22 **解**:钢筋混凝土受弯构件正截面即将开裂时,受压区混凝土基本处于弹性工作性质,受压区应力图形接近三角形(线性分布)。由于混凝土抗拉能力远较抗压能力弱,此时受拉区混凝土表现出明显的塑性性质(应力沿截面高度近似均匀分布);由于黏结力的存在,受拉钢筋的应变与同一水平处混凝土拉应变相等，钢筋的拉应力处于较低的水平。对于矩形截面的混凝土梁，此时其受压区高度约为截面高度的1/2。

答案:D

16-3-23 **解**:梁开裂前，受拉区的应力主要由混凝土承担，钢筋的应力很小。

答案:C

16-3-24 **解**:界限破坏时受压边缘混凝土的压应变 $\varepsilon_c=\varepsilon_u$，一般情况下 $\varepsilon_c<\varepsilon_u$。

答案:C

16-3-25 **解**:此时有三个未知量，而方程只有两个，需补充一个条件。为了充分利用混凝土的抗压强度，取 $\xi=\xi_b$。

答案:A

16-3-26 **解**:斜截面的三种破坏形态中，剪压破坏具有一定延性，且材料强度充分利用。

答案:C

16-3-27 **解**:限制截面尺寸是为了防止发生斜压破坏，而防止发生斜拉破坏是通过规定最小配箍率来保证的。

答案:B

16-3-28 **解**:由公式 $V\leqslant\dfrac{1.75}{\lambda+1}f_tbh_0$，当 $\lambda<1.5$ 时，取 $\lambda=1.5$；当 $\lambda>3$ 时，取 $\lambda=3$。

答案:D

16-3-29 **解**:《混凝土结构设计规范》(GB 50010—2010)第6.3.2条规定，计算斜截面受剪承载力时，剪力设计值的计算截面为：①支座边缘处的截面；②受拉区弯起钢筋弯起点处的截面；③箍筋截面面积或间距改变处的截面；④截面尺寸改变处的截面。

答案:D

16-3-30 **解**:构造要求，见《混凝土结构设计规范》，当 $4\text{m}\leqslant l\leqslant 6\text{m}$ 时，架立筋的直径不应小于10mm。

答案:B

16-3-31 **解**:钢筋混凝土受扭构件的扭矩应由抗扭纵筋和抗扭箍筋共同承担。

答案:D

16-3-32 **解**:$\zeta=0.6\sim1.7$ 将发生适筋破坏，也可能发生部分超筋破坏，这两种破坏形态是设计允许的。

答案:D

16-3-33 **解**:由于理论计算中的某些假定，素混凝土的实际抗扭承载力一定是介于按弹性分析方法得到的和按塑性分析方法得到的两者之间值。

答案:C

16-3-34 **解**:$\zeta=0.6\sim1.7$ 时,可能出现纵筋达不到屈服,或箍筋达不到屈服的部分超筋情况。

答案:B

16-3-35 **解**:弯扭的相关性较复杂,规范中未考虑,而只考虑了剪扭的相关性。

答案:A

16-3-36 **解**:开裂后,开裂截面由混凝土承担的应力全部传给钢筋,显然配筋率低,钢筋应力大。

答案:B

16-3-37 **解**:计算长度越小,长细比越小,稳定性系数 φ 越大,承载力越高。两端嵌固的情况计算长度最小。

答案:A

16-3-38 **解**:由于混凝土的徐变,使混凝土出现卸载(应力减小)现象,而钢筋应力相应增加。

答案:B

16-3-39 **解**:大偏心受压构件为受拉破坏。

答案:A

16-3-40 **解**:计算规定,见《混凝土结构设计规范》(GB 50010—2010)第 6.2.5 条。

答案:D

16-3-41 **解**:为了满足破坏时受压区钢筋等于其抗压强度设计值的假定,混凝土受压区高度 x 应不小于 $2a_s'$。

答案:A

16-3-42 **解**:对称配筋时,$N_b=\alpha_1 f_c bh_0\xi_b$,而 ξ_b 只与材料的力学性能有关。

答案:C

16-3-43 **解**:$\xi_b=0.55$,则 $N_b=\alpha_1 f_c bh_0\xi_b=1.0\times9.6\times400\times365\times0.55=770.88\text{kN}$,$N<N_b$,为大偏心受压。根据大偏心受压构件 M 与 N 的相关性,当 M 不变时,N 越小越不利,剔除选项 C 和 D。接下来比较选项 A 和 B,$e_0=M/N$ 越大,对大偏心受压构件越不利。

答案:B

16-3-44 **解**:由公式 $V_u\leqslant\dfrac{1.75}{\lambda+1}f_t bh_0+0.07N$,当 $N>0.3f_cA$ 时,取 $N=0.3f_cA$。

答案:C

16-3-45 **解**:对于非对称配筋($A_s\neq A_s'$)的大偏心受压构件,平衡方程只有两个,而未知量有三个,需补充一个条件。为了充分利用混凝土的抗压强度,取 $\xi=\xi_b$。

答案:A

(四)正常使用极限状态验算

16-4-1　为使 5 等跨连续梁的边跨跨中出现最大正弯矩,其活荷载应布置在:

A. 第 2 和 4 跨　　B. 第 1、2、3、4 和 5 跨
C. 第 1、2 和 3 跨　　D. 第 1、3 和 5 跨

16-4-2　控制混凝土构件因碳化引起的沿钢筋走向的裂缝的最有效措施为:

A. 提高混凝土强度等级　　B. 减小钢筋直径
C. 增加钢筋截面面积　　D. 选用足够的混凝土保护层厚度

16-4-3　进行混凝土构件抗裂和裂缝宽度验算时,荷载和材料强度应如何取值?

A. 荷载和材料强度均采用标准值
B. 荷载和材料强度均采用设计值
C. 荷载采用设计值,材料强度采用标准值
D. 荷载采用标准值,材料强度采用设计值

16-4-4　混凝土结构的裂缝控制等级分为三级,以下关于裂缝控制等级的说法哪一个是错误的?

A. 一级,要求在荷载标准组合下,受拉边缘不允许出现拉应力
B. 二级,要求在荷载标准组合下,受拉边缘可以出现拉应力,但拉应力值应小于混凝土的抗拉强度标准值
C. 二级,要求在荷载准永久组合下,受拉边缘不允许出现拉应力
D. 三级,允许出现裂缝,但最大裂缝宽度应满足要求

16-4-5　受弯构件减小受力裂缝宽度最有效的措施之一是:

A. 增加截面尺寸
B. 提高混凝土的强度等级
C. 增加受拉钢筋截面面积,减小裂缝截面的钢筋应力
D. 增加钢筋的直径

16-4-6　控制钢筋混凝土构件因碳化引起的沿钢筋走向裂缝最有效的措施是:

A. 减小钢筋直径
B. 提高混凝土的强度等级
C. 选用合适的钢筋保护层厚度
D. 增加钢筋的截面面积

16-4-7　提高受弯构件抗弯刚度(减小挠度)最有效的措施是:

A. 提高混凝土的强度等级

B. 增加受拉钢筋的截面面积

C. 加大截面的有效高度

D. 加大截面宽度

16-4-8 进行简支梁挠度计算时，用梁的最小刚度 B_{min} 代替材料力学公式中的 EI。B_{min} 值的含义是：

A. 沿梁长的平均刚度

B. 沿梁长挠度最大处截面的刚度

C. 沿梁长内最大弯矩处截面的刚度

D. 梁跨度中央处截面的刚度

题解及参考答案

16-4-1 **解：**出现最大正弯矩，活荷载应本跨布置，并且每隔一跨布置。

答案：D

16-4-2 **解：**根据环境类别和构件类型，《混凝土结构设计规范》(GB 50010—2010)第8.2.1条规定了混凝土保护层的最小厚度。

答案：D

16-4-3 **解：**两者均为正常使用极限状态的验算。

答案：A

16-4-4 **解：**裂缝控制等级为二级，在荷载标准组合下，受拉边缘的拉应力应小于混凝土的轴心抗拉强度标准值。

答案：C

16-4-5 **解：**增加受拉钢筋截面面积，不仅可以降低裂缝截面的钢筋应力，同时也可提高钢筋与混凝土之间的黏结应力，这对减小裂缝宽度均十分有效。

答案：C

16-4-6 **解：**根据构件类型和环境条件，按规范规定的最小保护层厚度取用。

答案：C

16-4-7 **解：**钢筋混凝土受弯构件的刚度与截面有效高度 h_0 的平方成正比，因此加大截面的有效高度对提高抗弯刚度最有效。

答案：C

16-4-8 **解：**弯矩越大，截面的抗弯刚度越小，最大弯矩截面处的刚度，即为最小刚度。

答案：C

（五）预应力混凝土

16-5-1 关于先张法和后张法预应力混凝土构件传递预应力方法的区别，下列中哪项叙述是正确的？

A. 先张法是靠钢筋与混凝土之间的黏结力来传递预应力，后张法是靠锚具来保持预应力

B. 先张法是靠锚具来保持预应力，后张法是靠钢筋与混凝土之间的黏结力来传递预应力

C. 先张法是靠传力架来保持预应力，后张法是靠千斤顶来保持预应力

D. 先张法和后张法均是靠锚具来保持预应力，只是张拉顺序不同

16-5-2 预应力混凝土施工采用先张法或后张法，其适用范围分别是：

A. 先张法宜用于工厂预制构件，后张法宜用于现浇构件

B. 先张法宜用于工厂预制的中、小型构件，后张法宜用于大型构件及现浇构件

C. 先张法宜用于中、小型构件，后张法宜用于大型构件

D. 先张法宜用于通用构件和标准构件，后张法宜用于非标准构件

16-5-3 条件相同的钢筋混凝土和预应力混凝土轴心受拉构件相比较，二者的区别是：

A. 前者的承载力高于后者

B. 前者的抗裂性比后者差

C. 前者与后者的承载力和抗裂性相同

D. 在相同外荷载作用下，两者混凝土截面的应力相同

16-5-4 预应力钢筋的预应力损失，包括锚具变形损失（σ_{l1}）、摩擦损失（σ_{l2}）、温差损失（σ_{l3}）、钢筋松弛损失（σ_{l4}）、混凝土收缩和徐变损失（σ_{l5}）、局部挤压损失（σ_{l6}）。设计计算时，预应力损失的组合，在混凝土预压前为第一批，预压后为第二批。对于先张法构件，预应力损失的组合是下列中的哪一组？

A. 第一批 $\sigma_{l1}+\sigma_{l2}+\sigma_{l4}$；第二批 $\sigma_{l5}+\sigma_{l6}$

B. 第一批 $\sigma_{l1}+\sigma_{l2}+\sigma_{l3}$；第二批 σ_{l6}

C. 第一批 $\sigma_{l1}+\sigma_{l2}+\sigma_{l3}+\sigma_{l4}$；第二批 σ_{l5}

D. 第一批 $\sigma_{l1}+\sigma_{l2}$；第二批 $\sigma_{l4}+\sigma_{l5}+\sigma_{l6}$

16-5-5 条件相同的先、后张法预应力混凝土轴心受拉构件，如果 σ_{con} 及 σ_l 相同时，先、后张法预应力钢筋中应力 σ_{peII} 的关系是：

A. 两者相等　　B. 后张法大于先张法

C. 后张法小于先张法　　D. 谁大谁小不能确定

16-5-6 条件相同的先、后张法预应力混凝土轴心受拉构件，如果 σ_{con} 及 σ_l 相同时，先、后

张法的混凝土预压应力 σ_{pc} 的关系是：

A. 后张法大于先张法　　B. 两者相等

C. 后张法小于先张法　　D. 谁大谁小不能确定

16-5-7 后张法预应力混凝土轴心受拉构件完成全部预应力损失后，预应力筋的总预拉力 $N_{pII}=50\text{kN}$。若加荷至混凝土应力为零时，外荷载 N_0 应为：

A. $N_0=50\text{kN}$

B. $N_0>50\text{kN}$

C. $N_0<50\text{kN}$

D. $N_0=50\text{kN}$ 或 $N_0>50\text{kN}$，应看 σ_l 的大小

题解及参考答案

16-5-1 **解**：先张法的工序：在台座上张拉钢筋，浇筑混凝土，混凝土达到设计强度后切断钢筋，预应力钢筋在回缩时挤压混凝土，使混凝土获得预压力。所以先张法预应力混凝土构件中，预应力是靠钢筋与混凝土之间的黏结力来传递的。

后张法的工序：先浇筑混凝土构件，并在构件中预留孔道，混凝土达到设计强度后，将预应力钢筋穿入孔道，利用构件本身作为台座，在张拉预应力钢筋的同时，使混凝土受到预压，当预应力钢筋的张拉力达到设计值后，在张拉端用锚具将钢筋锚住，使构件保持预压状态。

答案：A

16-5-2 **解**：先张法常用于工厂预制的中小型构件，后张法则主要用于大型及现浇构件。

答案：B

16-5-3 **解**：预应力混凝土轴心受拉构件在外荷载作用下，首先要抵消截面上的预压应力，所以可显著提高其抗裂荷载。

答案：B

16-5-4 **解**：见《混凝土结构设计规范》(GB 50010—2010)第 10.2.1 条。

答案：C

16-5-5 **解**：完成第二批预应力损失后预应力钢筋的应力，先张法：$\sigma_{peII}=\sigma_{con}-\sigma_I-\alpha_E\sigma_{pcII}$，后张法：$\sigma_{peII}=\sigma_{con}-\sigma_I$。

答案：B

16-5-6 **解**：完成第二批预应力损失后混凝土中的预压应力，先张法：$\sigma_{pc}=(\sigma_{con}-\sigma_l)A_p/A_0$。后张法：$\sigma_{pc}=(\sigma_{con}-\sigma_l)A_p/A_n$，其中 A_0 为换算截面面积，A_n 为净截面面积，$A_0>A_n$。

答案：A

16-5-7 **解**：对于后张法预应力混凝土构件，施工阶段采用净截面面积 A_n（预应力钢筋与

混凝土之间无黏结)，使用阶段则采用换算截面面积 A_0，有 $N_{pII}=(\sigma_{con}-\sigma_l)A_n$，$N_0=(\sigma_{con}-\sigma_l)A_0$。

答案:B

(七)单层厂房

16-7-1 关于钢筋混凝土单层厂房柱牛腿说法正确的是：

A. 牛腿应按照悬臂梁设计

B. 牛腿的截面尺寸根据斜裂缝控制条件和构造要求确定

C. 牛腿设计仅考虑斜截面承载力

D. 牛腿部位可允许带裂缝工作

16-7-2 单层工业厂房设计中，若需将伸缩缝、沉降缝、抗震缝合成一体时，下列对其设计构造做法的叙述中哪一条是正确的？

A. 在缝处从基础底至屋顶把结构分成相互独立的两部分，其缝宽应按沉降缝要求设置

B. 在缝处只需从基础顶以上至屋顶将结构分成两部分，缝宽取三者中的最大值

C. 在缝处从基础底至屋顶把结构分成两部分，其缝宽取三者的平均值

D. 在缝处从基础底至屋顶把结构分成两部分，其缝宽按抗震缝要求设置

16-7-3 钢筋混凝土单层厂房排架结构中吊车的横向水平作用在：

A. 吊车梁顶面水平处　　B. 吊车梁底面，即牛腿顶面水平处

C. 吊车轨顶水平处　　D. 吊车梁端 1/2 高度处

16-7-4 有重级工作制吊车的厂房，屋架间距和支撑节点间距均为 6m，屋架的下弦交叉支撑的断面应选择：

A. ∠63×5，$i_x=1.94$cm　　B. ∠75×5，$i_x=2.32$cm

C. ∠80×5，$i_x=2.48$cm　　D. ∠70×5，$i_x=2.16$cm

16-7-5 单层厂房常用柱截面形式一般可参照柱截面高度 h 来选型，当 $h=1300$～1500mm 时应选用下列中哪种截面？

A. 矩形或工字形截面　　B. 工字形截面

C. 工字形或双肢柱　　D. 双肢柱

题解及参考答案

16-7-1 **解**:牛腿的截面尺寸应符合裂缝控制要求，并且应满足一定的构造要求。

答案:B

16-7-2 **解**:沉降缝必须从基础断开。《建筑抗震设计规范》(GB 50011—2010)第 3.4.5 条第 3 款规定:“当设置伸缩缝和沉降缝时,其宽度应符合防震缝的要求。”

答案:A

16-7-3 **解**:通过吊车梁顶面(或上翼缘)的连接板与柱相连,并将吊车横向水平荷载传给柱。

答案:A

16-7-4 **解**:根据《钢结构设计规范》(GB 50017—2003)规定,有重级工作制吊车的厂房,支撑拉杆的$[\lambda]=350$,支撑杆件计算长度 $l_0=\sqrt{600^2+600^2}=849\text{cm}$,$i_x=849/350=2.43\text{cm}$。

答案:C

16-7-5 **解**:单层厂房混凝土柱,通常根据柱的截面高度 h 确定其截面形式,当 $h=1300\sim1500\text{mm}$ 时,一般选用工字形截面或双肢柱。

答案:C

(八)钢筋混凝土多层及高层房屋

16-8-1 剪力墙结构房屋上所承受的水平荷载可以按各片剪力墙的什么分配给各片剪力墙,然后分别进行内力和位移计算?

A. 等效抗弯刚度　　B. 实际抗弯刚度
C. 等效抗剪刚度　　D. 实际抗剪刚度

16-8-2 框架结构与剪力墙结构相比,下列中哪条论述是正确的?

A. 框架结构的延性差,但抗侧刚度好
B. 框架结构的延性好,但抗侧刚度差
C. 框架结构的延性和抗侧刚度都好
D. 框架结构的延性和抗侧刚度都差

16-8-3 对高层建筑结构的受力特点,下列中哪项叙述是正确的?

A. 竖向荷载和水平荷载均为主要荷载
B. 水平荷载为主要荷载,竖向荷载为次要荷载
C. 竖向荷载为主要荷载,水平荷载为次要荷载
D. 不一定

16-8-4 钢筋混凝土高层建筑结构的最大适用高度分为 A 级和 B 级,对两个级别的主要区别,下列中哪条叙述是正确的?

A. B 级高度建筑结构的最大适用高度较 A 级适当放宽
B. B 级高度建筑结构的最大适用高度较 A 级加严

C. B 级高度建筑结构较 A 级的抗震等级、有关的计算和构造措施放宽

D. 区别不大

16-8-5 承受水平荷载的钢筋混凝土框架剪力墙结构中，框架和剪力墙协同工作，但两者之间：

A. 只在上部楼层，框架部分拉住剪力墙部分，使其变形减小

B. 只在下部楼层，框架部分拉住剪力墙部分，使其变形减小

C. 只在中间楼层，框架部分拉住剪力墙部分，使其变形减小

D. 在所有楼层，框架部分拉住剪力墙部分，使其变形减小

16-8-6 某钢筋混凝土框架-剪力墙结构为丙类建筑，高度为 60m，设防烈度为 8 度，II 类场地，其剪力墙的抗震等级为：

A. 一级　　B. 二级　　C. 三级　　D. 四级

16-8-7 建筑高度、设防烈度、场地类别等均相同的两幢建筑，一个采用框架结构体系，另一个采用框架-剪力墙结构体系。关于两种体系中框架抗震等级的比较，下列哪条叙述是正确的？

A. 必定相等　　B. 后者的抗震等级高

C. 后者的抗震等级低　　D. 前者的抗震等级高，也可能相等

16-8-8 已经按框架计算完毕的框架结构，后来再加上一些剪力墙，结构的安全性将有何变化？

A. 更加安全　　B. 不安全

C. 框架的下部某些楼层可能不安全　　D. 框架的顶部楼层可能不安全

16-8-9 当采用简化方法按整体小开口计算剪力墙时，应满足下列哪个条件？

A. 剪力墙孔洞面积与墙面面积之比大于 0.16

B. $\alpha \geqslant 10, I_n/I \leqslant \zeta$

C. $\alpha < 10, I_n/I \leqslant \zeta$

D. $\alpha \geqslant 10, I_n/I > \zeta$

题解及参考答案

16-8-1 **解**：设计原则。剪力墙结构所承受的水平荷载是按各片剪力墙的等效抗弯刚度进行分配的。

答案：A

16-8-2 **解**：框架结构比剪力墙结构延性要好，但抗侧刚度较差，所以房屋的最大适用高度前者明显小于后者。

答案：B

16-8-3 **解**:随着建筑物高度的增加,水平荷载对结构影响愈来愈大,除内力增加之外,结构的侧向变形增加更大。

答案:A

16-8-4 **解**:《高层建筑混凝土结构技术规程》(JTG 3—2010)规定:B级高度建筑结构的最大适用高度和高宽比较A级适当放宽,其抗震等级、有关的计算和构造措施应相应加严。

答案:A

16-8-5 **解**:水平荷载单独作用于框架结构时,结构侧移曲线呈剪切型;水平荷载单独作用于剪力墙结构时,结构侧移曲线呈弯曲型。所以,在结构的底部,框架结构的侧向变形较剪力墙结构大,在结构的顶部,剪力墙结构的侧向变形较框架结构大。两者协同工作后,在上部楼层,框架部分拉住剪力墙部分,使其变形减小。

答案:A

16-8-6 **解**:《建筑抗震设计规范》(GB 50011—2010)第6.1.2条表6.1.2规定,设防烈度为8度,丙类建筑的混凝土框架一抗震墙结构,当高度为25~60m时,抗震墙的抗震等级为一级,框架为二级。

答案:A

16-8-7 **解**:从《建筑抗震设计规范》(GB 50011—2010)第6.1.2条表6.1.2中可看出,框架结构体系与框架-剪力墙结构体系,根据房屋高度的不同,前者的框架抗震等级较后者高,也有相等的情况。

答案:D

16-8-8 **解**:框架-剪力墙结构在水平荷载作用下,其侧向变形曲线既不同于框架的剪切形曲线,也不同于剪力墙的弯曲形曲线,而是两者的协调变形,其下部主要呈弯曲形,而上部主要呈剪切形。因此按框架计算完毕后再加上一些剪力墙对上部结构可能是不安全的。

答案:D

16-8-9 **解**:设计计算规定。

答案:B

(九)抗震设计要点

16-9-1 在结构抗震设计中,框架结构在地震作用下:

A. 允许在框架梁端处形成塑性铰
B. 允许在框架节点处形成塑性铰
C. 允许在框架柱端处形成塑性铰
D. 不允许框架任何位置形成塑性铰

16-9-2 随着框架柱的轴压比的增大,柱的延性:

A. 不变　　B. 降低　　C. 提高　　D. 无法确定

16-9-3 “小震不坏，大震不倒”是抗震设计的标准，所谓小震，下列正确的叙述为：

A. 6 度或 7 度地震
B. 50 年设计基准期内，超越概率大于 10%的地震
C. 50 年设计基准期内，超越概率为 63.2%的地震
D. 6 度以下地震

16-9-4 地震的震级越大，表明：

A. 建筑物的损坏程度越大　　B. 地震时释放的能量越多
C. 震源至地面的距离越远　　D. 地震的连续时间越长

16-9-5 三个水准抗震设防标准中的“小震”是指：

A. 6 度以下的地震
B. 设计基准期内，超越概率大于 63.2%的地震
C. 设计基准期内，超越概率大于 10%的地震
D. 6 度和 7 度的地震

16-9-6 设计计算时，地震作用的大小与下列哪些因素有关？
①建筑物的质量；②场地烈度；
③建筑物本身的动力特性；④地震的持续时间。

A. ①③④　　B. ①②④　　C. ①②③　　D. ①②③④

16-9-7 《建筑抗震设计规范》中规定的框架柱截面的宽度和高度均不宜小于：

A. 300mm　　B. 250mm　　C. 350mm　　D. 400mm

16-9-8 《建筑抗震设计规范》中规定框架-抗震墙结构的抗震墙厚度不应小于：

A. 100mm　　B. 120mm
C. 140mm　　D. 160mm 且不小于层高的 1/20

16-9-9 抗震等级为二级的框架结构，一般情况下柱的轴压比限值为：

A. 0.7　　B. 0.8　　C. 0.75　　D. 0.85

16-9-10 高度为 24m 的框架结构，抗震设防烈度为 8 度时，防震缝的最小宽度为：

A. 100mm　　B. 160mm　　C. 120mm　　D. 140mm

16-9-11 对构件进行抗震验算时，以下哪几条要求是正确的？
①结构构件的截面抗震验算应满足 $S \leqslant R/\gamma_{RE}$；
②框架梁端混凝土受压区高度（计入受压钢筋）的限值：一级 $x \leqslant 0.25h_0$，二、三级

$x \leqslant 0.35h_0$；

③框架梁端纵向受拉钢筋的配筋率不宜大于 2.5%；

④在进行承载能力极限状态设计时不考虑结构的重要性系数。

A. ①③④　　B. ①②④　　C. ①②③　　D. ①②③④

题解及参考答案

16-9-1 **解:**根据框架结构抗震设计原则——强柱弱梁。

答案:A

16-9-2 **解:**柱的轴压比越大,柱的延性越低,因此《混凝土结构设计规范》(GB 50010—2010)第 11.4.16 条表 11.4.16 对轴压比作了限制。

答案:B

16-9-3 **解:**所谓小震即为多遇地震,设计基准期内的超越概率为 63.2%。

答案:C

16-9-4 **解:**一次地震只有一个震级,震级与地震释放的能量有关。

答案:B

19-9-5 **解:**在设计基准期内,"小震"(多遇地震)的超越概率为 63.2%,"中震"(基本设防烈度)的超越概率为 10%,"大震"(罕遇地震)的超越概率为 2%~3%。

答案:B

16-9-6 **解:**地震对结构作用的大小与地震的持续时间无关。

答案:C

16-9-7 **解:**《建筑抗震设计规范》(GB 50011—2010)第 6.3.5 条第 1 款规定:"框架柱截面的宽度和高度,四级或不超过 2 层时不宜小于 300mm,一、二、三级且超过 2 层时不宜小于 400mm。"

答案:A

16-9-8 **解:**《建筑抗震设计规范》(GB 50011—2010)第 6.5.1 条第 1 款规定:"抗震墙的厚度不应小于 160mm 且不宜小于层高或无支长度的 1/20。"

答案:D

16-9-9 **解:**见《建筑抗震设计规范》(GB 50011—2010)第 6.3.6 条,二级框架结构的轴压比限值为 0.75。

答案:C

16-9-10 **解:**《建筑抗震设计规范》(GB 50011—2010)规定:框架结构房屋的防震缝宽度,当高度不超过 15m 时可采用 100mm;超过 15m 时,6 度、7 度、8 度和 9 度相应每增加高度 5m、

4m、3m、2m，宜加宽 20mm。

答案：B

16-9-11　解：《建筑抗震设计规范》(GB 50011—2010)第 5.4.2 条规定，结构构件的截面抗震验算，应采用 $S \leqslant R/\gamma_{RE}$ 的设计表达式；第 6.3.3 条第 1 款规定，梁端计入受压钢筋的混凝土受压区高度和有效高度之比，一级不应大于 0.25，二、三级不应大于 0.35；第 6.3.4 条第 1 款规定，框架梁端纵向受拉钢筋的配筋率不宜大于 2.5%。《混凝土结构设计规范》(GB 50010—2010)第 3.3.2 条规定，对地震设计状况下应取结构重要性系数 γ_0 等于 1.0。

答案：D

(十)钢结构钢材性能

16-10-1　随着钢板厚度增加，钢材的：

A. 强度设计值下降　　B. 抗拉强度提高
C. 可焊性提高　　D. 弹性模量降低

16-10-2　对钢材进行冷加工，使其产生塑性变形引起钢材硬化的现象，使钢的：

A. 强度、塑性和韧性提高　　B. 强度和韧性提高，塑性降低
C. 强度和弹性模量提高，塑性降低　　D. 强度提高，塑性和韧性降低

16-10-3　选用结构钢材牌号时必须考虑的因素包括：

A. 制作安装单位的生产能力　　B. 构件的运输和堆放条件
C. 结构的荷载条件和应力状态　　D. 钢材的焊接工艺

16-10-4　符号∟100×80×10 表示：

A. 钢板　　B. 槽钢　　C. 等肢角钢　　D. 不等肢角钢

16-10-5　钢材牌号 Q235，Q345，Q390 的命名是根据材料的？

A. 设计强度　　B. 标准强度　　C. 屈服点　　D. 含碳量

16-10-6　钢结构一般不会因偶然超载或局部超载而突然断裂，这是由于钢材具有什么性能？

A. 良好的塑性　　B. 良好的韧性
C. 均匀的内部组织　　D. 良好的弹性

题解及参考答案

16-10-1　解：从《钢结构设计规范》(GB 50017—2003)第 3.4.1 条表 3.4.1 可以看出，随着钢材厚度或直径的增加，其强度设计值下降。如 Q235 钢，当厚度或直径≤16mm 时，$f=$

215MPa，>16mm 时，$f=205$MPa。

答案：A

16-10-2 **解**：钢材在常温下经过冷加工后，会产生不同程度的塑性变形，并使钢材的强度提高，塑性和韧性降低，这种现象称作冷作硬化。

答案：D

16-10-3 **解**：选择钢材牌号时，一般不会考虑除选项 C 外的其他因素。

答案：C

16-10-4 **解**：不等肢角钢的表示方法为∠长肢宽度×短肢宽度×厚度。

答案：D

16-10-5 **解**：235、345 和 390 均为对应钢材的屈服强度。

答案：C

16-10-6 **解**：由于钢材具有良好的塑性，钢结构构件在常温、静力荷载作用下，一般不会发生突然断裂。

答案：A

（十一）钢结构基本构件

16-11-1 计算有侧移多层框架时，柱的计算长度系数取值：

A. 应小于 1.0　　B. 应大于 1.0

C. 应小于 2.0　　D. 应大于 2.0

16-11-2 钢结构轴心受压构件应进行下列哪项计算？

A. 强度、刚度、局部稳定　　B. 强度、局部稳定、整体稳定

C. 强度、整体稳定　　D. 强度、刚度、局部稳定、整体稳定

16-11-3 提高受集中荷载作用简支钢梁整体稳定性的有效方法是：

A. 增加受压翼缘宽度　　B. 增加截面高度

C. 布置腹板加劲肋　　D. 增加梁的跨度

16-11-4 计算钢结构构件的疲劳和正常使用极限状态的变形时，荷载的取值为：

A. 采用标准值

B. 采用设计值

C. 疲劳计算采用设计值，变形验算采用标准值

D. 疲劳计算采用设计值，变形验算采用标准值并考虑长期荷载的作用

16-11-5 简支梯形钢屋架上弦杆的平面内计算长度系数应取：

A. 0.75　　B. 1.1　　C. 0.9　　D. 1.0

16-11-6　当屋架杆件在风吸力作用下由拉杆变为压杆是，其允许长细比为：

A. 100　　B. 150　　C. 250　　D. 350

16-11-7　计算图示压弯构件在弯矩作用平面内的稳定性时，等效弯矩系数 β_{mx} 应取何值进行计算？

A. 1　　B. 0.85

C. $1-0.2\dfrac{N}{N_{Ex}}$　　D. $0.65+0.35\dfrac{M_2}{M_1}$

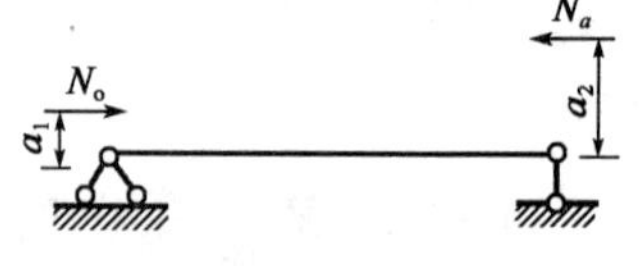

题 16-11-7 图

16-11-8　一宽度 b，厚度为 t 的钢板上有一直径为 d 的孔，则钢板的净截面面积为：

A. $A_n=bt-dt/2$　　B. $A_n=bt-\pi d^2t/4$

C. $A_n=bt-dt$　　D. $A_n=bt-\pi dt$

16-11-9　梯形屋架的端斜杆和受较大节间荷载作用的屋架上弦杆的合理截面形式是哪个：

A. 等肢角钢十字相连　　B. 不等肢角钢相连

C. 等肢角钢相连　　D. 不等肢角钢长肢相连

16-11-10　钢屋架跨中竖杆由双等肢角钢组成十字形截面杆件，计算该竖杆最大长细比 λ_{max} 时，其计算长度 l_0 等于：

A. $0.8l$（l 为几何长度）　　B. $0.9l$

C. l　　D. $\left(0.75+0.25\dfrac{N_2}{N_1}\right)l$，且 $\leqslant 0.5l$

16-11-11　钢结构轴心受压构件的整体稳定性系数 φ 与下列哪个因素有关？

A. 构件的截面类别和构件两端的支承情况

B. 构件的截面类别、长细比及构件两个方向的长度

C. 构件的截面类别、长细比和钢材牌号

D. 构件的截面类别和构件计算长度系数

16-11-12　钢结构轴心受压构件应进行下列哪些计算？

①强度；②整体稳定性；③局部稳定性；④刚度。

A. ①③④　　B. ①②　　C. ①②③　　D. ①②③④

16-11-13　设计起重量为 $Q=100$t 的钢结构焊接工字形截面吊车梁且应力变化的循环次数 $n\geqslant 5\times 10^4$ 次时，截面塑性发展系数取：

A. 1.05　　　B. 1.2　　　C. 1.15　　　D. 1.0

16-11-14　关于重级工作制焊接工字形吊车梁，以下哪一种说法是错误的？

A. 腹板与上翼缘板的连接可采用角焊缝
B. 腹板与下翼缘板的连接可采用角焊缝
C. 横向加劲肋应在腹板两侧成对布置
D. 腹板或翼缘板可采用焊接拼接

16-11-15　双轴对称工字形简支梁，有跨中荷载作用于腹板平面内，作用点位于哪个位置时整体稳定性最好？

A. 形心位置　　　B. 上翼缘
C. 下翼缘　　　D. 形心与上翼缘之间

16-11-16　承受动力荷载的焊接工字形截面简支梁，在验算翼缘局部稳定性时，对受压翼缘自由外伸宽度 b 与其厚度 t 的比值的要求是：

A. $b/t \leqslant 13\sqrt{235/f_y}$　　　B. $b/t \leqslant 18\sqrt{235/f_y}$
C. $b/t \leqslant 40\sqrt{235/f_y}$　　　D. $b/t \leqslant 15\sqrt{235/f_y}$

16-11-17　配置加劲肋是提高焊接组合梁腹板局部稳定性的有效措施，当 $h_0/t_w > 170\sqrt{235/f_y}$（受压翼缘扭转受到约束）时，可能发生何种情况，相应采取什么措施？

A. 可能发生剪切失稳，应配置横向加劲肋
B. 可能发生弯曲失稳，应配置纵向加劲肋
C. 剪切失稳与弯曲失稳均可能发生，应同时配置横向加劲肋和纵向加劲肋
D. 可能发生剪切失稳，应配置纵向加劲肋

16-11-18　梁腹板的支承加劲肋应设在什么部位？

A. 弯曲应力最大的区段
B. 剪应力最大的区段
C. 上翼缘或下翼缘有集中荷载作用的部位
D. 吊车轮压所产生的局部压应力较大的部位

16-11-19　组合梁的塑性设计与弹性设计相比较，受压翼缘的自由外伸宽度 b 与其厚度 t 之比的限值有何不同？

A. 不变　　　B. 前者大于后者
C. 后者大于前者　　　D. 不一定相等

16-11-20　T 形截面压弯构件腹板的容许高厚比与下列哪些因素有关？

①腹板的应力梯度；②构件的长细比；③钢材的种类；④支承条件。

A. ①③　　B. ①②　　C. ①②③　　D. ①②④

16-11-21　单层厂房屋盖结构设计，当考虑风吸力的荷载组合时，永久荷载的荷载分项系数取：

A. 1.2　　B. 1.35　　C. 1.0　　D. 1.4

题解及参考答案

16-11-1　**解**：从《钢结构设计规范》(GB 50017—2003)附录D表D－2"有侧移框架柱的计算长度系数μ"可以看出$\mu>1.0$。

答案：B

16-11-2　**解**：轴心受压构件除了要进行强度、稳定计算外，还必须满足长细比(刚度)的要求。

答案：D

16-11-3　**解**：简支钢梁受压上翼缘的应力水平是影响其整体稳定性的主要因素，而增加受压上翼缘的宽度可有效减小上翼缘的应力。参见《钢结构设计规范》(GB 50017—2003)第4.2.2条。

答案：A

16-11-4　**解**：钢结构构件的变形不受长期荷载作用的影响。

答案：A

16-11-5　**解**：由《钢结构设计规范》(GB 50017—2003)第5.3.1条表5.3.1可知，梯形钢屋架上弦杆平面内的计算长度系数为1.0。

答案：D

16-11-6　**解**：《钢结构设计规范》(GB 50017—2003)第5.3.9条表5.3.9注5规定，受拉构件在永久荷载与风荷载组合作用下受压时，其长细比不宜超过250。

答案：C

16-11-7　**解**：图示为两端支承，无横向荷载作用，有端弯矩的情况，由《钢结构设计规范》(GB 50017—2003)第5.2.2条第1款，此种情况下等效弯矩系数$\beta_{mx}=0.65+0.35M_2/M_1$。

答案：D

16-11-8　**解**：直径为d的圆孔，孔对截面最大削弱长度为d，则净截面为$A_n=bt-dt$。

答案：C

16-11-9　**解**：梯形屋架的端斜杆，一般采用长肢相连的不等肢角钢或等肢角钢组成的T形截面；受较大节间荷载作用的屋架上弦杆宜采用等肢角钢组成的T形截面。

答案:C

16-11-10 **解**:双等肢角钢组成的十字形截面杆件,因截面主轴不在桁架平面内,有可能在斜平面失稳,因此其计算长度略作折减。《钢结构设计规范》(GB 50017—2003—第 5.3.1 条表 5.3.1 规定弯曲方向为斜平面时,支座斜杆和支座腹杆的计算长度 $l_0=l$,其他腹杆 $l_0=0.9l$。

答案:B

16-11-11 **解**:轴心受压构件的整体稳定性系数 φ 是根据构件的长细比、钢材屈服强度和截面类别(a、b、c、d 四类)确定的。

答案:C

16-11-12 **解**:轴心受压构件除了要进行强度和稳定性计算外,还必须满足长细比(刚度)的要求。

答案:D

16-11-13 **解**:《钢结构设计规范》(GB 50017—2003)第 6.1.1 条规定,直接承受动力荷载重复作用的钢结构构件,当应力变化的循环次数 $n \geqslant 5\times10^4$ 次时,应进行疲劳计算;第 4.1.1 条规定,对需要计算疲劳的梁,其截面塑性发展系数宜取 1.0。

答案:D

16-11-14 **解**:《钢结构设计规范》(GB 50017—2003)第 8.5.5 条规定,对于重级工作制吊车梁,腹板与上翼缘板的连接应采用焊透的 T 形接头对接与角接组合焊缝。

答案:A

16-11-15 **解**:荷载作用于受拉的下翼缘对整体稳定性最为有利。

答案:C

16-11-16 **解**:《钢结构设计规范》(GB 50017—2003)规定,对需要计算疲劳的梁,不宜考虑截面的塑性发展,按弹性设计,此时,b/t 可放宽至 $15\sqrt{235/f_y}$。

答案:D

16-11-17 **解**:当 $h_0/t_w \leqslant 80\sqrt{235/f_y}$ 时,腹板不会发生剪切失稳,一般不配置加劲肋;当 $80 < h_0/t_w \leqslant 170\sqrt{235/f_y}$ 时,腹板会发生剪切失稳但不会发生弯曲失稳,应配置横向加劲肋;当 $h_0/t_w > 170\sqrt{235/f_y}$ 时,腹板会发生剪切失稳和弯曲失稳,应配置横向加劲肋和在受压区配置纵向加劲肋。

答案:C

16-11-18 **解**:支承加劲肋应设置在集中荷载作用的部位。

答案:C

16-11-19 **解**:当考虑截面的塑性发展时,$b/t \leqslant 13\sqrt{235/f_y}$;如按弹性设计,即 $\gamma_x =$

$\gamma_y = 1.0$ 时，$b/t_w \leqslant 15\sqrt{235/f_y}$。

答案:C

16-11-20 **解**:T形截面压弯构件腹板的容许高厚比与长细比(支承条件)无关。

答案:A

16-11-21 **解**:永久荷载当其效应对结构有利时，一般情况下荷载分项系数取1.0。

答案:C

(十二)钢结构的连接设计计算

16-12-1 高强度螺栓摩擦型连接中，螺栓的抗滑移系数主要与：

A. 螺栓直径有关　　B. 螺栓预拉力值有关

C. 连接钢板厚度有关　　D. 钢板表面处理方法有关

16-12-2 在荷载作用下，侧焊缝的计算长度大于某一数值时，其超过部分在计算中一般不予考虑，其值为：

A. $40h_f$　　B. $60h_f$　　C. $80h_f$　　D. $100h_f$

16-12-3 采用高强度螺栓的梁柱连接中，螺栓的中心间距应：(d 为螺栓孔径)

A. 不小于 $2d$　　B. 不小于 $3d$

C. 不大于 $4d$　　D. 不大于 $5d$

16-12-4 采用摩擦型高强度螺栓或承压型高强度螺栓的抗拉连接中，二者承载力设计值：

A. 相等　　B. 前者大于后者

C. 后者大于前者　　D. 无法确定大小

16-12-5 承压型高强螺栓比摩擦型高强螺栓：

A. 承载力低，变形小　　B. 承载力高，变形大

C. 承载力高，变形小　　D. 承载力低，变形大

16-12-6 两种不同强度等级钢材采用手工焊接时选用：

A. 与低强度等级钢材相匹配的焊条

B. 与高强度等级钢材相匹配的焊条

C. 与两种不同强度等级钢材中任一种相匹配的焊条

D. 与任何焊条都可以

16-12-7 某杆件与节点板采用22个M24的螺栓连接，沿受力方向分两排按最小间距排列($3d_0$)，螺栓承载力折减系数是：

A. 0.75　　B. 0.80　　C. 0.85　　D. 0.90

16-12-8　直角角焊缝的强度计算公式 $\tau_f=\frac{N}{h_e l_w}\leqslant f_f^w$ 中，h_e 是角焊缝的：

A. 厚度　　B. 有效厚度

C. 名义厚度　　D. 焊角尺寸

16-12-9　图中所示的拼接，主板为—240×12，两块拼板为—180×8，采用侧面角焊缝连接，钢材 Q235，焊条 E43 型，角焊缝的强度设计值 $f_t^w=160\text{MPa}$，焊脚尺寸 $h_f=6\text{mm}$。此焊缝连接可承担的静载拉力设计值的计算式为：

A. 2×0.7×6×160×380

B. 4×0.7×6×160×(380−12)

C. 4×0.7×6×160×(60×6−12)

D. 4×0.7×6×160×(60×6)

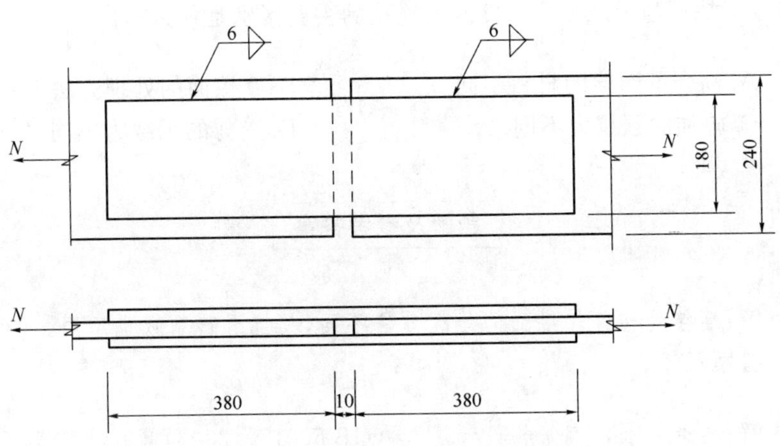

题 16-12-9 图(尺寸单位：mm)

16-12-10　图中所示的拼接，板件分别为—240×8 和—180×8，采用三面角焊缝连接，钢材 Q235，焊条 E43 型，角焊缝的强度设计值 $f_t^w=160\text{MPa}$，焊脚尺寸 $h_f=6\text{mm}$。此焊缝连接可承担的静载拉力设计值的计算式为：

A. 4×0.7×6×160×300+2×0.7×6×160×180

B. 4×0.7×6×160×(300−10)+2×0.7×6×160×180

C. 4×0.7×6×160×(300−10)+1.22×2×0.7×6×160×180

D. 4×0.7×6×160×(300−2×6)+1.22×2×0.7×6×160×180

16-12-11　普通螺栓受剪连接可能的破坏形式有五种：

①螺栓杆剪断；②板件孔壁挤压破坏；③板件被拉坏或压坏；④板件端部剪坏；⑤螺栓弯曲破坏。

其中哪几种形式是通过计算来保证的？

A. ①②⑤　　B. ①②③⑤　　C. ①②③　　D. ①②③④

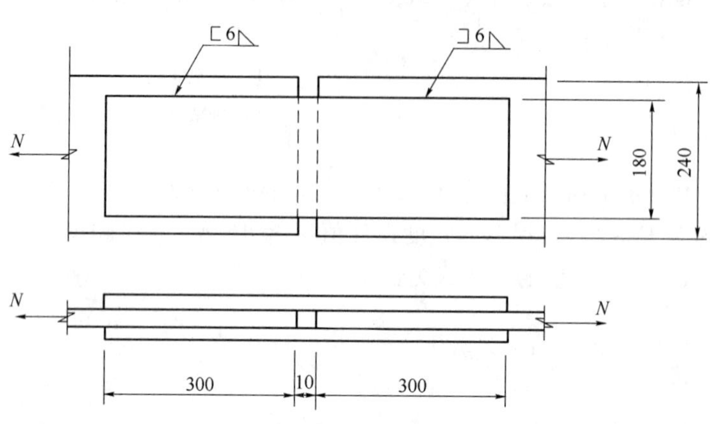

题 16-12-10 图(尺寸单位:mm)

16-12-12 摩擦型与承压型高强度螺栓连接的主要区别是什么?

A. 高强度螺栓的材料不同　　B. 摩擦面的处理方法不同
C. 施加的预拉力不同　　D. 受剪的承载力不同

题解及参考答案

16-12-1 **解:**连接处构件接触面的处理方法不同,其抗滑移系数也不同。

答案:D

16-12-2 **解:**构造要求,《钢结构设计规范》(GB 50017—2003)第 8.2.7 条第 5 款规定,侧面角焊缝的计算长度不宜大于 $60h_f$,当大于上述数值时,其超出部分在计算中不予考虑。若内力沿侧面角焊缝全长分布时,其计算长度不受此限。

答案:B

16-12-3 **解:**构造要求,《钢结构设计规范》(GB 50017—2003)第 8.3.4 条表 8.3.4 要求,螺栓的中心间距最小容许值为 $3d$。

答案:B

16-12-4 **解:**在杆轴方向受拉的连接中,每个摩擦型高强度螺栓的承载力设计值为:$N_t^b=0.8P$(P 为预拉力);而承压型高强度螺栓承载力设计值的计算公式与普通螺栓相同,即 $N_t^b=\frac{\pi d_e^2}{4}f_t^b$,两公式的计算结果相近,但并不完全相等。

答案:D

16-12-5 **解:**摩擦型高强度螺栓抗剪连接中,当摩擦力被克服产生滑移即为达到承载能力极限状态。而当摩擦力被克服产生滑移，螺栓杆与被连接的孔壁接触后承压，即为承压型高强度螺栓，故其承载力高，变形大。

答案:B

16-12-6 **解**:《钢结构设计规范》(GB 50017—2003)第8.2.1条规定，当不同强度的钢材连接时，可采用与低强度钢材相适应的焊接材料。

答案:A

16-12-7 **解**:见《钢结构设计规范》(GB 50017—2003)第7.2.4条，折减系数为$1.1-\frac{l_1}{150d_0}=1.1-\frac{30d_0}{150d_0}=0.9$，其中连接长度$l_1=30d_0$。

答案:D

16-12-8 **解**:直角角焊缝以45°方向的最小截面为有效截面，取$h_e=0.7h_f$，h_f为焊脚尺寸。

答案:B

16-12-9 **解**:侧面角焊缝的计算长度不宜大于$60h_f$；当大于上述数值时，其超出部分在计算中不考虑。

答案:D

16-12-10 **解**:对于承受静力荷载或间接承受动力荷载作用的结构，正面角焊缝的强度设计值可乘以增大系数1.22；每条角焊缝的计算长度取其实际长度减去$2h_f$。

答案:D

16-12-11 **解**:前三种破坏是通过计算防止，而后两种破坏是通过构造措施来避免。

答案:C

16-12-12 **解**:摩擦型高强度螺栓受剪连接是以摩擦力被克服作为承载能力极限状态，承压型高强度螺栓连接是以栓杆剪切或孔壁承压破坏作为受剪的极限状态。

答案:D

(十三)砌体结构材料性能

16-13-1 关于砂浆强度等级M_0的说法正确的是：

①施工阶段尚未凝结的砂浆；②抗压强度为零的砂浆；

③用冻结法施工化冻阶段的砂浆；④抗压强度很小接近零的砂浆。

A. ①③　　B. ①②　　C. ②④　　D. ②

16-13-2 砌体在轴心受压时，块体的受力状态为：

A. 压力　　B. 剪力、压力

C. 弯矩、压力　　D. 弯矩、剪力、压力、拉力

16-13-3 在确定砌体强度时，下列哪项叙述是正确的？

A. 块体的长宽对砌体抗压强度影响很小
B. 水平灰缝厚度越厚，砌体抗压强度越高
C. 砖砌筑时含水量越大，砌体抗压强度越高，但抗剪强度越低
D. 对于提高砌体抗压强度而言，提高块体强度比提高砂浆强度更有效

16-13-4 砌体轴心抗拉、弯曲抗拉、抗剪强度主要取决于：
①砂浆的强度；②块体的强度；③砌体种类；④破坏特征。

A. ①②③　　B. ②③④　　C. ①③④　　D. ①②④

16-13-5 关于砖砌体的抗压强度与砖和砂浆抗压强度的关系，下列中哪条叙述是正确的？

A. 砌体的抗压强度将随块体和砂浆强度等级的提高而提高
B. 砌体的抗压强度与砂浆的强度及块体的强度成正比例关系
C. 砌体的抗压强度小于砂浆和块体的抗压强度
D. 砌体的抗压强度比砂浆的强度大，而比块体的强度小

16-13-6 下面关于砌体抗压强度的说法，哪一个是正确的？

A. 砌体的抗压强度随砂浆和块体强度等级的提高按一定比例增加
B. 块体的外形越规则、越平整，则砌体的抗压强度越高
C. 砌体中灰缝越厚，则砌体的抗压强度越高
D. 砂浆的变形性能越大、越容易砌筑，砌体的抗压强度越高

16-13-7 砌体轴心抗拉、弯曲抗拉和抗剪强度主要取决于下列中的哪个因素？

A. 砂浆的强度　　B. 块体的抗拉强度
C. 砌筑方式　　D. 块体的形状和尺寸

16-13-8 以下关于砌体强度设计值的调整系数 γ_a 的说法，哪一条不正确？

A. 对无筋砌体构件，当其截面面积 A 小于 $0.3m^2$ 时，$\gamma_a=0.7+A$
B. 当砌体采用水泥砂浆砌筑时，不需要调整
C. 对配筋砌体构件，当其截面面积 A 小于 $0.2m^2$ 时，$\gamma_a=0.8+A$
D. 当验算施工中房屋的构件时，$\gamma_a=1.1$

题解及参考答案

16-13-1 **解：**用冻结法施工时，砂浆砌筑后即冻结，天气回暖后砂浆化冻尚未凝结时的强度等级为 M_0。

答案:A

16-13-2 **解**:灰缝厚度不均匀性导致块体受弯、受剪;块体与砂浆的弹性模量及横向变形系数不同使得块体内产生拉应力。

答案:D

16-13-3 **解**:块体尺寸、几何形状及表面的平整度对砌体的抗压强度有一定影响。砌体内水平灰缝愈厚,砂浆横向变形愈大,砖内横向拉应力亦愈大,砌体内的复杂应力状态亦随之加剧,砌体抗压强度降低。砌体抗压强度随浇筑时砖的含水率的增加而提高,抗剪强度将降低,但施工中砖浇水过湿,施工操作困难,强度反而降低。块体和砂浆的强度是影响砌体抗压强度的主要因素,块体和砂浆的强度高,砌体的抗压强度亦高。试验证明,提高砖的强度等级比提高砂浆的强度等级对增大砌体抗压强度的效果好。

答案:D

16-13-4 **解**:见《砌体结构设计规范》(GB 50003—2011)第 3.2.2 条表 3.2.2。从表中可以看出,砌体的轴心抗拉强度设计值、弯曲抗拉强度设计值、抗剪强度设计值与块体的强度无关。

答案:C

16-13-5 **解**:砖砌体的抗压强度随砖块体和砂浆的强度等级提高而提高,但并非线性关系。

答案:A

16-13-6 **解**:砖形状的规则程度显著影响着砌体的强度。形状不规则,表面不平整,则可能引起较大的附加弯曲应力而使砖过早断裂。

答案:B

16-13-7 **解**:题中三种受力状态砌体结构的强度,均与砂浆强度等级有关。见《砌体结构设计规范》(GB 50003—2011)第 3.2.2 条表 3.2.2。

答案:A

16-13-8 **解**:《砌体结构设计规范》(GB 50003—2011)第 3.2.3 条第 1 款规定,对无筋砌体构件,当其截面面积 A 小于 $0.3m^2$ 时,调整系数 $\gamma_a=0.7+A$;对配筋砌体构件,当其截面面积 A 小于 $0.2m^2$ 时,$\gamma_a=0.8+A$,A、C 正确。第 2 款规定,当砌体用强度等级小于 M5.0 的水泥砂浆砌筑时,对各类砌体的抗压强度设计值,$\gamma_a=0.9$;对砌体的轴心抗拉强度设计值,弯曲抗拉强度设计值、抗剪强度设计值,$\gamma_a=0.8$,B 错误。第 3 款规定,当验算施工中房屋的构件时,$\gamma_a=1.1$,D 正确。

答案:B

(十四)砌体结构设计基本原则

16-14-1 砌体结构设计时,必须满足下列中的哪些要求?

①满足承载能力极限状态;

②满足正常使用极限状态；

③一般工业和民用建筑中的砌体构件，可靠性指标 $\beta \geqslant 3.2$；

④一般工业和民用建筑中的砌体构件，可靠性指标 $\beta \geqslant 3.7$。

A. ①②③ B. ①②④

C. ①③ D. ①④

16-14-2 当砌体结构作为一个刚体，需验算整体稳定性时，比如倾覆、滑移、漂浮等，对于起有利作用的永久荷载，其分项系数取：

A. 1.35 B. 1.2 C. 0.9 D. 0.8

16-14-3 进行梁的整体稳定验算时，当得到 $\varphi_b > 0.6$ 时，应将 φ_b 用相对应的 φ_b' 代替，这说明：

A. 梁的临界应力大于抗拉强度

B. 梁的临界应力大于屈服点

C. 梁的临界应力大于比例极限

D. 梁的临界应力小于比例极限

题解及参考答案

16-14-1 **解：**《建筑结构可靠度设计统一标准》(GB 50068—2001)第 3.0.4 条规定，建筑结构均应进行承载能力极限状态设计，对持久状态尚应进行正常使用极限状态设计。一般工业与民用建筑中的砌体构件，其安全等级为二级，且呈脆性破坏特征。第 3.0.11 条规定，安全等级为二级的结构构件，脆性破坏的可靠指标 $\beta \geqslant 3.7$。

答案：B

16-14-2 **解：**《砌体结构设计规范》(GB 50003—2011)第 4.1.6 条规定，当砌体结构作为一个刚体，需验算整体稳定性时，应按公式(4.1.6—1)、公式(4.1.6—2)中最不利组合进行验算，以上两式中不等式右侧的 0.8，即为起有利作用的永久荷载分项系数。

答案：D

16-14-3 **解：**$\varphi_b > 0.6$ 说明梁已进入塑性阶段，此时梁的临界应力一定大于比例极限，并进入屈服阶段。

答案：B

(十五)砌体墙、柱的承载力计算

16-15-1 砌体局部承载力验算时，局部抗压强度提高系数 γ 受到限制的原因是：

A. 防止构件失稳破坏 B. 防止砌体发生劈裂破坏

C. 防止局部受压面积以外的砌体破坏 D. 防止砌体过早发生局部破坏

16-15-2 处于局部受压的砌体，其抗压强度提高是因为：

A. 局部受压面积上的荷载小

B. 局部受压面积上的压应力不均匀

C. 周围砌体对局部受压砌体的约束作用

D. 荷载的扩散使局部受压面积上压应力减少

16-15-3 砖墙上有 1.5m 宽门洞，门洞上设钢筋砖过梁，若过梁上墙高为1.8m，则计算过梁上墙重时，应取墙高为：

A. 0.6m　　B. 0.5m　　C. 1.8m　　D. 1.5m

16-15-4 尺寸为 240mm×250mm 的局部受压面，支承在 490mm 厚的砌墙采用 MU10 烧法多孔砖、M5 混合砂浆砌筑，可能最先发生局部受压破坏的是下列何图所示的砌墙？

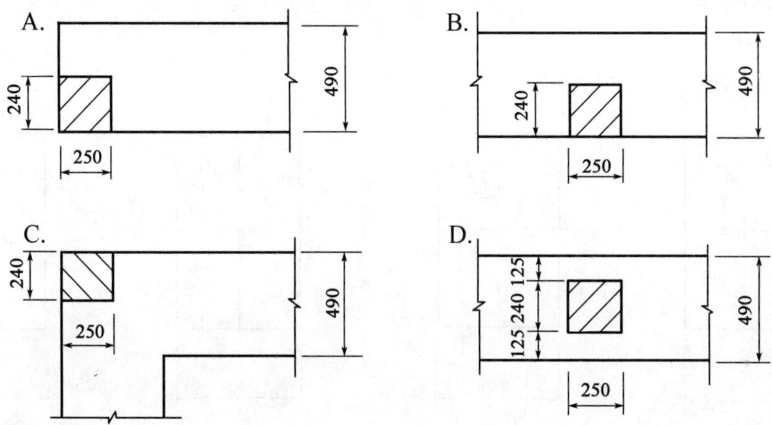

16-15-5 在组合砖体构件的描述中，下列哪项是正确的？

A. 砂浆的轴心抗压强度值可取同等级混凝土的轴心抗压强度设计值

B. 砂浆的轴心抗压强度值可取砂浆的强度等级

C. 提高构件的抗压承载力，可采用较高强度的钢筋

D. 当轴向力偏心距 $e>0.6y$（y 为截面重心到轴向力所在偏心方向截面边缘的距离）时，宜采用组合砌体

16-15-6 在验算带壁柱砖墙的高度比时，确定 H_0 应采用的 s：

A. 验算壁柱间墙时，s 取相邻横墙间的距离

B. 验算壁柱间墙时，s 取相邻壁柱间的距离

C. 验算整片墙且墙上有洞口时，s 取相邻壁柱间的距离

D. 验算整片墙时，s 取相邻壁柱间的距离

16-15-7 某砌体局部受压构件，如图所示，按图计算的砌体局部受压强度提高系数为：

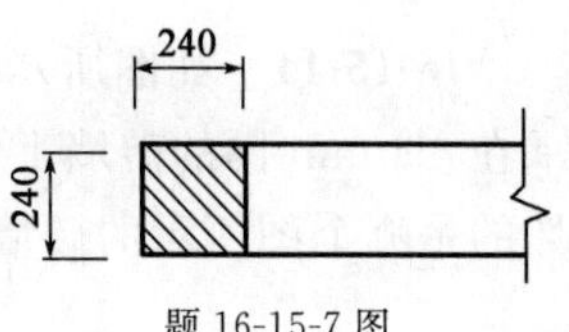

题 16-15-7 图

A. 2.0　　　　B. 1.5
C. 1.35　　　　D. 1.25

16-15-8　截面尺寸、砂浆和块体强度等级均相同的砌体受压构件，下面哪些说法是正确的？

①承载力随高厚比的增大而减小；

②承载力随偏心距的增大而减小；

③承载力与砂浆的强度等级无关；

④承载力随相邻横墙间距的增加而增大。

A. ①②　　　　B. ①②③
C. ①②③④　　　　D. ①③④

16-15-9　截面尺寸为 240mm×370mm 的砖砌短柱，轴向压力的偏心距如图所示，其受压承载力的大小顺序是：

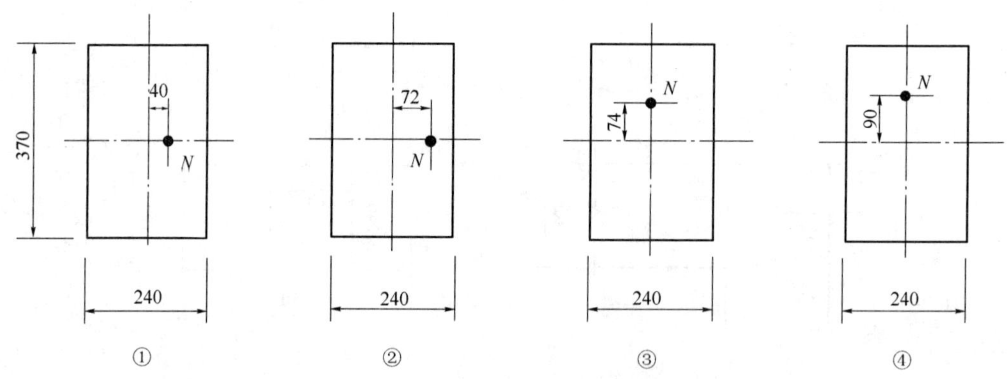

题 16-15-9 图(尺寸单位：mm)

A. ①>②>③>④　　　　B. ③>①>②>④
C. ④>②>③>①　　　　D. ①>③>④>②

16-15-10　下列中哪一项是砌体局部受压强度提高的原因？

A. 非局部受压面积提供的套箍作用和应力扩散作用

B. 受压面积小

C. 砌体起拱作用而卸载

D. 受压面上应力均匀

16-15-11　如图所示(尺寸单位：mm)，截面尺寸为 240mm×250mm 的钢筋混凝土柱，支承在 490mm 厚的砖墙上，墙采用 MU10 砌块、M2.5 混合砂浆砌筑，可能最先发生局部受压破坏的是哪个图所示的砖墙？

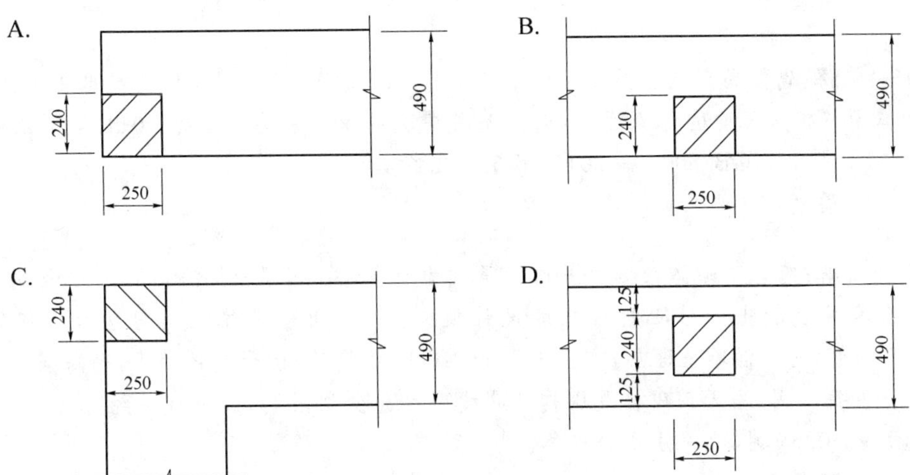

16-15-12 某带壁柱砖墙及轴向压力的作用位置如图所示，设计时，轴向压力的偏心距 e 不应大于多少？

A. 161mm　　B. 193mm　　C. 225mm　　D. 321mm

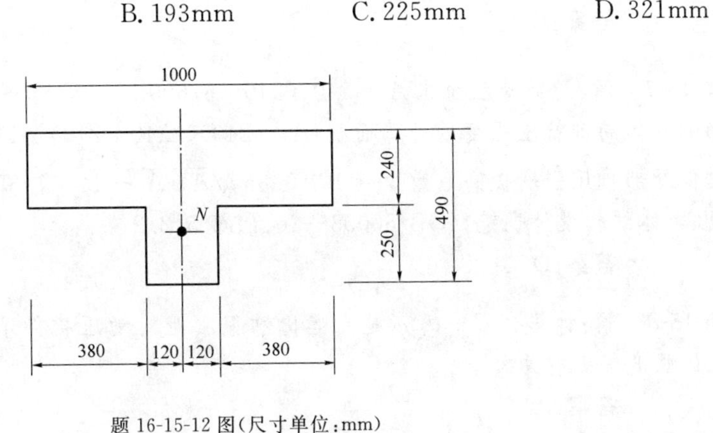

题 16-15-12 图(尺寸单位：mm)

题解及参考答案

16-15-1 **解：**砌体局部抗压强度提高系数 $\gamma=1+0.35\sqrt{A_0/A_l-1}$，其中第一项为局部受压面积本身砌体的抗压强度，第二项是非局部受压面积(A_0-A_l)的套箍作用与应力扩散作用对抗压强度的综合影响。为了避免 A_0/A_l 大于某一限值时会出现危险的劈裂破坏，《砌体结构设计规范》(GB 50003—2011)对 γ 规定了上限值。

答案：B

16-15-2 **解：**处于局部受压的砌体，周围砌体会对受压砌体产生约束作用，提高其抗压强度。

答案：C

16-15-3 **解：**见《砌体结构设计规范》(GB 50003—2011)第 7.2.2 条 2 款，当过梁上的墙体高度 $h_w<l_n/3$(l_n 为过梁净跨)时，应按墙体的均布自重采用；当墙体高度 $h_w\geq l_n/3$ 时，应按高度为 $l_n/3$ 墙体的均布自重采用。

答案:B

16-15-4 **解**:砌体局部抗压提高系数 $\gamma = 1 + 0.35\sqrt{A_0/A_l - 1}$,$A_l$ 为局部受压面积,A_0 为影响砌体局部抗压强度的计算面积,以上四种情况的 γ 分别为 1.25、2.0、1.5 和 2.05。见《砌体结构设计规范》(GB 50003—2011)第 5.2.2 条。

答案:A

16-15-5 **解**:组合砖砌体轴心受压构件承载力计算公式中,砂浆的轴心抗压强度设计值可取同强度等级混凝土的轴心抗压强度设计值的 70%;组合砌体的竖向受力钢筋宜采用 HPB300 级钢筋,对于混凝土面层,亦可采用 HRB335 级钢筋;由于构件受压,较高强度的钢筋并不能充分发挥作用;当无筋砌体受压构件的截面尺寸受到限制,或设计不经济时,以及当轴向力偏心距 $e > 0.6y$ 时,宜采用组合砌体。

答案:D

16-15-6 **解**:验算壁柱间墙式构造柱间墙的高厚比时,S 应取相邻壁柱间或相邻构造柱间的距离。见《砌体结构设计规范》(GB 50003—2011)第 6.1.2 条第 3 款。

答案:B

16-15-7 **解**:局部受压面积 $A_l = 240 \times 240 = 57600$

影响砌体局部抗压强度的计算面积:$A_0 = 240 \times (240 + 240) = 115200$

砌体局部抗压强度提高系数 $\gamma = 1 + 0.35\sqrt{A_0/A_l - 1} = 1.35 > 1.25$,取 $\gamma = 1.25$

见《砌体结构设计规范》(GB 50003—2011)第 5.2.2 条。

答案:D

16-15-8 **解**:计算公式中的 φ 是高厚比和偏心距对受压构件承载力的影响系数,同时 φ 与砂浆的强度等级有关。

答案:A

16-15-9 **解**:受压承载力与 e/h 成反比,其中 e 为偏心距,h 为偏心方向的截面尺寸。①、②、③、④的 e/h 分别为 0.17、0.3、0.2、0.24。

答案:D

16-15-10 **解**:周围非局部受压砌体会对受压砌体产生套箍约束及应力扩散作用,提高其抗压强度。

答案:A

16-15-11 **解**:砌体局部抗压调整系数 $\gamma = 1 + 0.35\sqrt{A_0/A_l - 1}$,其中 A_l 为局部受压面积,A_0 为影响砌体局部抗压强度的计算面积。应注意不同情况下 γ 的最大取值,见《砌体结构设计规范》第 5.2.2 条。

答案:A

16-15-12 **解**:《砌体结构设计规范》(GB 50003—2011)规定:$e \leqslant 0.6y$,y 为截面重心到轴向力所在偏心方向截面边缘的距离。经计算,$y = 321\text{mm}$,则 $e \leqslant 193\text{mm}$。

答案:B

(十六)混合结构房屋设计

16-16-1 网状配筋砌体的抗压强度较无筋砌体高,这是因为:

A. 网状配筋约束砌体横向变形
B. 钢筋可以承受一部分压力
C. 钢筋可以加强块体强度
D. 钢筋可以使砂浆强度提高

16-16-2 《砌体结构设计规范》(GB 50003—2011)中砌体弹性模量的取值为:

A. 原点弹性模量
B. $\sigma=0.43f_m$ 时的切线模量
C. $\sigma=0.43f_m$ 时的割线模量
D. $\sigma=f_m$ 时的切线模量

16-16-3 刚性方案多层房屋的外墙,符合下列哪项要求时,静力计算可不考虑风荷载的影响?
①屋面自重不小于 $0.8kN/m^2$;
②基本风压值为 $0.4kN/m^2$,层高≤4m,房屋的总高≤28m;
③洞口水平截面积不超过全截面面积的 2/3;
④基本风压值为 $0.6kN/m^2$,层高≤4m,房屋的总高≤18m。

A. ①② B. ①②③ C. ①②③④ D. ①③④

16-16-4 为防止或减轻砌体房屋顶层的裂缝,可采取的措施有:
①屋面设置保温隔热层;
②屋面保温或屋面刚性面层设置分隔缝;
③女儿墙设置构造柱;
④顶层屋面板下设置现浇钢筋混凝土圈梁;
⑤顶层和屋面采用现浇钢筋混凝土楼盖。

A. ①②③④ B. ②③④⑤ C. ①③④⑤ D. ①②④⑤

16-16-5 在设计砌体结构房屋时,就下列所述概念,哪项是完全正确的?

A. 无山墙的房屋,应按弹性方案考虑
B. 房屋的静力方案分别为刚性方案和弹性方案
C. 房屋的静力计算方案是依据横墙的间距来划分的
D. 对于刚性方案多层砌体房屋的外墙,如洞口水平的截面面积不超过全截面面积的 2/3,则作静力计算,可不考虑风载影响

16-16-6 砌体房屋伸缩缝的间距与下列哪项无关?

A. 砌体的强度等级
B. 砌体的类别
C. 屋盖或楼盖的类别
D. 环境温差

16-16-7 对于墙柱高厚比的下列描述，不正确的是：

A. 砂浆强度越低，墙体的[β]越小

B. 考虑构造柱有利作用的高厚比验算不适用于施工阶段

C. 验算施工阶段砂浆尚未硬化的新砌体，墙的[β]取 14

D. 带壁柱或带构造柱墙高厚比验算时，只要整片墙体的高厚比满足要求，可以不进行壁柱间或构造柱间墙高厚比验算

16-16-8 《砌体结构设计规范》(GB 50003—2011)对砌体结构为刚性方案、刚弹性方案或弹性方案的判别因素是下列中的哪一项？

A. 砌体的材料和强度

B. 砌体的高厚比

C. 屋盖、楼盖的类别与横墙的刚度及间距

D. 屋盖、楼盖的类别与横墙的间距，而与横墙本身条件无关

16-16-9 下列计算简图哪一个是错误的？

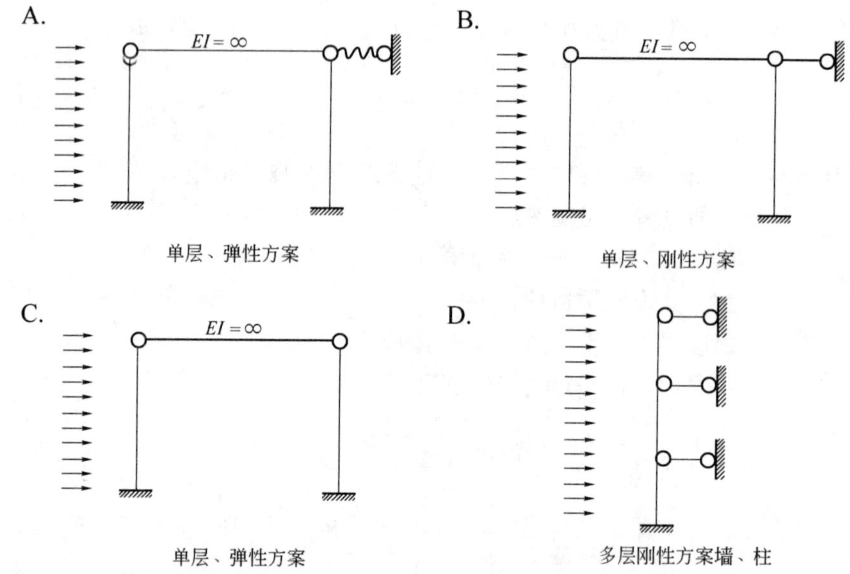

16-16-10 刚性和刚弹性方案房屋的横墙应符合下列哪几项要求？

①墙的厚度不宜小于 180mm；

②横墙中开有洞口时，洞口的水平截面面积不应超过横墙截面面积的 25%；

③单层房屋的横墙长度不宜小于其高度；

④多层房屋的横墙长度不宜小于横墙总高的 1/2。

A. ①②　　B. ①②③

C. ①②③④　　D. ①③④

16-16-11 影响砌体结构房屋空间工作性能的主要因素是下列中的哪一项？

A. 砌体所用块材和砂浆的强度等级

B. 外纵墙的高厚比和门窗开洞数量

C. 屋盖、楼盖的类别及横墙的间距

D. 圈梁和构造柱的设置是否符合要求

16-16-12 刚性方案多层房屋的外墙，在静力计算时不考虑风荷载的影响，应符合以下哪些要求？

①洞口水平截面面积不超过全截面面积的 1/2；

②屋面自重不小于 0.8kN/m^2；

③基本风压值为 0.4kN/m^2 时，层高≤4.0m，房屋总高≤28m；

④基本风压值为 0.7kN/m^2 时，层高≤3.5m，房屋总高≤18m。

A. ①②　　B. ①②③

C. ②③④　　D. ①③④

16-16-13 对于室内需要较大空间的房屋，一般应选择以下哪种结构体系？

A. 横墙承重体系　　B. 纵墙承重体系

C. 纵横墙承重体系　　D. 内框架承重体系

16-16-14 下列几种情况中，可以不进行局部抗压承载力计算的是哪一种？

A. 支承梁的砌体柱　　B. 窗间墙下的砌体墙

C. 支承墙或柱的基础面　　D. 支承梁的砌体墙

16-16-15 在选择砌体材料时，以下正确的说法是：

①地面以下或防潮层以下的砌体，不宜采用多孔砖；

②处于有侵蚀性介质的砌体，应采用不低于 MU20 的实心砖；

③处于有侵蚀性介质的砌体，应采用不低于 MU15 的混凝土砌块；

④砌体强度设计值与构件截面尺寸无关。

A. ①③　　B. ①②③

C. ②③④　　D. ①③④

16-16-16 承重独立砖柱截面尺寸不应小于：

A. 240mm×240mm　　B. 240mm×370mm

C. 370mm×370mm　　D. 370mm×490mm

16-16-17 砖砌体结构房屋，对于跨度大于多少的梁，其支承面下的砌体应设置混凝土或钢筋混凝土垫块？

A. 4.2m　　B. 4.8m　　C. 3.9m　　D. 4.5m

16-16-18 对厚度为 240mm 的砖墙，当梁跨度大于或等于多少时，其支承处宜加设壁柱或采取其他加强措施？

A. 4.8m　　B. 6.0m　　C. 7.5m　　D. 4.5m

16-16-19　经验算，某砌体房屋墙体的高厚比不满足要求，可采取下列哪几项措施？
①高块体的强度等级；②提高砂浆的强度等级；
③增加墙的厚度；④减小洞口面积。

A. ①③　　B. ①②③　　C. ②③④　　D. ①③④

16-16-20　关于圈梁的作用，下列中哪几条说法是正确的？
①提高楼盖的水平刚度；
②增强纵、横墙的连接，提高房屋的整体性；
③减轻地基不均匀沉降对房屋的影响；
④承担竖向荷载，减小墙体厚度；
⑤减小墙体的自由长度，提高墙体的稳定性。

A. ①②③　　B. ①②③⑤　　C. ①②③④　　D. ①③⑤

16-16-21　圈梁必须是封闭的，当砌体房屋的圈梁被门窗洞口截断时，应在洞口上部增设相同截面的附加圈梁，附加圈梁与原圈梁的搭接长度不应小于其中到中垂直距离的多少倍(且不得小于1m)？

A. 1　　B. 1.5　　C. 2　　D. 1.2

16-16-22　砌体房屋伸缩缝的间距与下列哪些因素有关？
①屋盖或楼盖的类别；②砌体的类别；③砌体的强度等级；④环境温差。

A. ①②③　　B. ①③④　　C. ①②④　　D. ①③

题解及参考答案

16-16-1　**解**：网状配筋可以约束砌体的横向变形，间接提高砌体的抗压强度。
答案：A

16-16-2　**解**：砖砌体为弹塑性材料，试验研究表明，当砖砌体受压应力上限为砌体抗压强度平均值 f_m 的 40%～50%时，经过五次加卸载循环，应力—应变曲线趋于一条直线。此时的割线模量可近似作为砌体的受压弹性模量。可取 $\sigma=0.43f_m$ 时的割线模量作为受压弹性模量。
答案：C

16-16-3　**解**：多层房屋在风荷载作用下，当外墙中洞口水平截面面积不超过全截面面积的2/3；房屋的层数和总高度不超过《砌体结构设计规范》(GB 50003—2011)中表4.2.6的规定，②、④项符合表中规定；且屋面自重不小于0.8kN/m² 时，在静力计算中可不考虑风荷载的影响。

答案:C

16-16-4 **解**:《砌体结构设计规范》(GB 50003—2011)第6.5.2条规定,防止或减轻房屋顶层墙体开裂,宜根据情况采取以下措施,①屋面设置保温、隔热层;②屋面保温(隔热)层或屋面刚性面层及砂浆找平层应设置分隔缝;③顶层屋面板下设置现浇钢筋混凝土圈梁;④女儿墙应设置构造柱。其中不包括⑤。

答案:A

16-16-5 **解**:《砌体结构设计规范》(GB 50003—2011)第4.2.1条表4.2.1注3规定,对无山墙或伸缩缝处无横墙的房屋,应按弹性方案考虑。

答案:A

16-16-6 **解**:由《砌体结构设计规范》(GB 50003—2011)第6.5.1条表6.5.1可知,砌体房屋伸缩缝的最大间距与屋盖或楼盖的类别,砌体的类别,以及环境温度有关;而与砌体的强度等级无关。

答案:A

16-16-7 **解**:见《砌体结构设计规范》(GB 50003—2011)第6.1.1条表6.1.1,知墙体砂浆强度越高,[β]越大;从表6.1.1注3知验算施工阶段砂浆尚未硬化的新墙体时,墙的[β]取14;又从6.1.2条2款注知考虑构造柱有利作用的高厚比验算不适用于施工阶段,故选项A、B、C正确。又知带壁柱或带构造柱墙高厚比验算时,不仅整片墙体的高厚比要满足要求,壁柱间墙或构造柱间墙高厚比也要满足要求。

答案:D

16-16-8 **解**:由《砌体结构设计规范》(GB 50003—2011)第4.2.1条表4.2.1可知,砌体结构房屋静力计算,采用刚性方案、刚弹性方案或弹性方案的判别因素与屋盖或楼盖的类别以及房屋横墙的间距有关。第4.2.2条对刚性和刚弹性方案房屋的横墙刚度作了具体的要求。

答案:C

16-16-9 **解**:A项为单层、刚弹性方案的计算简图。

答案:A

16-16-10 **解**:见《砌体结构设计规范》(GB 50003—2011)第4.2.2条,洞口的水平截面面积不应超过横墙截面面积的50%。

答案:D

16-16-11 **解**:由《砌体结构设计规范》(GB 50003—2011)第4.2.1条表4.2.1可知,砌体结构房屋静力计算时,采用刚性方案、刚弹性方案或弹性方案的判别因素与屋盖或楼盖的类别以及房屋横墙的间距有关。

答案:C

16-16-12 **解**:《砌体结构设计规范》(GB 50003—2011)第4.2.6条第2款规定,静力计算可不考虑风荷载的影响应符合下列要求:①洞口水平截面面积不超过全截面面积的2/3;②屋面自重不小于 0.8kN/m^2；同时表 4.2.6 中列出了不同基本风压下的房屋的最大层高及总高。综合以上，①项错误，其余均正确。

答案：C

16-16-13 **解**：内框架结构可以满足较大空间的使用要求。

答案：D

16-16-14 **解**：只有窗间墙下的砌体墙不需进行局部抗压承载力计算。

答案：B

16-16-15 **解**：《砌体结构设计规范》(GB 50003—2011)第 4.3.5 条，关于砌体材料的耐久性有下列规定：①在冻胀地区，地面以下或防潮层以下的砌体，不宜采用多孔砖；②处于有侵蚀性介质的砌体，应采用实心砖，砖的强度等级不应低于 MU20；③处于有侵蚀性介质的砌体，混凝土砌块的强度等级不应低于 MU15。

答案：B

16-16-16 **解**：《砌体结构设计规范》(GB 50003—2011)第 6.2.5 条规定，承重的独立砖柱截面尺寸不应小于 240mm×370mm。

答案：B

16-16-17 **解**：《砌体结构设计规范》(GB 50003—2011)第 6.2.7 条规定，对于砖砌体结构房屋，跨度大于 4.8m 的梁，应在支承处砌体上设置混凝土或钢筋混凝土垫块。

答案：B

16-16-18 **解**：《砌体结构设计规范》(GB 50003—2011)第 6.2.8 条规定，对厚度为 240mm 的砖墙，当梁跨度大于或等于 6.0m 时，其支承处宜加设壁柱，或采取其他加强措施。

答案：B

16-16-19 **解**：见《砌体结构设计规范》(GB 50003—2011)第 6.1 节，块体的强度等级对墙体高厚比没有影响。

答案：C

16-16-20 **解**：圈梁的作用不包括④。

答案：B

16-16-21 **解**：《砌体结构设计规范》(GB 50003—2011)第 7.1.5 条第 1 款规定，圈梁宜连续地设在同一水平面上，并形成封闭状；当圈梁被门窗洞口截断时，应在洞口上部增设相同截面的附加圈梁。附加圈梁与圈梁的搭接长度不应小于其中到中垂直距离的 2 倍，且不得小于 1m。

答案：C

16-16-22 **解**：砌体房屋伸缩缝的间距与砌体的强度等级无关，见《砌体结构设计规范》(GB 50003—2011)第 6.5.1 条。

答案:C

(十七)砌体结构房屋部件

16-17-1 关于配筋砖砌体概念正确的是:

A. 轴向力的偏心距超过规定限值时,宜采用网状配筋砖砌体
B. 网状配筋砖砌体的配筋率越大,砌体强度越高,应尽量增大配筋率
C. 网状配筋砖砌体抗压强度较无筋砌体提高的主要原因是由于砌体中配有钢筋,钢筋的强度较高,可与砌体共同承担压力
D. 组合砖砌体在轴向力下,钢筋对砌体有横向约束作用,因而间接地提高了砖砌体的强度

16-17-2 下列挑梁概念中,不正确的是:

A. 挑梁本身应按钢筋混凝土受弯构件设计
B. 挑梁埋入砌体的长度与挑出长度之比宜大于 1.2,当挑梁上无砌体时,宜大于 2
C. 挑梁下砌体的局部受压承载力验算时,挑梁下的支承压力取挑梁的倾覆荷载设计值
D. 挑梁抗倾覆力距中的抗倾覆荷载,应取挑梁尾端上部 45°扩散角范围内本层的砌体与楼面恒载标准值之和

16-17-3 墙梁设计时,正确的概念是下述哪几条?
①施工阶段,托梁应按偏心受拉构件计算;
②使用阶段,托梁支座截面应按钢筋混凝土受弯构件计算;
③使用阶段,托梁斜截面受剪承载力应按钢筋混凝土受弯构件计算;
④承重墙梁的支座处应设置落地翼墙。

A. ①②③　　B. ①②③④　　C. ②③④　　D. ①③④

16-17-4 作用在过梁上的荷载有砌体自重和过梁计算高度范围内的梁板荷载,但可以不考虑高于 l_n(l_n 为过梁净跨)的墙体自重及高度大于 l_n 以上的梁板荷载,这是因为考虑了下述哪种作用?

A. 应力重分布　　B. 起拱而产生的卸载
C. 梁与墙之间的相互作用　　D. 应力扩散

16-17-5 关于挑梁的说法,下列中哪几条是正确的?
①挑梁抗倾覆力矩中的抗倾覆荷载,应取挑梁尾端上部 45°扩散角范围内本层的砌体与楼面恒载标准值之和;
②挑梁埋入砌体的长度与挑出长度之比宜大于 1.2,当挑梁上无砌体时,宜大于 2;
③挑梁下砌体的局部受压承载力验算时,挑梁下的支承压力取挑梁的倾覆荷载

设计值；

④挑梁本身应按钢筋混凝土受弯构件设计。

A. ②③　　B. ①②③　　C. ①②④　　D. ①③

题解及参考答案

16-17-1　解：砌体纵向受压，钢筋横向受拉，相当于对砌体横向加压，使砌体处于三向受力状态，间接提高了砌体的承载能力；偏心受压构件中，随着荷载偏心距的增大，钢筋网的作用逐渐减弱；钢筋网配置过少，将不能起到增强砌体强度的作用，但也不宜配置过多，《砌体结构设计规范》(GB 50003—2011)第8.1.3条1款规定，网状配筋砖砌体中的体积配筋率不应小于0.1%，也不应大于1%。

答案：D

16-17-2　解：《砌体结构设计规范》(GB 50003—2011)第7.4.4条规定，挑梁下砌体的局部受压承载力验算时，挑梁下的支承压力应取2倍的挑梁倾覆荷载设计值。

答案：C

16-17-3　解：《砌体结构设计规范》(GB 50003—2011)规定：使用阶段，托梁跨中截面应按钢筋混凝土偏心受拉构件计算，托梁支座正截面和托梁斜截面应按钢筋混凝土受弯构件计算；施工阶段，托梁应按钢筋混凝土受弯构件进行受弯、受剪承载力验算。

答案：C

16-17-4　解：应力通常按45°角扩散，所以在设计过梁时，相当于过梁净跨高度以上的墙体荷载一般不考虑。

答案：D

16-17-5　解：《砌体结构设计规范》(GB 50003—2011)第7.4.3条规定，挑梁抗倾覆力矩中的抗倾覆荷载，应取挑梁尾端上部45°扩散角范围内本层的砌体与楼面恒载标准值之和，①正确；第7.4.6条第2款规定，挑梁埋入砌体的长度与挑出长度之比宜大于1.2，当挑梁上无砌体时，宜大于2，②正确；第7.4.4条规定，挑梁下砌体的局部受压承载力验算时，挑梁下的支承压力应取2倍的挑梁倾覆荷载设计值，③错误；挑梁本身为一悬臂构件，应按钢筋混凝土受弯构件设计，④正确。

答案：C

(十八)砌体结构抗震设计要点

16-18-1　砌体结构为刚性方案、刚弹性方案或弹性方案的判别因素是：

A. 砌体的高厚比

B. 砌体的材料与强度

C. 屋盖、楼盖的类别与横墙的刚度及间距

D. 屋盖、楼盖的类别与横墙的间距，而与横墙本身条件无关

16-18-2 无洞口墙梁和开洞口墙梁在顶部荷载作用下，可采用什么进行分析？

A. 两种墙梁均采用梁—拱组合模型

B. 无洞墙梁采用梁—拱组合模型，开洞口墙梁采用偏心拉杆拱模型

C. 无洞墙梁采用偏心拉杆拱模型，开洞口墙梁采用梁—拱组合模型

D. 无洞墙梁采用梁—柱组合模型，开洞口墙梁采用偏心压杆拱模型

16-18-3 下列砌体结构抗震设计的概念，正确的是：

A. 6 度设防，多层砌体结构既不需做承载力抗震验算，也不需考虑抗震构造措施

B. 6 度设防，多层砌体结构不需做承载力抗震验算，但要满足抗震构造措施

C. 8 度设防，多层砌体结构需进行薄弱处抗震弹性变形验算

D. 8 度设防，多层砌体结构需进行薄弱处抗震弹塑性变形验算

16-18-4 在砌体结构抗震设计中，决定砌体房屋总高度和层数限制的因素是：

A. 砌体强度与高厚比

B. 砌体结构的静力计算方案

C. 砌体类别、最小墙厚，地震设防烈度及横墙的多少？

D. 砌体类别与高厚比及地震设防烈度

16-18-5 关于构造柱的作用，哪几种说法是正确的？

①提高砌体房屋的抗剪能力；

②构造柱对砌体起到约束作用，使其变形能力有较大提高；

③提高了墙体高厚比限值；

④大大提高了砌体承受竖向荷载的能力。

A. ①②③　　B. ①③④　　C. ①②④　　D. ①③

16-18-6 对于砌体结构房屋，以下哪一项措施对抗震不利？

A. 采用纵横墙承重的结构体系

B. 纵横墙的布置宜均匀对称

C. 楼梯间宜设置在房屋的尽端

D. 不应采用无锚固的钢筋混凝土预制挑檐

16-18-7 砌体房屋有下列哪几种情况之一时宜设置防震缝？

①房屋立面高差在 6m 以上；

②符合弹性设计方案的房屋；

③各部分结构刚度、质量截然不同；

④房屋有错层，且楼板高差较大。

A. ①②③　　B. ①③④　　C. ①②④　　D. ①③

题解及参考答案

16-18-1　解:由《砌体结构设计规范》(GB 50003—2011)第4.2.1条表4.2.1可知,砌体结构房屋静力计算时,采用刚性方案、刚弹性方案或弹性方案的判别因素与屋盖或楼盖的类别以及房屋横墙的间距有关。第4.2.2条对刚性和刚弹性方案房屋的横墙刚度作了具体的要求。

答案:C

16-18-2　解:无洞口墙梁主压力迹线呈拱形,作用于墙梁顶面的荷载通过墙体的拱作用向支座传递。托梁主要承受拉力,两者组成一拉杆拱受力机构。当洞口偏开在墙体一侧时,墙顶荷载通过墙体的大拱和小拱作用向两端支座及托梁传递。托梁既作为大拱的拉杆承受拉力,又作为小拱一端的弹性支座,承受小拱传来的垂直压力,因此偏洞口墙梁具有梁—拱组合受力机构。

答案:C

16-18-3　解:《砌体结构设计规范》(GB 50003—2011)第10.1.7条第1款规定,抗震设防烈度为6度时,规则的砌体结构房屋构件,应允许不进行抗震验算,但应有符合现行国家标准的抗震构造措施。

答案:B

16-18-4　解:由《建筑抗震设计规范》(GB 50011—2010)第7.1.2条表7.1.2可知,砌体房屋的层数和总高度限值与房屋的类别,最小抗震墙厚度,以及抗震设防烈度和设计基本地震加速度有关。第7.1.2条第2款对横墙较少的房屋作了更严格的限制。

答案:C

16-18-5　解:构造柱不会提高砌体承受竖向荷载的能力,可以间接提高砌体房屋的抗剪能力,②、③项均为构造柱的作用。

答案:A

16-18-6　解:《建筑抗震设计规范》(GB 50011—2010)第7.1.7条第4款规定,楼梯间不宜设置在房屋的尽端和转角处。

答案:C

16-18-7　解:《建筑抗震设计规范》(GB 50011—2010)第7.1.7条第3款规定,砌体房屋有下列情况之一时宜设置防震缝:①房屋立面高差在6m以上;②房屋有错层,且楼板高差大于层高的1/4;③各部分结构刚度、质量截然不同。与房屋的设计计算方案无关。

答案:B

十七、土力学与基础工程

复 习 指 导

应根据“考试大纲”的要求，着重对大纲涉及内容的基本概念、基本理论、基本计算方法、计算公式和步骤、相关的试验方法、基本知识的应用等内容有系统、有条理地重点掌握。明白其中的道理和关系，掌握分析问题的方法。在了解基本计算原理的基础上，应会使用为减小计算工作量或简化、方便计算所制的相关表格。就本章选择题类型，不允许有很长的答题时间，不必过分追求复杂的原始计算公式和过于繁杂、难度大的知识。从多年考试内容和本科要求重点分析，应要求掌握以下重点内容。

1. 土的组成和物理性质

(1)应熟练掌握土的三相组成及相关知识——三相比例指标及其换算，土的矿物成分、结构以及颗粒级配对土的工程性质的影响等有关问题。

(2)砂土的密实度及评价方法——砂土密实度指标为孔隙比、相对密度和标准贯入锤击数。

(3)黏膜性土不同状态的分界含水率及状态指标、可塑性指标——液限、塑限、液性指数，塑性指数及用途。

(4)土的压实问题——土的含水率与干重度的关系、最大干重度与最佳含水率的概念。

(5)土的工程分类方法与分类。

2. 土中应力分布及计算

(1)土的自重应力计算——掌握分层土、有地下水位、有隔水层条件下土的竖向自重应力计算。

(2)土中附加应力计算——基底总压力、基底附加压力计算、土中附加应力分布和计算(常用基础底面形状与荷载分布)，会查相应附加应力系数表格。

3. 土的压缩性与地基沉降

(1)土的压缩性指标——压缩系数、压缩模量、压缩指数、回弹指数、变形模量以及与其相关的压缩试验、压缩曲线(e-p 曲线、e-lg$p$ 曲线、再压缩曲线)、压缩试验、固结试验等。

(2)土的应力历史——超固结土、欠固结土、正常固结土、先期固结压力、超固结比概念，土的不同固结状态对土的压缩性影响。

(3)最终沉降计算方法——弹性理论法、分层总和法。

(4)有效应力原理——有效应力、孔隙水压力、总应力之间的关系，有效应力与土沉降变形之间的关系。

(5)土的一维固结理论——结合有效应力原理，理解饱和土单向排水有效应力，孔隙水压力的变化与时间、排水路径、固结沉降的关系以及固结系数、固结度的概念与计算。

4. 土的抗剪强度

土的抗剪强度指标(黏聚力与内摩擦角)、直剪试验方法与库仑定律、土的三轴试验方法与土的极限平衡条件。土中一点应力状态的表示方法,用总应力、有效应力法分析土抗剪强度及有效抗剪强度指标。

5. 特殊性土

了解软土、黄土、膨胀土、红黏土、盐渍土、冻土、填土、可液化土的一般不良工程性质及处理方法。

6. 土压力

静止土压力、主动土压力、被动土压力的概念与朗金、库仑土压力理论、适用条件与计算方法。

7. 边坡稳定分析

土坡失稳的机理和影响因素,均质土坡稳定分析原理与条分法。

8. 地基承载力

地基破坏的过程与模式、地基的临塑荷载、临界荷载、极限荷载的概念与计算,斯肯普敦公式、太沙基公式、汉森公式的适用条件与应用。掌握确定地基承载力特征值的方法(载荷试验、公式计算、工程经验等方法)。掌握按规范修正公式确定修正后的地基承载力特征值的方法。

9. 浅基础

(1)常见的浅基础结构类型——独立基础、条形基础、十字交叉基础、筏板基础、箱形基础。这些基础对地基的要求,由高到低;基础刚度、基底面积和所适应的荷载由小到大;对不均匀沉降的适应性由弱到强。

(2)地基承载力是同时满足强度和变形两个条件时,地基单位面积上所能承受的最大荷载,称为地基承载力。应掌握承载力大小的影响因素及确定地基承载力的常用方法。

(3)应熟练掌握浅基础设计方法、设计步骤及其之间的关系。浅基础设计前期,必须对场地的地质情况进行勘察调查,确定地基承载力及有关物理、力学性质指标。根据上部结构资料计算作用在基础上的荷载,确定基础埋深,并按地基承载力确定基础底面尺寸,然后进行必要的验算(包括地基承载力及变形验算),最后根据作用在基础底面上的地基反力和材料强度等级确定基础的构造尺寸。

(4)在软弱地基上建造建筑物时,可以在建筑、结构、设计和施工中采取相应的措施,以减轻不均匀沉降对建筑物的危害,措施得当可以达到减少甚至不必对地基进行处理的效果。对这些必要的措施应系统地加以了解。

掌握软弱下卧层验算的方法。

(5)掌握地基、基础与上部结构相互作用的基本概念将有助于了解各类基础的性能,正确选择地基基础方案,评价常规理论分析与相互作用之间的可能差异,认识与理解地基特征变形允许值的影响因素和帮助采取防止不均匀沉降损害的措施等。地基、基础与上部结构共同工作是指地基、基础和上部结构三者相互联系成整体来承担荷载而发生变形的。这三部分都将按各自的刚度对整体变形产生制约作用,从而使整个体系的内力和变形发生变化。

10. 深基础

(1)常见的深基础结构类型有桩基础、大直径桩墩基础、沉井基础、地下连续墙、桩箱基础以及高层建筑深基坑护坡工程等,特别注意对应用面广、适用面宽的桩基础和其他常见类型深基础特点的了解。

(2)掌握桩与桩基础最基本的类型与分类方法,而不同的分类方法反映了不同桩基础的某些方面的特点。按受力情况分为:端承桩、摩擦桩;按所用材料分为:混凝土桩、钢筋混凝土桩、钢桩、木桩;按施工方法分为:预制桩与灌注桩;按承台位置的高低分为:高桩承台基础、低桩承台基础;按桩的使用功能分为:竖向抗压桩、竖向抗拔桩、水平受荷桩;按成桩方法分为:非挤土桩、部分挤土桩、挤土桩;按桩径大小分为:小桩、中等直径桩、大直径桩。应了解各类桩基础的特点、设计与施工方法。

(3)桩的承载力问题是桩基础设计的重要内容。目前我国确定桩的承载力的规范有《建筑地基基础设计规范》(GB 50007—2011)和《建筑桩基技术规范》(JGJ 94—2008)。桩的承载力,包括单桩竖向承载力、群桩竖向承载力和桩的水平承载力。对于不同承载性状、不同使用功能、不同桩周土与桩端土质、不同桩的数量使桩承载力的设计变得较为复杂。特别是两个规范中桩的承载力有多种计算方法和公式,给这部分的复习带来了难度。应注意将各种桩的承载力计算方法和公式加以分析、比较、归类与总结,搞清楚每个公式的适用条件,以达到灵活掌握与应用。对两规范中单桩轴向承载力计算公式应能熟练应用。

(4)了解群桩效应的概念,掌握群桩沉降验算的基本方法。

(5)桩基础设计包括确定桩的类型、确定桩的规格、尺寸与单桩竖向承载力,计算桩的数量并进行桩的平面布置、桩基础验算、桩承台设计。应掌握桩基础的设计步骤,重点掌握桩基础的受力验算。

11. 地基处理

(1)地基处理的目的与地基处理方法分类。

(2)每一种地基处理的方法都有它的适用范围、局限性和优缺点。要了解各种地基处理方法的机理。针对工程的复杂情况、工程对地基的具体要求、工程费用等方面因素综合考虑确定适合的地基处理方法。

(3)常用的地基处理方法的设计、计算。

(4)各种地基处理方法的施工和质量检验。

练习题、题解及参考答案

(一)土的物理性质和工程分类

17-1-1 盛放在金属容器中的土样连同容器总重为 454g,经烘箱干燥后,总重变为 391g,

空的金属容器重量为270g，那么用百分比表示的土样的初始含水率为：

A. 52.07　　B. 34.23　　C. 62.48　　D. 25.00

17-1-2　黏性土处于什么状态时，含水率减小土体积不再发生变化？

A. 固体　　B. 可塑　　C. 流动　　D. 半固体

17-1-3　下列表示土的饱和度的表述中，哪项是正确的？

A. 土中水的质量与土粒质量之比
B. 土中水的质量与土的质量之比
C. 土中水的体积与孔隙体积之比
D. 土中水的质量与土粒质量加水的质量的和之比

17-1-4　土体的孔隙比为47.71%，那么用百分比表示的该土体的孔隙比为：

A. 91.24　　B. 109.60　　C. 47.71　　D. 52.29

17-1-5　某砂土土样的天然孔隙比为0.461，最大孔隙比为0.943，最小孔隙比为0.396，则该砂土的相对密实度为：

A. 0.404　　B. 0.881　　C. 0.679　　D. 0.615

17-1-6　在体积为$1m^3$的完全饱和土体中，水的体积占$0.6m^3$，该土的孔隙比等于：

A. 0.40　　B. 0.60　　C. 1.50　　D. 2.50

17-1-7　黏性土处于什么状态时，含水率减小土体积不再发生变化？

A. 固体　　B. 可塑　　C. 流动　　D. 半固体

17-1-8　黏性土可根据什么进行工程分类？

A. 塑性　　B. 液性指标　　C. 塑性指标　　D. 液性

17-1-9　下列各项中，不能传递静水压力的土中水是：

A. 结合水　　B. 自由水　　C. 重力水　　D. 毛细水

17-1-10　土的塑性指数越大，则：

A. 土的含水率越高　　B. 土的黏粒含量越高
C. 土的抗剪强度越小　　D. 土的孔隙比越大

17-1-11　最容易发生冻胀现象的土是：

A. 碎石土　　B. 砂土　　C. 粉土　　D. 黏土

17-1-12　当黏性土含水率增大，土体积开始增大，土样即进入下列哪种状态？

A. 固体状态　　B. 可塑状态　　C. 半固体状态　　D. 流动状态

17-1-13　结构为絮凝结构的土是：

A. 粉粒　　B. 砂粒　　C. 黏粒　　D. 碎石

17-1-14　级配良好的砂土应满足的条件是（C_u 为不均匀系数，C_c 为曲率系数）：

A. $C_u < 5$　　B. $C_u < 10$　　C. $C_u > 5$　　D. $C_u > 10$

17-1-15　判别黏性土软硬状态的指标是：

A. 塑性指数　　B. 液限　　C. 液性指数　　D. 塑限

17-1-16　亲水性最弱的黏土矿物是：

A. 高岭石　　B. 蒙脱石　　C. 伊利石　　D. 方解石

17-1-17　土的三相比例指标中可直接测定的指标为：

A. 含水率、孔隙比、饱和度　　B. 密度、含水率、孔隙比
C. 土粒相对密度、含水率、密度　　D. 密度、含水率、干密度

17-1-18　无黏性土进行工程分类的依据是：

A. 塑性指数　　B. 液性指数　　C. 颗粒大小　　D. 粒度成分

17-1-19　能传递静水压力的土中水是：

A. 毛细水　　B. 弱结合水　　C. 薄膜水　　D. 强结合水

17-1-20　随着击实功的减小，土的最大干密度 ρ_d 及最佳含水率 w_{op} 将发生的变化是：

A. ρ_d 增大，w_{op} 减小　　B. ρ_d 减小，w_{op} 增大
C. ρ_d 增大，w_{op} 增大　　D. ρ_d 减小，w_{op} 减小

17-1-21　下列指标中，哪一数值越大，表明土体越松散？

A. 孔隙比　　B. 相对密实度
C. 标准贯入锤击数　　D. 轻便贯入锤击数

17-1-22　土的饱和度是指：

A. 土中水的体积与孔隙体积之比　　B. 土中水的体积与气体体积之比
C. 土中水的体积与土的体积之比　　D. 土中水的体积与土粒体积之比

17-1-23　土的孔隙比是指：

A. 土中孔隙体积与水的体积之比　　B. 土中孔隙体积与气体体积之比
C. 土中孔隙体积与土的体积之比　　D. 土中孔隙体积与土粒体积之比

17-1-24　黏性土由可塑状态转入流动状态的界限含水率被称为：

A. 液限　　B. 塑限　　C. 缩限　　D. 塑性指数

17-1-25　某土样的天然含水率 w 为 25%，液限 w_L 为 40%，塑限 w_p 为 15%，其液性指数 I_L 为：

A. 2.5　　B. 0.6　　C. 0.4　　D. 1.66

17-1-26　按土的工程分类，坚硬状态的黏土是指下列中的哪种土？

A. $I_L \leqslant 0, I_p > 17$ 的土　　B. $I_L \geqslant 0, I_p > 17$ 的土
C. $I_L \leqslant 0, I_p > 10$ 的土　　D. $I_L \geqslant 0, I_p > 10$ 的土

17-1-27　用黏性土回填基坑时，在下述哪种情况下压实效果最好？

A. 土的含水率接近液限　　B. 土的含水率接近塑限
C. 土的含水率接近缩限　　D. 土的含水率接近最优含水率

17-1-28　某土样的重度 $\gamma = 17.1\text{kN/m}^3$，含水率 $w = 30\%$，土粒相对密度 $d_s = 2.7$，则土的干密度 ρ_d 为：

A. 13.15kN/m^3　　B. 1.31g/cm^3　　C. 16.2kN/m^3　　D. 1.62g/cm^3

17-1-29　计算砂土相对密实度 D_r 的公式是：

A. $D_r = \dfrac{e_{max} - e}{e_{max} - e_{min}}$　　B. $D_r = \dfrac{e - e_{min}}{e_{max} - e_{min}}$

C. $D_r = \dfrac{\rho_{dmax}}{\rho_d}$　　D. $D_r = \dfrac{\rho_d}{\rho_{dmax}}$

题解及参考答案

17-1-1　**解**：土的含水率 $w = \dfrac{m_w}{m_s} \times 100\%$。

答案：A

17-1-2 **解**:当黏性土由半固体状态转入固体状态时其体积不再随含水率减少而变化。

答案:A

17-1-3 **解**:土中水的体积与孔隙体积之比称为饱和度。

答案:C

17-1-4 **解**:孔隙比与孔隙率的关系:

$$e=\frac{V_v}{V_s}=\frac{n}{1-n}=\frac{47.71\%}{1-47.71\%}=91.24\%$$

答案:A

17-1-5 **解**:相对密实度 $D_r=\frac{e_{max}-e}{e_{max}-e_{min}}=\frac{0.943-0.461}{0.943-0.396}=0.881$。

答案:B

17-1-6 **解**:完全饱和土体,即孔隙中全部充满水,$e=\frac{V_v}{V_s}=\frac{0.6}{1-0.6}=1.5$。

答案:C

17-1-7 **解**:当黏性土由半固体状态转为固体状态时,其体积不再随含水率减小而变化。

答案:A

17-1-8 **解**:黏性土进行工程分类的依据是塑性指数。

答案:C

17-1-9 **解**:土中结合水包括强结合水、弱结合水,它们受到带电粒子表面电场力的吸附作用不能传递静水压力。土中自由水包括重力水和毛细水,能传递静水压力。

答案:A

17-1-10 **解**:土的塑性指数越大,表示土的可塑性状态含水量变化范围越大,吸附的结合水越多,可塑性越高,属于黏土或有机质土,所以土的黏粒含量越高。

答案:B

17-1-11 **解**:冻胀现象通常发生在细粒土中,特别是粉质土具有较显著的毛细现象,具有较通畅的水源补给通道,且土粒的矿物成分亲水性强,能使大量水迁移和积聚。相反,黏土因其毛细孔隙很小,对水分迁移阻力很大,所以冻胀性较粉质土小。

答案:C

17-1-12 **解**:黏性土随含水率不同,可呈现固态、半固态、可塑状态、流动状态,从流动状态到半固态,随着含水率的减小,土的体积减小,但当黏性土由半固体状态转入固体状态时,其体积不再随含水量减小而变化。

答案:C

17-1-13 **解**:砂粒、碎石等粗粒土的结构为单粒结构,粉粒的结构为蜂窝结构,黏粒的结构为絮凝结构。

答案:C

17-1-14 **解:**$C_u>10$ 的砂土,土粒不均匀,级配良好;$C_u<5$ 的砂土,土粒均匀,级配不良;当 $C_u>5$ 且 $C_c=1\sim3$,土为级配良好的土。

答案:D

17-1-15 **解:**液性指数 $I_L=\frac{w-w_p}{w_L-w_p}$,天然含水率 w 越大,其液性指数 I_L 数值越大,表明土体越软;天然含水率 w 越小,其液性指数 I_L 数值越小,表明土体越坚硬。

答案:C

17-1-16 **解:**黏土矿物的亲水性强是指其吸水膨胀、失水收缩性强。三种主要黏土矿物中,亲水性最强的是蒙脱石,最弱的是高岭石,伊利石居中。

答案:A

17-1-17 **解:**土的三相比例指标中可直接测定的指标被称为基本指标,包括土粒相对密度、含水率、密度。

答案:C

17-1-18 **解:**黏性土进行工程分类的依据是塑性指数,无黏性土进行工程分类的依据是粒度成分。

答案:D

17-1-19 **解:**土中结合水包括强结合水和弱结合水,它们不能传递静水压力。土中自由水包括重力水和毛细水,能传递静水压力。

答案:A

17-1-20 **解:**同一种土,当击实功增大时,根据试验结果可知,其最大干密度增大,而最佳含水率减小。

答案:B

17-1-21 **解:**土的相对密实度 $D_r=\frac{e_{max}-e}{e_{max}-e_{min}}$,$e$ 为土的天然孔隙比,e_{max}、e_{min} 分别为土处于最松散、最密实状态的孔隙比。e 越大,D_r 越小,土体越松散;而贯入锤击数越大,土体越密实。

答案:A

17-1-22 **解:**土的体积为土粒体积与孔隙体积之和,孔隙体积为土中水的体积与土中气的体积之和,饱和度表示土中孔隙充满水的程度,为土中水的体积与孔隙体积之比。

答案:A

17-1-23 **解:**反映土中孔隙多少的指标有两个,一个是孔隙率 n,它是土中孔隙体积与土体积之比,另一个是孔隙比 e,它是土中孔隙体积与土粒体积之比。

答案:D

17-1-24 **解：** 黏性土的界限含水率有三个，分别是缩限、塑限和液限。土由固态转入半固态的界限含水率为缩限，土由半固态转入可塑状态的界限含水率为塑限，土由可塑状态转入流动状态的界限含水率为液限。

答案： A

17-1-25 **解：** 液性指数$I_L=\frac{w-w_p}{w_L-w_p}=\frac{25\%-15\%}{40\%-15\%}=0.4$。

答案： C

17-1-26 **解：** $I_L\leqslant0$的土处于坚硬状态，$0<I_L\leqslant0.25$的土处于硬塑状态，$0.25<I_L\leqslant0.75$的土处于可塑状态，$0.75<I_L\leqslant1$的土处于软塑状态，$I_L>1$的土处于流塑状态。黏性土是指$I_p>10$的土，其中，$I_p>17$的土被称为黏土，$10<I_p\leqslant17$的土被称为粉质黏土。

答案： A

17-1-27 **解：** 为使回填土压实效果最好，填土的含水率应控制在$w_{op}\pm2\%$，w_{op}为最优含水率。

答案： D

17-1-28 **解：** 土的干重度 $\gamma_d=\frac{\gamma}{(1+w)}=\frac{17.1}{1+30\%}=13.15\text{kN/m}^3$

干密度 $\rho_d=\frac{\gamma_d}{10}=\frac{13.15}{10}=1.315\text{g/cm}^3$

答案： B

17-1-29 **解：** 相对密实度公式为 $D_r=\frac{e_{max}-e}{e_{max}-e_{min}}$。

答案： A

(二)地基中的应力

17-2-1 均匀地基中地下水位埋深为1.40m，不考虑地基中的毛细效应，地下水位上土重度为15.8kN/m^3，地下水位以下土体的饱和重度为19.8 kN/m^3，则地面下3.6m处的竖向有效应力为：

A. 64.45kPa　　B. 34.68kPa　　C. 43.68kPa　　D. 71.28kPa

17-2-2 下列说法中错误的是：

A. 地下水位的升降对土中自重应力有影响
B. 地下水位的下降会使土中自重应力增大
C. 当地层中有不透水层存在时，不透水层中的静水压力为零
D. 当地层中存在有承压水层时，该层的自重应力计算方法与潜水层相同，即该层土的重度取有效重度来计算

17-2-3 一个地基包含1.50m厚的上层干土层和下卧饱和土层。干土层重度为15.6kN/m^3，而饱和土层重度为19.8kN/m^3。那么埋深3.50m处的总竖向地应力为：

A. 63kPa　　B. 23.4kPa　　C. 42kPa　　D. 54.6kPa

17-2-4　附加应力是：

A. 由上部结构荷载和土的自重共同引起的
B. 由基础自重引起的
C. 随地下水位的上升而下降的
D. 随离基底中心水平距离的增大而减小的

17-2-5　下列有关地基附加应力计算时的有关项说法不正确的是：

A. 基础埋深越大，土中附加应力越大
B. 基础埋深越大，土中附加应力越小
C. 计算深度越小，土中附加应力越大
D. 基底附加应力越大，土中附加应力越大

17-2-6　埋深为 h 的浅基础，一般情况下基底压力 p 与基底附加应力 p_0 大小之间的关系为：

A. $p>p_0$　　B. $p=\frac{1}{2}p_0$　　C. $p<p_0$　　D. $p\geqslant p_0$

17-2-7　宽度均为 b，基底附加应力均为 p_0 的基础，附加应力影响深度最大的是：

A. 矩形基础　　B. 方形基础
C. 圆形基础（b 为直径）　　D. 条形基础

17-2-8　按空间问题求解地基中附加应力的基础是：

A. 独立基础　　B. 条形基础　　C. 大坝基础　　D. 路基

17-2-9　土中附加应力起算点位置为：

A. 天然地面　　B. 基础底面　　C. 室外设计地面　　D. 室内设计地面

17-2-10　地下水位上升将使土中自重应力减小的土层位置是：

A. 原水位以下　　B. 变动后水位以下
C. 不透水层以下　　D. 变动后水位以上

17-2-11　深度相同时，随着离基础中心点距离的增大，地基中竖向附加应力将如何变化？

A. 斜线增大　　B. 斜线减小　　C. 曲线增大　　D. 曲线减小

17-2-12　单向偏心的矩形基础，当偏心距 $e=L/6$（L 为偏心一侧基底边长）时，基底压应力分布图简化为：

A. 矩形　　B. 三角形　　C. 梯形　　D. 抛物线

17-2-13　宽度为3m的条形基础，偏心距 $e-0.7$m，作用在基础底面中心的竖向荷载 $N=$ 1000kN/m，基底最大压应力为：

A. 800kPa　　B. 833kPa　　C. 417kPa　　D. 400kPa

17-2-14　绝对柔性基础在均匀受压时，基底反力分布图形简化为：

A. 矩形　　B. 抛物线形　　C. 钟形　　D. 马鞍形

17-2-15　刚性基础在中心受压时，基底的沉降分布图形可简化为：

A. 矩形　　B. 抛物线形　　C. 钟形　　D. 马鞍形

题解及参考答案

17-2-1　**解**：有效应力 $\sigma=\sum_{i=1}^{n}\gamma_i h_i=15.8\times1.4+(19.8-10)\times(3.6-1.4)=43.68$kPa，地下水位以下取有效重度 γ' 进行计算。

答案：C

17-2-2　**解**：当地层中存在承压水层时，该层的自重应力计算方法与饱和土的有效应力计算方法相同，即算出总应力和孔隙水压力，二者之差即为自重应力(饱和)。

答案：D

17-2-3　**解**：计算基底自重应力时，透水土用浮重度(有效应力)计算。这里计算总竖向地应力，应理解为总应力(自重)，干土层以下用饱和重度计算。

$$\sigma_{cz}=\gamma_1 h_1+\gamma_{sat}h_2=15.6\times1.5+19.8\times2=63.0\text{kPa}$$

答案：A

17-2-4　**解**：地基中的附加应力是指地基在外荷载作用下，在原自重应力作用的基础上产生的应力增量。(对有限面积荷载作用产生选项D的结果)

答案：D

17-2-5　**解**：附加应力 $\sigma_z=K_a p_0$，基底附加应力 $p_0=p-\gamma d$，故基础埋深 d 越大，基底附加应力 p_0 越小，因而地基中任一位置的附加应力越小。

答案：A

17-2-6　**解**：基底附加应力 p_0 与基底压应力 p 之间的关系为 $p_0=p-\gamma_0 h$。

答案：A

17-2-7　**解**：宽度相同，基底附加应力相同时，附加应力影响深度最大的是条形基础，如附

加应力达到 $0.1p_0$ 时，方形荷载附加应力影响的深度为 $z=2b$，条形荷载附加应力影响的深度为 $z=6b$。

答案:D

17-2-8　解:当基底的长边尺寸与短边尺寸之比大于或等于10时，地基中附加应力可以按平面问题求解;否则，应按空间问题求解。独立基础的长短边之比小于10，应按空间问题求解。

答案:A

17-2-9　解:地基中附加应力是 z 的函数，z 坐标原点为基础底面，所以附加应力计算的起算点位置为基础底面。

答案:B

17-2-10　解:因地下水位以下透水层中，自重应力应采用有效重度计算，所以地下水位下降后，使原水位以下自重应力增大，地下水位上升后，使变动后水位以下自重应力减小。

答案:B

17-2-11　解:地基中附加应力分布有如下规律:在离基础底面不同深度 z 处的各个水平面上，附加应力随离中心点下轴线越远而曲线减小;在荷载分布范围内任意点沿铅垂线的附加应力，随深度 z 增大而曲线减小。

答案:D

17-2-12　解:根据基底压应力的简化计算方法，当偏心距 $e=L/6$ 时，基底最小压应力为0，最大压应力为 $2(F+G)/A$，分布图为三角形。

答案:B

17-2-13　解:当条形基础的偏心距 $e>b/6$ 时，基底压应力将重分布。为简化计算，条形基础底边的长度取1m，则基底最大压应力 $p_{\max}=\dfrac{2N}{3a}$，$a=0.5b-e$，b 为条形基础宽度。

答案:B

17-2-14　解:柔性基础的基底反力分布与作用于基础上的荷载分布完全一致，均布荷载作用下柔性基础的基底沉降中部大，边缘小。

答案:A

17-2-15　解:中心荷载作用下刚性基础基底反力分布为边缘大、中部小，基底沉降均匀。

答案:A

(三)土的压缩性与地基沉降

17-3-1　某土层压缩系数为 0.50MPa^{-1}，天然孔隙比为0.8，土层厚1m，已知该土层受到的平均附加应力 $\bar{\sigma}_z=60\text{kPa}$，则该土层的沉降量为:

A. 16.3　　B. 16.7　　C. 30　　D. 33.6

17-3-2 某黏性土层厚为 2m，室内压缩试验结果如表所示。已知该土层的平均竖向自重应力 σ_c = 50kPa，平均竖向附加应力 σ_z = 150kPa，问该土层由附加应力引起的沉降为多少？

题 17-3-2 表

p(kPa)	0	50	100	200	400
e	0.951	0.861	0.812	0.753	0.740

A. 65.1 mm　　B. 84.4 mm　　C. 96.3mm　　D. 116.1mm

17-3-3 当采用矩形的绝对刚性基础时，在中心荷载作用下，基础底面的沉降特点主要表现为：

A. 中心沉降大于边缘的沉降
B. 边缘的沉降是中心沉降的 1.5 倍
C. 边缘的沉降是中心沉降的 2 倍
D. 各点的沉降量相同

17-3-4 对现行《建筑地基基础设计规范》规定建筑物地基变形允许值下列说法正确的是：

A. 考虑了地基的承载能力要求
B. 考虑了上部结构对地基变形的适应性能力和建筑物的使用要求
C. 考虑了上部结构的承载力要求
D. 考虑了基础结构抗变形能力要求

17-3-5 与软黏土地基某时刻的主固结沉降计算无关的土工参数是：

A. 土层厚度　　B. 土的渗透系数
C. 土的压缩模量　　D. 土的变形模量

17-3-6 两个埋深和底面压力均相同的单独基础，在相同的非岩石类地基土情况下，基础面积大的沉降量与基础面积小的沉降量的关系如下列哪项所示？

A. 基础面积大的沉降量比基础面积小的沉降量大
B. 基础面积大的沉降量比基础面积小的沉降量小
C. 基础面积大的沉降量与基础面积小的沉降相等
D. 基础面积大的沉降量与基础面积小的沉降量关系按不同的土类别而定

17-3-7 采用分层总和法计算软土地基沉降量时，压缩层下限确定的根据是：

A. $\sigma_{cz}/\sigma_z \leqslant 0.2$　　B. $\sigma_z/\sigma_{cz} \leqslant 0.2$
C. $\sigma_z/\sigma_{cz} \leqslant 0.1$　　D. $\sigma_{cz}/\sigma_z \leqslant 0.1$

17-3-8 在相同荷载作用下，相同厚度的单面排水土层渗透固结速度最慢的是：

A. 黏性土地基　　B. 碎石土地基

C. 砂土地基　　D. 粉土地基

17-3-9　高压缩性土，其压缩系数 $a_{1\text{-}2}$ 应满足的条件是：

A. $0.1\text{MPa}^{-1} \leqslant a_{1\text{-}2} < 0.5\text{MPa}^{-1}$　　B. $a_{1\text{-}2} < 0.1\text{MPa}^{-1}$

C. $0.1\text{MPa}^{-1} \leqslant a_{1\text{-}2} < 0.3\text{MPa}^{-1}$　　D. $a_{1\text{-}2} \geqslant 0.5\text{MPa}^{-1}$

17-3-10　两个性质相同的土样，用变形模量 E_0 计算的最终沉降量 S_1 和用压缩模量 E_s 计算的最终沉降量 S_2 之间存在的大小关系是：

A. $S_1 > S_2$　　B. $S_1 = S_2$

C. $S_1 < S_2$　　D. $S_1 \geqslant S_2$

17-3-11　土体压缩变形的实质是：

A. 孔隙体积的减小　　B. 土粒体积的压缩

C. 土中水的压缩　　D. 土中气的压缩

17-3-12　对于某一种特定的土来说，压缩系数大小符合下述哪种规律？

A. 随竖向压力 p 增大而增大　　B. 是常数

C. 随竖向压力 p 增大而减小　　D. 随竖向压力 p 增大而线性增大

17-3-13　当土为超固结状态时，其先期固结压力 p_c 与目前土的上覆压力 γh 的关系为：

A. $p_c < \gamma h$　　B. $p_c > \gamma h$

C. $p_c = \gamma h$　　D. $p_c = 0$

17-3-14　土在有侧限条件下测得的模量被称为：

A. 变形模量　　B. 回弹模量

C. 弹性模量　　D. 压缩模量

17-3-15　根据超固结比 OCR 可将沉积土层分类，当 OCR<1 时，土层属于：

A. 超固结土　　B. 欠固结土

C. 正常固结土　　D. 老固结土

17-3-16　饱和黏土的总应力 σ、有效应力 σ'、孔隙水压力 u 之间存在的关系为：

A. $\sigma = u - \sigma'$　　B. $\sigma = \sigma' + u$

C. $\sigma' = \sigma + u$　　D. $\sigma' = u - \sigma$

17-3-17　某饱和黏性土，在某一时刻，有效应力图面积与孔隙水压力图面积相等，则固结度为：

A. 100%　　B. 33%　　C. 67%　　D. 50%

17-3-18　相同荷载作用下，最终沉降量最大的是下列哪种土形成的地基？

A. 超固结土　　B. 欠固结土

C. 正常固结土　　D. 老固结土

题解及参考答案

17-3-1　**解**：$s_i=\dfrac{a\bar{\sigma}_z}{1+e_1}h_i=\dfrac{0.5\times10^{-6}\times60\times10^3}{1+0.8}\times1=1.67\times10^{-2}\text{m}=16.7\text{mm}$。

答案：B

17-3-2　**解**：查表，该土层在平均竖向自重应力 $\sigma_c=50\text{kPa}$ 作用下，$e_1=0.861$；在平均总应力 $\sigma_2=\sigma_c+\sigma_z=50+150=200\text{kPa}$ 作用下，$e_2=0.753$。

$$\text{压缩系数 } a=\frac{e_1-e_2}{\sigma_2-\sigma_c}=\frac{0.861-0.753}{150}=7.2\times10^{-4}$$

$$\Delta s=\frac{a\sigma_z}{1+e_1}h_1=\frac{7.2\times10^{-4}\times150}{1+0.861}\times2=0.1161\text{m}=116.1\text{mm}$$

答案：D

17-3-3　**解**：绝对刚性基础刚度无限大，在中心荷载作用下，基础底面各点无相对位移，各点沉降量相同。

答案：D

17-3-4　**解**：《建筑地基基础设计规范》(GB 50007—2011)第5.3.3条1款规定：关于地基变形，对于砌体承重结构应由局部倾斜值控制；对于框架结构和单层排架结构应由相邻柱基的沉降差控制；对于多层或高层建筑和高耸结构应由倾斜值控制。可见基础变形允许值是为了保证上部结构对地基变形的适应性能力和建筑物的使用要求。既要求满足结构对变形的适应能力，也要求沉降不能过大，影响结构的正常使用。

答案：B

17-3-5　**解**：对于这类问题，首先根据土层的渗透系数、压缩模量、初始孔隙比、土层厚度和给定的时间进行计算，其中压缩系数与土的压缩模量有关。

答案：D

17-3-6　**解**：两个埋深相同、底面土反力相同的单独基础，如基础下为非岩石类地基，则基础底面积大的 z/B 小，附加应力系数大(近于1)，σ_z 越接近 p_0，σ_z 大，则沉降量大。

答案：A

17-3-7　**解**：采用分层总和法计算地基最终沉降量时，其压缩层下限是根据附加应力 σ_z 与

自重应力 σ_{cz} 的比值确定的，一般土层要求 $\sigma_z/\sigma_{cz}\leqslant 0.2$，软土要求 $\sigma_z/\sigma_{cz}\leqslant 0.1$。

答案:C

17-3-8 **解**:相同条件下，渗透系数大的土层渗透固结速度快，粒径越大，其渗透系数数值越大。

答案:A

17-3-9 **解**:压缩系数 $a_{1\text{-}2}$ 是由压应力 $p_1=100\text{kPa}$ 和 $p_2=200\text{kPa}$ 求出的压缩系数，用来评价土的压缩性高低。当 $a_{1\text{-}2}<0.1\text{MPa}^{-1}$ 时，属低压缩性土；$0.1\text{MPa}^{-1}\leqslant a_{1\text{-}2}<0.5\text{MPa}^{-1}$ 时，属于中压缩性土；$a_{1\text{-}2}\geqslant 0.5\text{MPa}^{-1}$ 时，属高压缩性土。

答案:D

17-3-10 **解**:土在无侧限条件下测得的变形模量 E_0 比有侧限条件下测得的压缩模量 E_s 数值小，而最终沉降量大小与变形模量 E_0 或压缩模量 E_s 成反比。

答案:A

17-3-11 **解**:土体在压缩过程中，土粒、土中水和土中空气本身的压缩量微小，可以忽略不计。

答案:A

17-3-12 **解**:压缩系数是压缩曲线上任意两点所连直线的斜率，它是一个变量，随竖向压力 p 增大而减小。

答案:C

17-3-13 **解**:先期固结压力 p_c 是指土层历史上所受的最大固结压力，根据其与目前上覆压力 $p=\gamma h$ 的关系，将土层分为超固结土、正常固结土、欠固结土。超固结土是指 $p_c>p$ 的土层，正常固结土是指 $p_c=p$ 的土层，欠固结土是指 $p_c<p$ 的土层。

答案:B

17-3-14 **解**:室内压缩试验时，土体处于有侧限条件下，所测得的模量被称为压缩模量。现场载荷试验时，土体处于无侧限条件下，所测得的模量被称为变形模量。

答案:D

17-3-15 **解**:超固结比 OCR 为先期固结压力 p_c 与目前土的上覆压力 p_1 之比，且欠固结土是指 $p_c<p_1$ 的土层。

答案:B

17-3-16 **解**:饱和黏土的有效应力原理为：土的总应力等于有效应力（粒间接触应力）与孔隙水压力之和。

答案:B

17-3-17 **解**:固结度为某一时刻沉降量与最终沉降量之比，也可以表示为某一时刻有效应力图形面积与总应力图形面积之比，而有效应力图形面积与孔隙水压力图形面积之和等于总应力图形面积。

答案:D

17-3-18 **解**:一般土层的最终沉降量是指由附加应力产生的,而欠固结土在自重应力作用下尚未完全固结,所以其沉降量比正常固结土和超固结土大。

答案:B

(四)土的抗剪强度

17-4-1 直径为38mm的平砂土样品,进行常规三轴试验,围压恒定为48.7kPa,最大竖向加载杆的轴向力为75.2N,那么该样品的内摩擦角为:

A. 23.9° B. 22.0° C. 30.5° D. 20.1°

17-4-2 饱和黏土的抗剪强度指标:

A. 与排水条件有关 B. 与排水条件无关
C. 与试验时的剪切速率无关 D. 与土中孔隙水压力的变化无关

17-4-3 某一点的应力状态为σ_1=400kPa,σ_3=200kPa,c=20kPa,φ=20°,则该点处于下列哪项所述情况?

A. 稳定状态 B. 极限平衡状态
C. 无法判断 D. 破坏状态

17-4-4 土的强度指标c、φ涉及下面的哪一种情况?

A. 一维固结 B. 地基土的渗流
C. 地基承载力 D. 黏性土的压密

17-4-5 已知地基土的有效应力抗剪强度指标c=20kPa,φ=32°,问当地基中基点的孔隙压力u=50,小主应力σ_3=150kPa,而大主应力σ_1为多少,该点刚好发生剪切破坏?

A. 325.5kPa B. 375.5kPa C. 397.6kPa D. 447.6kPa

17-4-6 慢剪的试验结果适用的条件是下列哪种地基?

A. 快速加荷排水条件良好地基 B. 快速加荷排水条件不良地基
C. 慢速加荷排水条件良好地基 D. 慢速加荷排水条件不良地基

17-4-7 当摩尔应力圆与抗剪强度线相切时,土体处于下列哪种状态?

A. 破坏状态 B. 极限平衡状态
C. 安全状态 D. 静力平衡状态

17-4-8 采用不固结不排水试验方法对饱和黏性土进行剪切试验,土样破坏面与水平面的夹角为：

A. $45^\circ+\varphi/2$　　B. 45°　　C. $45^\circ-\varphi/2$　　D. 0°

17-4-9 分析地基的长期稳定性一般采用下列哪种参数？

A. 固结排水试验确定的总应力参数
B. 固结不排水试验确定的总应力参数
C. 不固结排水试验确定的有效应力参数
D. 固结不排水试验确定的有效应力参数

17-4-10 某土样的排水剪指标 $c'=20\text{kPa}$，$\varphi'=30^\circ$，当所受总应力 $\sigma_1=500\text{kPa}$，$\sigma_3=177\text{kPa}$ 时，土样内孔隙水压力 $u=50\text{kPa}$ 时，土样处于什么状态？

A. 安全状态　　B. 极限平衡状态
C. 破坏状态　　D. 静力平衡状态

17-4-11 现场测定土的抗剪强度指标可采用：

A. 固结试验　　B. 平板载荷试验
C. 标准贯入试验　　D. 十字板剪切试验

题解及参考答案

17-4-1 **解：**围压 $\sigma_3=48.7\text{kPa}$

偏应力 $\Delta\sigma=75.2\times10^3/[(38/2)^2\times3.14]=66.3\text{kPa}$

应力圆半径 $R=66.3/2=33.2$

圆心坐标 $48.7+33.2=81.9\text{kPa}$

则 $\varphi=\arcsin(33.2/81.9)=23.9^\circ$

答案：A

17-4-2 **解：**土的抗剪强度与剪切时土中孔隙水压力的大小有关，亦与试验时的排水条件和剪切速率有关。饱和黏性土在抗剪强度测定试验中不排水。

答案：B

17-4-3 **解：**由图示抗剪强度线与应力圆的关系判定可得，该点上任何平面上剪应力均小于抗剪强度，故该点处于稳定状态。

答案：A

17-4-4 **解：**只有确定地基极限承载力时涉及内摩擦角(φ)和黏聚力(c)。

答案：C

17-4-5 **解：**有效应力 $\sigma_3'=\sigma_3-u=150-50=100\text{kPa}$

$$\sigma'_1=\sigma'_3\tan^2(45°+\frac{\varphi}{2})+2c\tan(45°+\frac{\varphi}{2})$$

$$=100\times\tan^2(45°+\frac{32°}{2})+2\times20\times\tan(45°+\frac{32°}{2})=397\text{kPa}$$

$$\sigma_1=\sigma'_1+u=397.6+50=447.6\text{ kPa}$$

答案:D

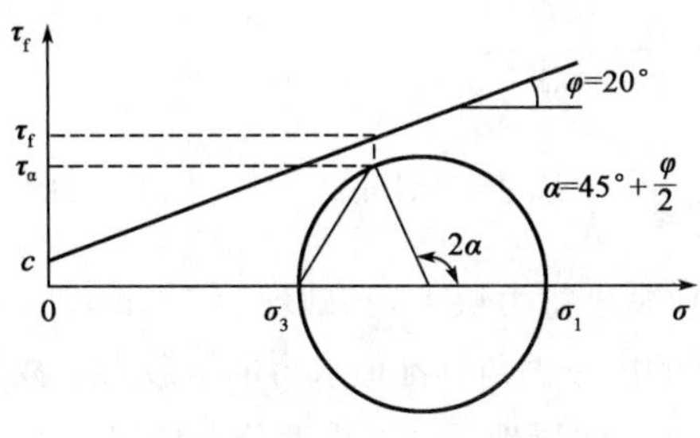

题 17-4-3 解图

17-4-6 解:直接剪切试验分为快剪、慢剪和固结快剪。慢剪是在施加垂直压力并待试样固结完成后,以缓慢的剪切速率施加水平剪力,使试样在剪切过程中有充分时间排水固结。由此可见,慢速加荷排水条件良好的地基与慢剪试验条件接近。

答案:C

17-4-7 解:当摩尔应力圆与抗剪强度线相离时,说明土体中任一面上所受剪应力均小于土的抗剪强度,土体处于安全状态;当摩尔应力圆与抗剪强度线相切时,说明土体在切点所对应的面上,所受剪应力等于土的抗剪强度,土体处于极限平衡状态;当摩尔应力圆与抗剪强度线相交时,土体处于破坏状态。

答案:B

17-4-8 解:土样破坏面与最大主应力作用面即水平面的夹角为 $45°+\varphi/2$,当采用不固结不排水试验方法对饱和黏性土进行剪切试验时,其抗剪强度线为水平线即 $\varphi=0°$。

答案:B

17-4-9 解:一般认为,由三轴固结不排水试验确定的有效应力强度指标 c' 和 φ' 宜用于土坡的长期稳定分析,估计挡土墙的长期土压力及软土地基的长期稳定分析。

答案:D

17-4-10 解:土的极限平衡条件为 $\sigma'_1=\sigma'_3\tan^2(45°+\varphi'/2)+2c'\tan(45°+\varphi'/2)$。

土样中的孔隙水压力为 50kPa,实际的有效小主应力 $\sigma'_3=177-50=127\text{kPa}$,代入上式得有效大主应力 $\sigma'_1=127\times\tan^2(45°+30°/2)+2\times20\times\tan(45°+30°/2)=450\text{kPa}$,实际的有效大主应力为 $\sigma'_1=500-50=450\text{kPa}$,等于计算值,土体处于极限平衡状态。

答案:B

17-4-11 解:室内剪切试验要求取得原状土样,对于软黏土等难以获取原状土样时,可采用十字板剪切试验进行现场原位测试。

答案:D

(五)地基承载力

17-5-1 在黏性土地基上进行浅层平板载荷试验,采用0.5m×0.5m荷载板,得到结果为:压力与沉降曲线(p-s 曲线)初始段为线性,其板底压力与沉降的比值为25kPa/mm,方形荷载板形状系数取0.886,黏性土的泊松比取0.4,则地基土的变形模量为:

$$\left[注:E_0 = \omega(1-\mu^2)\cdot \frac{p}{s}\cdot b\right]$$

A. 9303kPa　　B. 9653kPa　　C. 9121kPa　　D. 8243kPa

17-5-2 某基础置于粉质黏土持力层上,基础埋深1.5m,基础宽度2.0m,持力层的黏聚力标准值 $c_k=10$ kPa,据持力层的内摩擦角标准值求得的承载力系数分别为 $M_b=0.43$,$M_d=2.72$,$M_c=5.31$。地下水位埋深1.0m,浅层地基天然重度分布情况为0~1.0m,$\gamma_1=17\text{kN/m}^3$,1.0~5.0m,$\gamma_2=18.0\text{kN/m}^3$,按现行《建筑地基基础设计规范》计算,基础持力层土的地基承载力特征值接近下列哪个值:

A. 139.0kPa　　B. 126.0kPa　　C. 120.5kPa　　D. 117.0kPa

17-5-3 下面哪种情况不能提高地基承载力:

A. 加大基础宽度　　B. 增加基础埋深
C. 降低地下水　　D. 增加基础材料的强度

17-5-4 基底压力直线分布的假设适用于:

A. 深基础的结构计算　　B. 浅基础的结构计算
C. 基底尺寸较小的基础结构计算　　D. 沉降计算

17-5-5 与受中心荷载作用的基础相比,偏心荷载作用下地基极限承载力将:

A. 提高　　B. 不变　　C. 降低　　D. 不确定

17-5-6 所谓临塑荷载,就是指:

A. 地基土将出现塑性区时的荷载
B. 地基土中出现连续滑动面时的荷载
C. 地基土中出现某一允许大小塑性区时的荷载
D. 地基土中即将发生整体剪切破坏时的荷载

17-5-7 一般而言,软弱黏性土地基发生的破坏形式为:

A. 整体剪切破坏　　B. 刺入式破坏
C. 局部剪切破坏　　D. 连续式破坏

17-5-8 考虑荷载偏心及倾斜影响的极限承载力公式是：

A. 太沙基公式　　B. 普朗特尔公式
C. 魏锡克公式　　D. 赖纳斯公式

17-5-9 地基承载力特征值不需要进行宽度、深度修正的条件是：

A. $b \leqslant 3\text{m}, d \leqslant 0.5\text{m}$　　B. $b > 3\text{m}, d \leqslant 0.5\text{m}$
C. $b \leqslant 3\text{m}, d > 0.5\text{m}$　　D. $b > 3\text{m}, d > 0.5\text{m}$

题解及参考答案

17-5-1 **解：**载荷试验的变形模量 $E_0 = \omega(1-\mu^2) \cdot \dfrac{p}{s} \cdot b$，$\omega$ 为方形荷载板形状系数，μ 为黏性土的泊松比，$\dfrac{p}{s}$ 为底板压力与沉降之比，b 为方形承压板宽度。

答案：A

17-5-2 **解：**$f_a = M_b \gamma b + M_d \gamma_m d + M_c c_k$

$\gamma = 18 - 10 = 8\text{kN/m}^3$

$\gamma_m = \dfrac{17 \times 1 + 8 \times 0.5}{1.5} = 14\text{kN/m}^3$

$f_a = 0.43 \times 8 \times 2 + 2.72 \times 14 \times 1.5 + 5.31 \times 10 = 117.1\text{kPa}$

答案：D

17-5-3 **解：**根据地基承载力计算公式 $f_a = f_{ak} + \eta_b \gamma(b-3) + \eta_d \gamma_m (d-0.5)$，增加基础材料强度不能提高地基承载力。

答案：D

17-5-4 **解：**根据弹性理论中的圣维南原理，为简化计算，对于具有一定刚度及基底尺寸较小的常见基础，基底压力分布可视为直线分布，用于地基土压缩（基础沉降）计算。

答案：C

17-5-5 **解：**地基极限承载力不受荷载形式的影响，它由地基土层的性质决定。

答案：B

17-5-6 **解：**临塑荷载 P_{cr} 是指地基土即将出现剪切破坏（塑性区）时的基底压力，极限荷载 P_u 是指地基中即将发生整体剪切破坏时的基底压力，临界（界限）荷载 $P_{\frac{1}{4}}$ 为塑性区最大深度 $z_{max} = \dfrac{1}{4}b$（b 为基底宽度）对应的基底压力。

答案：A

17-5-7 **解：**地基破坏形式主要与地基土的性质、基础埋深及加荷速率有关。对于压缩性较低的土，一般发生整体剪切破坏；对于压缩性较高的土，一般发生刺入式破坏。

答案：B

17-5-8 **解**：魏锡克公式在普朗特尔理论的基础上，综合考虑了基底形状、偏心和倾斜荷载、基础两侧覆盖土层的抗剪强度、基底和地面倾斜、土的压缩等影响。

答案：C

17-5-9 **解**：当基础宽度 $b>3\text{m}$ 或埋深 $d>0.5\text{m}$ 时，应对由载荷试验或其他原位测试、经验值等方法确定的地基承载力特征值进行修正。

答案：A

（六）土压力

17-6-1 如在开挖临时边坡以后砌筑重力式挡土墙，合理的墙背形式是：

A. 仰斜　　B. 俯斜　　C. 直立　　D. 背斜

17-6-2 挡土墙后填土处于主动极限平衡状态，则挡土墙：

A. 在外荷载作用下推挤墙背后土体
B. 在外荷载作用下偏离墙背后土体
C. 被土压力推动而偏离墙背土体
D. 被土体限制而处于原来位置

17-6-3 挡土墙后填土的内摩擦角 φ、黏聚力 c 变化，对主动土压力 E_a 大小的影响是：

A. φ、c 越大，E_a 越大　　B. φ、c 越大，E_a 越小
C. φ 越大、c 越小，E_a 越大　　D. φ 越大、c 越小，E_a 越小

17-6-4 均质黏性土沿墙高为 H 的挡土墙上的主动土压力分布图为：

A. 矩形　　B. 三角形（高度$=H$）
C. 梯形　　D. 三角形（高度$<H$）

17-6-5 墙高为6m，填土内摩擦角为 30°、黏聚力为 8.67kPa、重度为 20kN/m^3 的均质黏性土，应用朗肯土压力理论计算作用在墙背上的主动土压力合力为：

A. 120kN/m　　B. 67.5kN/m　　C. 60kN/m　　D. 75kN/m

17-6-6 某墙背倾角 α 为 10°的仰斜挡土墙，若墙背与土的摩擦角 δ 为 10°，则主动土压力合力与水平面的夹角为：

A. 20°　　B. 30°　　C. 10°　　D. 0°

17-6-7 某墙背倾角 α 为 10°的俯斜挡土墙，若墙背与土的摩擦角 δ 为 20°，则被动土压力合力与水平面的夹角为：

A. 20°　　　　B. 30°　　　　C. 10°　　　　D. 0°

17-6-8　一挡土墙高4m，墙背竖直、光滑，墙后填土面水平，填土为均质，$c=10\text{kPa}$，$\varphi=20°$，$K_0=0.66$，$\gamma=17\text{kN/m}^3$。若挡土墙没有位移，则作用在墙上土压力合力及其作用点位置为：

A. $h=1.33\text{m}$，$E=89.76\text{kN/m}$

B. $h=1.33\text{m}$，$E=52.64\text{kN/m}$

C. $h=1.33\text{m}$，$E=80.64\text{kN/m}$

D. $h=2.67\text{m}$，$E=52.64\text{kN/m}$

题解及参考答案

17-6-1　**解**：先开挖临时边坡后砌筑挡土墙，因仰斜墙背上土压力最小，所以选择仰斜墙背合理。

答案：A

17-6-2　**解**：由挡土墙填土处于主动极限平衡状态时的位移状态判定。

答案：C

17-6-3　**解**：主动土压力强度 $\sigma_a=\gamma z\tan^2(45°-\varphi/2)-2c\tan(45°-\varphi/2)$，$E_a$ 为 σ_a 分布图的面积。

答案：B

17-6-4　**解**：均质黏性土在挡土墙顶面上的主动土压力强度 $\sigma_a=-2c\tan(45°-\varphi/2)$，顶面将产生负侧压力，说明土体对墙背无作用力，因此，黏性土的土压力分布仅为受压区的部分。

答案：D

17-6-5　**解**：$E_a=0.5\gamma H^2\tan^2(45°-\varphi/2)-2cH\tan(45°-\varphi/2)+2c^2/\gamma$，或根据主动土压力强度所围图形面积计算。

答案：B

17-6-6　**解**：主动土压力合力与水平面的夹角为 $\delta+\alpha$，墙背仰斜时，α 取负值；墙背俯斜时，α 取正值。

答案：D

17-6-7　**解**：被动土压力合力与水平面的夹角为 $\delta-\alpha$，墙背俯斜时，α 取正值；墙背仰斜时，α 取负值。

答案：C

17-6-8　**解**：若挡土墙没有位移，则作用在墙背上的土压力为静止土压力，$E=0.5\gamma H^2K_0$，均质黏性土的静止土压力沿墙高的分布为三角形，三角形形心即为土压力合力作用点的位置。

答案：A

(七)边坡稳定

17-7-1 土坡高度为8m,土的内摩擦角 $\varphi=10°(N_s=9.2)$,$c=25\text{kPa}$,$\gamma=18\text{kN/m}^3$ 的土坡,其稳定安全系数为:

A. 1.6　　B. 1.0　　C. 2.0　　D. 0.5

17-7-2 在饱和软黏土地基上进行快速临时基坑开挖。不考虑坑内降水。如果有一个测压管埋置在基坑边坡位置内,开挖结束时的测压管水头比初始状态会:

A. 上升　　B. 不变　　C. 下降　　D. 不确定

17-7-3 已知某工程基坑开挖深度 $H=5\text{m}$,$\gamma=19.0\text{kN/m}^3$,$\varphi=15°$,$c=12\text{kPa}$,基坑稳定开挖坡角为:

A. 30°　　B. 60°　　C. 64°　　D. 45°

17-7-4 若土的内摩擦角 $\varphi=5°$,坡角 β 与稳定因数 N_s 的关系见表。

题 17-7-4 表

β(°)	50	40	30	20
N_s	7.0	7.9	9.2	11.7

当现场土坡高度 $h=4.6\text{m}$,黏聚力 $c=10\text{kPa}$,土的重度 $\gamma=20\text{kN/m}^3$,基坑的极限坡角为:

A. $\beta=40°$　　B. $\beta=50°$　　C. $\beta=30°$　　D. $\beta=20°$

17-7-5 分析砂性土坡稳定时,假定的滑动面为:

A. 斜平面　　B. 坡脚圆　　C. 坡面圆　　D. 中点圆

17-7-6 由下列哪一种土构成的土坡进行稳定分析时一般采用条分法?

A. 粗砂土　　B. 碎石土　　C. 细砂土　　D. 黏性土

题解及参考答案

17-7-1 **解:**稳定安全系数 $K=\dfrac{H_{cr}}{H}$,而 $H_{cr}=cN_1/\gamma$,则 $K=\dfrac{cN_1}{\gamma H}=\dfrac{25\times9.2}{18\times8}=1.6$。

答案:A

17-7-2 **解:**饱和软土地基有水,快速临时开挖意味着不排水,不考虑坑内降水,则开挖结束后测压管水头不变。

答案:B

17-7-3 **解**:根据黏性土坡稳定计算图进行求解。

由 $N_s=\frac{c}{\gamma h}=\frac{12}{19\times 5}=0.126$,查黏性土坡稳定计算图得 $\beta=60°$。

答案:C

17-7-4 **解**:稳定因数 $N_s=\frac{\gamma H_{cr}}{c}=\frac{20\times 4.6}{10}=9.2$,根据稳定因数 $N_s=9.2$ 查表得坡脚 $\beta=30°$。

答案:C

17-7-5 **解**:无黏性土坡进行稳定分析时,假设滑动面为斜平面;黏性土坡进行稳定分析时,假设滑动面为圆筒面。

答案:A

17-7-6 **解**:黏性土由于剪切破坏的滑动面多数为曲面,理论分析时近似为圆弧面,为简化计算,常采用条分法。

答案:D

(八)浅基础

17-8-1 在保证安全可靠的前提下,浅基础深埋设计时应考虑:

A.尽量浅埋　　B.尽量埋在地下水位以下

C.尽量埋在冻结深度以上　　D.尽量采用人工地基

17-8-2 条形基础埋深3m,宽3.5m,上部结构传至基础顶面的竖向力为200kN/m,偏心弯矩为50kN·m/m,基础自重和基础上的土重可按综合重度20kN/m³考虑,则该基础底面边缘的最大压力值为:

A. 141.6kPa　　B. 212.1kPa　　C. 340.3kPa　　D. 180.5kPa

17-8-3 在设计柱下条形基础的基础梁最小宽度时,下列哪项为正确的?

A.梁宽应大于柱截面的相应尺寸

B.梁宽应等于柱截面的相应尺寸

C.梁宽应大于柱截面宽高尺寸中的最小值

D.由基础梁截面强度计算确定

17-8-4 某匀质地基承载力特征值为120kPa,基础深度的地基承载力修正系数为1.5,地下水位深2m,水位以上天然重度为16kN/m³,水位以下饱和重度为20kN/m³,条形基础宽3m,则基础埋置深度为3m时,按深宽修正后的地基承载力特征值为:

A. 159kPa　　B. 171kPa　　C. 180kPa　　D. 186kPa

17-8-5 单向偏心的矩形基础，当偏心距 $e<L/6$（L 为偏心一侧基底边长）时，基底压力分布图简化为：

A. 三角形　　B. 梯形
C. 平行四边形　　D. 双曲线

17-8-6 某地矩形基础埋深为 1.5m，底面尺寸为 2m×3m，柱作用于基础的轴心荷载 $F=900\text{kN}$，弯矩 $M=310\text{kN}\cdot\text{m}$（沿基础长边方向作用），基础和基础台阶上土的平均重度 $\gamma=20\text{kN/m}^3$，试问基础底面边缘最大的地基反力接近于下列哪个值？

A. 196.7 kPa　　B. 283.3 kPa　　C. 297.0 kPa　　D. 506.7kPa

17-8-7 宽度为 3m 的条形基础，偏心距 $e=0.7\text{m}$，作用在基础底面中心的竖向荷载 $N=1000\text{kN/m}$，则基底最大压应力为：

A. 700kPa　　B. 733kPa　　C. 210kPa　　D. 833kPa

17-8-8 某建筑物基础尺寸为 2m×2m，基础埋深为 2m，基底附加应力 $p_0=100\text{kPa}$，则基础中点垂线上，离地面 4m 处的附加应力为：

A. 10kPa　　B. 25kPa　　C. 50kPa　　D. 33.6kPa

17-8-9 某四层砖混结构，承重墙下为条形基础，宽 1.2m，基础埋深 1m，上部建筑物作用于基础的荷载标准值为 120kN/m。地基为淤泥质黏土，重度 17.8kN/m^3，地基承载力特征值为 50kPa，淤泥质黏土的承载力深度修正系数 $\eta_d=1.0$。采用换土垫层法处理地基，砂垫层的压力扩散角为 30°，经验算砂垫层厚 2m，已满足承载力要求，砂垫层的宽度至少是：

A. 5m　　B. 3.5m　　C. 2.5m　　D. 3.2m

17-8-10 将软弱下卧层的承载力标准值修正为设计值时：

A. 需作宽度和深度修正
B. 仅需作宽度修正
C. 仅需作深度修正
D. 仅当基础宽度大于 3m 时才需作宽度修正

17-8-11 高耸结构应控制的地基主要变形特征为：

A. 沉降量　　B. 倾斜　　C. 沉降差　　D. 局部倾斜

17-8-12 下列基础中，适宜宽基浅埋的基础是：

A. 混凝土基础　　B. 砖基础

C. 钢筋混凝土基础　　　　D. 毛石基础

17-8-13　下列基础中，减小不均匀沉降效果最好的基础类型是：

A. 条形基础　　　　B. 独立基础
C. 箱形基础　　　　D. 十字交叉基础

17-8-14　基础底面尺寸大小取决于什么因素？

A. 仅取决于持力层承载力　　　　B. 取决于持力层和下卧层承载力
C. 仅取决于下卧层承载力　　　　D. 取决于地基承载力和变形要求

17-8-15　柱截面边长为 h，基底长度为 L、宽度为 B 的矩形刚性基础，其最小埋深的计算式是：

A. $(L-h)/2\tan\alpha$　　　　B. $[(L-h)/2\tan\alpha]+0.1\text{m}$
C. $(B-h)/2\tan\alpha$　　　　D. $[(B-h)/2\tan\alpha]+0.1\text{m}$

17-8-16　墙体宽度为 b、基底宽度为 B 的刚性条形基础，基础最小高度的计算式是：

A. $(B-b)/2\tan\alpha$　　　　B. $[(B-b)/2\tan\alpha]+0.1\text{m}$
C. $(B-b)/\tan\alpha$　　　　D. $[(B-b)/\tan\alpha]+0.1\text{m}$

17-8-17　在进行地基基础设计时，哪些级别的建筑需要验算地基变形？

A. 甲级、乙级建筑　　　　B. 甲级、乙级、部分丙级建筑
C. 所有建筑　　　　D. 甲级、部分乙级建筑

17-8-18　需按地基变形进行地基基础设计的建筑等级为：

A. 甲级、乙级建筑　　　　B. 甲级、部分乙级建筑
C. 所有建筑　　　　D. 甲级、乙级、部分丙级建筑

17-8-19　根据《建筑地基基础设计规范》，12 层以上建筑的梁板式筏型基础，底板厚度不应小于：

A. 300mm　　B. 500mm　　C. 400mm　　D. 600mm

17-8-20　平板式筏型基础，当筏板厚度不足时，可能发生什么破坏？

A. 弯曲破坏　　　　B. 剪切破坏
C. 冲切破坏　　　　D. 剪切破坏和冲切破坏

17-8-21　不完全补偿性基础设计应满足的条件是下列中哪一项？

A. 基底实际平均压力大于原有土的自重应力

B. 基底实际平均压力小于原有土的自重应力

C. 基底实际平均压力等于原有土的自重应力

D. 基底实际附加压力小于原有土的自重应力

17-8-22 软弱下卧层承载力验算应满足的要求为：

A. $p_z \leqslant f_{az}$　　B. $p_z + p_{cz} \leqslant f_{az}$

C. $p_z \geqslant f_{az}$　　D. $p_z + p_{cz} \geqslant f_{az}$

17-8-23 高度小于100m的高耸建筑，其基础的允许沉降量为：

A. 300mm　B. 200mm　C. 400mm　D. 100mm

17-8-24 在天然地基上进行基础设计时，基础的埋深不宜：

A. 在冻结深度以下　　B. 小于相邻原有建筑基础

C. 在地下水位以上　　D. 大于相邻原有建筑基础

17-8-25 柱下钢筋混凝土基础的高度一般由什么条件控制？

A. 抗冲切条件　B. 抗弯条件　C. 抗压条件　D. 抗拉条件

17-8-26 柱下钢筋混凝土基础底板配筋根据哪一要求计算？

A. 抗冲切强度　B. 抗拉强度　C. 抗压强度　D. 抗弯强度

17-8-27 柱下钢筋混凝土基础底板中的钢筋如何布置？

A. 双向均为受力筋　　B. 长向为受力筋，短向为分布筋

C. 双向均为分布筋　　D. 短向为受力筋，长向为分布筋

17-8-28 地基净反力包括下列哪一部分荷载引起的基底应力？

A. 上覆土自重　　B. 基础自重

C. 上部结构传来荷载　　D. 基础及上覆土自重

17-8-29 在软土地基上开挖基坑时，为不扰动原状土结构，坑底保留的原状土层厚度一般为：

A. 100mm　B. 300mm　C. 400mm　D. 200mm

17-8-30 不能起到减少地基不均匀沉降作用的措施是下列中的哪一项？

A. 减轻建筑物自重　　B. 减小基底附加应力

C. 设置圈梁　　D. 不设地下室

17-8-31 若混合结构外纵墙上产生倒八字形裂缝，则地基沉降特点为：

A. 中间大，两端小　　B. 均匀
C. 中间小，两端大　　D. 波浪形

17-8-32 无筋扩展基础台阶宽高比的允许值与下列哪一因素无关？

A. 基础材料　　B. 基底平均压应力
C. 地基土类型　　D. 基础材料质量要求

17-8-33 为使联合基础的基底压应力分布均匀，设计基础时应尽量做到：

A. 基底形心接近荷载合力作用点
B. 基础应有较小的抗弯刚度
C. 基底形心远离荷载合力作用点
D. 基底形心与建筑物重心重合

17-8-34 地基、基础、上部结构三者相互作用中起主导作用的是：

A. 地基的性质　　B. 基础的刚度　　C. 上部结构形式　　D. 基础的形式

17-8-35 根据《建筑地基基础设计规范》，在抗震设防区，除岩石地基外，天然地基上的箱基埋深不宜小于建筑物高度的：

A. 1/18　　B. 1/20　　C. 1/12　　D. 1/15

17-8-36 沉降差是指：

A. 相邻两基础边缘点沉降量之差　　B. 基础长边两端点沉降量之差
C. 相邻两基础中心点沉降量之差　　D. 基础短边两端点沉降量之差

17-8-37 地基的稳定性可采用圆弧滑动面法进行验算，《建筑地基基础设计规范》规定的条件是：

A. $M_r/M_s \geqslant 1.5$　　B. $M_r/M_s \leqslant 1.5$
C. $M_r/M_s \geqslant 1.2$　　D. $M_r/M_s \leqslant 1.2$

17-8-38 冻胀地基的建筑物，其室外地坪应至少高出自然地面：

A. 300～500mm　　B. 500～800mm　　C. 100～300mm　　D. 200～400mm

题解及参考答案

17-8-1 **解**：浅基础，如条件允许，宜尽量浅埋。

答案:A

17-8-2　解:$e=\dfrac{M_K}{F_K+G_K}=\dfrac{50}{200+3\times3.5\times2.0}=0.122$

$P_{max}=\dfrac{F_K+G_K}{b}\left(1+\dfrac{6e}{b}\right)=\dfrac{200+3\times3.5\times20}{3.5}\times\left(1+\dfrac{6\times0.122}{3.5}\right)=141.64\text{kPa}$

答案:A

17-8-3　解:设计时,柱下条形基础梁宽度一般比柱宽每侧宽 50mm。但当柱宽度大于 40mm(特别是当柱截面更大)时,梁宽如仍每侧比柱宽 50mm,将不经济且无必要。此时,梁宽可不一定大于柱宽,可在柱附近做成八字形过渡,由基础梁截面强度计算确定。

答案:D

17-8-4　解:采用《建筑地基基础设计规范》(GB 50007—2011)计算。

$$f_a=f_{ak}+\eta_b\gamma(b-3)+\eta_d\gamma_m(d-0.5)$$

埋深范围内土加权平均重度为(水位下取有效重度):

$$\gamma_m=\frac{16\times2+(20-10)\times1}{3}=14\text{kPa}$$

$$f_a=120+1.5\times14\times(3-0.5)=172.5\text{kPa}$$

注意:桥梁规范与此不同。

答案:B

17-8-5　解:根据基底压应力的简化计算方法,当偏心距 $e<L/6$ 时,基底最大、最小压应力均大于 0,分布图为梯形。

答案:B

17-8-6　解:$e=\dfrac{M_k}{F_k+G_k}=\dfrac{310}{900+20\times1.5\times2\times3}=0.29<\dfrac{l}{6}=0.5$

$\sigma=\dfrac{F_k+G_k}{A}+\dfrac{M_k}{W}=\dfrac{900+20\times1.5\times2\times3}{2\times3}+\dfrac{310}{\dfrac{1}{6}\times2\times3^2}=283.3\text{kPa}$

答案:B

17-8-7　解:当条形基础的偏心距 $e>b/6$ 时,基底压应力将重分布,为简化计算,条件基础底边的长度 1m,计算公式为 $p_{max}=\dfrac{2N}{3(0.5b-e)S}$,将参数代入计算即可。

答案:D

17-8-8　解:将基础分为四个小矩形,查得 $k_c=0.084$。附加应力 $\sigma_x=4k_cp_G=4\times0.084\times100=33.6\text{kPa}$。

答案:D

17-8-9　解:由题意知,当砂垫层厚度为 2m 时,已满足承载力要求,即 $\gamma d+\dfrac{B}{B'}\leqslant f$。

其中 $B'=B+2d\cdot\tan\theta$，为砂垫层的宽度。由上述不等式得 B' 的最小值为 3.5m。

答案：B

17-8-10 解：《建筑地基基础设计规范》(GB 50007—2011)第 5.2.7 条规定：当地基受力层范围内有软弱下卧层时，软弱下卧层的地基承载力为软弱下卧层顶面处经深度修正后的地基承载力特征值。

答案：C

17-8-11 解：砌体承重结构应控制的地基主要变形特征为局部倾斜；单层排架结构应控制的地基主要变形特征为沉降量；框架结构应控制的地基主要变形特征为沉降差；高层建筑应控制的地基土的变形特征为整体倾斜。

答案：B

17-8-12 解：除钢筋混凝土基础外，其他材料建造的基础均为刚性基础，由于刚性基础台阶的宽高比均不得超过其允许值，所以基础高度较大，而钢筋混凝土基础高度较小。

答案：C

17-8-13 解：箱形基础整体刚度大，减小不均匀沉降效果好。

答案：C

17-8-14 解：地基基础设计，应满足地基的强度条件和变形条件。

答案：D

17-8-15 解：矩形刚性基础在两个方向均应满足台阶允许宽高比要求，宽度 B 方向其最小高度计算式 $(B-h)/2\tan\alpha$，长度 L 方向其最小高度计算式 $(L-h)/2\tan\alpha$，基础高度应为上述两式中的较大者。而基础顶面距室外地坪的最小距离为 0.1m，所以最小埋深等于基础最小高度加 0.1m。

答案：B

17-8-16 解：刚性条形基础仅在基础宽度方向满足台阶允许宽高比要求，其最小高度计算式为 $(B-b)/2\tan\alpha$。

答案：A

17-8-17 解：《建筑地基基础设计规范》(GB 50007—2011)第 3.0.2 条规定：

2 设计等级为甲级、乙级的建筑物，均应按地基变形设计。

3 设计等级为丙级的建筑物有下列情况之一时应作变形验算：

1)地基承载力特征值小于 130kPa，且体型复杂的建筑；

2)在基础上及其附近有地面堆载或相邻基础荷载差异较大，可能引起地基产生过大的不均匀沉降时；

3)软弱地基上的建筑物存在偏心荷载时；

4)相邻建筑距离近，可能发生倾斜时；

5)地基内有厚度较大或厚薄不均的填土，其自重固结未完成时。

答案：B

17-8-18 **解**:所有建筑物的地基计算均应满足承载力计算的有关规定,设计等级为甲级、乙级的建筑物,均应按地基变形设计。

答案:A

17-8-19 **解**:《建筑地基基础设计规范》(GB 50007—2011)第 8.4.12 条规定:当底板板格为单向板时,其斜截面受剪承载力应按本规范第 8.2.10 条验算,其底板厚度不应小于 400mm。

答案:C

17-8-20 **解**:平板式筏型基础筏板厚度除应满足抗冲切承载力要求外,还应验算距内筒边缘或柱边缘 h_0 处筏板的抗剪承载力。

答案:D

17-8-21 **解**:完全补偿性基础是假使基础有足够埋深,使得基底的实际压力等于该处原有的土体自重压力。

答案:A

17-8-22 **解**:软弱下卧层承载力验算应满足的条件是:软弱下卧层顶面的自重应力 p_z 与附加应力 p_{cz} 之和不超过经修正后的软弱层承载力特征值 f_{az}。

答案:B

17-8-23 **解**:《建筑地基基础设计规范》(GB 50007—2011)第 5.3.4 条规定:建筑物的地基变形允许值应按表 5.3.4 规定采用,高度超过 100m 的高耸结构基础的允许沉降量为 400mm。

答案:C

17-8-24 **解**:《建筑地基基础设计规范》(GB 50007—2011)第 5.1.5 条、第 5.1.6 条、第 5.1.8 条规定:基础宜埋置在地下水位以上,当必须埋在地下水位以下时,应采取地基土在施工时不受扰动的措施。当基础埋置在易风化的岩层上,施工时应在基坑开挖后立即铺筑垫层。

当存在相邻建筑物时,新建建筑物的基础埋深不宜大于原有建筑基础。当埋深大于原有建筑基础时,两基础间应保持一定净距,其数值应根据建筑荷载大小、基础形式和土质情况确定。

季节性冻土地区基础埋置深度宜大于场地冻结深度。

答案:D

17-8-25 **解**:柱下钢筋混凝土基础高度不足时,会发生冲切破坏。

答案:A

17-8-26 **解**:《建筑地基基础设计规范》(GB 50007—2011)第 8.2.7 条规定:基础底板的配筋,应按抗弯计算确定。

答案:D

17-8-27 **解**:柱下钢筋混凝土基础底板在两个方向均存在弯矩,所以沿基础底板两个方向均应进行配筋计算。

答案:A

17-8-28 **解**:钢筋混凝土基础底板厚度及配筋计算均需使用地基净反力,地基净反力不包括基础及上覆土自重。

答案:C

17-8-29 **解**:因黏性土灵敏度均大于1,即黏性土扰动后的强度均低于原状土的强度,所以要尽量减少基坑土原状结构的扰动。通常可在坑底保留200mm厚的原土层,待敷设垫层时才临时铲除。

答案:D

17-8-30 **解**:见《建筑地基基础设计规范》(GB 50007—2011)第7.4.1条。

7.4.1 为减少建筑物沉降和不均匀沉降,可采用下列措施:

1 选用轻型结构,减轻墙体自重,采用架空地板代替室内填土;

2 设置地下室或半地下室,采用覆土少、自重轻的基础形式;

3 调整各部分的荷载分布、基础宽度或埋置深度;

4 对不均匀沉降要求严格的建筑物,可选用较小的基底压力。

答案:D

17-8-31 **解**:斜裂缝的形态特征是朝沉降较大那一方倾斜地向上延伸的。若地基沉降中部大、两端小,则在外纵墙上产生正八字形裂缝;若地基沉降中部小、两端大,则在外纵墙上产生倒八字形裂缝。

答案:C

17-8-32 **解**:《建筑地基基础设计规范》(GB 50007—2011)第8.1.1条规定:无筋扩展基础台阶宽高比的允许值与基础材料、基地平均压应力、基础材料质量要求有关。

答案:C

17-8-33 **解**:为使联合基础基底压力分布均匀,应使基底形心接近荷载合力作用点,同时基础还应具有较大的刚度。

答案:A

17-8-34 **解**:起主导作用的是地基,其次是基础,而上部结构则是在压缩性地基上基础整体刚度有限时起重要作用。

答案:A

17-8-35 **解**:《建筑地基基础设计规范》(GB 50007—2011)第5.1.4条规定:在抗震设防区,除岩石地基外,天然地基上的箱形和筏形基础其埋置深度不宜小于建筑物高度的1/15;桩箱或桩筏基础的埋置深度(不计桩长)不宜小于建筑物高度的1/18。

答案:D

17-8-36 **解**:沉降量是指基础某点的沉降值,而沉降差是指相邻两基础中心点沉降量之差。

答案:C

17-8-37 **解**:《建筑地基基础设计规范》(GB 50007—2011)第 5.4.1 条规定:地基稳定性可采用圆弧滑动面法进行验算。最危险的滑动面上诸力对滑动中心所产生的抗滑力矩与滑动力矩应符合下式要求:$M_r/M_s \geqslant 1.2$。

答案:C

17-8-38 **解**:《建筑地基基础设计规范》(GB 50007—2011)第 5.1.9 条规定:宜选择地势高、地下水位低、地表排水条件好的建筑场地。对低洼场地,建筑物的室外地坪标高应至少高出自然地面 300～500mm,其范围不宜小于建筑四周向外各一倍冻结深度距离的范围。

答案:A

(九)深基础

17-9-1 已知复合地基中桩的面积置换率为 0.15,桩土应力比为 5。复合地基承受的已知上部荷载为 P(kN),其中由桩间土承受的荷载大小为:

A. 0.47P　　B. 0.53P　　C. 0.09P　　D. 0.10P

17-9-2 某深沉搅拌桩桩长 8m,桩径 0.5m,桩体压缩模量为 120MPa,置换率为 25%,桩间土承载力特征值 110kPa,压缩模量为 6MPa,加固区受到平均应力为 121kPa,加固区的变形量为:

A. 13mm　　B. 25mm　　C. 28mm　　D. 26mm

17-9-3 泥浆护壁法钻孔灌注混凝土桩属于:

A. 非挤土桩　　B. 部分挤土桩　　C. 挤土桩　　D. 预制桩

17-9-4 下列关于桩的承载力的叙述,其中不恰当的一项是:

A. 桩的承载力与基础截面的大小有关
B. 配置纵向钢筋的桩有一定的抗弯能力
C. 桩没有抗拔能力
D. 对于一级建筑物,桩的竖向承载力应通过荷载试验来确定

17-9-5 某碎石桩处理软黏土地基。已知土的承载力为 100kPa,碎石桩直径 d=0.6m,正方形布桩,间距 s=1m,桩土应力比 n=5,复合地基承载力为:

A. 212.8kPa　　B. 151.1kPa
C. 171.1kPa　　D. 120kPa

17-9-6 按现行《建筑地基基础设计规范》规定,在确定单桩竖向承载力时,以下叙述不正确的是:

A. 单桩竖向承载力值应通过单桩竖向静载荷试验确定

B. 地基基础设计等级为丙级的建筑物，可采用静力触探及标准贯入试验参数确定

C. 初步设计时可按桩侧阻力、桩端承载力经验参数估算

D. 采用现场静载荷试验确定单桩竖向承载力值时，在同一条件下的试桩数量不宜小于总桩数的 2%，且不应少于 3 根

17-9-7 基础刚性承台的群桩基础中，角桩、边桩、中央桩的桩顶反力分布规律为：

A. 角桩＞边桩＞中央桩　　B. 中央桩＞边桩＞角桩

C. 中央桩＞角桩＞边桩　　D. 边桩＞角桩＞中央桩

17-9-8 钻孔灌注桩是排土桩(非挤土)，打入式预制桩是不排土桩(挤土)，同一粉土地基中的这两种桩，一般情况下其桩的侧摩阻力：

A. 钻孔桩大于预制桩　　B. 钻孔桩小于预制桩

C. 钻孔桩等于预制桩　　D. 三种情况均有可能

17-9-9 下列有关桩承台构造方面的叙述不正确的是：

A. 方形桩承台底部钢筋应双向布置

B. 桩的纵向钢筋应锚入承台内

C. 桩嵌入承台的深度不应小于 300mm

D. 混凝土强度等级不应低于 C15

17-9-10 桩侧负摩阻力的方向和产生位置分别是：

A. 方向向上，在桩端产生　　B. 方向向上，在桩周产生

C. 方向向下，在桩端产生　　D. 方向向下，在桩周产生

17-9-11 计算桩基础沉降时，最终沉降量宜采用的方法是：

A. 单向压缩分层总和法　　B. 单向压缩弹性力学法

C. 三向压缩分层总和法　　D. 三向压缩弹性力学法

17-9-12 根据《建筑桩基技术规范》(JGJ 94—2008)确定单桩竖向承载力标准值时，需考虑尺寸效应系数的桩直径 d 为：

A. $d \geqslant 500$mm　　B. $d \geqslant 800$mm　　C. $d \leqslant 500$mm　　D. $d \leqslant 800$mm

17-9-13 群桩承载力不等于各基桩相应单桩承载力之和的条件是：

A. 端承桩　　B. 桩数大于 3 根的摩擦桩

C. 桩数小于 3 根的端承摩擦桩　　D. 桩数小于 3 根的摩擦端承桩

17-9-14 下列基础中，不属于深基础的是：

A. 沉井基础　　B. 地下连续墙　　C. 桩基础　　D. 扩展基础

17-9-15 《建筑地基基础设计规范》规定承台的最小厚度为：

A. 300mm　　B. 400mm　　C. 500mm　　D. 600mm

17-9-16 《建筑地基基础设计规范》规定承台的最小宽度为：

A. 300mm　　B. 400mm　　C. 500mm　　D. 600mm

17-9-17 扩底灌注桩的扩底直径不应大于桩身直径的多少倍？

A. 4　　B. 2　　C. 1.5　　D. 3

17-9-18 工程桩进行竖向承载力检验的试桩数量不宜少于总桩数的多少？

A. 总桩数的 1%且不少于 3 根　　B. 总桩数的 2%且不少于 3 根
C. 总桩数的 1%且不少于 2 根　　D. 总桩数的 2%且不少于 5 根

17-9-19 嵌入完整硬岩的直径为400mm的钢筋混凝土预制桩，桩端阻力特征值 $q_{pa}=3000$kPa。初步设计时，单桩竖向承载力特征值 R_a 为：

A. 377kN　　B. 480kN　　C. 754kN　　D. 1508kN

17-9-20 下列哪种情况将在桩侧产生负摩阻力？

A. 地下水位上升　　B. 桩顶荷载过大
C. 地下水位下降　　D. 桩顶荷载过小

17-9-21 摩擦型桩的中心距不宜小于桩身直径的多少倍？

A. 4　　B. 2　　C. 1.5　　D. 3

17-9-22 《建筑地基基础设计规范》规定嵌岩灌注桩桩底进入微风化岩体的最小深度为：

A. 300mm　　B. 400mm　　C. 500mm　　D. 600mm

17-9-23 当存在软弱下卧层时，可以作为桩基持力层的最小黏性土层厚度为桩直径的多少倍？

A. 4　　B. 5　　C. 6　　D. 3

17-9-24 《建筑地基基础设计规范》规定桩顶嵌入承台的长度不宜小于：

A. 30mm　　B. 40mm　　C. 50mm　　D. 60mm

17-9-25 布置桩位时，宜符合下列哪条要求？

A. 桩基承载力合力点与永久荷载合力作用点重合
B. 桩基承载力合力点与可变荷载合力作用点重合
C. 桩基承载力合力点与所有荷载合力作用点重合
D. 桩基承载力合力点与准永久荷载合力作用点重合

17-9-26 轴心竖向力作用下，单桩竖向承载力应满足的条件是：

A. $Q_k \leqslant R_a$　　B. $Q_{ikmax} \leqslant 1.2R_a$
C. $Q_k \leqslant R_a$ 且 $Q_{ikmax} \leqslant 1.2R_a$　　D. $Q_{ikmin} \geqslant 0$

17-9-27 桩数为4根的桩基础，若作用于承台底面的水平力 $H_k=200$kN，承台及上覆土自重 $G_k=200$kN，则作用于任一单桩的水平力 H_{ik} 为：

A. 200kN　　B. 50kN　　C. 150kN　　D. 100kN

17-9-28 桩数为4根的桩基础，若作用于承台顶面的轴心竖向力 $F_k=200$kN，承台及上覆土自重 $G_k=200$kN，则作用于任一单桩的竖向力 Q_{ik} 为：

A. 200kN　　B. 50kN　　C. 150kN　　D. 100kN

17-9-29 可不进行沉降验算的桩基础是：

A. 地基基础设计等级为甲级的建筑物桩基
B. 摩擦型桩基
C. 嵌岩桩
D. 体型复杂、荷载不均匀或桩端以下存在软弱土层的设计等级为乙级的建筑物桩基

17-9-30 柱下桩基承台的弯矩计算公式 $M=\sum N_i y_i$ 中，当考虑承台效应时，N_i 不包括下列哪一部分荷载引起的竖向力？

A. 上覆土自重　　B. 承台自重
C. 上部结构传来荷载　　D. 上覆土及承台自重

17-9-31 对于三桩承台，受力钢筋应如何布置？

A. 横向均匀布置　　B. 纵向均匀布置
C. 纵、横向均匀布置　　D. 三向板带均匀布置

17-9-32 单桩桩顶作用轴向力时，桩身上轴力分布规律为：

A. 由上而下直线增大　　B. 由上而下曲线增大
C. 由上而下直线减小　　D. 由上而下曲线减小

17-9-33 预制桩、灌注桩、预应力桩的混凝土强度等级分别不应低于：

A. C20、C30、C40　　B. C20、C40、C30

C. C40、C30、C20　　D. C30、C25、C40

题解及参考答案

17-9-1 **解**：设基础面积为 A，则桩面积为 $0.15A$，桩承载力为 $5f$，桩间土体承载力为 f，故桩间土的应力为：

$$P\times\frac{0.85Af}{0.85Af+0.15A\times 5f}=0.53P$$

答案：B

17-9-2 **解**：复合地基的压缩模量 $E_{sp}=mE_p+(1-m)E_a$

$=0.25\times 120+(1-0.25)\times 6$

$=34.5\text{MPa}$

加固区的变形量 $s=(\Delta p/E_{sp})\times H=(121\div 34.5)\times 8=28\text{mm}$

答案：C

17-9-3 **解**：钻孔灌注桩属于排土桩，非挤土桩。

答案：A

17-9-4 **解**：桩的摩阻力有正摩阻力和负摩阻力之分，负摩阻力即土对桩的摩阻力指向下方，其具有一定的抗拔能力。

答案：C

17-9-5 **解**：《复合地基技术规范》(GB/T 50783—2012)第 5.2.1 条规定，复合地基承载力特征值可按下式进行估算：

$$f_{spk}=\frac{\beta_p mR_a}{A_p}+\beta_s(1-m)f_{sk}$$

$$m=\frac{d^2}{d_e^2}=\frac{\frac{1}{4}\pi\times 0.6^2}{1\times 1}=0.28$$

$$\frac{R_a}{A_p}=5\times 100=500\text{kPa}$$

取 $\beta_p=\beta_s=1$，$f_{spk}=1\times 0.28\times 500+(1-0.28)\times 100=212\text{kPa}$

答案：A

17-9-6 **解**：根据《建筑地基基础设计规范》(GB 50007—2011)第 8.5.6 条 1、3、4 款，可知选项 A、B、C 均正确，第 1 款中还规定：在同一条件下的试桩数量，不宜小于总桩数的 1%，且不应少于3根。

答案:D

17-9-7 **解**:刚性承台会使桩做同步沉降,同时会使各桩的桩顶荷载发生由承台中部向外围的转移,所以刚性承台下的桩顶荷载分配一般是角桩最大,中心桩最小,边桩居中。

答案:A

17-9-8 **解**:一般情况下,在同一土层中,挤土桩的侧摩阻力较非挤土桩大些。

答案:B

17-9-9 **解**:《建筑桩基技术规范》(JGJ 94—2008)第4.2.4条规定:桩嵌入承台内的长度对中等直径桩不宜小于50mm,对大直径桩不宜小于100mm。

答案:C

17-9-10 **解**:在土层相对于桩侧向下位移时,产生于桩侧的向下的摩阻力称为负摩阻力。

答案:D

17-9-11 **解**:《建筑地基基础设计规范》(GB 50007—2011)第8.5.15条规定:计算桩基沉降时,最终沉降量宜按单向压缩分层总和法计算。

答案:A

17-9-12 **解**:《建筑桩基技术规范》(JGJ 94—2008)第5.3.6条规定:确定单桩竖向承载力标准值时,需考虑尺寸效应系数的桩直径 $d \geqslant 800$mm。

答案:B

17-9-13 **解**:对于端承桩基和桩数不超过3根的非端承桩基,由于桩群、土、承台的相互作用甚微,因而基桩承载力可不考虑群桩效应,即群桩承载力等于各基桩相应单桩承载力之和。桩数超过3根的非端承桩基的基桩承载力往往不等于各基桩相应单柱承载力之和。

答案:B

17-9-14 **解**:深基础是指埋深 $d > 5$m,用特殊方法施工的基础,常见的有桩基、地下连续墙、沉井基础。

答案:D

17-9-15 **解**:《建筑地基基础设计规范》(GB 50007—2011)第8.5.15条规定:承台的最小厚度不应小于300mm。

答案:A

17-9-16 **解**:《建筑地基基础设计规范》(GB 50007—2011)第8.5.17条规定:承台的宽度不应小于500mm。

答案:C

17-9-17 **解**:《建筑地基基础设计规范》(GB 50007—2011)第8.5.3条规定:扩底灌注桩的扩底直径,不应大于桩身直径的3倍。

答案:D

17-9-18 **解**:《建筑地基基础设计规范》(GB 50007—2011)第10.2.16条规定:复杂地质条件下的工程桩竖向承载力的检验应采用静载荷试验,检验桩数不得少于同条件下总桩数的1%,且不得少于3根。

答案:A

17-9-19 **解**:嵌岩桩的单桩竖向承载力特征值 $R_a = q_{pa}A_p$,A_p 为桩截面面积。代入数据,即 $R_a = 3000 \times \frac{\pi}{4} \times 0.4^2 = 376.8\text{kN}$。

答案:A

17-9-20 **解**:在土层相对于桩侧向下位移时,产生于桩侧的向下的摩阻力称为负摩阻力,一方面可能是由于桩周土层产生向下的位移,另一方面可能是打桩时使已设置的邻桩抬升。当地下水位下降时,会引起地面沉降,在桩周产生负摩阻力。

答案:C

17-9-21 **解**:《建筑地基基础设计规范》(GB 50007—2011)第8.5.3条规定:摩擦型桩的中心距不宜小于桩身直径的3倍。

答案:D

17-9-22 **解**:《建筑地基基础设计规范》(GB 50007—2011)第8.5.3条规定:嵌岩灌注桩周边嵌入完整和较完整的未风化、微风化、中风化硬质岩体的最小深度,不宜小于0.5m。

答案:C

17-9-23 **解**:桩端进入坚实黏性土层的深度不宜小于2倍桩径,桩端以下坚实土层的厚度,一般不宜小于3倍桩径。

答案:D

17-9-24 **解**:《建筑地基基础设计规范》(GB 50007—2011)第8.5.3条规定:桩顶嵌入承台内的长度不应小于50mm。

答案:C

17-9-25 **解**:《建筑地基基础设计规范》(GB 50007—2011)第8.5.3条规定:布置桩位时宜使桩基承载力合力点与竖向永久荷载合力作用点重合。

答案:A

17-9-26 **解**:轴心竖向力作用下,单桩竖向承载力应满足的条件是 $Q_k \leqslant R_a$,偏心竖向力作用下,单桩竖向承载力应满足的条件是 $Q_k \leqslant R_a$ 且 $Q_{ik\max} \leqslant 1.2R_a$。

答案:A

17-9-27 **解**:单桩的水平力 $H_{ik} = H_k/n$,其中 n 为桩数。代入数据,即 $H_{ik} = 200/4 = 50\text{kN}$。

答案:B

17-9-28 **解**:单桩的竖向力 $Q_{ik}=(F_k+G_k)/n$,其中 n 为桩数。代入数据,即 $Q_{ik}=(200+200)/4=100\text{kN}$。

答案:D

17-9-29 **解**:《建筑地基基础设计规范》(GB 50007—2011)第8.5.13条规定:

对以下建筑物的桩基应进行沉降验算:

(1)地基基础设计等级为甲级的建筑物桩基;

(2)体形复杂、荷载不均匀或桩端以下存在软弱土层的设计等级为乙级的建筑物桩基;

(3)摩擦型桩基。

答案:C

17-9-30 **解**:N_i 为扣除承台和承台上土自重后,相应于荷载效应基本组合时的第 i 根桩竖向力设计值。

答案:D

17-9-31 **解**:《建筑地基基础设计规范》(GB 50007—2011)第8.5.17条规定:对于三桩承台,钢筋应按三向板带均匀布置,且最里面的三根钢筋围成的三角形应在柱截面范围内。

答案:D

17-9-32 **解**:桩顶荷载沿桩身向下通过桩侧摩阻力逐步传给桩周土,因此轴力随深度增大而曲线减小。

答案:D

17-9-33 **解**:《建筑地基基础设计规范》(GB 50007—2011)第8.5.3条规定:设计使用年限不少于50年时,非腐蚀环境中预制桩的混凝土强度等级不应低于C30,预应力桩不应低于C40,灌注桩的混凝土强度等级不应低于C25。

答案:D

(十)特殊性土

17-10-1 软土通常具有如下的工程特性:

A. 压缩性较高,透水性较差,流变性明显

B. 压缩性较高,强度较低,透水性良好

C. 强度较低,透水性良好,结构性显著

D. 压缩性较高,强度较低,结构性不显著

17-10-2 软弱土不具有的特性是:

A. 孔隙比大　　B. 透水性大　　C. 含水率高　　D. 压缩性大

17-10-3 淤泥质土是指符合下列哪种指标的土？

A. $w>w_p$，$e\leqslant 1.5$　　B. $w>w_L$，$1.0\leqslant e<1.5$
C. $w>w_L$，$e\geqslant 1.5$　　D. $w>w_p$，$1.0\leqslant e<1.5$

17-10-4 以风力搬运堆积不具层理构造的黄土，称之为：

A. 原生黄土　　B. 黄土状土　　C. 次生黄土　　D. 亚黄土

17-10-5 湿陷性黄土具有下列哪种性质？

A. 在一定压力作用下浸湿湿陷　　B. 在一定压力作用下浸湿不湿陷
C. 在土自重应力下浸湿不湿陷　　D. 在土自重应力下不浸湿陷落

17-10-6 黄土湿陷最主要的原因是其存在什么结构？

A. 絮状结构　　B. 单粒结构　　C. 蜂窝结构　　D. 多孔结构

17-10-7 下列哪一因素不是影响膨胀土胀缩变形的内在因素？

A. 矿物成分　　B. 微观结构　　C. 粘粒含量　　D. 地形地貌

17-10-8 根据《建筑地基基础设计规范》，次生红黏土的液限 w_L 一般为：

A. $w_L>50\%$　　B. $w_L>60\%$
C. $45\%<w_L<50\%$　　D. $40\%<w_L<45\%$

17-10-9 地震时可能发生液化的土的类别是：

A. 细砂和粉土　　B. 黏土和砂土　　C. 黏土和粉土　　D. 只有砂土

17-10-10 多年冻土是指在自然界维持冻结状态大于等于下列哪一年限的土？

A. 5 年　　B. 2 年　　C. 3 年　　D. 4 年

17-10-11 下面哪一项不属于盐渍土的主要特点：

A. 溶陷性　　B. 盐胀性
C. 腐蚀性　　D. 遇水膨胀，失水收缩

17-10-12 下列哪一个不是盐渍土所具有的特征？

A. 融陷　　B. 承载力极小　　C. 盐胀　　D. 具有腐蚀性

17-10-13 《岩土工程勘察规范》根据含盐量，将盐渍土分为几种类型？

A. 3 种　　B. 4 种　　C. 2 种　　D. 5 种

17-10-14 由碎石、砂土、黏土三种材料组成的填土为：

A. 杂填土　　B. 素填土　　C. 冲填土　　D. 充填土

17-10-15 下列哪一种土受水浸湿后，土的结构迅速破坏，强度迅速降低？

A. 膨胀土　　B. 冻土　　C. 红黏土　　D. 湿陷性黄土

题解及参考答案

17-10-1 **解：**软土的特性是含水量高，孔隙比大，渗透系数小，压缩性高，抗剪强度低。

答案：A

17-10-2 **解：**软弱土具有含水率高、孔隙比大、抗剪强度低、压缩性高、渗透性小且结构性、流变性明显等特性。

答案：B

17-10-3 **解：**淤泥是指天然含水率 w 大于液限 w_L，孔隙比 e 大于 1.5 的土；淤泥质土是指天然含水率 w 大于液限 w_L，孔隙比 e 在 1.0～1.5 之间的土。

答案：B

17-10-4 **解：**以风力搬运堆积又未经次生扰动，不具层理的黄土称为原生黄土。而由风成以外的其他成因堆积而成、常具有层理或砾石夹层的，则称为次生黄土或黄土状土。

答案：A

17-10-5 **解：**湿陷性黄土是指在一定压力作用下受水浸湿，产生附加沉陷的黄土。湿陷性黄土分为自重湿陷性黄土和非自重湿陷性黄土两种。非自重湿陷性黄土在土自重应力下受水浸湿后不发生沉陷；自重湿陷性黄土在土自重应力下受水浸湿后则发生沉陷。

答案：A

17-10-6 **解：**湿陷性黄土发生湿陷的外界条件是受水浸湿，湿陷性黄土的多孔隙结构及物质成分是产生湿陷的内在原因。

答案：D

17-10-7 **解：**影响土胀缩变形的主要因素有矿物成分、微观结构、黏粒含量、土的密度和含水量、土的结构强度。

答案：D

17-10-8 **解：**《建筑地基基础设计规范》(GB 50007—2011)第 4.1.13 条规定：红黏土为碳酸盐岩系的岩石经红土化作用形成的高塑性黏土，其液限一般大于 50%。红黏土经再搬运后仍保留其基本特征，其液限大于 45%的土为次生红黏土。

答案：C

17-10-9 **解**:液化是指地下水位以下的细砂和粉土,在振动作用下,土体有加密的趋势,当孔隙水来不及排出时,孔隙水压力增大,使土体丧失抗剪强度,处于悬浮状态。

答案:A

17-10-10 **解**:季节性冻土是冬季冻结,天暖解冻的土层;多年冻土是指土的温度≤0℃,含有固态水且这种状态在自然界连续保持三年或三年以上的土。

答案:C

17-10-11 **解**:盐渍土特点:溶陷性、盐胀性、腐蚀性。

答案:D

17-10-12 **解**:盐渍土是指易溶盐含量>0.5%,且具有吸湿、松胀等特性的土。

答案:B

17-10-13 **解**:根据含盐量由低至高,盐渍土成分为弱盐渍土、中盐渍土、强盐渍土和超盐渍土四种类型。

答案:B

17-10-14 **解**:人工填土根据其成因和组成,可分为素填土、压实填土、杂填土、冲填土。素填土由碎石土、砂土、粉土、黏性土等组成。经过压实或夯实的素填土为压实填土。杂填土为含有建筑垃圾、工业废料、生活垃圾等杂物的填土。冲填土为由水力冲填泥砂形成的填土。

答案:B

17-10-15 **解**:在土层自重应力或自重应力与附加应力共同作用下,受水浸湿,使土体结构迅速破坏而发生显著的附加沉降且强度迅速降低的黄土为湿陷性黄土。

答案:D

(十一)地基处理

17-11-1 按地基处理作用机理,强夯法属于:

A. 土质改良　　B. 土的置换　　C. 土的补强　　D. 土的化学加固

17-11-2 对于湿陷性黄土地基,可有效消除或部分消除黄土湿陷性的方法为:

A. 强夯法　　B. 预压法　　C. 砂石桩法　　D. 振冲法

17-11-3 某湿陷性黄土地基厚 10m,拟采用强夯处理,假设影响系数为 0.5,现有锤重 100kN,则要满足设计要求,落距 h 应:

A. 40m　　B. 10m　　C. 15m　　D. 20m

17-11-4 地基处理的目的不包括下列哪一项?

A. 提高土的抗剪强度　　B. 改善土的工程性质

C. 降低土的压缩性　　D. 降低土的透水性能

17-11-5　确定砂垫层底部宽度应满足的条件之一是：

A. 持力层强度　　B. 基础底面应力扩散要求
C. 软弱下卧层强度　　D. 地基变形要求

17-11-6　为缩短排水固结处理地基的工期，最有效的措施是下列哪一项？

A. 用高能量机械压实　　B. 加大地面预压荷重
C. 设置水平向排水砂层　　D. 减小地面预压荷重

17-11-7　砂井堆载预压加固饱和软黏土地基时，砂井的主要作用是：

A. 置换　　B. 加速排水固结
C. 挤密　　D. 改变地基土级配

17-11-8　适用于处理浅层软弱地基、膨胀土地基、季节性冻土地基的一种简易而被广泛应用的地基处理方法是：

A. 换土垫层　　B. 碾压夯实　　C. 胶结加固　　D. 挤密振冲

17-11-9　下列地基处理方法中，不宜在城市中采用的是：

A. 换土垫层　　B. 碾压夯实　　C. 强夯法　　D. 挤密振冲

17-11-10　下列地基处理方法中，能形成复合地基的处理方法的是哪一种？

A. 换土垫层　　B. 碾压夯实　　C. 强夯法　　D. 高压注浆

17-11-11　根据《地基规范》，框架结构的地基在主要受力层范围内，压实系数至少为：

A. 0.96　　B. 0.97　　C. 0.95　　D. 0.94

17-11-12　为满足填方工程施工质量的要求，填土的控制含水率应为：

A. $w_{op}\pm2\%$　　B. $w_p\pm2\%$　　C. $w_L\pm2\%$　　D. $w_s\pm2\%$

17-11-13　压实系数 λ_c 为：

A. 最大密度与控制密度之比　　B. 最大干密度与控制干密度之比
C. 控制密度与最大密度之比　　D. 控制干密度与最大干密度之比

17-11-14　为满足填方工程施工质量要求，填土的有机质含量应控制为：

A. ≤5%　　B. ≥5%　　C. ≤10%　　D. ≥10%

17-11-15 预压法处理地基必须在地表铺设与排水竖井相连的砂垫层，其最小厚度为：

A. 200mm　　B. 300mm　　C. 400mm　　D. 500mm

17-11-16 以砾石作填料，分层压实时其最大粒径不宜大于：

A. 200mm　　B. 300mm　　C. 100mm　　D. 400mm

题解及参考答案

17-11-1 **解**：强夯法使土密实，属于改良土壤。

答案：A

17-11-2 **解**：可采用强夯法破坏湿陷性黄土的大孔结构，以便全部或部分消除黄土的湿陷性。

答案：A

17-11-3 **解**：由强夯法影响深度 $H=\alpha\sqrt{\frac{wh}{10}}$，解得落距 $h=\frac{10}{w}\left(\frac{H}{\alpha}\right)=\frac{10}{100}\times\left(\frac{10}{0.5}\right)^{2}=40\text{m}$。

答案：A

17-11-4 **解**：地基处理的目的主要是为了改善地基土的工程性质，它包括改善地基土的变形和渗透性，提高土的抗剪强度和抗液化能力。

答案：D

17-11-5 **解**：垫层厚度一般为 1.0～1.5m，不宜大于 3m 且不小于 0.5m。

答案：D

17-11-6 **解**：在地基中设置水平向排水砂层，增加了水平向排水通道，缩短了渗径，可以加速地基固结。

答案：C

17-11-7 **解**：地基中设置砂井，增加了竖向排水通道，缩短了渗径，可以加速地基固结及其强度增长。

答案：B

17-11-8 **解**：换土垫层法适于处理浅层软弱地基、不均匀地基等，施工简便，应用广泛。

答案：A

17-11-9 **解**：强夯法进行地基处理时因其噪声太大，所以不宜在城市中采用。

答案：C

17-11-10 **解**：复合地基是指由两种刚度不同的材料组成，共同承受上部荷载并协调变形的人工地基。

答案:D

17-11-11　解:砌体承重结构和框架结构的地基在主要受力层范围内,压实系数 $\lambda_c \geqslant 0.97$;在主要受力层范围以下,压实系数 $\lambda_c \geqslant 0.95$。排架结构的地基在主要受力层范围内,压实系数 $\lambda_c \geqslant 0.96$;在主要受力层范围以下,压实系数 $\lambda_c \geqslant 0.94$。

答案:B

17-11-12　解:为满足填方工程施工质量要求,填土的控制含水率为 $w_{op} \pm 2\%$,w_{op} 为最优含水率。

答案:A

17-11-13　解:《建筑地基基础设计规范》(GB 50007—2011)第 6.3.7 条规定:压实系数为填土的实际干密度与最大干密度之比。

答案:D

17-11-14　解:压实填土的填料不得使用淤泥、耕土、冻土、膨胀土以及有机质含量大于5%的土。

答案:A

17-11-15　解:垫层厚度一般为 1.0～1.5m,不宜大于 3m 且不小于 0.5m。

答案:D

17-11-16　解:当以砾石、卵石或块石作填料时,分层夯实时其最大粒径不宜大于 400mm;分层压实时其最大粒径不宜大于 200mm。

答案:A

十八、工 程 地 质

复 习 指 导

工程地质学是研究与工程建筑活动有关的地质问题的科学。它是岩土工程专业的技术基础课。其内容丰富、涉及面广，基本概念多，实践性强。考生在复习时，应熟悉“考试大纲”的基本要求，全面理解、重点掌握基本概念、基本地质现象、基本工程地质勘察要求以及试验方法。其具体要求如下：

第一节　重点掌握常见的几种主要造岩矿物的物理性质、特征及区别；岩石的成因分类；火成岩、沉积岩、变质岩的成因、矿物组成、结构构造特点及其常见的几种主要岩石的识别。

第二节　地质构造常给工程带来问题，复习时应熟练掌握地质构造的概念，岩层产状要素：走向、倾向、倾角的概念；各类地质构造：褶曲、断层、节理的形态特征、分类；岩层的各种接触关系：整合、假整合、角度不整合、侵入接触及沉积接触等；熟练掌握地质年代顺序，简要了解大地构造有关的几种基本理论。

第三节　重点掌握各种地貌形态的特征及形成原因：包括构造、剥蚀地貌、山麓斜坡堆积地貌、河流侵蚀堆积地貌、湖泊、沼泽地貌、黄土地貌、海岸地貌、岩溶地貌、冰川地貌、风成地貌、冻土地貌、火山熔岩地貌等及熟记第四纪分期。

第四节　掌握岩体结构面的类型、结构面的规模、形态、结构面的间距、连通性、方位、张开度及胶结充填的特征，搞清赤平极射投影作图原理，熟练掌握作图方法及赤平极射投影在边坡稳定性分析中的应用，重点掌握一组及两组结构面对边坡稳定性的影响。

第五节　掌握地震波、震级、地震烈度、近震、远震的基本概念；断裂活动与地震的关系；活动断裂的概念：全新活动断裂、发震断裂的概念，活动断裂的分类；活断层的识别标志：地质地貌水文地质标志、历史地震、地表建筑物错断识别标志、活断层的微地震测量及地形变识别标志；断层对工程的影响。

掌握风化作用的概念、类型、影响因素，岩石风化程度的判断，岩石风化程度分类、分带。残积物的概念及特点，风化壳的概念。

暂时性流水的地质作用，片流洗刷作用与坡积物、洪流冲刷作用与洪积物。

重点掌握河流的侵蚀作用类型，河流向源侵蚀及河流袭夺的概念，侧蚀作用及河曲、牛轭湖的形成，河流搬运、沉积作用及其产物。

掌握海水的侵蚀作用，海水运动形式，海水搬运方式，海水沉积作用及其产物。

掌握湖水的侵蚀、搬运和沉积作用及其产物。

掌握风的侵蚀、搬运和沉积作用及其产物。

掌握滑坡的概念，滑坡的形态特征、形成条件及发育过程和规律。

掌握崩塌的概念、形成条件、崩塌与滑坡的区别及它们对工程的影响。

掌握岩溶的概念，岩溶的形成条件，岩溶的发育规律，岩溶对工程的影响。

掌握泥石流的概念，泥石流的形成条件，典型泥石流沟的特征，泥石流对工程的影响。

掌握土洞及塌陷的概念，土洞的成因机制、产生条件及对工程的危害。

掌握活动沙丘的成因、沙丘移动的特点及对工程的危害。

第六节　熟悉掌握地下水的线性渗透定律，地下水的埋藏分类：包气带水、潜水、承压水的基本概念，其补给、径流、排泄规律；地下水的化学成分、化学性质、常见的几种离子；地下水对建筑材料腐蚀性的判别、腐蚀类型：结晶类腐蚀、分解类腐蚀、结晶分解复合类腐蚀、腐蚀评价标准及对工程的影响：地下水引起软土地基沉降、动水压力产生流沙和潜蚀、地下水的浮托作用、承压水对基坑的突涌作用等；熟悉地下水向集水构筑物（井）运动的计算：地下水向井的稳定流动，即向潜水和承压水完整井及非完整井的涌水量计算的基本公式，一般了解地下水向井的非稳定流动。

第七节　熟悉岩土工程勘察分级；了解对各类岩土工程勘察基本要求；掌握各种勘探方法的特点，熟悉并掌握常用的数据统计及标准值的确定方法；地基变形、沉降预测及地基承载力的确定方法。

第八节　掌握各种原位测试技术的基本试验原理、试验设备及装置、适用的范围和目的。

【例 18-1】　下列各种岩石构造中（　　）属于沉积岩类的构造。

A. 流纹构造　　B. 杏仁构造　　C. 片理构造　　D. 层理构造

分析：岩石的构造是指岩石中各种矿物在空间排列及充填方式形成的外部特征。

A. 流纹构造是岩石中不同颜色的条纹、拉长的气孔或长条形矿物，按一定方向排列形成的构造。它反映岩浆喷出地表后流动的痕迹。

B. 杏仁构造是某些喷出岩中的气孔构造被次生矿物如方解石、蛋白石等所充填形成的。

C. 片理构造是在定向压力长期作用下，岩石中含有大量的片状、板状、纤维状矿物互相平行排列形成的构造。

D. 层理构造是岩石在形成过程中，由于沉积环境的改变，引起沉积物质成分、颗粒大小、形状或颜色沿垂直方向发生变化而显示的成层现象。

从上述分析可知本题正确答案应是 D。

【例 18-2】　如图所示，为四种结构面与边坡关系的赤平极射投影图，试分析其中（　　）属于不稳定边坡。（AMC 为边坡的投影，1、2、3、4 为结构面投影）

A. $A1C$　　B. $A2C$　　C. $A3C$　　D. $A4C$

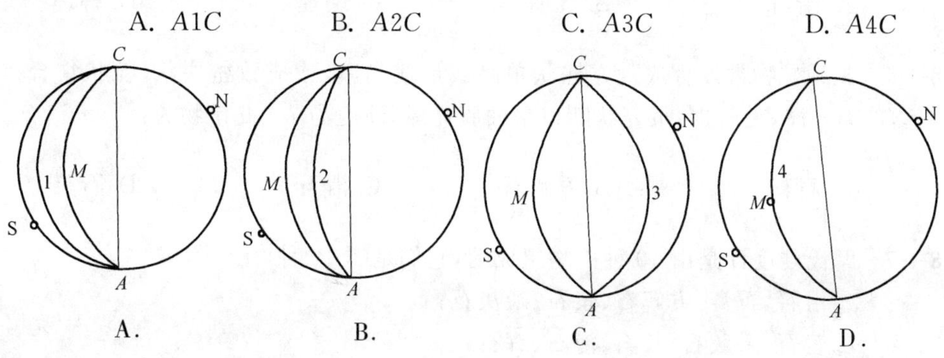

例 18-2 图

分析：从赤平极射投影图可知，四种结构面的走向与边坡走向一致，其中 $A3C$ 结构面的倾向与边坡 AMC 倾向相反，属于最稳定的边坡。$A2C$ 结构面的倾向与边坡 AMC 倾向相同，但结构面的投影弧位于边坡投影弧的内侧，说明结构面的倾角大于边坡坡角属于稳定边坡。$A4C$ 与 AMC 的倾向和倾角大小都相同，说明边坡面就是结构面，属于稳定边坡，$A1C$ 与 AMC 的倾向相同，其结构面投影弧在边坡投影弧的外侧说明结构面的倾角小于 AMC 边坡坡角，则结构面上的岩土体易沿结构面滑动，属于不稳定边坡。

从上述分析本题正确答案是 A。

练习题、题解及参考答案

（一）岩石的成因和分类

18-1-1 组成岩石矿物的结晶程度、晶粒大小、形状及其相互结合的情况，称为岩浆岩的：

A. 构造　　B. 结构　　C. 产状　　D. 酸基性

18-1-2 摩氏硬度中(1)磷灰石(2)萤石(3)石膏(4)金刚石(5)正长石五种矿物的硬度，按相对软硬程度依次排列出来是：

A. (3)(2)(1)(5)(4)　　B. (3)(2)(5)(1)(4)
C. (2)(1)(3)(5)(4)　　D. (2)(3)(1)(5)(4)

18-1-3 变质作用的因素包括：1. 冰冻；2. 新的化学成分的加入；3. 高压；4. 高温

A. 1、3、4　　B. 2、3、4　　C. 1、2、3　　D. 1、2、3、4

18-1-4 下列矿物中遇冷稀盐酸剧烈起泡的是：

A. 石英　　B. 方解石　　C. 黑云母　　D. 正长石

18-1-5 矿物受力后常沿一定方向裂开成光滑平面的特性称为：

A. 断口　　B. 节理　　C. 层理　　D. 解理

18-1-6 某种矿物常发育成六方柱状单晶或形成晶簇，或成致密块状、粒状集合体，无色或乳白色，玻璃光泽，无解理，贝壳状断口呈油脂光泽，硬度为 7。此矿物为：

A. 石膏　　B. 方解石　　C. 滑石　　D. 石英

18-1-7 摩氏硬度计是由 10 种矿物组成的，它们是哪 10 种？
①滑石、石膏、方解石、萤石、磷灰石；
②萤石、磷灰石、长石、滑石、辉石；
③石英、黄玉、刚玉、金刚石、橄榄石；

④长石、石英、黄玉、刚玉、金刚石。

A. ①②　　B. ②③　　C. ③④　　D. ①④

18-1-8　矿物表面反光的性质称为光泽，按矿物反光程度的强弱用类比法可将矿物的光泽分为下列哪三类？

A. 金属光泽、半金属光泽、油脂光泽　　B. 金属光泽、非金属光泽、金刚光泽
C. 非金属光泽、半金属光泽、金属光泽　　D. 半金属光泽、珍珠光泽、玻璃光泽

18-1-9　岩石按成因可分为下列哪三类？

A. 火成岩、沉积岩、变质岩　　B. 岩浆岩、变质岩、花岗岩
C. 沉积岩、酸性岩、黏土岩　　D. 变质岩、碎屑岩、岩浆岩

18-1-10　根据组成沉积岩的物质成分，通常把沉积岩分为哪几类？

A. 化学岩类、生物岩类、黏土岩类
B. 碎屑岩类、黏土岩类、化学及生物化学岩类
C. 生物化学岩类、黏土岩类、化学岩类
D. 碎屑岩类、黏土岩类、生物岩类

18-1-11　某种岩石的颗粒成分以黏土矿物为主，并具有泥状结构、页理状构造。该岩石是：

A. 板岩　　B. 页岩　　C. 泥岩　　D. 片岩

18-1-12　下列岩石中属于沉积岩中的化学和生物化学岩类的是：

A. 大理岩　　B. 石灰岩　　C. 花岗岩　　D. 石英岩

18-1-13　火成岩按所含矿物的结晶程度可分为哪几种结构？

A. 全晶质结构、半晶质结构、非晶质结构
B. 全晶质结构、显晶质结构、隐晶质结构
C. 显晶质结构、隐晶质结构、非晶质结构
D. 粗粒结构、中粒结构、细粒结构

18-1-14　火成岩按所含矿物的结晶颗粒的绝对大小可分为：

A. 显晶质结构、粗粒结构　　B. 显晶质结构、隐晶质结构
C. 隐晶质结构、非晶质结构　　D. 隐晶质结构、玻璃质结构

18-1-15　火成岩按所含矿物结晶颗粒的相对大小可分为下列中哪几种结构？

A. 等粒结构、斑状结构、隐晶质结构　　B. 等粒结构、不等粒结构、斑状结构

C. 等粒结构、不等粒结构、隐晶质结构　D. 不等粒结构、斑状结构、显晶质结构

18-1-16　下列各种结构中，哪一种不是火成岩的结构？

A. 全晶质结构　B. 隐晶质结构　C. 玻璃质结构　D. 化学结构

18-1-17　沉积岩的结构类型下列哪组是正确的？

A. 碎屑结构、泥状结构、化学结构
B. 碎屑结构、生物结构、化学结构
C. 碎屑结构、泥状结构、化学结构、生物结构
D. 泥状结构、生物结构、碎屑结构

18-1-18　下列哪一组中的构造都属于岩浆岩的构造类型？

A. 流纹状、块状、气孔状、杏仁状　B. 流纹状、碎屑状、气孔状、杏仁状
C. 气孔状、砾状、杏仁状、流纹状　D. 杏仁状、板状、流纹状、块状

18-1-19　变质岩的结构是指变质岩的变质程度、颗粒大小和连接方式。其正确的划分是下列哪一组？

A. 残余结构、变晶结构、碎裂结构　B. 变余结构、碎屑结构、变晶结构
C. 碎屑结构、变余结构、残余结构　D. 变晶结构、碎屑结构、砂状结构

18-1-20　下列哪一组中的构造均属于变质岩的构造类型？

A. 片麻状构造、眼球状构造、块状构造、流纹状构造
B. 板状构造、片状构造、流纹状构造、片麻状构造
C. 千枚状构造、条带状构造、层状构造、块状构造
D. 板状构造、片状构造、千枚状构造、条带状构造

18-1-21　沉积岩的物质组成按成因可分为哪几种？

A. 黏土矿物、碎屑矿物、有机质、生物残骸
B. 化学沉积矿物、黏土矿物、碎屑矿物、生物残骸
C. 有机质、化学沉积矿物、碎屑矿物、黏土矿物
D. 碎屑矿物、黏土矿物、化学沉积矿物、有机质及生物残骸

18-1-22　下面哪一组属于变质岩所特有的矿物？

A. 石墨、滑石、绿泥石、绢云母、蛇纹石
B. 石榴子石、蓝晶石、黄玉、滑石、石英
C. 绿帘石、绿泥石、绢云母、蛇纹石、白云母
D. 石墨、石榴子石、黑云母、方解石、黄玉

18-1-23 下列各种结构中，哪一种不是沉积岩的结构？

A. 斑状结构　　B. 碎屑结构　　C. 生物结构　　D. 化学结构

18-1-24 下列各种结构中，哪一种是变质岩的结构？

A. 碎屑结构　　B. 隐晶质结构　　C. 变晶结构　　D. 化学结构

18-1-25 下列各种构造中，哪一种属于火成岩的构造？

A. 层理构造　　B. 气孔构造　　C. 层面构造　　D. 片理构造

18-1-26 下列各种构造中，哪一种是沉积岩的构造？

A. 层理构造　　B. 杏仁构造　　C. 片理构造　　D. 气孔构造

18-1-27 下列各种构造中，哪一种是变质岩的构造？

A. 流纹构造　　B. 片麻构造　　C. 杏仁构造　　D. 层理构造

18-1-28 按火成岩的化学成分（主要是 SiO_2 的含量）可将火成岩分为哪几种？
①酸性岩；②中性岩；③深成岩；④浅成岩；⑤基性岩；⑥超基性岩。

A. ①②④⑤　　B. ②③④⑥　　C. ①②⑤⑥　　D. ①③④⑤

18-1-29 火成岩按冷凝时在地壳中形成的部位不同可分为下列哪几种？

A. 深成岩、浅成岩、花岗岩　　B. 浅成岩、喷出岩、火山熔岩
C. 深成岩、浅成岩、喷出岩　　D. 深成岩、浅成岩、花岗斑岩

18-1-30 花岗斑岩属于：

A. 深成岩　　B. 喷出岩　　C. 浅成岩　　D. 火山熔岩

18-1-31 下列岩石中，不属于变质岩的岩石是：

A. 千枚岩　　B. 大理岩　　C. 片麻岩　　D. 白云岩

18-1-32 下列岩石中，哪一种是由岩浆喷出地表冷凝后而形成的？

A. 玄武岩　　B. 石灰岩　　C. 千枚岩　　D. 石英岩

题解及参考答案

18-1-1 **解：**岩石的构造是指矿物集合体之间及其与其他组分之间的排列组合方式；岩石

的结构是指岩石内矿物颗粒的大小、形状和排列方式及微结构面发育情况与粒间连接方式等反映在岩块构成上的特征。根据上述定义，可以看出，本题描述的是岩浆岩的结构特征，非构造，更不是产状和酸基性。

答案:B

18-1-2 **解**:由矿物的摩氏硬度排列顺序可知，本题的五种矿物的硬度依次为石膏、萤石、磷灰石、正长石、金刚石。

答案:A

18-1-3 **解**:在高温、高压条件及其他化学因素作用下，使地壳中原来岩石的成分、结构和构造发生一系列变化，这种改变岩石的作用称为变质作用。冰冻属物理因素。

答案:B

18-1-4 **解**:根据各种矿物的化学成分分析，只有方解石遇酸剧烈起泡。

答案:B

18-1-5 **解**:从矿物的物理性质及受力后的情况考虑。

答案:D

18-1-6 **解**:从矿物的形态、解理、硬度这几方面来考虑。

答案:D

18-1-7 **解**:摩氏硬度由低到高分为 10 度，分别由滑石、石膏、方解石、萤石、磷灰石、长石、石英、黄玉、刚玉和金刚石 10 种矿物表征，各矿物硬度值取一位正整数。摩氏硬度矿物序列里没有辉石和橄榄石。

答案:D

18-1-8 **解**:油脂光泽、金刚光泽、珍珠光泽、玻璃光泽均属于非金属光泽。

答案:C

18-1-9 **解**:花岗岩、酸性岩属于火成岩，黏土岩、碎屑岩属于沉积岩。

答案:A

18-1-10 **解**:沉积岩的物质成分，主要有碎屑矿物、黏土矿物、化学沉积矿物、有机质及生物残骸。

答案:B

18-1-11 **解**:从物质成分、结构、构造分析，板岩、片岩属于变质岩，泥岩为厚层状。

答案:B

18-1-12 **解**:由化学沉积矿物组成，具有化学结构或生物结构的沉积岩是化学和生物化学岩类。

答案:B

18-1-13 **解:**显晶质结构、隐晶质结构属于按岩石中矿物颗粒的绝对大小划分的类型；粗粒结构、中粒结构及细粒结构属于显晶质结构的进一步划分。

答案:A

18-1-14 **解:**粗粒结构为显晶质结构的进一步细分，非晶质结构、玻璃质结构为同一结构类型。

答案:B

18-1-15 **解:**隐晶质结构、显晶质结构显示矿物颗粒的绝对大小。

答案:B

18-1-16 **解:**化学结构是沉积岩的结构。

答案:D

18-1-17 **解:**沉积岩的结构包括碎屑结构、泥状结构、化学结构及生物结构。

答案:C

18-1-18 **解:**碎屑状、砾状属沉积岩构造，板状属变质岩构造。

答案:A

18-1-19 **解:**碎屑结构、砂状结构属沉积岩结构。

答案:A

18-1-20 **解:**流纹状构造属岩浆岩，层状构造属沉积岩。

答案:D

18-1-21 **解:**有机质及生物残骸是生物体新陈代谢的产物及生物遗体、遗迹。

答案:D

18-1-22 **解:**石英、白云母、黑云母、方解石属于各岩类共有矿物。

答案:A

18-1-23 **解:**斑状结构是火成岩的结构。

答案:A

18-1-24 **解:**碎屑结构和化学结构是沉积岩的结构，隐晶质结构是火成岩的结构。

答案:C

18-1-25 **解:**层理构造和层面构造是沉积岩的构造，片理构造是变质岩的构造。

答案:B

18-1-26 **解:**气孔构造和杏仁构造属于火成岩的构造，片理构造是变质岩的构造。

答案:A

18-1-27 **解:**流纹构造和杏仁构造属于火成岩的构造，层理构造是沉积岩的构造。

答案:B

18-1-28 **解**:深成岩和浅成岩是按照岩石在地壳中生成的深浅位置确定的类型。
答案:C

18-1-29 **解**:花岗岩、花岗斑岩、火山熔岩分别为深成岩、浅成岩、喷出岩。
答案:C

18-1-30 **解**:从花岗斑岩的结构、构造进行分析,因其结构、构造与其生成环境有关。
答案:C

18-1-31 **解**:白云岩具有层理构造,是沉积岩。
答案:D

18-1-32 **解**:石灰岩是沉积岩,千枚岩和石英岩是变质岩。
答案:A

(二)地质构造

18-2-1 上盘上升的断层称为:

A. 平推断层　　B. 正断层　　C. 逆断层　　D. 张性断层

18-2-2 褶皱构造的两种基本形态是:
①倾伏褶曲;②背斜;③向斜;④平卧褶曲。

A. ①②　　B. ②③　　C. ①④　　D. ③④

18-2-3 褶曲按轴面产状分类,正确的是下列中哪一组?

A. 直立褶曲、倾斜褶曲、倒转褶曲、平卧褶曲
B. 直立褶曲、平卧褶曲、倾伏褶曲、倒转褶曲
C. 倾斜褶曲、水平褶曲、直立褶曲、倒转褶曲
D. 倾斜褶曲、倾伏褶曲、倒转褶曲、平卧褶曲

18-2-4 两侧岩层向外相背倾斜,中心部分岩层时代较老,两侧岩层依次变新的是:

A. 向斜　　B. 节理　　C. 背斜　　D. 断层

18-2-5 两侧岩层向内相向倾斜,中心部分岩层时代较新,两侧岩层依次变老的是:

A. 节理　　B. 向斜　　C. 背斜　　D. 断层

18-2-6 按褶曲枢纽的产状分类,下面哪一组是正确的?

A. 直立褶曲、水平褶曲　　B. 平卧褶曲、倾伏褶曲

C. 水平褶曲、倒转褶曲　　D. 水平褶曲、倾伏褶曲

18-2-7　断裂构造主要分为哪两大类？

①节理；②断层；③向斜；④背斜。

A. ①③　　B. ②④　　C. ①②　　D. ③④

18-2-8　未发生明显位移的断裂是：

A. 断层　　B. 解理　　C. 节理　　D. 片理

18-2-9　节理按成因分为：

A. 构造节理、风化节理、剪节理　　B. 构造节理、原生节理、风化节理

C. 张节理、原生节理、风化节理　　D. 构造节理、剪节理、张节理

18-2-10　节理按力学性质分为下列哪几种？

①构造节理；②原生节理；③风化节理；④剪节理；⑤张节理。

A. ④⑤　　B. ①②③　　C. ②③④　　D. ②④⑤

18-2-11　岩体剪切裂隙通常具有以下哪项特征：

A. 裂隙面倾角较大　　B. 裂隙面曲折

C. 平行成组出现　　D. 发育在褶皱的转折端

18-2-12　按断层的两盘相对位移情况，将断层分为下列中的哪几种？

①正断层；②逆断层；③平移断层；④走向断层；⑤倾向断层。

A. ①②④　　B. ②③⑤　　C. ①②③　　D. ③④⑤

18-2-13　上盘相对下移，下盘相对上移的断层是：

A. 正断层　　B. 平移断层　　C. 走向断层　　D. 逆断层

18-2-14　上盘相对上移，下盘相对下移的断层是：

A. 正断层　　B. 平移断层　　C. 走向断层　　D. 逆断层

18-2-15　从某地区的断层分布横断面图分析，其中哪一种为正断层？

A.

B.

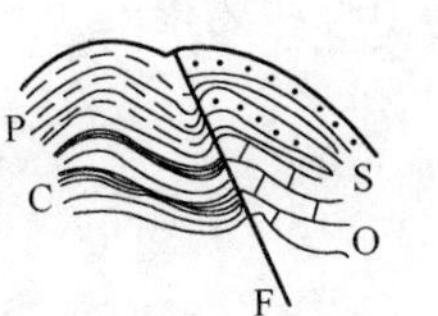

C.

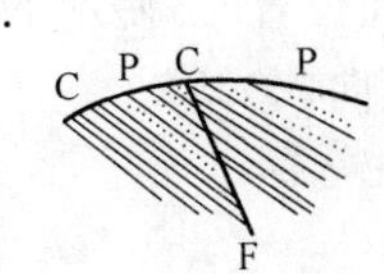

D.

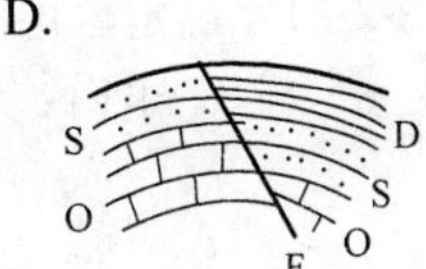

18-2-16 图示某地区岩层时代为奥陶纪和石炭纪，其地层接触关系为：

A. 整合接触
B. 假整合接触
C. 侵入接触
D. 角度不整合

18-2-17 某一地区地层间的沉积剖面如图所示。此地区 P 与 T 地层之间是：

A. 整合接触
B. 侵入接触
C. 假整合接触
D. 角度不整合接触

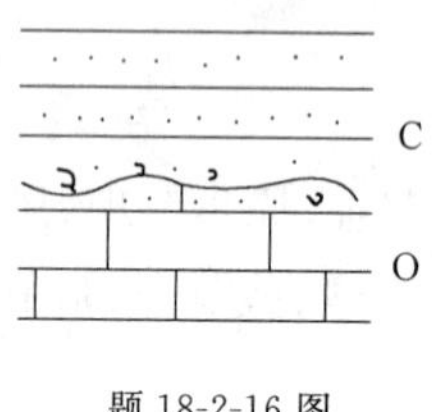

题 18-2-16 图

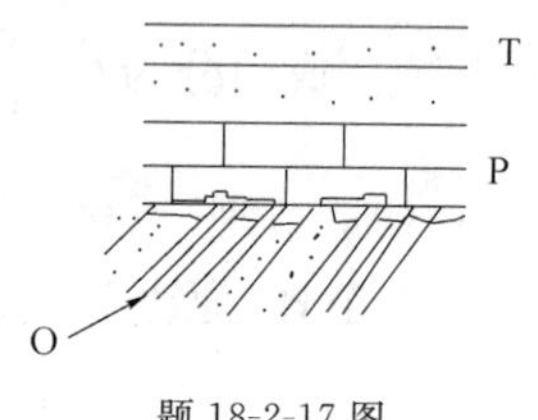

题 18-2-17 图

18-2-18 某一地区地层间的沉积剖面如上题图所示。此地区 P 与 O 地层之间是：

A. 整合接触
B. 沉积接触
C. 假整合接触
D. 角度不整合接触

18-2-19 某一地区地质断面图如图所示。则火成岩与沉积岩之间为：

A. 沉积接触
B. 整合接触
C. 侵入接触
D. 角度不整合接触

18-2-20 火成岩与沉积岩层之间有风化碎屑物质，但没有蚀变现象，如图所示。其接触关系为：

A. 沉积接触
B. 整合接触
C. 侵入接触
D. 角度不整合接触

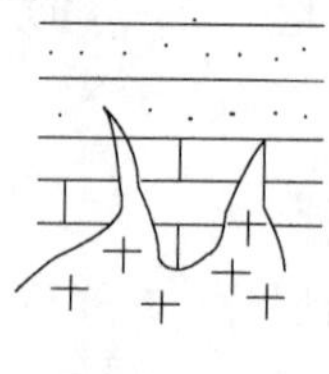

题 18-2-19 图

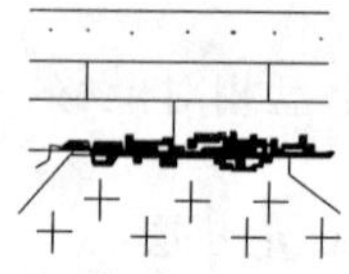

题 18-2-20 图

18-2-21 确定岩层空间位置时，使用下列中哪些要素？

①走向；②倾向；③倾角。

A. ①②
B. ①③
C. ②
D. ①②③

18-2-22 某地区有一条正断层，在地质图上用下面哪个符号表示？

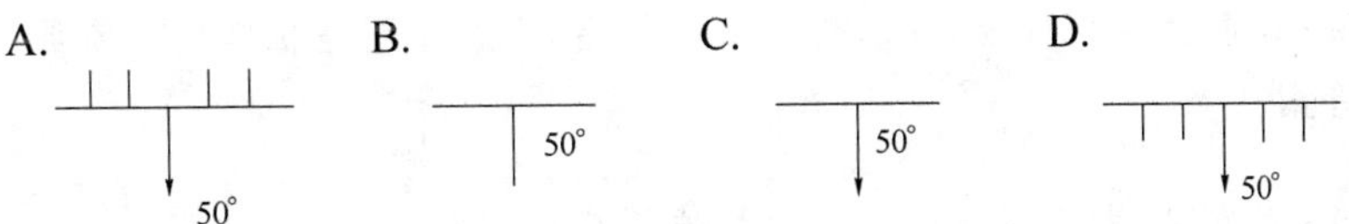

18-2-23 按“板块构造学说”，大陆板块在不断地运动，而地壳以哪种运动为主？

A. 水平运动为主　　B. 垂直运动为主
C. 水平和垂直运动为主　　D. 构造运动为主

18-2-24 国际通用的地质年代单位是：

A. 代、纪、界　　B. 代、纪、统　　C. 代、纪、世　　D. 代、系、世

18-2-25 国际上统一使用的地层单位是：

A. 界、系、统　　B. 界、纪、统　　C. 代、系、世　　D. 代、纪、统

题解及参考答案

18-2-1 **解：**断层由断层面和其两侧的断盘构成，倾斜断层面之上断盘为上盘，倾斜断层面之下断盘为下盘。逆断层指断层上盘相对下盘上升的断层，反之为正断层。平推断层和张性断层是按断层力学性质划分的。

答案：C

18-2-2 **解：**平卧褶曲是按轴面所处状态的分类，倾伏褶曲属于按枢纽倾斜状态的分类。

答案：B

18-2-3 **解：**水平与倾伏褶曲是褶曲按枢纽产状进行的分类。

答案：A

18-2-4 **解：**根据两翼产状及其与核部岩层的新老关系分析。

答案：C

18-2-5 **解：**根据两翼产状及其与核部岩层的新老关系分析。

答案：B

18-2-6 **解：**直立褶曲、倾斜褶曲、倒转褶曲、平卧褶曲是褶曲按轴面产状进行的分类。

答案：D

18-2-7 **解：**向斜、背斜是岩层受力后发生弯曲而形成的，但仍保持其连续性，属于褶皱构造。

答案:C

18-2-8 **解:**解理为矿物特性,片理为变质岩构造,发生了明显位移的是断层。

答案:C

18-2-9 **解:**剪节理、张节理属于按力学性质划分的节理类型。

答案:B

18-2-10 **解:**构造节理、原生节理、风化节理属于按成因划分的节理类型。

答案:A

18-2-11 **解:**剪切节理裂隙是岩石受剪应力作用形成的破裂面,一般形成“X”形共轭节理。剪切节理常成组成对出现,一般发育较密,节理间距较小。

答案:C

18-2-12 **解:**走向断层、倾向断层是按断层走向与岩层走向之间关系的分类。

答案:C

18-2-13 **解:**逆断层是上盘相对上移,下盘相对下移的断层;平移断层为两盘沿断层面呈水平运动。

答案:A

18-2-14 **解:**根据断层线两侧岩层接触处的地层时代、地层的重复与缺失及断盘移动情况进行分析。(其地层时代由老到新依次为 O、S、D、C、P、T、J,图中 F 表示断层。)

答案:D

18-2-15 **答案:**D

18-2-16 **解:**地层沉积顺序在正常情况下,自下向上应为奥陶系 O、志留系 S、泥盆系 D、石炭系 C 等,从图可知 O 与 C 地层之间有一风化壳,地层产状一致并缺失 S、D 地层。

答案:B

18-2-17 **解:**根据上下地层在沉积层序及形成的年代上是否连续,产状是否一致来考虑。

答案:A

18-2-18 **解:**根据上下地层在沉积层序及形成的年代上是否连续有无间断,产状是否一致来分析。

答案:D

18-2-19 **解:**沉积岩被火成岩穿插,由此判断沉积岩先形成。

答案:C

18-2-20 **解:**根据火成岩与沉积岩层形成的先后顺序分析。

答案:A

18-2-21 **解**:岩层空间位置是通过岩层产状的走向、倾向、倾角三要素确定的。

答案:D

18-2-22 **解**:在断层符号中,长线表示走向,箭头线表示断层面倾向,短齿线表示上盘移动方向,50°表示断层面的倾角。

答案:D

18-2-23 **解**:"板块构造学说"认为刚性的岩石圈分裂成许多巨大块体,即板块。它们伏在软流圈上作大规模水平运动,致使相邻板块互相作用,板块的边缘便成为地壳活动性强烈的地带。

答案:A

18-2-24 **解**:国际上通用的地质年代单位是代、纪、世。

答案:C

18-2-25 **解**:国际上统一使用的地层单位是界、系、统。

答案:A

(三)地貌和第四纪地质

18-3-1 河漫滩是洪水期:

A. 被淹没的浅滩　　B. 不能被淹没的浅滩

C. 1/3 地方能被淹没的浅滩　　D. 1/4 地方能被淹没的浅滩

18-3-2 下面哪一组属于构造和剥蚀作用形成的地貌单元?

A. 山地、丘陵、剥蚀残山、剥蚀准平原

B. 山地、沙漠、剥蚀准平原、洪积扇

C. 山地、丘陵、构造平原、高原

D. 山地、高原、剥蚀残山、构造土

18-3-3 由断裂作用上升的山地称为:

A. 褶皱断块山　　B. 断块山　　C. 高山　　D. 剥蚀残山

18-3-4 方山、桌状山地貌形态应属于下列哪一种地貌类型?

A. 冰川地貌　　B. 构造、剥蚀地貌

C. 岩溶地貌　　D. 冻土地貌

18-3-5 构造平原按其所处的绝对标高的高度进行划分,在 200m 以下的平展地带是:

A. 洼地　　B. 平原　　C. 高原　　D. 盆地

18-3-6 河流入海或入湖的地方堆积了大量的碎屑物，构成一个三角形地段，称为：

A. 沙嘴　　B. 漫滩
C. 冲积平原　　D. 河口三角洲

18-3-7 洪积扇是由下列哪种作用形成的？

A. 山坡漫流的堆积作用　　B. 山谷洪流堆积作用
C. 降雨淋滤作用　　D. 淋滤与漫流堆积作用

18-3-8 坡积裙主要分布在：

A. 山沟沟口处　　B. 河流漫滩处　　C. 山坡坡脚处　　D. 山顶处

18-3-9 阶地根据形态特征可分为：

A. 堆积阶地、侵蚀阶地、基座阶地
B. 侵蚀阶地、埋藏阶地、内叠阶地
C. 基座阶地、堆积阶地、上叠阶地
D. 上叠阶地、内叠阶地、基座阶地

18-3-10 长大的河流从山区到入海处，一般可分为上游、中游和下游三个地段，其“V”字形河谷主要分布在哪个地段？

A. 上游　　B. 中游　　C. 下游　　D. 中游和下游

18-3-11 冲积物主要分布于河流两岸，在平水期出露，在洪水期能被淹没的是：

A. 河漫滩　　B. 洪积扇　　C. 阶地　　D. 河间地块

18-3-12 我国黄河壶口瀑布是什么地貌形态的表现？

A. 河漫滩　　B. 岩槛　　C. 心滩　　D. 深槽

18-3-13 牛轭湖地区的堆积物主要是：

A. 细沙、淤泥　　B. 泥沙、泥炭　　C. 黏土、泥炭　　D. 泥炭、淤泥

18-3-14 下列哪一种属于大陆停滞水堆积的地貌？

A. 河口三角洲　　B. 湖泊平原　　C. 河间地块　　D. 河漫滩

18-3-15 现代海岸带由陆地向海洋方向可划分为下列哪三个带？

A. 滨海陆地、潮上带、海滩　　B. 海滩、潮上带、潮间带
C. 水下岸坡、潮下带、海滩　　D. 滨海陆地、海滩、水下岸坡

18-3-16 离岸堤(水下沙坝露出海面形成的沙堤)与陆地之间封闭或半封闭的浅水水域称为：

A. 沙咀 B. 海滩 C. 泻湖 D. 牛轭湖

18-3-17 下列几种地貌形态中，不属于冰川、冰水堆积地貌的是：

A. 冰碛丘陵，侧碛堤 B. 冰砾阜、蛇形丘
C. 羊背石 D. 冰水扇

18-3-18 黄土沟间地貌主要包括：

A. 黄土墚、黄土塬、黄土陷穴 B. 黄土塬、黄土碟、黄土峁
C. 黄土墚、黄土塬、黄土峁 D. 黄土峁、黄土陷穴、黄土墚

18-3-19 冰川运动形成的主要冰蚀地貌是下列哪一组?

A. 冰斗、幽谷、冰蚀凹地 B. 冰斗、石河、冰前扇地
C. 冰斗、幽谷、冰碛平原 D. 冰斗、峡谷、冰蚀凹地

18-3-20 终碛堤是由下列哪种地质作用形成的?

A. 河流 B. 冰川 C. 湖泊 D. 海洋

18-3-21 戈壁滩主要是由下列哪种物质组成的?

A. 细砂 B. 砾石或光秃的岩石露头
C. 黏土夹砾石 D. 各种大小颗粒的中砂

18-3-22 下面哪一组属于黄土的潜蚀地貌?

A. 黄土陷穴、黄土碟 B. 黄土碟、黄土峁
C. 黄土陷穴、黄土塬 D. 黄土峁、黄土陷穴

18-3-23 北京城位于哪条河的冲积扇上?

A. 桑乾河 B. 温榆河 C. 海河 D. 永定河

18-3-24 我国广西桂林象鼻山属于什么地貌形态?

A. 岩溶 B. 黄土 C. 冰川 D. 熔岩

18-3-25 风城是风的地质作用的产物，具体地说它是由风的哪种作用形成的?

A. 风积作用 B. 风的搬运作用
C. 风的侵蚀作用 D. 风的搬运和侵蚀作用

18-3-26 风的地质作用包括风蚀作用、风的搬运作用和风积作用。下面几种地貌形态中，不属于风积作用产物的是：

A. 新月形砂丘　　B. 砂垅　　C. 雅丹地貌　　D. 砂堆

18-3-27 下列几种地貌形态中不属于冻土地貌的是：

A. 石海、石河、石冰川　　B. 石环、石圈、石带
C. 冰砾阜、蛇形丘　　D. 冰核丘、热喀斯特洼地

18-3-28 我国长白山天池是由什么地质作用形成的？

A. 河流　　B. 冰川　　C. 火山喷发　　D. 海洋

18-3-29 第四纪是距今最近的地质年代，在其历史上发生的两大变化是：

A. 人类出现、构造运动　　B. 人类出现、冰川作用
C. 火山活动、冰川作用　　D. 人类出现、构造作用

18-3-30 关于第四纪地质年代单位的划分，下列哪一组是正确的？

A. 早更新期、中更新期、晚更新期、全新期
B. 早更新世、中更新世、晚更新世、全新世
C. 早更新统、中更新统、晚更新统、全新统
D. 早更新系、中更新系、晚更新系、全新系

题解及参考答案

18-3-1 **解**：河漫滩是河床底部冲积物在枯水季节出露河水面的部分，但在河流最大洪水季节将被淹没。

答案：A

18-3-2 **解**：沙漠、洪积扇为堆积作用形成的，构造土为冻土作用形成的。

答案：A

18-3-3 **解**：褶皱断块山为褶皱、断裂作用形成的，高山是按高度分类的地貌形态，剥蚀残山为构造、剥蚀作用形成的。

答案：B

18-3-4 **解**：方山、桌状山是由水平岩层构成的。

答案：B

18-3-5 **解**：选项 A 为位于海面以下的平展内陆低地，选项 D 为四周山地环绕的内陆低

地,选项 C 为 200m 以上的顶面平整的高地。

答案:B

18-3-6 **解:**根据堆积物形态和所处的位置分析。

答案:D

18-3-7 **解:**弄清漫流、洪流、淋滤作用的概念及扇形地的形成特点。

答案:B

18-3-8 **解:**坡积裙是坡面物质经水流洗刷作用搬运至山坡坡脚处的沉积物。

答案:C

18-3-9 **解:**基座阶地是堆积阶地和侵蚀阶地的中间形态,上叠阶地、内叠阶地均属堆积阶地。

答案:A

18-3-10 **解:**"V"字形河谷主要是河流在上游强烈的下蚀作用形成的。

答案:A

18-3-11 **解:**洪积扇主要分布于山谷沟口处,河间地块是两条河流之间的高地,阶地为洪水期也不会被淹没的地方。

答案:A

18-3-12 **解:**瀑布是河水由高陡斜坡突然跌落下来形成的。

答案:B

18-3-13 **解:**牛轭湖是河流裁弯取直形成的水体,其内多生长植物,植物死后可形成泥炭,湖水较平静多沉积淤泥。

答案:D

18-3-14 **解:**湖泊属于大陆停滞水,河口三角洲、河间地块、河漫滩均为河流流动水侵蚀、冲积而成的河流地貌。

答案:B

18-3-15 **解:**滨海陆地又称潮上带,海滩又称潮间带,水下岸坡又称潮下带。

答案:D

18-3-16 **解:**沙咀和海滩为堆积地貌,牛轭湖是河流裁弯取直形成的。

答案:C

18-3-17 **解:**根据成因分析,羊背石为冰川基床上的一种侵蚀地形。

答案:C

18-3-18 **解:**应找出哪几种属于侵蚀地貌。

答案:C

18-3-19 **解**:冰前扇地、冰碛平原为堆积地貌,峡谷为河流侵蚀地貌,石河为冻土地貌。

答案:A

18-3-20 **解**:终碛堤是由冰川搬运沉积作用形成的冰川地貌形态。

答案:B

18-3-21 **解**:戈壁滩也称砾漠,其主要物质组成是砾石或光秃的岩石露头。

答案:B

18-3-22 **解**:黄土峁、黄土塬、黄土墚等是黄土高原上的黄土堆积的原始地面被地表径流切割侵蚀后的残留部分;黄土碟是黄土高原地表水下渗浸湿黄土致使其在重力作用下发生压缩或沉陷而使地面陷落而成的一种碟形凹地;黄土陷穴是由于地表水下渗潜蚀而致使黄土陷落成竖井状或漏斗状地表凹地。

答案:A

18-3-23 **解**:海河位于永定河下游经天津流入渤海,桑干河位于永定河上游,永定河位于北京西南部;温榆河位于北京北部,源头为北京西山和北部军都山,北京主城区主要位于温榆河的冲积扇上。

答案:B

18-3-24 **解**:桂林地区主要分布石灰岩地层,岩溶现象发育。

答案:A

18-3-25 **解**:风城的意思是其形态像断壁残垣的千载古城,是风蚀作用的结果。

答案:C

18-3-26 **解**:根据形态特征进行分析,雅丹是以红层形成地貌景观。

答案:C

18-3-27 **解**:属于冻土地貌的是:石海、石河、石冰川、石环、石圈、石带、冰核丘、热喀斯特洼地;属于冰川冰水地貌的是冰砾阜、蛇形丘。

答案:C

18-3-28 **解**:长白山天池是一个火山口。

答案:C

18-3-29 **解**:火山活动、构造运动在第四纪之前的地质时期也存在。

答案:B

18-3-30 **解**:国际性通用的地质年代单位是代、纪、世。

答案:B

(四)岩体结构和稳定分析

18-4-1 判断隧道洞顶结构属于比较稳定的是：

A. 刃角向上的楔形体　　B. 立方体

C. 刃角向下的楔形体　　D. 垂直节理的水平板状结构体

18-4-2 结构面按成因可分为下列哪三种？

A. 原生结构面、构造结构面、次生结构面

B. 原生结构面、变质结构面、次生结构面

C. 构造结构面、沉积结构面、火成结构面

D. 层间错动面、次生结构面、原生结构面

18-4-3 下列几种结构面中，哪一种不属于原生结构面？

A. 沉积结构面　　B. 火成结构面

C. 变质结构面　　D. 层间错动面

18-4-4 下列各结构面中，哪一种属于次生结构面？

A. 沉积间断面　　B. 劈理　　C. 板理　　D. 风化裂隙

18-4-5 在构造结构面中，充填以下何种物质成分时的抗剪强度最高？

A. 泥质　　B. 砂质　　C. 钙质　　D. 硅质

18-4-6 完全张开的结构面内常见的充填物质成分中，以下哪一种抗剪强度比较高？

A. 黏土质　　B. 砂质　　C. 钙质　　D. 石膏质

18-4-7 如图所示，投影球的下极点 F 作为发射点将四个点进行赤平投影，其中哪个点能投影到赤平面上？

A. D 点　　B. M 点　　C. P 点　　D. R 点

18-4-8 在赤平极射投影图上的 AMB 结构面(见图)，其倾向是(图中 E、W、S、N 相应为东、西、南、北)：

A. SW　　B. NE　　C. SE　　D. NW

18-4-9 如图在赤平极射投影图上反映四种结构面的产状，其中哪一种为水平结构面？

A. $A1B$　　B. $A2B$　　C. $A3B$　　D. $A4B$

18-4-10 在赤平极射投影图(如图所示)上的结构面 NMS 的走向是：

A. EW　　B. SN　　C. NE　　D. SE

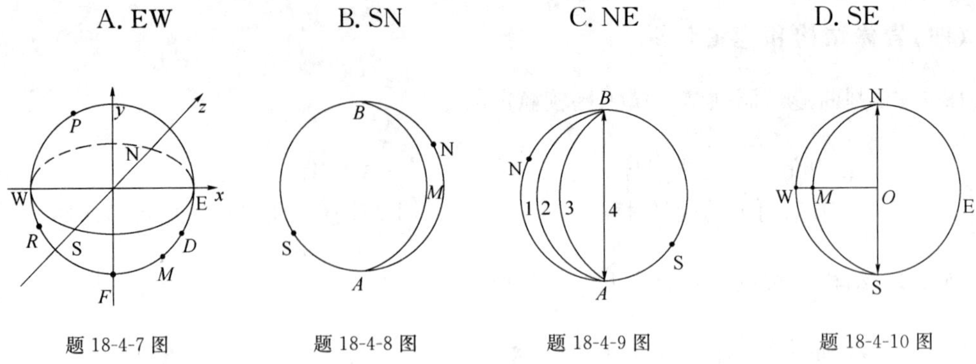

题 18-4-7 图　　题 18-4-8 图　　题 18-4-9 图　　题 18-4-10 图

18-4-11　在赤平极射投影图上(如图),反映了四种结构面与边坡的关系,其中哪一种属于不稳定边坡(AMC 为边坡的投影,1、2、3、4 为结构面投影)?

A. $A1C$　　B. $A2C$　　C. $A3C$　　D. $A4C$

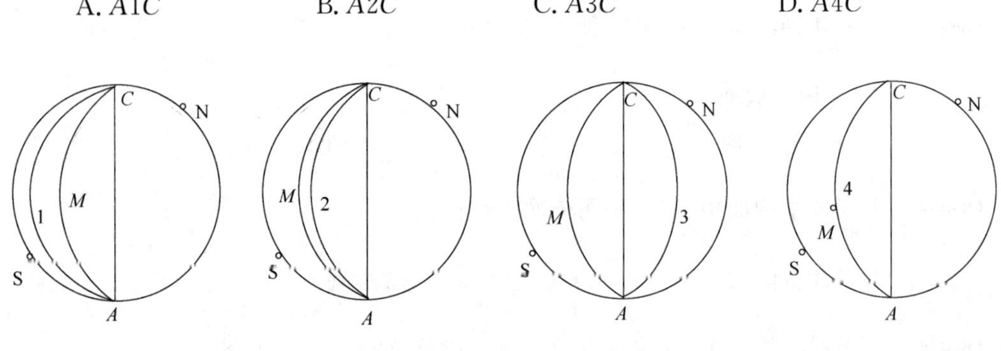

题 18-4-11 图

18-4-12　在两组结构面与边坡的赤平极射投影图上(如图所示),最不稳定的边坡是:

A. 两组结构面的交点 M 在边坡投影弧的对侧,如图 a)所示

B. 两组结构面的交点 M 在边坡投影弧的内侧,如图 b)所示

C. 两组结构面的交点 M 在边坡投影弧的外侧,但两组结构面的交线在边坡上没有出露,如图 c)所示

D. 两组结构面的交点 M 在边坡投影弧的外侧,而两组结构面的交线在边坡上有出露,如图 d)所示

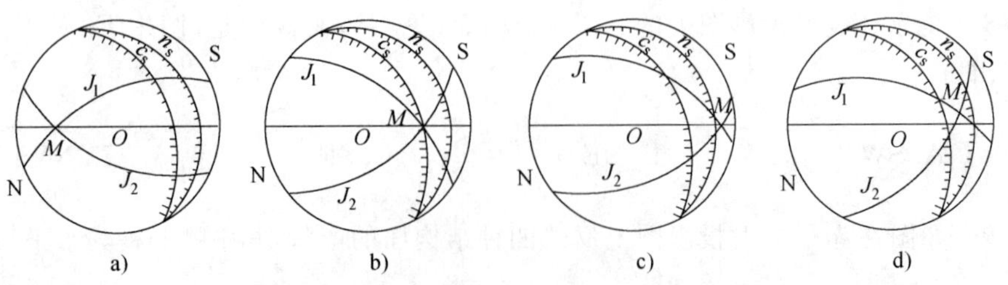

题 18-4-12 图

18-4-13 下列几种隧道洞顶的结构体中,比较稳定的是哪一种?

A. 刃角向上的楔形体　　B. 立方体

C. 刃角向下的楔形体　　D. 垂直节理切割的水平板状结构体

18-4-14 岩体的稳定性主要取决于下列哪个因素?

A. 组成岩体岩石的化学性质

B. 组成岩体岩石的物质成分

C. 岩体内的各种结构面的性质及对岩体的切割程度

D. 岩体内被切割的各种岩块的力学性质

题解及参考答案

18-4-1 **解:**根据本题的内容可知,此题是让根据拱顶有无倒楔形岩块(关键块)来判断洞室的稳定性,刃角向上的楔形体就是所谓的不稳定关键块。

答案:C

18-4-2 **解:**变质结构面、沉积结构面、火成结构面是岩石形成时产生的,均属于原生结构面,层间错动面为构造作用产生的。

答案:A

18-4-3 **解:**层间错动面属于构造结构面。

答案:D

18-4-4 **解:**沉积间断面、板理属于原生结构面,劈理属于构造结构面。

答案:D

18-4-5 **解:**结构面的抗剪强度大小与结构面的起伏情况和充填物质紧密相关,充填物抗剪强度高低的顺序为:硅质>钙质>砂质>泥质。

答案:D

18-4-6 **解:**当结构面完全张开时,其抗剪强度取决于充填物及胶结情况。结构面间常见的充填物质及其相对强度的次序为:钙质≥角砾质>砾质≥石膏质>含水蚀变矿物≥黏土。

答案:C

18-4-7 **解:**从 F 点向各点作直线与大圆相交的点。

答案:C

18-4-8 **解:**应根据 AMB 弧向圆心方向所指的方位进行判断。

答案:A

18-4-9 **解:**结构面倾角大小是从 W(或 E)向中心 O 点,从 0°~90°计算的。

答案:A

18-4-10 **解**:赤平面上结构面的走向是圆弧所对应的直径所指的方向。

答案:B

18-4-11 **解**:在赤平投影图上,根据结构面圆弧与边坡圆弧的相互位置来考虑。

答案:A

18-4-12 **解**:自 M 点至圆心的连线所指方向是两组结构面的交线方向,根据其与边坡倾向的关系来分析边坡是否稳定。图中 J_1 和 J_2 为结构面,c_s 为人工边坡,n_s 为天然边坡。

答案:D

18-4-13 **解**:应考虑哪种结构体能被稳定岩体支撑,即是比较稳定的。

答案:C

18-4-14 **解**:岩体的化学性质、物质成分及力学性质只反映岩体本身的性质。

答案:C

(五)动力地质

18-5-1 岩体在重力作用下,突然脱离母体向下坠落或滚动的现象称为:

A. 错落　　B. 崩塌　　C. 滑坡　　D. 塌陷

18-5-2 关于地震的震级与烈度的关系,下列哪个说法是正确的?

A. 烈度与震级大小无关

B. 震级越低,烈度越大

C. 震级越高,烈度越大

D. 烈度的大小不仅与震级有关,还与震源深浅、地质构造及震中距离有关

18-5-3 各种地震波的破坏能力大小依次是:

A. 纵波>面波>横波　　B. 横波>纵波>面波

C. 面波>横波>纵波　　D. 横波>面波>纵波

18-5-4 关于场地条件与震害的关系,下面哪些说法是正确的?

①基岩埋藏越浅,震害越强;

②场地位于活断层上,其震害严重;

③在一定土质条件下,地下水越浅,震害越重;

④当建筑物的固有周期与地基的卓越周期相等或相近时,震害加重。

A. ②③④　　B. ①③④　　C. ①②④　　D. ①②③

18-5-5 地震与地质构造密切相关,一般强震易发生在什么地区?

A. 强烈褶皱带

B. 活断层分布带

C. 节理带

D. 沉积岩与火成岩交界带

18-5-6 根据断层面位移方向与水平面的关系，可将活断层划分为倾滑断层与走滑断层。其中倾滑断层又称为：

A. 平移断层　　B. 正断层、逆断层　　C. 纵断层　　D. 逆掩断层

18-5-7 按断层活动方式可将活动断层分为哪两类？

A. 地震断层、蠕变断层

B. 黏滑断层、逆断层

C. 正断层、蠕滑断层

D. 地震断层、粘滑断层

18-5-8 在有活断层地区进行工程建设时，下列哪些做法是正确的？

①若重大工程必须在活断层发育区修建，应选择相对稳定的地段作为建筑场地；

②铁路必须通过活断层时应直交通过；

③建筑物场址的选择一般应避开活动断裂带；

④有活断层区的建筑物应采取与之相适应的建筑形式和结构措施。

A. ①②③　　B. ①②③④　　C. ①②　　D. ③④

18-5-9 下面几种识别活断层的标志中，其中哪一项不能单独作为活断层的识别标志？

A. 伴有强烈地震发生的断层

B. 山区突然转为平原，并直线相接的地方

C. 山间沟谷分布地带

D. 第四纪中、晚期的沉积物被错断

18-5-10 风化作用按风化因素的不同，可分为下列哪三种类型？

A. 物理风化、化学风化、生物风化

B. 化学风化、生物风化、碳酸化

C. 物理风化、化学风化、氧化

D. 化学风化、碳酸化、氧化

18-5-11 岩石在哪种作用过程中在原地发生化学变化逐渐破坏并产生新矿物？

A. 温差风化　　B. 岩石释重　　C. 冰劈作用　　D. 氧化作用

18-5-12 关于岩石风化作用的描述，下列中哪一项不正确？

A. 风化作用由地表向岩石内部越来越严重

B. 风化作用使岩石的矿物成分和化学成分发生变化

C. 风化作用使岩石的工程地质性质恶化

D. 风化作用使岩体的结构构造发生变化，使其完整性遭到破坏

18-5-13 经大气降水淋滤作用，形成的破碎物质未经搬运，仍堆积在原处的物质称为：

A. 洪积物　B. 冲积物　C. 残积物　D. 坡积物

18-5-14　河曲的形成是河流地质作用中哪种作用造成的?

A. 向源侵蚀作用　B. 侧蚀作用　C. 下蚀作用　D. 机械侵蚀作用

18-5-15　河流向源侵蚀作用属于河流地质作用的哪一种?

A. 下蚀作用　B. 侧蚀作用　C. 化学溶蚀作用　D. 机械侵蚀作用

18-5-16　牛轭湖相沉积是什么地质作用造成的?

A. 河流　B. 湖泊　C. 海洋　D. 风

18-5-17　海水侵蚀作用的动力,包括哪三个方面?

A. 物理作用、化学作用和生物作用　B. 海水运动、化学作用和物理作用
C. 海水运动、生物作用和化学作用　D. 海水运动、生物作用和物理作用

18-5-18　海水运动有哪四种形式?

A. 蒸发、降雨、洋流和潮汐　B. 蒸发、降雨、海浪和洋流
C. 蒸发、降雨、海浪和潮汐　D. 海浪、潮汐、洋流和浊流

18-5-19　在海洋的侵蚀作用中,对滨岸带破坏作用最强烈的是海水运动四种形式中的哪一种?

A. 海浪　B. 潮汐　C. 洋流　D. 浊流

18-5-20　海洋沉积物主要来源于:

A. 宇宙物质　B. 生物物质　C. 大陆物质　D. 火山物质

18-5-21　风的搬运作用表现为风沙流,当风速大于 4m/s 时,风沙流中主要含有下列哪些物质?

①多种粒径的砂;②粉尘;③气溶胶;④3mm 的砾石。

A. ①②④　B. ②③④　C. ①②③　D. ①③④

18-5-22　风蚀作用包括吹蚀和磨蚀两种方式。其中吹蚀作用的主要对象是:

A. 干燥的粉砂级和黏土级的碎屑　B. 砾石
C. 粗砂　D. 软岩

18-5-23　斜坡上的岩土体在重力作用下,沿一定结构面整体向下滑动的过程和现象称为:

A. 崩塌　　B. 泥石流　　C. 滑坡　　D. 岩堆

18-5-24　下列现象中，不是滑坡造成的是：

A. 双沟同源地貌　　B. 直线状分布的泉水

C. 马刀树　　D. 醉汉林

18-5-25　下列哪些可以作为识别滑坡的重要标志？

①滑坡体、滑坡壁、滑动面；②滑坡台地、鼓张裂隙；

③滑坡床、拉张裂隙；④扇形裂隙、剪切裂隙。

A. ①②③　　B. ①②　　C. ②③④　　D. ①②③④

18-5-26　滑坡的发育过程，一般可分为下列哪三个阶段？

A. 蠕动变形阶段、滑动破坏阶段、压密稳定阶段

B. 蠕动变形阶段、相对平衡阶段、滑动破坏阶段

C. 相对平衡阶段、蠕动变形阶段、压密稳定阶段

D. 滑动破坏阶段、相对平衡阶段、压密稳定阶段

18-5-27　滑动面贯通后，滑坡开始整体向下滑动。这个阶段称为：

A. 压密稳定阶段　　B. 滑动破坏阶段　　C. 蠕动变形阶段　　D. 塌陷阶段

18-5-28　滑坡体在滑动过程中，各部位受力性质和移动速度不同，受力不均而产生滑坡裂隙。其中分布在滑坡体后缘，多呈弧形，与滑坡壁大致平行的是哪种裂隙？

A. 扇形裂隙　　B. 拉张裂隙　　C. 鼓张裂隙　　D. 剪切裂缝

18-5-29　分布在滑体中部两侧，因滑坡体与滑坡床相对位移而产生的裂隙称为：

A. 扇形裂隙　　B. 拉张裂隙　　C. 鼓张裂隙　　D. 剪切裂隙

18-5-30　分布在滑坡体前缘（尤以舌部为多），因滑坡体向两侧扩散而形成的放射状分布的张裂隙称为：

A. 拉张裂隙　　B. 鼓张裂隙　　C. 剪切裂隙　　D. 扇形裂隙

18-5-31　醉汉林和马刀树是哪种不良地质现象的标志？

A. 崩塌　　B. 滑坡　　C. 倒石堆　　D. 泥石流

18-5-32　滑动面是滑坡的重要组成部分。岩土体不会沿下列哪种岩面产生滑动？

A. 断层面　　B. 古地形面、层面

C. 贯通的节理裂隙面　　D. 褶曲轴面

18-5-33 地层岩性是滑坡产生的物质基础。在下列哪种地层中不易发生滑坡？

A. 第四系黏性土与黄土
B. 煤系
C. 泥质岩的变质岩系
D. 不易风化的且无软弱结构面的岩石

18-5-34 岩体在重力作用下，突然脱离母岩体向下坠落或滚动的现象称为：

A. 滑坡　B. 崩塌　C. 泥石流　D. 塌陷

18-5-35 崩塌产生的地形条件，一般是哪种斜坡？

A. 坡度大于 20°，高度大于 10m
B. 坡度大于 35°，高度大于 15m
C. 坡度大于 45°，高度大于 25m
D. 坡度大于 55°，高度大于 30m

18-5-36 根据岩性条件分析，下列哪种岩石组成的斜坡不易形成崩塌？

A. 节理切割的块状、厚层状坚硬脆性岩石
B. 非均质的互层岩石
C. 单一均质岩石
D. 软弱结构面的倾向与坡向相同的岩石

18-5-37 根据地质构造条件分析，下列哪种岩体为崩塌的发生创造了有利条件？

A. 沉积岩层的整合接触
B. 岩体破碎
C. 软弱结构面与坡向相反
D. 无结构面切割的完整岩体

18-5-38 下列条件中，哪一种是产生岩溶的必要条件？

A. 静水环境　B. 含 CO_2 的水　C. 纯净水　D. 含氡的水

18-5-39 岩溶是地下水和地表水对可溶性岩石的地质作用，及其所产生的地貌和水文地质现象的总称。其中以哪种作用为主？

A. 化学溶蚀
B. 机械侵蚀
C. 化学溶蚀和机械侵蚀
D. 生物风化

18-5-40 岩溶发育的基本条件是：

A. 具有可溶性的岩石
B. 可溶岩具有透水性
C. 具有溶蚀能力的水
D. 循环交替的水源

18-5-41 岩溶是可溶性岩石在含有侵蚀性二氧化碳的流动水体作用下形成的地质现象。下面属于岩溶地貌形态的为：

A. 坡立谷、峰林、石芽
B. 石河、溶洞、石窝
C. 盲谷、峰丛、石海
D. 岩溶漏斗、地下河、石海

18-5-42 水对碳酸盐类岩石的溶解能力，主要取决于水中含有哪种成分？

A. 硫酸根离子　　B. 二氧化碳　　C. 氯离子　　D. 氧

18-5-43 在可溶岩中，若在当地岩溶侵蚀基准面的控制下，岩溶的发育与深度的关系是：

A. 随深度增加而增强　　B. 随深度增加而减弱
C. 与深度无关　　D. 随具体情况而定

18-5-44 断层和裂隙是地下水在岩层中流动的良好通道，所以在碳酸盐类岩石分布地区，当地质构造为哪种断层时，岩溶十分发育？

A. 压性　　B. 张性　　C. 扭性　　D. 压扭性

18-5-45 在厚层碳酸盐岩分布地区，具有地方性侵蚀基准面，其岩溶发育特点主要分为哪四个带？

①垂直岩溶发育带；②垂直和水平岩溶发育带；③水平岩溶发育带；
④深部岩溶发育带；⑤构造断裂岩溶发育带。

A. ①②④⑤　　B. ①②③④　　C. ①②③⑤　　D. ②③④⑤

18-5-46 促使泥石流发生的决定性因素为：

A. 合适的地质条件　　B. 有利的地形条件
C. 短时间内有大量水的来源　　D. 生态环境恶化

18-5-47 下列哪些是泥石流形成的条件？
①地势陡峻、纵坡降较大的山区；②地质构造复杂；③崩塌滑坡灾害多；
④暴雨；⑤地表径流平缓。

A. ①②⑤　　B. ①②③④　　C. ①③⑤　　D. ①②④⑤

18-5-48 土洞按其产生的条件，有多种成因机制，其中以哪一种最为普遍？

A. 潜蚀机制　　B. 溶蚀机制
C. 真空吸蚀机制　　D. 气爆机制

18-5-49 土洞和塌陷发育最有利的地质环境是下列哪几种？
①含碎石的亚砂土层；②地下水径流集中而强烈的主径流带；
③覆盖型岩溶发育强烈地区；④岩溶面上为坚实的黏土层。

A. ①④　　B. ①②③　　C. ②③　　D. ①②④

18-5-50 沙丘移动速度受风向频率、风速、水分、植被、沙丘高度和沙粒粒径等多种因素的影响。下面几种看法中哪一项是不正确的？

A. 沙丘移动速度与风速的平方成正比

B. 沙丘移动速度与其本身高度成反比

C. 地面平坦地区的沙丘移动速度较快

D. 含水率小的和裸露的沙丘移动较慢

题解及参考答案

18-5-1 **解**:从字面上可看出,此题描述的现象为陡立边坡的崩塌。

答案:B

18-5-2 **解**:同震级的地震,浅源地震较深源地震对地面产生的破坏性要大,烈度也就大。同一次地震,离震中越近,破坏性越大,反之则越小。

答案:D

18-5-3 **解**:地震波的传播以纵波速度最快,横波次之,面波最慢。一般当横波和面波到达时,地面发生猛烈震动,建筑物也通常都是在这两种波到达时开始破坏。面波限于沿着地球表面传播,其破坏力最强。

答案:C

18-5-4 **解**:基岩强度虽高,但发生地震时,基岩与其上的建筑物之间发生共振,震害加重。震害不取决于基岩的埋藏深浅。

答案:A

18-5-5 **解**:从世界范围来看,地震主要分布在环太平洋地震带、阿尔卑斯-喜马拉雅地震带、洋脊和裂谷地震带及转换断层地震带上。

答案:B

18-5-6 **解**:纵断层是属于按断层面的走向与褶皱轴走向之间关系分类的一种类型,平移断层即走滑断层。

答案:B

18-5-7 **解**:按断层活动方式可将活断层基本分为两类:地震断层或称粘滑型断层(又称突发型活断层)和蠕变断层或称蠕滑型断层。

答案:A

18-5-8 **解**:应根据建筑物能处于比较稳定的状态来考虑。

答案:B

18-5-9 **解**:伴随有强烈地震发生的活断层是鉴别活断层的重要依据之一;山区突然转为平原,并直线相接的地方,可作为确定活断层位置和错动性质的佐证;第四纪中、晚期沉积物中的地层错开,是鉴别活断层的最可靠依据。

答案:C

18-5-10　解:氧化与碳酸化作用都属于化学作用。

答案:A

18-5-11　解:岩石是在化学风化作用过程中在原地发生化学变化逐渐破坏并产生新矿物的,前三项均属于物理风化作用。

答案:D

18-5-12　解:岩石的风化是由表及里,地表部分受风化作用的影响最显著。

答案:A

18-5-13　解:主要根据形成的破碎物质是否经过搬运来考虑。

答案:C

18-5-14　解:主要根据凹岸侵蚀、凸岸堆积来分析。

答案:B

18-5-15　解:结合河流袭夺现象来分析。

答案:A

18-5-16　解:根据河流裁弯取直现象来分析。

答案:A

18-5-17　解:海水运动对海岸起破坏作用。

答案:C

18-5-18　解:蒸发、降雨属于气象因素。

答案:D

18-5-19　解:潮流主要作用于外滨带海区,洋流主要发生在大洋水体表层,浊流是一种特殊的局部性海水流动。

答案:A

18-5-20　解:应从能提供大量的物质方面来考虑。

答案:C

18-5-21　解:当风速大于 4m/s 时,风能搬运 0.25mm 以下的碎屑。

答案:C

18-5-22　解:吹蚀作用使地面松散碎屑物或基岩风化产物吹起,或剥离原地。

答案:A

18-5-23　解:崩塌为斜坡上的岩土体在重力作用下突然塌落,并在山坡下部形成岩堆;泥石流是山区发生的含大量松散固体物质的洪流。

答案:C

18-5-24 **解:**滑坡变形、滑动及破坏过程中,其在地形地貌上和地表植物分布特征上,常表现为后缘的拉裂造成的滑坡台阶和圈椅状滑坡后壁、两侧冲沟的侵蚀同源、滑坡弧形前缘(滑坡舌)的地下泉水出露、滑坡体蠕动形成的地表醉汉林及马刀树、滑坡体前部地表形成的鼓胀裂隙等。直线状分布的泉水是断层发育的地表现象。

答案:B

18-5-25 **解:**根据滑坡的微地貌特征分析。

答案:D

18-5-26 **解:**滑坡的发育过程难以达到相对平衡。

答案:A

18-5-27 **解:**根据活动程度分析。

答案:B

18-5-28 **解:**扇形裂隙和鼓张裂隙位于滑坡体前缘,剪切裂隙位于滑坡体中部两侧。

答案:B

18-5-29 **解:**见上题题解。

答案:D

18-5-30 **解:**见上题题解。

答案:D

18-5-31 **解:**醉汉林是形容在岩土体上生长的树木,因岩土体向下滑动引起树木东倒西歪的样子;马刀树是醉林继续生长形成的。

答案:B

18-5-32 **解:**滑动体始终是沿着一个或几个软弱面(带)滑动,岩土体中各种成因的结构面均有可能成为滑动面,褶皱轴面不是结构面。

答案:D

18-5-33 **解:**软弱的地层岩性,在水和其他外营力作用下,因强度降低而易形成滑动带;而不易风化的且无软弱结构面的岩石岩性稳定坚硬,不易产生滑坡。

答案:D

18-5-34 **解:**滑坡为整体移动,泥石流是一股洪流,塌陷多为潜蚀形成。

答案:B

18-5-35 **解:**崩塌多发生于坡度大于55°、高度大于30m、坡面凹凸不平的陡峻斜坡上。

答案:D

18-5-36 **解:**块状、厚层状的坚硬脆性岩石常形成较陡峻的边坡,若构造节理或卸荷裂隙发育且存在临空面,则极易形成崩塌。由非均质的互层岩石组成的斜坡,由于差异风化,易发生崩塌。若软弱结构面的倾向与坡向相同，极易发生大规模的崩塌。

答案:C

18-5-37 **解**:A、C、D等条件形成的坡体都较稳定。

答案:B

18-5-38 **解**:岩溶发育应具有可溶性岩石、含侵蚀性二氧化碳并流动的水体。

答案:B

18-5-39 **解**:岩溶作用发生的是一种化学反应:$CaCO_3+H_2O+CO_2=CaHCO_3$。

答案:A

18-5-40 **解**:具有可溶性的岩石(碳酸盐类岩石、硫酸盐类岩石和氯化盐类岩石)是岩溶发育的基本条件。

答案:A

18-5-41 **解**:石河、石海属冻土地貌，石窝是由风蚀作用形成的。

答案:A

18-5-42 **解**:参考水对碳酸盐类岩石的溶蚀过程，$CaCO_3+H_2O+CO_2 \rightarrow Ca^{2+}+2HCO_3^-$。

答案:B

18-5-43 **解**:与岩溶地区地下水的动力特征随着深度增加而变化有关。

答案:B

18-5-44 **解**:根据断层带的张开度、裂隙发育情况分析。

答案:B

18-5-45 **解**:受当地岩溶侵蚀基准面的控制，岩溶发育与深度的增加及地下水的动力特征密切相关。

答案:B

18-5-46 **解**:泥石流的形成必须有强烈的地表径流，这是爆发泥石流的动力条件。

答案:C

18-5-47 **解**:泥石流的形成必须具备丰富的松散固体物质、足够的突发性水源和陡峻的地形，还应考虑地质构造、地质灾害情况。

答案:B

18-5-48 **解**:根据土洞最易发生在覆盖型岩溶地区来分析。

答案:A

18-5-49 **解**:应考虑土层性质和条件、地下水活动及覆盖层下岩石裂隙发育情况。

答案:B

18-5-50 **解**：含水率越大，植被越发育，沙丘越不易移动。

答案：D

(六)地下水

18-6-1 按空隙性质，地下水可分为：

①裂隙水；②承压水；③孔隙水；④潜水；⑤包气带水；⑥岩溶水。

A. ①③⑤　　B. ②④⑤　　C. ①③⑥　　D. ②④⑥

18-6-2 依据达西(Darcy)定律计算地下水运动的流量时，系假定渗流速度与水力坡度的几次方成正比？

A. 二次方　　B. 一次方　　C. 1/2 次方　　D. 2/3 次方

18-6-3 非线性渗透定律(A · Chezy 定律)适用于地下水的哪种情况？

A. 运动速度相当快　　B. 运动速度相当慢

C. 渗流量相当大　　D. 渗流量相当小

18-6-4 哪种水的密度比普通水大 1 倍左右，可以抗剪切，但不传递静水压力？

A. 气态水　　B. 吸着水　　C. 薄膜水　　D. 毛细管水

18-6-5 能够饱含并透过相当数量重力水的岩层或土层称为：

A. 给水层　　B. 含水层　　C. 透水层　　D. 隔水层

18-6-6 利用指示剂或示踪剂来测试地下水流速时，要求钻孔附近的地下水流符合下述条件：

A. 水力坡度较大　　B. 水力坡度较小

C. 呈层流运动的稳定流　　D. 腐蚀性较弱

18-6-7 岩石允许水流通过的能力称为：

A. 给水性　　B. 透水性　　C. 持水性　　D. 容水性

18-6-8 地下水按其埋藏条件可分为哪三大类？

A. 包气带水、潜水和承压水　　B. 孔隙水、潜水和裂隙水

C. 岩溶水、孔隙水和承压水　　D. 包气带水、裂隙水和岩溶水

18-6-9 潜水的主要补给来源是：

A. 大气降水　　B. 毛细水　　C. 深层地下水　　D. 凝结水

18-6-10 潜水径流强度的大小与下列哪个因素无关?

A. 含水层的透水性　　B. 过水断面面积
C. 水力坡度　　D. 补给量

18-6-11 承压水是充满两个隔水层之间的重力水,一般有下列哪种性质?

A. 容易受气候的影响　　B. 容易受气候的影响,但不易被污染
C. 不易受气候的影响,且不易被污染　　D. 容易被污染

18-6-12 当深基坑下部有承压含水层时(见图),必须分析承压水是否会冲毁基坑底部的黏性土层,通常用压力平衡概念进行验算。已知 γ、γ_w 分别为黏性土的重度和地下水的重度,H 为相对于含水层顶板的承压水头值,M 为基坑开挖后黏性土层的厚度,则其基坑底部黏性土的厚度必须满足下列哪个条件?

A. $M>\gamma_w/\gamma \cdot H$
B. $M<\gamma_w/\gamma \cdot H$
C. $M>\gamma/\gamma_w \cdot H$
D. $M=\gamma_w/\gamma \cdot H$

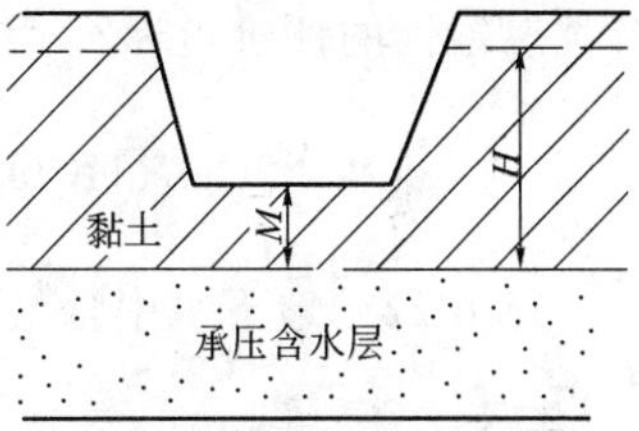

题 18-6-12 图

18-6-13 埋藏在地表以下,第一个稳定隔水层以上,具有自由水面的重力水是:

A. 上层滞水　　B. 潜水
C. 承压水　　D. 自流水

18-6-14 下列几种常见的工程病害,其中哪一项不是由地下水活动引起的?

A. 地基沉降　　B. 流沙、潜蚀
C. 基坑突涌　　D. 沙埋

18-6-15 基础施工中,土层出现流砂现象一般是由下列哪个原因引起的?

A. 地下水产生的静水压力　　B. 地下水产生的动水压力
C. 承压水对基坑的作用　　D. 开挖基坑坡度过陡

18-6-16 地下水按 pH 值分类,中性水 pH 值的范围是:

A. <5.0　　B. 5.0～6.4　　C. 6.5～8.0　　D. >10.0

18-6-17 每升地下水中,下列哪种物质的总量称为矿化度(其中咸水的矿化度为3～10g/L)?

A. 各种离子　　B. Cl^-
C. NaCl 分子　　D. 各种离子、分子与化合物

18-6-18 水的硬度是由每升水中哪种离子的含量确定的(当其含量6.0～9.0时为硬水)?

A. 钙　　B. 镁　　C. 钙、镁　　D. 钠

18-6-19 每升地下水中以下成分的总量,称为地下水的总矿化度:

A. 各种离子、分子与化合物　　B. 所有离子
C. 所有阳离子　　D. Ca^{2+}、Mg^{2+}

18-6-20 根据各种化学腐蚀所引起的破坏作用,将下列哪种离子的含量归纳为结晶类腐蚀性的评价指标?

A. HCO_3^-　　B. SO_4^{2-}　　C. Cl^-　　D. NO_3^-

18-6-21 根据各种化学腐蚀所引起的破坏作用,将下列哪种离子含量和pH值归纳为分解类腐蚀性的评价指标?

A. CO_2、HCO_3^-　　B. NH_4^+、Mg^{2+}　　C. SO_4^{2-}、NO_3^-　　D. Cl^-

18-6-22 地下水中含量较多,分布最广的几种离子是:

A. H^+、Mg^{2+}、OH^-、HCO_3^-
B. K^+、Na^+、Ca^{2+}、Mg^{2+}、Cl^-、SO_4^{2-}、HCO_3^-
C. H^+、OH^-、CO_2、Cl^-、HCO_3^-
D. K^+、Na^+、Cl^-、SO_4^{2-}、HCO_3^-

18-6-23 根据地下水对建筑材料的腐蚀评价标准,把对钢筋混凝土的腐蚀主要分为三类。下述各类中哪一类不属于规定的腐蚀类型?

A. 结晶类腐蚀　　B. 溶解类腐蚀
C. 结晶分解类腐蚀　　D. 分解类腐蚀

18-6-24 按照结晶类腐蚀评价标准,在I类场地环境下,地下水中SO_4^{2-}浓度1500mg/L时,对建筑材料腐蚀的等级为:

A. 中腐蚀性　　B. 强腐蚀性　　C. 弱腐蚀性　　D. 特强腐蚀性

18-6-25 按照分解类腐蚀评价标准,在弱透水土层的地下水或湿润的弱透水土层环境下,pH值为3.5～4.0时,对建筑材料腐蚀的等级为:

A. 强腐蚀性　　B. 特强腐蚀性
C. 弱腐蚀性　　D. 中腐蚀性

18-6-26 在评价地下水对建筑结构材料的腐蚀性时,必须考虑建筑场地所属的环境类别。建筑环境的分类依据是:

A. 干旱区、土层透水性、干湿交替、冰冻情况

B. 高寒区、土层透水性、干湿交替、冰冻情况

C. 气候区、土层容水性、干湿交替、冰冻情况

D. 气候区、土层透水性、干湿交替、冰冻情况

18-6-27 某隧洞工程混凝土结构一面与水(地下水或地表水)接触,另一面又暴露在大气中时,其场地环境类别应属于:

A. II 类　　B. I 类　　C. III 类　　D. IV 类

18-6-28 根据潜水等水位线图(见图),判定 M 点的地下水埋藏深度是:

A. 5m　　B. 10m

C. 15m　　D. 20m

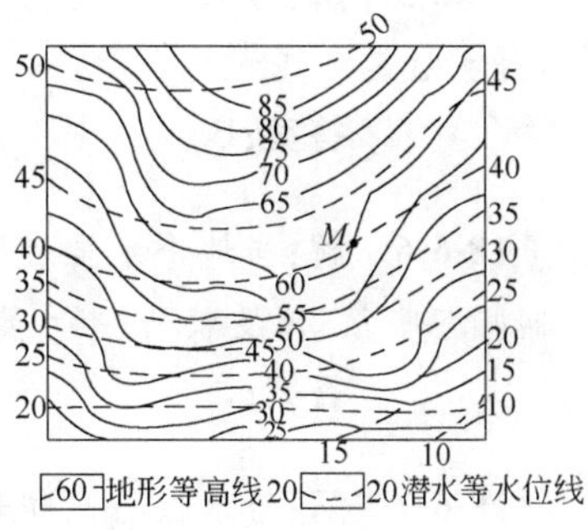

题 18-6-28 图

18-6-29 井是取水、排水构筑物,根据图示分析,哪个图为潜水完整井?

A. a

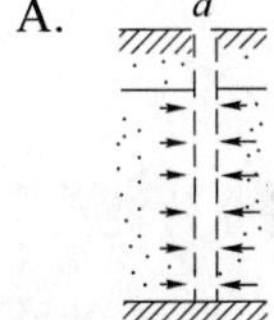

B. b

C. e

D. g

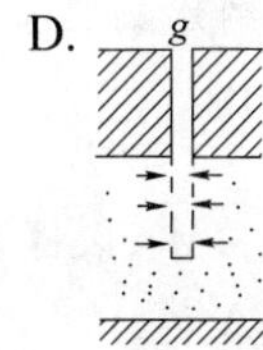

18-6-30 当地下水在岩土的空隙中运动时,其渗透速度随时间变化,且水质点无秩序地呈相互干扰的运动,这种现象属于:

A. 非层流运动的稳定流　　B. 呈层流运动的非稳定流

C. 呈层流运动的稳定流　　D. 非层流运动的非稳定流

18-6-31 冻土解冻后,土的强度有何变化?

A. 往往高于冻结前的强度　　B. 往往低于冻结前的强度

C. 一般不发生变化　　D. 提高或降低与冻结时间有关

题解及参考答案

18-6-1 **解:**岩土体空隙分为裂隙、孔隙和溶隙,而地下水按埋藏性质分为包气带水、潜水和承压水。

答案:C

18-6-2 **解:**达西定律为线性渗透定律。

答案:B

18-6-3 **解**:非线性渗透定律是 $v=k\sqrt{J}$。

答案:A

18-6-4 **解**:气态水、薄膜水、毛细管水均不能抗剪切,薄膜水密度大,且不传递静水压力。

答案:B

18-6-5 **解**:给水层是在重力作用下能排出一定水量的岩土层,透水层是能透过水的岩土层,隔水层是不透水的岩层。

答案:B

18-6-6 **解**:当地下水呈层流运动的稳定流时,流速较慢,指示剂或示踪剂沿着地下水流方向均匀扩散,浓度较高,利于取样观察和分析。

答案:C

18-6-7 **解**:给水性指饱和岩土体在重力作用下能自由排出一定水量的性能;透水性是岩土体允许水透过的性能;持水性是指在重力作用下,岩土体空隙中所保持水的性能;容水性是指岩土空隙中可容纳水的性能,一般用容水度表示。

答案:B

18-6-8 **解**:岩溶水、裂隙水和孔隙水属于按含水层的空隙性质划分的类型。

答案:A

18-6-9 **解**:潜水是埋藏在地下第一个稳定隔水层之上且直接接受大气降水补给的重力水。

答案:A

18-6-10 **解**:潜水的径流强度受含水层透水性、水力坡度、补给量的影响。

答案:B

18-6-11 **解**:隔水顶板使承压水与大气及地表人类排污相隔绝。

答案:C

18-6-12 **解**:承压水头值应低于基坑底部的黏性土层某个位置,$\gamma \cdot m > \gamma_w \cdot H$。

答案:A

18-6-13 **解**:承压水顶部有一隔水层,自流水属承压水,上层滞水仅有局部的隔水底板,常为暂时性水体。

答案:B

18-6-14 **解**:沙埋是由风的地质作用造成的。

答案:D

18-6-15 **解**:流沙是松散细颗粒土被地下水饱和后,由于地下水流动而发生的。

答案:B

18-6-16 **解:**pH 值小于 7 为酸性水,大于 7 为碱性水,分类中是依一定范围内的酸碱度来划分的。

答案:C

18-6-17 **解:**矿化度通常由 105～110℃温度下,将地下水样品蒸干后所得的干涸残余物之重量表示,也可利用阴阳离子和其他化合物含量之总和概略表示矿化度。

答案:D

18-6-18 **解:**地下水的硬度是指水中所含 Ca^{2+}、Mg^{2+} 离子的数量。

答案:C

18-6-19 **解:**地下水中各种离子、分子与化合物的总量称矿化度,以 g/L 或 mg/L 为单位。

答案:A

18-6-20 **解:**结晶类腐蚀主要是能生成水化硫铝酸钙,体积增大在混凝土中产生很大内应力,使结构遭受破坏。

答案:B

18-6-21 **解:**含 Ca^{2+} 阳离子的水泥石成分被中和或分解。侵蚀性二氧化碳含量越高,碳酸氢根离子含量越低,对混凝土腐蚀越强。Mg^{2+}、SO_4^{2-} 与 NH_4^+ 离子所产生的腐蚀作用属于结晶分解复合型腐蚀。

答案:A

18-6-22 **解:**地下水中主要的离子成分有 K^+、Na^+、Ca^{2+}、Mg^{2+}、Cl^-、SO_4^{2-}、HCO_3^-。

答案:B

18-6-23 **解:**环境水对混凝土腐蚀的类型分为分解类、结晶类和结晶分解复合类三种。

答案:B

18-6-24 **解:**I 类区为高寒区、干旱区、半干旱区,直接临水,强透水土层中的地下水或湿润的强透水土层,有干湿交替等特征,或处于冰冻区等特征。

答案:B

18-6-25 **解:**根据分解类腐蚀评价标准,弱透水土层的地下水或湿润的弱透水土层环境下,pH 值为 3.5～4.0 时,为中腐蚀性。

答案:D

18-6-26 **解:**气候区包含干旱区、高寒区。这里应主要考虑岩层透水能力。

答案:D

18-6-27 **解:**根据所处条件的复杂性考虑。

答案:B

18-6-28 **解:**某点的潜水埋藏深度是以该点地形标高减去潜水面标高。

答案:D

18-6-29 **解:**按揭露地下水的类型可分为潜水井与承压水井,按揭露含水层的完整程度可分为完整井和非完整井。

答案:A

18-6-30 **解:**先根据水质点平行且无干扰运动区分层流与紊流运动,再根据渗透速度随时间变化与否区分稳定流与非稳定流。

答案:D

18-6-31 **解:**冻土为0℃或0℃以下并含有冰的土层,解冻后冰将会融化,性质变差。

答案:B

(七)岩土工程勘察

18-7-1 在工程地质勘察中,采用什么方法可以直接观察地层的结构和变化?

A. 坑探　　B. 触探　　C. 地球物理勘探　　D. 钻探

18-7-2 下列图表中,不属于岩土工程勘察成果报告中应附的必要图件的是:

A. 工程地质柱状图　　B. 工程地质剖面图

C. 室内试验成果图表　　D. 地下水等水位线图

18-7-3 岩土工程勘察等级划分时,下面哪个因素不属于考虑的范围?

A. 工程重要性等级　　B. 场地复杂程度

C. 施工条件　　D. 地基复杂程度

18-7-4 某桥梁工程的工程重要性等级为三级,场地的地形、地貌与地质构造简单,地基土为膨胀土,则其岩土工程勘察等级应定为:

A. 一级　　B. 二级　　C. 三级　　D. 可不定级

18-7-5 对于复杂场地,I、II级建筑物等大、中型工程,在软土地区一般应按与下列哪项工作相适应的勘察阶段进行勘察工作?

A. 设计　　B. 计划　　C. 测绘　　D. 施工

18-7-6 对于复杂场地,I、II级建筑物等大、中型工程,若为软土地基,其岩土工程勘察等级应归为:

A. 一级　　B. 二级　　C. 三级　　D. 任意级别

18-7-7 应进行场地与地基地震效应评价的建筑物，其抗震设防烈度应等于或大于多少？

A. 5 度　　B. 6 度　　C. 7 度　　D. 8 度

18-7-8 在工程地质勘察中，直接观察地层结构变化的方法是：

A. 冲击钻探　　B. 坑探　　C. 触探　　D. 地球物理勘探

18-7-9 岩土工程勘探方法主要包括下列哪几项？

①坑探；②钻探；③地球物理勘探；④地质雷达勘探；⑤采样。

A. ①④⑤　　B. ②③⑤　　C. ①②③　　D. ①③④

18-7-10 采用试坑勘探时，表示工程地质条件除用文字描述之外，还需用哪种图表示？

A. 四壁辐射展示图　　B. 纵断面图　　C. 两壁展示图　　D. 横断面图

18-7-11 下列勘探方法中，可能获取原状土样的是：

A. 坑探　　B. 麻花钻　　C. 冲击钻　　D. 物探

18-7-12 地基置于基岩之上时，对岩体稳定性起主要控制作用的是下列哪个因素？

A. 组成岩体的矿物成分

B. 岩体的化学成分

C. 岩体内各种结构面性质及对岩体的切割程度

D. 岩体被切割的各种岩块的物理性质

18-7-13 若需对土样进行定名及各种物理力学性质试验，则土样的扰动程度应控制为：

A. 不扰动土　　B. 轻微扰动土　　C. 显著扰动土　　D. 完全扰动土

18-7-14 采取Ⅰ级不扰动土样，必须保持下列哪个条件？

A. 天然湿度和结构　　B. 天然湿度　　C. 天然矿物成分　　D. 天然结构

18-7-15 对同一工程地质单元（土层）取的土样，用相同方法测定的数据，通常是：

A. 一致的　　B. 离散的，且是无规律分布的

C. 离散的，并以一定规律分布的　　D. 有时是一致的，有时是离散的

18-7-16 按照《岩土工程勘察规范》规定的岩土参数统计，下列哪项不属于所需的参数？

A. 标准差　　B. 变异系数　　C. 算术平均值　　D. 方差

18-7-17 变异系数和标准差都是反映数据分布离散程度的。两者之间的基本区别是：

A. 变异系数比标准差准确
B. 变异系数是无量纲的，能比较不同参数的离散程度
C. 变异系数是无量纲的，不能比较不同参数的离散程度
D. 标准差比较准确

18-7-18 在计算深度范围内存在基岩时，则地基沉降计算深度可取至何处？

A. 基岩表面以上 1.0m　　B. 基岩表面以下 1.0m
C. 基岩表面　　D. 基岩表面以下 0.5m

18-7-19 下列几种土类哪种不宜作为天然地基？

A. 堆积年限较长的素填土
B. 堆积年限较长的冲填土
C. 性能稳定的工业废料组成的杂填土
D. 有机质含量较多的生活垃圾和对基础有腐蚀作用的工业废料组成的杂填土

18-7-20 膨胀岩土地基的稳定性，在下列哪种情况下，可按圆弧滑动法进行验算？

A. 土层均匀且无节理面　　B. 岩石层较差，层间存在软弱层
C. 层面与坡面交角小于 45°　　D. 地面有建筑物或填料荷载

18-7-21 在多年冻土地区修建重要工程建筑物时，下列哪种做法不合适？

A. 避开含土冰层、冰锥地区
B. 选择坚硬岩层或少冰冻土地区
C. 避开融区与多年冻土区之间的过渡地带
D. 选择冰丘分布地区

题解及参考答案

18-7-1 **解：**坑探的特点：勘察人员能直接观察到地质结构，准确可靠，且便于素描；可不受限制地从中采取原状岩土样和用作大型原位测试。

答案：A

18-7-2 **解：**《岩土工程勘察规范》(GB 50021—2001)(2009 年版)第 14.3.5 条规定，成果报告应附的图件中包括 A、B、C 三项，不包括 D 项。

答案：D

18-7-3 **解：**岩土工程勘察等级划分依据工程重要性等级、建筑场地复杂程度和地基复杂程度三个方面。

答案：C

18-7-4 **解**:膨胀土为特殊性土,属于复杂地基。

答案:A

18-7-5 **答案**:A

18-7-6 **解**:软土为特殊性土。

答案:A

18-7-7 **解**:5 度属于次强震,6 度属于强震,7 度属于损毁震,8 度属于破坏震。

答案:B

18-7-8 **解**:冲击钻探会破坏土层结构,触探与地球物理勘探只能间接获取有关岩土物理力学性质指标。

答案:B

18-7-9 **解**:地质雷达属于地球物理勘探方法,采样是为了进行试验。

答案:C

18-7-10 **解**:应把每一壁(或顶、底)面的地质现象按划分的单元体并按一定比例表示在一张平面图上。

答案:A

18-7-11 **解**:物探是用专门的仪器探测各种地质体,麻花钻探、冲击钻探难以取得完整岩芯。

答案:A

18-7-12 **解**:岩体稳定与结构面的关系密切。

答案:C

18-7-13 **解**:I 级不扰动土样。

答案:A

18-7-14 **解**:I 级土样除用于土的定名、含水量、密度测定外,还用于土的固结试验、强度试验,因此要求土样质量高。

答案:A

18-7-15 **解**:同一工程地质单元土层土样实验数据由于取样位置的差异具有一定的离散性,但由于物质成分状态的相似性其数据波动是有一定限度和规律的。

答案:C

18-7-16 **解**:岩土参数统计包括标准差、变异系数、算术平均值 3 项,不包括方差。

答案:D

18-7-17 **解**:标准差仅与平均值有关,变异系数为标准差与算数平均值的比值。

答案:B

18-7-18 解:地基基础设计规范规定:在计算深度范围内存在基岩时,则地基沉降计算深度取至基岩表面。

答案:C

18-7-19 解:天然地基应选择地层岩性均与单一、结构稳定、无地下水腐蚀性和污染土的场地。

答案:D

18-7-20 解:圆弧滑动法验算地基稳定性要求地基均匀、地层结构单一或近水平,B、C、D三种场地不满足圆弧滑动法验算地基稳定性条件。

答案:A

18-7-21 解:分析各种地区的特点,如冰丘是由于在近地表土层中,部分地下水集中并冻结使地表鼓起形成的,若底部冰溶解,易引起表层陷落。

答案:D

(八)原位测试技术

18-8-1 桩基岩土工程勘察中对碎石土宜采用的原位测试手段为:

A. 静力触探
B. 标准贯入试验
C. 重型或超重型圆锥动力触探
D. 十字板剪切试验

18-8-2 第四纪分期中 Q_4 是指:

A. 中更新世 B. 早更新世 C. 晚更新世 D. 全新世

18-8-3 原位测试技术通常在岩土工程勘察的哪个阶段采用?

A. 施工勘察
B. 初步勘察
C. 详细勘察
D. 选址勘察

18-8-4 饱水软黏性土的抗剪强度及其灵敏度的测定宜采用下列哪种原位测试方法?

A. 十字板剪力试验
B. 标贯试验
C. 圆锥动力触探试验
D. 扁铲试验

18-8-5 浅层平板载荷试验适用于下列哪种土层?

A. 深层地基土
B. 地下水位以下地基土
C. 地表及浅层地基土
D. 地表完整岩石

18-8-6 标准贯入试验不适用于下列哪种地层?

A. 砂土

B. 节理发育的岩石类

C. 粉土

D. 一般黏性土

18-8-7 旁压试验可评定地基土的哪些性能?

A. 旁压模量、地基承载力及应力应变关系

B. 划分土层

C. 碎石土的相对密实度

D. 评定砂土的相对密度

18-8-8 以旁压试验 p-V 曲线计算旁压模量 E_m,应在哪一段上进行?

A. I 段

B. II 段

C. III 段

D. II、III 段交点上

18-8-9 评定碎石土地层的承载力时,宜采用下列哪一种试验方法进行原位测试?

A. 十字板剪切试验

B. 动力触探试验

C. 标准贯入试验

D. 扁铲试验

18-8-10 评定黏土、粉土和砂土的静止侧压力系数时,宜采用下列哪一种原位测试方法进行测试?

A. 标准贯入试验

B. 扁铲试验

C. 荷载试验

D. 动力触探试验

18-8-11 评定强风化、全风化的硬质岩石天然地基承载力时,宜采用下列哪种试验方法进行原位测试?

A. 静力触探试验

B. 动力触探试验

C. 标准贯入试验

D. 扁铲试验

18-8-12 标准贯入试验使用的穿心锤重与穿锤落距分别是:

A. 锤重 10kg,落距 50cm

B. 锤重 63.5kg,落距 50cm

C. 锤重 63.5kg,落距 76cm

D. 锤重 10kg,落距 76cm

题解及参考答案

18-8-1 **解:**选项 A、B、D 所提方法不适用于碎石土。

答案:C

18-8-2 **解:**第四纪分为更新世(早更新世 Q_1、中更新世 Q_2 和晚更新世 Q_3)和全新世 Q_4。

答案:D

18-8-3 **解**:原位测试应在为建筑物地基设计提供设计参数的详细勘察阶段进行。

答案:C

18-8-4 **解**:标贯试验、圆锥动力触探及扁铲试验分别适用于一般黏性土、砂土、碎石土、软岩或风化岩等。

答案:A

18-8-5 **解**:深层地基土及地下水位以下地基土应采用螺旋板载荷试验,地表完整岩石不需要做浅层平板载荷试验。

答案:C

18-8-6 **解**:标准贯入器的探头为圆筒形,刃口单刃厚度为 2.5mm,遇坚硬岩易损坏。

答案:B

18-8-7 **解**:旁压试验的原理是通过量测旁压膜得出对孔壁施加的压力和土体变形之间的关系。

答案:A

18-8-8 **解**:I 段为初步阶段;II 段为似弹性阶段,压力与体积变化量大致呈线性关系;III 段为塑性阶段;II、III 段的交点相当于临塑压力。

答案:B

18-8-9 **解**:十字板剪切试验适用于饱和软黏性土,标准贯入试验适用于砂土、粉土和一般黏性土,扁铲试验适用于一般黏性土、粉土和中砂以下的砂土、黄土。

答案:B

18-8-10 **解**:应考虑扁铲试验可用来测定土的静止侧压力系数。

答案:B

18-8-11 **解**:动力触探试验适用于强风化、全风化的硬质岩石、各种软质岩石及各类土。而静力触探试验适用于黏性土、粉土和砂土,标准贯入试验适用于砂土、粉土和一般黏性土,扁铲试验适用于一般黏性土、粉土、中密以下砂土、黄土等。

答案:B

18-8-12 **解**:标准贯入试验使用的穿心锤重 63.5kg,穿锤落距 760mm。

答案:C

十九、岩体力学与岩体工程

复习指导

1. 复习技巧

复习本章时，首先要通读基本要求的全部内容，在此基础上重点掌握其中的基本概念、基本原理、基本理论及方法、基本试验方法、基本结论、基本知识的应用、传统认识和做法等，并能熟练运用《教程》中的表格和公式。作为基础考试部分，考题类型均为选择题（岩体力学为 4 道题，岩体工程为 5 道题），由于每题所允许答题时间有限，所以复习时一定注意不要偏重难度大及过于繁杂的知识，尤其是复杂的计算公式不必死记硬背，但要了解每个公式的推导过程及用途。要注重“基本”知识的记忆和理解，对于难度大及过于繁杂的知识，重点应掌握其中的基本概念、基本假设、基本思想、主要结论及如何应用即可，而其中所含的繁杂过程不必细究。

2. 岩体力学部分

(1)岩石的基本物理、力学性质及其试验方法

岩石作为一种特殊的工程材料，有着十分特殊的性质。它不同于任何传统的工程材料，如金属材料、混凝土材料、塑料等，与土也有着本质的区别。因此，岩石的物理、力学性质是岩体力学的最基本内容之一，应该进行认真复习。

①岩石的物理性质指标及其试验方法。

本部分主要注意复习常见的物理性能指标的定义和测试方法，尤其是工程中常用的物理指标更应认真对待，比如密度、重度、相对密度、含水量和吸水率、软化系数、孔隙比、渗透系数、膨胀系数。注意掌握每个物理指标的确切定义及所反映的物理意义，了解岩石的物理性能指标的大概取值范围。另外，还应该注意区别岩石和岩体的渗透系数方面的区别。

②岩石力学性能指标及其试验方法。

本部分是岩体力学最基本的内容，也是研究最为深入的部分，任何岩石工程都需要有关此方面的资料，因此，此部分内容为最重要的部分，应该加以重视。复习时着重以下几个方面：

a. 对常规岩石力学性质试验的内容和基本要求有一定的了解，例如，标准试件的尺寸和加载精度、加载速度等方面的具体要求。

b. 必须掌握岩石单轴抗压强度、弹性模量（或变形模量）、三轴抗压强度、抗拉强度等的确定方法和意义。

c. 了解岩石变形破坏过程中几个阶段的划分，每个阶段内岩石的变形破坏程度与物理机制。

d. 了解岩石全应力-应变关系曲线所反映的物理意义，特别是对峰后区岩石的力学性质应

有清楚的认识。同时了解为什么采用普通试验机无法获得岩石的全应力-应变关系曲线的原因所在，以及解决此问题的有效方法。

e. 了解岩石应力-应变关系曲线峰前段的类型。

f. 掌握岩石在三向压应力作用下的变形与破坏规律，注意围压的作用。

g. 了解其他室内力学性质试验方法及强度的确定方法。

h. 了解岩石力学性质的影响因素及影响规律。

③岩石的强度准则。

岩石的强度是评价岩石工程稳定性的重要指标，根据岩石的强度试验结果建立的强度准则是评价各种应力条件下岩石强度的重要公式，所以，必须掌握几种常用的岩石强度准则。包括每种强度准则的基本假设、强度指标的确定方法、适用范围等。

(2)岩体工程分类

岩体工程分类的主要目的是为了解决实际工程问题，因此在岩体工程中应用广泛，是从事岩土工程的科技人员必须掌握和了解的内容之一。本部分内容比较实用，所以应重点掌握国标的具体分类方法，比如分类指标及其确定方法、基本岩石质量指标的计算公式、岩体工程级别的划分参数范围、如何对基本质量指标进行修正等。同时对国际上的流行做法有一定的了解。

复习时需要特别注意的是，我国的《工程岩体分级标准》于 2014 年进行了修订，并于 2015 年 5 月 1 日正式实施。修订后的标准对原标准进行了多处重要修改，主要包含以下 6 处：

①修改了岩体基本质量指标计算公式，具体为：

原公式：$BQ = 90 + 3R_c + 250K_V$；

新公式：$BQ = 100 + 3R_c + 250K_V$。

②岩体基本质量分级标准中关于 III 级、IV 级岩体的定性特征描述中，取消了原来的“软硬互层”和“以软岩为主”的描述。

③V 级岩体的 BQ 值改为≤250。

④增加了边坡工程岩体质量指标的计算、边坡工程岩体级别的划分，以及边坡工程岩体自稳能力的确定等内容。

⑤在初始应力对地下工程岩体质量影响修正方面，将岩体初始应力状态对地下工程岩体级别的影响，调整为以相应初始应力和围岩强度确定的强度应力比值作为控制因素。

⑥取消了原标准中岩基承载力标准值确定方式，仅保留岩基承载力基本值。

(3)初始地应力

初始地应力是引起所有岩石工程发生变形与破坏的基本荷载，任何岩石工程的设计与施工都必须首先掌握初始地应力的分布规律和作用方向。由于初始地应力场的复杂性，人们对它的了解还十分肤浅，但是至少应该了解初始地应力场的基本构成、影响因素、分布规律以及常用的现场实测方法的基本原理。

3. 岩体工程部分

(1)岩体力学在边坡工程中的应用

岩质边坡不同于普通的土质边坡，岩体中的结构构造是影响边坡稳定的最主要因素，因此，岩坡的破坏形式也与土坡有明显的不同。在复习本节内容时，应重点掌握岩质边坡的特点、稳定性影响因素、破坏形式、平面滑动和圆弧滑动的极限平衡分析方法及计算公式、滑动条件、边坡的加固与整治方法，对边坡的变形特点、多平面滑动和楔形滑动的稳定分析原理、基本假定等应有所了解。另外,尽管缺乏实测资料的验证,边坡的应力分布规律也是考试大纲中的要求内容之一,所以,复习时也应加以留意。

(2)岩体力学在岩基工程中的应用

岩基稳定也是岩体工程的重要课题,本部分内容主要包括岩基内的应力分析规律、岩基的沉降计算方法、岩基的破坏规律、岩基承载力的确定方法、坝基稳定性分析方法以及岩基的加固整治方法。其中应重点掌握岩基的沉降计算公式和有关参数的取值,岩基承载力的几种确定方法及相关要求,岩基加固与整治原理及常用方法。

练习题、题解及参考答案

(一)岩石的基本物理、力学性质及试验方法

19-1-1 岩石的吸水率是指:

A. 岩石试件吸入水的质量和岩石天然质量之比
B. 岩石试件吸入水的质量和岩石干质量之比
C. 岩石试件吸入水的质量和岩石饱和质量之比
D. 岩石试件天然质量和岩石饱和质量之比

19-1-2 已知某岩石饱水状态与干燥状态的抗压强度之比为 0.72,则该岩石性质为:

A. 软化性强,工程地质性质不良　　B. 软化性强,工程地质性质较好
C. 软化性弱,工程地质性质较好　　D. 软化性弱,工程地质性质不良

19-1-3 当岩石处于三向应力状态且 σ_3 比较大时,一般应将岩石考虑为:

A. 弹性体　　B. 塑性体　　C. 黏性体　　D. 完全弹性体

19-1-4 在岩石抗压强度试验中,若加载速率增大,则岩石的抗压强度将:

A. 增大　　B. 减小　　C. 不变　　D. 无法判断

19-1-5 按照莫尔-库仑强度理论,若岩石强度曲线是一条直线,则岩石破坏时破裂面与最大主应力面的夹角为:

A. $45°$　　B. $45°-\frac{\varphi}{2}$
C. $45°+\frac{\varphi}{2}$　　D. $60°$

19-1-6 按照莫尔-库仑强度理论,岩石破坏时破裂面与最大主应力作用方向的夹角为:

A. $45°$　　B. $45°+\frac{\varphi}{2}$　　C. $45°-\frac{\varphi}{2}$　　D. $60°$

19-1-7 在岩石的含水率试验中，试件烘干时应将温度控制在：

A. 90～105℃　　B. 100～105℃　　C. 100～110℃　　D. 105～110℃

19-1-8 按照格理菲斯强度理论，脆性岩体破坏的主要原因是：

A. 受拉破坏　　B. 受压破坏　　C. 弯曲破坏　　D. 剪切破坏

19-1-9 在缺乏试验资料时，一般取岩石抗拉强度为抗压强度的比例是多少？

A. 1/2～1/5　　B. 1/10～1/20　　C. 2～5 倍　　D. 10～50 倍

19-1-10 用格里菲斯理论评定岩坡中岩石的脆性破坏时，若坡面附近岩层中的分布力为 P，岩石单轴抗拉强度为 R_t，则下列哪种情况下发生脆性破坏？

A. $P>3R_t$　　B. $P>8R_t$　　C. $P>16R_t$　　D. $P>24R_t$

19-1-11 在单向压应力作用下，坚硬岩石的破坏通常属于哪种破坏？

A. 劈裂破坏　　B. 弯曲破坏　　C. 塑性破坏　　D. 脆性破坏

19-1-12 某岩石的实测应力-应变关系曲线（峰前段）开始为上凹型曲线，随后变为直线，直到破坏，没有明显的屈服段，则该岩石为：

A. 弹性硬岩　　B. 塑性软岩　　C. 弹塑性岩石　　D. 塑弹性岩石

19-1-13 在岩石单向抗压试验中，试件高度与直径的比值 h/d 和试件端面与承压板之间的摩擦力在下列哪种组合下，最容易使试件呈现锥形破裂？

A. h/d 较大，摩擦力很小　　B. h/d 较小，摩擦力很大
C. h/d 的值和摩擦力的值都很大　　D. h/d 的值和摩擦力的值都很小

19-1-14 岩石在破裂并产生很大变形的情况下，强度情况如何？

A. 不具有任何强度　　B. 仍具有一定的强度
C. 只有一定的残余强度　　D. 只具有很小的强度

19-1-15 岩石与岩体的关系是：

A. 岩石就是岩体　　B. 岩体是由岩石和结构面组成的
C. 岩体代表的范围大于岩石　　D. 岩石是岩体的主要组成部分

19-1-16 大部分岩体属于哪种材料？

A. 均质连续材料　　B. 非均质材料
C. 非连续材料　　D. 非均质、非连续、各向异性材料

19-1-17 岩石的弹性模量一般指：

A. 弹性变形曲线的斜率
B. 割线模量
C. 切线模量
D. 割线模量、切线模量及平均模量中的任一种

19-1-18 岩石的割线模量和切线模量计算时的应力水平为：

A. $\frac{\sigma_c}{3}$ B. $\frac{\sigma_c}{2}$ C. $\frac{3\sigma_c}{5}$ D. σ_c

19-1-19 由于岩石的抗压强度远大于它的抗拉强度，所以一般情况下，岩石属于：

A. 脆性材料
B. 延性材料
C. 坚硬材料
D. 脆性材料，但围压较大时，会呈现延性特征

19-1-20 岩体的强度小于岩石的强度主要是由于：

A. 岩体中含有大量的不连续面 B. 岩体中含有水
C. 岩体为非均质材料 D. 岩石的弹性模量比岩体的大

19-1-21 岩体的尺寸效应指：

A. 岩体的力学参数与试件的尺寸没有什么关系
B. 岩体的力学参数随试件的增大而增大的现象
C. 岩体的力学参数随试件的增大而减小的现象
D. 岩体的强度比岩石的小

19-1-22 剪胀（或扩容）表示的是下列哪种现象？

A. 岩石体积不断减小的现象
B. 裂隙逐渐闭合的一种现象
C. 裂隙逐渐张开的一种现象
D. 岩石的体积随压应力的增大而逐渐增大的现象

19-1-23 剪胀（或扩容）的发生是由什么因素引起的？

A. 岩石内部裂隙闭合引起的 B. 压应力过大引起的
C. 岩石的强度太小引起的 D. 岩石内部裂隙逐渐张开和贯通引起的

19-1-24 岩石的抗压强度随着围压的增大如何变化？

A. 增大　　B. 减小　　C. 保持不变　　D. 会发生突变

19-1-25　劈裂试验得出的岩石强度表示岩石的哪种强度？

A. 抗压强度　　B. 抗拉强度　　C. 单轴抗拉强度　　D. 剪切强度

19-1-26　格里菲斯准则认为岩石的破坏是由于：

A. 拉应力引起的拉裂破坏　　B. 压应力引起的剪切破坏
C. 压应力引起的拉裂破坏　　D. 剪应力引起的剪切破坏

19-1-27　格里菲斯强度准则不能作为岩石的宏观破坏准则的原因是：

A. 它不是针对岩石材料的破坏准则
B. 它认为材料的破坏是由于拉应力所致
C. 它没有考虑岩石的非均质特征
D. 它没有考虑岩石中的大量微裂隙及其相互作用

19-1-28　岩石的吸水率是指下列哪个比值？

A. 岩石吸入水的质量与岩石试件体积之比
B. 岩石吸入水的质量与岩石试件总质量之比
C. 岩石吸入水的体积与岩石试件的体积之比
D. 岩石吸入水的质量与岩石试件的固体质量之比

19-1-29　岩石的含水率是指下列哪个比值？

A. 岩石孔隙中含有水的体积与岩石试件总体积之比
B. 岩石孔隙中含有水的质量与岩石试件的固体质量之比
C. 岩石孔隙中含有水的体积与岩石试件的总质量之比
D. 岩石孔隙中含有水的质量与岩石试件的总体积之比

19-1-30　岩石的软化系数是指下列哪个比值？

A. 干燥状态下的单轴抗压强度与饱和单轴抗压强度之比
B. 干燥状态下的剪切强度与饱和单轴抗压强度之比
C. 饱和单轴抗压强度与干燥状态下的抗压强度之比
D. 饱和单轴抗压强度与干燥状态下的单轴抗压强度之比

19-1-31　根据岩石的全应力与应变关系曲线峰后区的形状，通常把岩石划分成：

A. 第Ⅰ类和第Ⅱ类岩石　　B. 硬岩和软岩
C. 弹塑性岩石和弹粘塑性岩石　　D. 脆性岩石和延性岩石

19-1-32　岩石在单轴压缩试验时发生突然爆裂的原因是：

A. 岩石过于坚硬　　B. 岩石不够均质
C. 试验机的刚度太小　　D. 试验机的刚度过大

19-1-33 岩石的抗压强度随着围压的增大会如何变化？

A. 增大　　B. 减小
C. 保持不变　　D. 线性增大

19-1-34 由岩石的点荷载试验所获得的点荷载强度指标为下列哪种比值？

A. 试件破坏时的荷载与试件直径的平方之比
B. 试件破坏时的荷载与试件的高度之比
C. 试件破坏时的荷载与试件的断面面积之比
D. 试件破坏时的荷载与荷载作用方向上试件的高度的平方之比

19-1-35 岩石的变形与破坏特性与围压的大小有关，围压越大，岩石的性质如何变化？

A. 岩石的脆性特征越明显　　B. 岩石的蠕变越弱
C. 岩石的破坏越剧烈　　D. 岩石的延性变形特征越显著

19-1-36 水对岩石的力学性质影响程度与下列哪个因素有关或无关？

A. 与岩石的矿物成分和结构特征有关
B. 与岩石中云母的含量有关
C. 与岩石的地质年代和所受的地应力大小无关
D. 与试验方法和测量精度有关

19-1-37 岩石的强度将随环境温度的提高如何变化？

A. 减小　　B. 增大　　C. 保持不变　　D. 变化越来越大

19-1-38 岩石的弹性模量和抗压强度会随加载速度的增大如何变化？

A. 越小　　B. 保持不变　　C. 增大　　D. 先增大，后减小

19-1-39 岩石的剪胀（或扩容）会随着围压的增大而逐渐减弱，这是因为：

A. 围压越大，对岩石的侧向膨胀的约束越大
B. 岩石的塑性变形越来越大
C. 岩石的流变越来越显著
D. 岩石的抗压强度随围压的增大会明显增大

19-1-40 岩石的渗透系数一般小于同类岩体的渗透系数，这是由于：

A. 岩体的范围大于岩石试件

B. 岩石的完整性较好,而岩体中结构面较多
C. 岩体中的应力较大
D. 岩石和岩体的强度不同

19-1-41 莫尔强度准则认为岩石的破坏属于:

A. 张拉破坏
B. 剪切破坏
C. 压应力作用下的剪切破坏
D. 应力集中

19-1-42 岩石的不稳定蠕变曲线包括哪几个阶段?

A. 过渡蠕变阶段和弹性变形阶段
B. 流变稳定阶段和非稳定阶段
C. 弹塑性变形阶段和过渡流变阶段
D. 过渡蠕变阶段、等速蠕变阶段和加速蠕变阶段

19-1-43 在等速蠕变阶段,岩石会产生什么变形?

A. 弹性变形
B. 塑性变形
C. 弹性变形和永久变形
D. 弹粘塑性变形

19-1-44 岩石的强度曲线为一端开口的光滑曲线,这说明下列哪个论断是正确的?

A. 岩石的强度不具有对称性
B. 静水压力不会引起岩石的破坏
C. 静水压力能够引起岩石的破坏
D. 岩石的抗拉强度远小于岩石的抗压强度

19-1-45 岩石的 Hoek-Brown 强度准则的突出特点在于:

A. 是根据大量试验结果统计得出的经验性强度准则
B. 与试验结果的吻合程度高
C. 形式简单,参数少,使用方便
D. 是一个非线性的强度准则,能同时用于受压、受拉、拉压以及受剪条件下

19-1-46 作为岩石的强度准则,莫尔-库仑强度准则与 Hoek-Brown 强度准则的主要区别是:

A. 莫尔-库仑强度准则为直线型准则,在拉应力区和高压区不能使用;而 Hoek-Brown 准则为曲线型准则,可用于任何应力状态下岩石的强度预测
B. 莫尔-库仑强度准则简单,参数少;而 Hoek-Brown 准则复杂,参数多
C. 莫尔-库仑强度准则出现的较早,应用比较广泛;而 Hoek-Brown 准则较新,应用不广
D. 莫尔-库仑强度准则用于硬岩较差;而 Hoek-Brown 准则用于软岩较差

题解及参考答案

19-1-1　解：岩石吸水率指吸入水的重量与岩土的干重量的比值，此题主要考定义。

答案：B

19-1-2　解：根据岩石软化系数的大小可以区分岩石的软化性强弱，根据一般的划分标准，大于0.75为弱，否则为强。

答案：A

19-1-3　解：根据岩石的三轴压缩试验结果的分析可以发现，岩石的变形特性会随着围压的提高而逐渐发生改变，围压愈大，岩石的塑性流动特征越明显。

答案：B

19-1-4　解：一般情况下，加载速率越大，岩石的强度也越大。

答案：A

19-1-5　解：莫尔-库仑强度理论假设受压下岩石的破坏属于剪切破坏，破坏面的方向取决于两个主应力的大小关系和材料的内摩擦角。理论上，剪切破坏面与最大主应力作用面之间的夹角为$45°+\frac{\varphi}{2}$，所以正确答案应为C。

注意：此题中的最大主应力面并非标准用词，应为最大主应力作用面或最大主平面。

答案：C

19-1-6　解：由于莫尔-库仑强度理论假设岩石的破坏属于压应力作用下的剪切破坏，且剪切破坏面与最大主应力作用方向之间的夹角为$45°-\frac{\varphi}{2}$。

答案：C

19-1-7　解：测量岩石的密度、重度以及含水率时，规范规定要把试件放在108℃恒温的烘箱中烘干24h。

答案：D

19-1-8　解：格理菲斯理论假设，无论外界是什么应力状态，材料的破坏都是由于拉应力引起的拉裂破坏。即微裂纹面上的应力超过了材料的抗拉强度时，裂纹开裂导致材料的破坏。

答案：A

19-1-9　解：岩石为脆性材料抗拉强度远小于它的抗压强度，大量试验结果统计表明，岩石抗压强度是抗拉强度的10～20倍，应选择最接近的数值。

答案：B

19-1-10　解：根据格理菲斯强度准则可知，岩石的抗压强度是抗拉强度的8倍，格理菲斯准则认为岩石的破坏属于脆性破坏，所以当坡面附近应力p超过岩石单轴抗拉强度值8倍时，边坡就会发生脆性破坏。

答案:B

19-1-11 **解**:在单轴抗压试验中,硬岩的破坏一般为脆性破坏,很少会发生其他形式的破坏。

答案:D

19-1-12 **解**:此题要求考生对岩石变形特性有全面地了解,并对岩石应力—应变试验的曲线特征有一定的认识。一般弹性硬岩的应力—应变曲线为近似直线,而塑性软岩的应力—应变曲线比较平缓。本题中的应力与应变曲线明显分为两部分,前部平缓,呈现塑性变形特征,后部近似直线,呈现弹性变形特征。因此应属于塑弹性岩石。

答案:D

19-1-13 **解**:单向受压时发生锥形破裂的主要原因是由于试件 h/d 值较小,即试件较短,试验机压板与岩石试件之间的摩擦力太大,导致试件端部附近的应力状态接近于三向受压状态。试件越短,试件内的三向受压范围越大,越容易发生锥形破裂。

答案:B

19-1-14 **解**:从岩石的全应力与应变关系曲线可以看出,当应力超过了岩石的峰值强度以后,岩石已经发生破坏,但仍具有一定的承载能力,而且将随着塑性变形的增大逐渐降低,但并非完全丧失承载能力,这是岩石的基本力学特性。据此,应选择最接近的答案 B。

答案:B

19-1-15 **解**:岩体是由岩块(岩石)和结构面组成的地质体,这是基本常识。

答案:B

19-1-16 **解**:岩体的主要特征包括非均质、各向异向、不连续。很显然,本题应选择 D。其他三个选项不全面。

答案:D

19-1-17 **解**:由于弹性变形阶段岩石的应力与应变关系曲线并非线性,所以弹性模量不能采用传统方法进行计算,根据国际岩石力学学会的建议,通常采用割线模量、切线模量以及平均模量中任何一种来表示。

答案:D

19-1-18 **解**:计算割线模量或切线模量时,根据国际岩石力学学会的建议,应力水平为抗压强度的 1/2。

答案:B

19-1-19 **解**:通常岩石属于脆性材料,然而根据岩石在三向压应力下的变形破坏特征可以看出,当围压较大时,岩石将逐渐呈现出延性材料的变形特征。

答案:D

19-1-20　解:岩石与岩体的主要区别在于岩体中含有各种结构面,岩石是连续材料,岩体属于不连续材料。正是由于这些不连续面的存在,使岩体的强度远小于岩石的强度。

答案:A

19-1-21　解:岩体的尺寸效应通常指岩体的强度或弹性模量等力学参数随试件尺寸增大而减小的现象。

答案:C

19-1-22　解:岩石在受压时,体积随应力的增大而增大的现象叫剪胀,也称为扩容,这是岩石的固有特性。应注意剪胀会随着围压的增大而减弱,甚至消失。

答案:D

19-1-23　解:岩石发生剪胀是由于随着应力的逐渐增大,岩石内部微裂纹的张开以及新裂纹的大量产生,并逐渐贯通所致。

答案:D

19-1-24　解:三向压应力作用下,岩石的抗压强度明显大于单向压应力下的抗压强度,这是岩石的基本力学特性。

答案:A

19-1-25　解:由于劈裂试验时,破裂面上的应力状态为拉压的复合应力状态,由此得出的强度不能称作单轴抗拉强度,一般称为抗拉强度。

答案:B

19-1-26　解:格利菲斯准则认为,不论岩石的应力状态如何,岩石的破坏都是由于微裂纹附近的拉应力超过了岩石的抗拉强度所致。所以,岩石的破坏都是拉应力引起的拉裂破坏。

答案:A

19-1-27　解:格里菲斯准则是根据材料内部一个微裂纹的开裂条件推导得出的破坏准则,并没有考虑岩石中大量存在的微裂纹之间的相互作用,而这种相互作用的影响会导致岩石强度的降低,所以格里菲斯计算得出的岩石强度往往大于实际强度,用于岩石并不合适。

答案:D

19-1-28　解:岩石吸水率的定义与土体吸水率的定义相同,表示吸入水的质量与试件固体质量的比值。

答案:D

19-1-29　解:根据定义,含水率应为水的质量与岩石试件的固体质量之比,并不是体积比。

答案:B

19-1-30　解:岩石的软化系数表示饱和单轴抗压强度与干燥条件下的单轴抗压强度之比,反映岩石遇水后强度降低的程度。

答案:D

19-1-31 **解**:根据岩石的峰后变形特性和全应力与应变关系曲线峰后区的形状,Wawersik 将岩石分为第I类和第II类两种类型,前者的峰后区斜率为负,后者的峰后区斜率为正,反映了岩石的不同力学性质。

答案:A

19-1-32 **解**:岩石试验时发生突然爆裂的原因主要是由于试验机的刚度小于岩石应力与应变关系曲线峰后段的斜率(或刚度),当试件承载能力下降时,试验机立柱中积蓄的应变能会突然释放,瞬间摧毁试件,导致试件的突然爆裂。

答案:C

19-1-33 **解**:岩石的强度随围压的增大而逐渐增大的现象是岩石特有的特性。

答案:A

19-1-34 **解**:回答本题必须知道点荷载强度指标的计算公式,点荷载强度指标应为破坏荷载与荷载作用方向上试件高度的平方之比。

答案:D

19-1-35 **解**:根据不同围压下岩石三轴抗压试验得出的应力与应变关系曲线可知,随着围压的提高,应力应变关系曲线峰后段的斜率会越来越小,塑性流动趋势越来越显著,当围压很高时,即使产生很大的塑性变形,岩石也不会破坏,即表现出延性变形特性。

答案:D

19-1-36 **解**:水对岩石有一定的软化作用,尤其是那些含有亲水性矿物的岩石遇水后容易发生膨胀和软化。也与岩石的内部结构特征有关,比如,孔隙率大的岩石的吸水率也高。

答案:A

19-1-37 **解**:在高温条件下,温度越高,岩石的强度会越小,这是岩石的基本力学特性。

答案:A

19-1-38 **解**:对于大多数岩石而言,加载速率越快,岩石的强度和弹性模量越大,这是因为岩石的矿物颗粒变形需要一定的过程。

答案:C

19-1-39 **解**:围压越大,对岩石横向自由变形的约束也越大,因而越不容易剪胀(或扩容)。

答案:A

19-1-40 **解**:岩体中含有大量结构面和裂隙,因此渗透系数较大,与地应力的大小虽有一定关系,但主要还是取决于结构面的多少。

答案:B

19-1-41 **解**:莫尔准则认为岩石的破坏是由于剪应力作用的结果,属于剪切破坏。

答案:B

19-1-42 **解**:岩石的不稳定蠕变曲线一般包括三个阶段,即过度蠕变阶段、等速蠕变阶段以及加速蠕变阶段。

答案:D

19-1-43 **解**:从卸载曲线的形态可以看出,在等速蠕变阶段,卸载时部分变形会迅速恢复,部分变形的恢复则需要一个过程,还有一部分变形会残留下来。所以,蠕变时会产生三种变形,即可迅速恢复的弹性变形、缓慢恢复的黏性变形以及不可恢复的塑性变形。

答案:D

19-1-44 **解**:强度曲线不封口,表示强度曲线不与水平轴相交,静水压力(或平均应力)不会引起岩石的破坏。

答案:B

19-1-45 **解**:尽管选项A、B、C也不错,但选项D的回答更能反映该准则的突出优点和用途。

答案:D

19-1-46 **解**:作为岩石的强度准则,最主要的是要能够准确给出岩石在各种应力条件下的强度,而Hoek-Brown准则不仅是一个非线性准则,而且能正确预测各种应力条件下岩体的强度。所以四个选项中,选项B、C、D都不准确。

答案:A

(二)岩体工程分类

19-2-1 在工程实践中,洞室围岩稳定性主要取决于:

A. 岩石强度　　B. 岩体强度　　C. 结构体强度　　D. 结构面强度

19-2-2 某岩石的实测单轴饱和抗压强度 $R_c = 55\text{MPa}$,完整性指数 $K_v = 0.8$,野外鉴别为厚层状结构,结构面结合良好,锤击清脆有轻微回弹。按工程岩体分级标准确定该岩石的基本质量等级为:

A. I级　　B. II级　　C. III级　　D. IV级

19-2-3 按照我国岩体工程质量分级标准,下列哪种情况属于III级岩体?

A. 跨度10～20m,可基本稳定,局部可发生掉块或小塌方
B. 跨度小于10m,可长期稳定,偶有掉块
C. 跨度小于20m,可长期稳定,偶有掉块,无塌方
D. 跨度小于5m,可基本稳定

19-2-4 我国工程岩体分级标准中,岩石的坚硬程度是按下列哪个指标确定的?

A. 岩石的饱和单轴抗压强度　　B. 岩石的抗拉强度
C. 岩石的变形模量　　D. 岩石的黏结力

19-2-5 我国《工程岩体分级标准》中，软岩表示岩石的饱和单轴抗压强度为：

A. 30～15MPa　　B. <5MPa　　C. 15～5MPa　　D. <2MPa

19-2-6 我国工程岩体分级标准中，确定岩体完整性的依据是：

A. RQD　　B. 节理间距
C. 节理密度　　D. 岩体完整性指数或岩体体积节理数

19-2-7 在我国工程岩体分级标准中，较完整岩体表示岩体的完整性指数为：

A. 0.55～0.35　　B. 0.35～0.15　　C. >0.55　　D. 0.75～0.55

19-2-8 在我国工程岩体分级标准中，岩体基本质量指标是由哪两个指标确定的？

A. RQD 和节理密度
B. 岩石单轴饱和抗压强度和岩体的完整性指数
C. 地下水和 RQD
D. 节理密度和地下水

19-2-9 我国《工程岩体分级标准》中，地下工程岩体详细定级时，需要考虑下列哪些因素？
①地应力大小；②地下水；③结构面方位；④结构面粗糙度。

A. ①④　　B. ①②　　C. ③　　D. ①②③

19-2-10 岩石质量指标 RQD 是根据修正的岩芯采集率确定的，即下列中哪个比值？

A. 岩芯累计长度与钻孔长度之比
B. 长度超过 10cm 的岩芯累计长度与钻孔长度之比
C. 长度在 10cm 左右的岩芯累计长度与钻孔长度之比
D. 钻孔长度与长度超过 10cm 的岩芯累计长度之比

19-2-11 RMR 岩体分类系统采用以下哪几个参数进行岩体分类？
①单轴抗压强度；②RQD；③节理间距；④节理组数；⑤地下水状况；
⑥节理产状；⑦节理状态；⑧地应力大小。

A. ①②③⑥⑦　　B. ①②③⑤⑥⑦
C. ①②③⑤　　D. ①②③⑤⑦

19-2-12 我国《工程岩体分级标准》中，根据下列哪些指标确定岩体的基本质量指标？

A. 岩石的饱和单轴抗压强度和内摩擦角

B. 岩石的坚硬程度和弹性波传播速度

C. 岩石的饱和单轴抗压强度和岩体的完整性指数

D. 岩体的坚硬程度和节理组数

19-2-13 《工程岩体分级标准》中，地下工程岩体详细定级时，什么情况下需要对岩体基本质量指标 BQ 进行修正？

A. 埋深较大，岩体较破碎

B. 地下洞室跨度较大，围岩稳定性差

C. 岩体中结构面较发育，埋深大

D. 有地下水，岩体稳定性受结构面影响，且有一组起控制作用，或工程岩体存在由强度应力比所表征的初始应力状态

19-2-14 《工程岩体分级标准》中，边坡工程岩体级别确定时需要考虑的修正因素包括：

A. 结构面的结合程度　　　B. 由强度应力比所表征的初始应力状态

C. 主要结构面类型与延伸性　　　D. 结构面的组数

19-2-15 《工程岩体分级标准》中，边坡工程岩体级别确定时，当主要结构面为断层或夹泥层时，主要结构面类型与延伸性修正系数取值应为：

A. 0.9　　B. 0.9～0.8　　C. 0.7～0.6　　D. 1.0

19-2-16 《工程岩体分级标准》中，边坡工程岩体详细定级时，边坡工程主要结构面产状影响修正系数主要考虑哪些因素？

A. 结构面的类型影响

B. 结构面的粗糙程度的影响

C. 主要结构面倾向及与边坡倾向间关系影响

D. 结构面贯通程度的影响

19-2-17 《工程岩体分级标准》中，软质岩的饱和单轴抗压强度 R_c 为

A. ≤30MPa　　B. <15MPa　　C. ≤5MPa　　D. <35MPa

19-2-18 《工程岩体分级标准》中，地基工程岩体级别按照以下何种方式定级？

A. 采用与地下工程岩体详细定级相同的方式定级

B. 按照岩体基本质量级别定级

C. 采用与边坡工程岩体详细定级相同的方式定级

D. 采用专门的方式定级

19-2-19 按照《工程岩体分级标准》，下列答案中哪一个是 II 级边坡工程岩体自稳能力的描述？

A. 高度<30m,可长期稳定,偶有掉块;高度 30~60m,可基本稳定,局部可发生楔形体破坏

B. 高度≤ 60m,可长期稳定,偶有掉块

C. 高度<15m,可基本稳定,局部可发生楔形体破坏

D. 高度 15~30m,可稳定数月,可发生由结构面及局部岩体组成的平面或楔形体破坏

19-2-20 《工程岩体分级标准》中,当边坡中的主要结构面倾角大于 45°时,结构面倾角影响系数应取下列何值?

A. 0.95　　B. 0.70　　C. 0.65　　D. 1.0

题解及参考答案

19-2-1 **解:**岩体由结构体和结构面所组成,岩体强度取决于结构体和结构面各自的强度,所以洞室围岩稳定性主要取决于岩体强度。

答案:B

19-2-2 **解:**此题需要对工程岩体分级标准的具体公式和分级标准有比较清楚的了解。由岩体基本质量指标的计算公式可得:

$$BQ = 100 + 3R_c + 250K_v = 100 + 3 \times 55 + 250 \times 0.8 = 465$$

由于 BQ 值介于 451~550 之间,根据《工程岩体分级标准》(GB/T 50218—2014)表 4.1.1 可知,该岩体的基本质量等级为 II 级。

答案:B

19-2-3 **解:**《工程岩体分级标准》(GB/T 50218—2014)表 4.1-1 中,关于三级岩体的描述为:跨度 10~20m,可稳定数日至一个月,可发生小至中塌方;跨度 5~10m,可稳定数月,可发生局部块体位移及小至中塌方;跨度小于 5m,可基本稳定。

答案:D

19-2-4 **解:**《工程岩体分级标准》(GB/T 50218—2014)第 3.3.1 条规定,岩石坚硬程度的定量指标应采用饱和单轴抗压强度进行评价。

答案:A

19-2-5 **解:**由《工程岩体分级标准》(GB/T 50218—2014)表 3.3.3 可知,软岩的饱和单轴抗压强度为5~15MPa。

答案:C

19-2-6 **解:**《工程岩体分级标准》(GB/T 50218—2014)第 3.3.2 条规定,岩体完整程度的定量指标应采用岩体完整性指数来评价。当无条件取得实测值时,也可采用岩体体积节理数来评价。

答案:D

19-2-7 **解**:《工程岩体分级标准》(GB/T 50218—2014)表 3.3.4 规定，较完整岩体的完整性指数为0.55~0.75。

答案:D

19-2-8 **解**:《工程岩体分级标准》(GB/T 50218—2014)第 4.2.2 条规定，应根据分级因素的定量指标 R_c 的兆帕值和 K_v 计算。其中，R_c 是岩石的饱和单轴抗压强度，K_v 是岩体的完整性系数。

答案:B

19-2-9 **解**:《工程岩体分级标准》(GB/T 50218—2014)第 5.2.1 条规定，当遇到下列情况之一时，应对 BQ 修正：①有地下水；②岩体稳定性受结构面影响，且有一组起控制作用；③工程岩体存在强度应力比所表征的初始应力状态。

答案:D

19-2-10 **解**:只要知道修正的岩芯采集率即可回答此题，修正的关键是指统计长度大于 10cm 的岩芯累计长度，该值与钻孔长度的比值即为 RQD。

答案:B

19-2-11 **解**:南非 RMR 岩体分类系统先根据岩石单轴抗压强度、RQD、节理间距、节理状态以及地下水五个指标进行评分，再根据主要软弱结构面的产状进行修正，最后根据修正后的 RMR 值进行分级，该分级方法不考虑地应力和节理组数。

答案:B

19-2-12 **解**:《工程岩体分级标准》(GB/T 50218—2014)第 4.2.2 条规定，应根据岩石的饱和单轴抗压强度和岩体的完整性指数，计算岩体的基本质量指标。

答案:C

19-2-13 **解**:《工程岩体分级标准》(GB/T 50218—2014)第 5.2.1 条规定，地下工程岩体的详细定级时，遇到选项 D 所列三种情况之一时，需要对岩体基本质量指标 BQ 进行修正。

答案:D

19-2-14 **解**:《工程岩体分级标准》(GB/T 50218—2014)第 5.3.1 条规定，边坡工程岩体详细定级时，应根据控制边坡稳定性的主要结构面类型与延伸性、边坡内地下水发育程度以及结构面产状与坡面间关系等影响因素，对岩体基本质量指标 BQ 进行修正。

答案:C

19-2-15 **解**:《工程岩体分级标准》(GB/T 50218—2014)表 5.3.2-1 规定，边坡工程岩体级别确定时，主要结构面类型与延伸性修正系数取值标准见解表。

题 19-2-15 解表

结构面类型与延展性	修正系数 λ
断层、夹泥层	1.0
层面、贯通性较好的节理和裂隙	0.9~0.8
断续节理和裂隙	0.7~0.6

由此可见，结构面为断层或夹泥层时，修正系数为1.0。

答案:D

19-2-16 **解**:《工程岩体分级标准》(GB/T 50218—2014)第5.3.2条规定，边坡工程岩体详细定级时，边坡工程主要结构面产状影响修正系数 K_5 由下式计算

$$K_5 = F_1 \times F_2 \times F_3$$

式中：K_5——边坡工程主要结构面产状影响修正系数；

F_1——反映主要结构面倾向与边坡倾向间关系影响的系数；

F_2——反映主要结构面倾角影响的系数；

F_3——反映边坡倾角与主要结构面倾角间关系影响的系数。

可见，四个选项中，只有选项C符合要求。

答案:C

19-2-17 **解**:《工程岩体分级标准》(GB/T 50218—2014)第3.3.3条表3.3.3中，R_c 与岩石坚硬程度的对应关系见解表。

题19-2-17解表

R_c(MPa)	>60	60～30	30～15	15～5	≤5
坚硬程度	硬质岩		软质岩		
	坚硬岩	较坚硬岩	较软岩	软岩	极软岩

由此可见，软质岩的饱和单轴抗压强度小于或等于30MPa。

答案:A

19-2-18 **解**:《工程岩体分级标准》(GB/T 50218—2014)第5.4.1条规定，地基工程岩体级别应按照岩体基本质量级别定级。

答案:B

19-2-19 **解**:《工程岩体分级标准》(GB/T 50218—2014)附录E.0.2表E.0.2中，对于边坡工程岩体自稳能力的描述见解表。

题19-2-19解表

岩体级别	自稳能力
I	高度≤60m，可长期稳定，偶有掉块
II	高度<30m，可长期稳定，偶有掉块； 高度30～60m，可基本稳定，局部可发生楔形体破坏
III	高度<15m，可基本稳定，局部可发生楔形体破坏； 高度15～30m，可稳定数月，可发生由结构面及局部岩体组成的平面或楔形体破坏，或由反倾结构面引起的倾倒破坏
IV	高度<8m，可稳定数月，局部可发生楔形体破坏； 高度8～15m，可稳定数日至1个月，可发生由不连续面及岩体组成的平面或楔形体破坏，或由反倾结构面引起的倾倒破坏
V	不稳定

可见，正确选项应为 A。

答案：A

19-2-20 **解**：《工程岩体分级标准》(GB/T 50218—2014)第 5.3.2 条表 5.3.2-2 中，边坡工程主要结构面倾角影响系数 F_2 的取值标准见解表。

题 19-2-20 解表

结构面倾角(°)	<20	20～30	30～35	35～45	≥45
F_2	0.15	0.40	0.70	0.85	1.0

可见，正确选项应为 D。

答案：D

(三)岩体的初始地应力状态

19-3-1 在浅层地层中，岩体初始水平应力与垂直应力的比值 K 通常存在如下关系：

A. $K>1$　　B. $K=1$　　C. $K\leqslant 1$　　D. $K<1$

19-3-2 下列关于初始地应力的描述中，哪个是正确的？

A. 垂直应力一定大于水平应力
B. 构造应力以水平应力为主
C. 自重应力以压应力为主，亦可能有拉应力
D. 自重应力和构造应力分布范围基本一致

19-3-3 如果不进行测量而想估计岩体的初始地应力状态，则一般假设侧压力系数为下列哪一个值比较好？

A. 0.5　　B. 1.0　　C. <1　　D. >1

19-3-4 测定岩体中的初始地应力时，最常采用的方法是：

A. 应力恢复法　　B. 应力解除法　　C. 弹性波法　　D. 模拟试验

19-3-5 初始地应力主要包括：

A. 自重应力　　B. 构造应力
C. 自重应力和构造应力　　D. 残余应力

19-3-6 初始地应力是指下列中哪种应力？

A. 未受开挖影响的原始地应力　　B. 未支护时的围岩应力
C. 开挖后岩体中的应力　　D. 支护完成后围岩中的应力

19-3-7 构造应力的作用方向为：

A. 铅垂方向　　　　B. 近水平方向
C. 断层的走向方向　　　　D. 倾斜方向

19-3-8 孔壁应变法根据广义虎克定律等推测岩体中的初始地应力，需要通过测量应力解除过程中的哪些数据？

A. 钻孔的变形　　　　B. 孔壁的应变
C. 孔壁上的应力　　　　D. 孔径的变化

19-3-9 构造应力指的是：

A. 水平方向的地应力分量　　　　B. 垂直方向的地应力分量
C. 岩体自重引起的地应力　　　　D. 地质构造运动引起的地应力

题解及参考答案

19-3-1 **解**：在地壳的浅部（埋深<1000m），初始地应力场分布以构造应力为主，即最大主应力为水平方向的构造应力。本题中的所谓浅层，可能埋深更浅，因此，构造应力对地表附近的影响有限，初始地应力基本为自重应力，自重应力的侧压系数一般不大于0.5，答案可选最接近的D。

答案：D

19-3-2 **解**：由初始地应力场的分布规律可知，在地壳浅部，最大主应力一般作用于近水平方向，与构造应力的作用方向相近，而且地下岩体处于三向受压状态，一般不会出现拉应力。构造应力是由于地球的板块构造运动引起的近水平向应力，主要作用于地壳浅部，而自重应力的分布范围则更广。

答案：B

19-3-3 **解**：初始地应力的分布规律往往非常复杂，由于缺乏实测资料，所以一般情况下，人们只能假设初始地应力为自重应力，这样侧压系数一般不会超过0.5。

答案：A

19-3-4 **解**：应力解除法是地应力量测方法中最可靠、应用最广泛的方法。

答案：B

19-3-5 **解**：初始地应力主要是由于岩体自重引起的，同时地质构造运动也会在岩体中形成构造应力，因此初始地应力应包括这两种应力。

答案：C

19-3-6 **解**：岩石工程开挖之前岩体中的原始应力状态称为初始地应力，工程扰动后岩体中的应力为次生应力。

答案：A

19-3-7 **解**:地质构造运动引起的构造应力一般情况下为近水平方向,这是由地球的板块运动所决定的。

答案:A

19-3-8 **解**:孔壁应变法是通过测量应力解除过程中孔壁上的应变来进行应力量测的,从名字上也可以看出它的含义。

答案:B

19-3-9 **解**:尽管构造应力的作用方向为近水平方向,但本题问的是构造应力的定义,最确切的答案应该是D。

答案:D

(四)岩体力学在边坡工程中的应用

19-4-1 脆性岩体在高应力的作用下破裂,使得岩块坡面向下流动的破坏形式为:

A. 崩塌　　B. 平移滑动　　C. 施转滑动　　D. 岩层曲折

19-4-2 对岩石边坡,从岩层面与坡面的关系上,下列哪种边坡形式最易滑动?

A. 顺向边坡,且坡面陡于岩层面
B. 顺向边坡,且岩层面陡于坡面
C. 反向边坡,且坡面较陡
D. 斜交边坡,且岩层较陡

19-4-3 边坡的坡向与岩层的倾向相反的边坡称作:

A. 顺坡向边坡　　B. 反坡向边坡　　C. 切向边坡　　D. 直立边坡

19-4-4 均匀的岩质边坡中,应力分布的特征为:

A. 应力均匀分布　　B. 应力向临空面附近集中
C. 应力向坡顶面集中　　D. 应力分布无明显规律

19-4-5 岩质边坡的圆弧滑动破坏,一般发生于哪种岩体?

A. 不均匀岩体　　B. 薄层脆性岩体
C. 厚层泥质岩体　　D. 多层异性岩体

19-4-6 岩坡发生崩塌破坏的坡度,一般认为是:

A. $>45°$　　B. $>55°$　　C. $>75°$　　D. $90°$

19-4-7 单一平面滑动破坏的岩坡,滑动体后部可能出现的张裂缝的深度为(岩石重度 γ,滑面黏聚力 c,内摩擦角 φ):

A. $\frac{2c}{\gamma}\tan\left(45°+\frac{\varphi}{2}\right)$　　B. $\frac{2c}{\gamma}\tan\left(45°-\frac{\varphi}{2}\right)$

C. $\frac{c}{\gamma}\tan\left(45°+\frac{\varphi}{2}\right)$　　D. $\frac{c}{\gamma}\tan\left(45°-\frac{\varphi}{2}\right)$

19-4-8　按照滑坡的形成原因可将滑坡划分为哪几类？

A. 工程滑坡与自然滑坡
B. 牵引式滑坡与推移式滑坡
C. 降雨引起的滑坡与人工开挖引起的滑坡
D. 爆破震动引起的滑坡与地震引起的滑坡

19-4-9　使用抗滑桩加固岩质边坡时，一般可以设置在滑动体的哪个部位？

A. 滑动体前缘　　B. 滑动体中部　　C. 滑动体后部　　D. 任何部位

19-4-10　已知岩质边坡的各项指标如下：$\gamma=25\text{kN/m}^3$，坡角 60°，若滑面为单一平面，且与水平面呈 45°，滑面上 $c=20\text{kPa}$，$\varphi=30°$。当滑动体处于极限平衡时，边坡极限高度为：

A. 8.41m　　B. 17.9m　　C. 13.72m　　D. 22.73m

19-4-11　岩质边坡发生倾倒破坏的最主要的影响因素是：

A. 裂隙水压力　　B. 边坡坡度
C. 结构面的倾角　　D. 节理间距

19-4-12　下列关于均匀岩质边坡应力分布的描述中，哪一个是错误的？

A. 斜坡在形成的过程中发生了应力重分布现象
B. 斜坡在形成的过程中发生了应力集中现象
C. 斜坡在形成的过程中，最小主应力迹线偏转，表现为平行于临空面
D. 斜坡在形成的过程中，临空面附近岩体近乎处于单向应力状态

19-4-13　防治滑坡的处理措施中，下列哪项叙述不正确？

A. 设置排水沟以防止地面水浸入滑坡地段
B. 采用重力式抗滑挡墙，墙的基础底面埋置于滑动面以下的稳定土(岩)层中
C. 对滑体采用深层搅拌法处理
D. 在滑体主动区卸载或在滑体阻滑区段增加竖向荷载

19-4-14　岩质边坡的破坏方式可分为：

A. 岩崩和岩滑　　B. 平面滑动和圆弧滑动
C. 圆弧滑动和倾倒破坏　　D. 倾倒破坏和楔形滑动

19-4-15 平面滑动时，滑动面的倾角β与坡面倾角α的关系是：

A. $\beta=\alpha$　　B. $\beta>\alpha$　　C. $\beta<\alpha$　　D. $\beta\geqslant\alpha$

19-4-16 平面滑动时，滑动面的倾角β与滑动面的摩擦角φ的关系为：

A. $\beta>\varphi$　　B. $\beta<\varphi$　　C. $\beta\geqslant\varphi$　　D. $\beta=\varphi$

19-4-17 岩石边坡的稳定性主要取决于下列哪些因素？

①边坡高度和边坡角；②岩石强度；

③岩石类型；④软弱结构面的产状及性质；

⑤地下水位的高低和边坡的渗水性能。

A. ①④　　B. ②③　　C. ①②④⑤　　D. ①④⑤

19-4-18 岩坡的稳定程度与多种因素有关，但最主要的不稳定因素是：

A. 边坡角　　B. 岩体强度

C. 边坡高度　　D. 岩坡内的结构面和软弱夹层

19-4-19 岩坡稳定分析时，应该特别注意下列中哪个因素？

A. 结构面和软弱夹层的产状与位置　　B. 当地的地震设防等级

C. 地下水位　　D. 岩体中微小裂隙的发育程度

19-4-20 边坡开挖后，除坡脚处外，边坡临空面附近的应力分布规律为：

A. 主应力与初始地应力的作用方向相同

B. 最大主应力平行于坡面，最小主应力垂直于坡面

C. 最大主应力垂直于坡面，最小主应力平行于坡面

D. 最大主应力和最小主应力分别作用于垂直方向和水平方向

19-4-21 边坡开挖后，坡顶和坡面上会出现：

A. 剪应力　　B. 压应力　　C. 拉应力　　D. 组合应力

19-4-22 边坡开挖后，应力集中最严重的部位是：

A. 坡面　　B. 坡顶　　C. 坡底　　D. 坡脚

19-4-23 岩质边坡的变形可划分为：

A. 弹性变形与塑性变形　　B. 松弛张裂（或松动）与蠕动

C. 表层蠕动和深层蠕动　　D. 软弱基座蠕动与坡体蠕动

19-4-24 边坡岩体的破坏指的是：

A. 边坡岩体发生了较明显的变形

B. 边坡表面出现了张裂缝

C. 边坡岩体中出现了与外界贯通的破坏面，使被分割的岩体以一定的加速度脱离母体

D. 坡脚处出现了局部的破坏区

19-4-25 岩质边坡的倾倒破坏多发生在哪种边坡中？

A. 含有陡倾角结构面的边坡中　　B. 含有缓倾角结构面的边坡中

C. 含有软弱夹层的边坡中　　D. 含有地下水的边坡中

19-4-26 对岩质边坡滑动面的叙述，下列中哪一项比较准确？

A. 软弱结构面

B. 大型结构面

C. 滑坡体与其周围未滑动岩土体之间的分界面

D. 大型张性断裂面

19-4-27 按照滑动后的活动性，岩质边坡的滑坡可划分为：

A. 新滑坡与古滑坡　　B. 永久性滑坡与临时性滑坡

C. 自然滑坡与工程滑坡　　D. 活动性滑坡与死滑坡

19-4-28 除了强烈震动外，地震对边坡的主要影响是：

A. 使地下水位发生变化

B. 水平地震力使法向压力削减

C. 水平地震力使下滑力增大

D. 水平地震力使法向压力削减和下滑力增强

19-4-29 采用极限平衡方法分析岩质边坡稳定性时，假设滑动岩体为：

A. 弹性体　　B. 弹塑性体　　C. 刚体　　D. 不连续体

19-4-30 采用抗滑桩加固边坡时，抗滑桩埋入滑动面以下的长度为整个桩长的多少？

A. 1/4～1/3　　B. 1/3～1/2　　C. 0.5～1.0 倍　　D. 1.0～1.5 倍

19-4-31 对岩质边坡变形破坏影响最大的因素是：

A. 地下水　　B. 地震

C. 结构面充填情况　　D. 软弱结构面的产状和性质

19-4-32 岩质边坡发生平面滑动破坏时，滑动面倾向与边坡面的倾向必须一致，并且两侧存在走向与边坡垂直或接近垂直的切割面，除此之外，还应满足下列哪个条件？

A. 滑动面必须是光滑的
B. 滑动面倾角小于边坡角，且大于其摩擦角
C. 滑动面的倾角大于边坡角
D. 滑动面倾角大于滑动面的摩擦角

19-4-33 当两个滑动面倾向相反，其交线倾向与坡向相同，倾角小于边坡角，且大于滑动面的摩擦角时，边坡将发生哪种滑动？

A. 平面滑动　　B. 多平面滑动　　C. 同向双平面滑动　　D. 楔形滑动

19-4-34 用极限平衡方法分析边坡稳定性时，滑动面上的滑动条件通常采用：

A. 莫尔准则　　B. 库仑准则
C. 格理菲斯准则　　D. 特兰斯卡准则

19-4-35 边坡安全系数的定义是：

A. 抗滑力（或抗滑力矩）与下滑力（或下滑力矩）的比值
B. 下滑力（或下滑力矩）与抗滑力（或抗滑力矩）的比值
C. 滑体自重与抗滑力的比值
D. 抗滑力矩与下滑力的比值

19-4-36 长锚索加固边坡的主要作用是：

A. 增加滑动面上的法向压力，提高抗滑力
B. 增加滑动面上的摩擦力
C. 改善滑体的受力特性
D. 防止滑动面张开

题解及参考答案

19-4-1 **解：**此题中描述的向下流动的破坏应为平移滑动，不是崩塌，更不是曲折破坏，岩块没有转动。

答案：B

19-4-2 **解：**此题考查的是层状岩质边坡破坏的条件，此类边坡破坏主要类型包括顺倾边坡的平面滑动破坏和反倾边坡的倾倒破坏。前者必须满足边坡的倾角大于岩层倾角的条件，后者则发生在岩层较陡的反倾岩质边坡中。此题除选项A外，其余三个选项均不是层状岩质边坡的破坏条件。

答案：A

19-4-3 **解：**岩层倾斜方向与边坡倾斜方向一致的为顺向坡，相反的为反向坡（或叫逆坡）。

答案:B

19-4-4 解:均质的岩质边坡形成过程中,坡体内应力的分布会按照一定规律发生明显的变化,临空面附近的应力变化较大,出现应力集中现象,并非只限于坡顶。

答案:B

19-4-5 解:圆弧破坏一般发生在非成层的均匀岩体中,岩体往往十分软弱破碎。本题与发生条件最接近的应为 C 选项,因为泥质岩体比较软弱,层厚较大时,也可近似地看成均质岩体。

答案:C

19-4-6 解:崩塌主要发生在 55°以上陡坡的边坡前缘上,倾角较小的边坡不会发生崩塌。

答案:B

19-4-7 解:解此题需要记住边坡平面破坏的有关计算公式。

答案:A

19-4-8 解:降雨和地震都属于自然作用,而人工开挖和爆破则均属于工程作用,B 项说的是发生滑坡的力学机制,因此选项 A 更全面、准确。

答案:A

19-4-9 解:抗滑桩只有设置在滑动体的前缘,才会起到抗滑作用。

答案:A

19-4-10 解:由平面滑动破坏边坡的极限坡高计算公式得:

$$H=\frac{2c}{\gamma}\frac{\sin i\cos\varphi}{\sin(i-\beta)\sin(\beta-\varphi)}$$

$$=\frac{2\times20\times\sin60^\circ\times\cos30^\circ}{25\times\sin(60^\circ-45^\circ)\times\sin(45^\circ-30^\circ)}$$

$$=17.9\text{m}$$

答案:B

19-4-11 解:反倾结构面的倾角大于 60°时,最容易发生倾倒破坏。

答案:C

19-4-12 解:岩质边坡形成过程中,由于应力重新分布,主应力方向发生偏转,接近岩坡处,最大主应力表现为近乎平行于临空面,同时坡脚处发生应力集中现象,临空面近乎处于单向应力状态。选项 C 的描述不正确。

答案:C

19-4-13 解:从四个选项中可以发现,选项 C 明显有问题,对滑体采用深层搅拌法处理,虽然可以增加滑体的整体性,但并没有改变滑动面的受力状况,起不到防止滑坡的作用,因此不正确。

答案:C

19-4-14 **解**:本题中的选项B、C、D都是根据边坡破坏面的具体形态进行破坏类型分类的。实际上,岩坡的破坏还应该包括岩崩(或崩塌),平面滑动、圆弧滑动以及楔形滑动都属于岩滑。

答案:A

19-4-15 **解**:平面滑动时,滑动面的倾角必须小于坡角,这样滑动面才会在坡顶出露。

答案:C

19-4-16 **解**:滑动面的倾角大于滑动面的摩擦角时,才能克服滑面上的摩擦力发生滑动。

答案:A

19-4-17 **解**:岩坡的稳定主要取决于边坡的几何形状、岩石的强度、结构面的产状及性质、地下水的分布等因素,岩石类型的影响有限。

答案:C

19-4-18 **解**:岩质边坡的破坏主要与结构面的分布和性质有关。

答案:D

19-4-19 **解**:岩质边坡的稳定性主要受控于坡体内的软弱结构面的产状,与选项B、C、D相比,选项A对岩坡更为重要。

答案:A

19-4-20 **解**:开挖后由于临空面附近的应力会出现重分布,使得最大主应力的方向都与临空面平行,而最小主应力则垂直于临空面。

答案:B

19-4-21 **解**:开挖后,岩坡坡顶和坡面上会出现局部的拉应力,这是由于开挖卸荷后,坡面附近的岩体朝开挖区移动的结果。

答案:C

19-4-22 **解**:无论土坡,还是岩坡,应力最集中的部位都是坡脚附近区域。

答案:D

19-4-23 **解**:岩质边坡的变形可分为松弛与蠕动,选项A不确切,选项C、D指的都是蠕动。

答案:B

19-4-24 **解**:选项C比较准确,边坡的破坏意味着出现了与外界贯通的破坏面,而且滑体也出现了整体的滑动。仅出现局部的崩塌或掉块不属于破坏。

答案:C

19-4-25 **解**:岩坡的倾倒破坏主要是由于结构面的倾角过大,而且结构面的倾向与边坡的倾向相反。由于本题四个选项中没有提及结构面的倾向，所以选项 A 最符合题意。

答案:A

19-4-26 解:滑动面上方为滑体，下方为滑床，选项 C 的说明更准确，其他选项均比较片面。

答案:C

19-4-27 解:边坡的活动性主要指它是否会再次发生滑动。

答案:D

19-4-28 解:地震的作用主要是地震会引起水平地震力，水平地震力作用于滑体上，会使下滑力增大，滑面上的法向力减小，从而使边坡的稳定性降低。

答案:D

19-4-29 解:极限平衡方法都假定滑动块体为刚体，不考虑它的变形。

答案:C

19-4-30 解:为了保证加固效果，一般规定抗滑桩必须深入非滑动岩层中足够深度，通常埋入深度应不小于整个桩长的 1/4～1/3。

答案:A

19-4-31 解:与地下水、地震、结构面的充填状况相比，结构面的产状和性质对岩坡的稳定起着控制作用。

答案:D

19-4-32 解:滑动面的倾角大于边坡角时，边坡不会发生滑动破坏。只有当滑动面的倾角小于边坡角，同时大于滑动面的摩擦角时，边坡才会发生滑动，这是岩质边坡平面滑动破坏的基本条件。

答案:B

19-4-33 解:楔形滑动破坏的发生条件为：两个滑动面（或结构面）的倾向相反，其交线的倾向与坡面的倾向相近，交线的倾角小于边坡角，但大于滑动面的摩擦角。本题的条件正好满足了楔形滑动破坏的条件。

答案:D

19-4-34 解:莫尔准则为非线性准则，使用不方便；格理菲斯准则主要用于断裂力学领域，用于岩土体时不够准确；特兰斯卡准则也很少用于岩体。岩土工程中应用最广的破坏准则为莫尔-库仑准则，同样在边坡工程中也广泛应用。

答案:B

19-4-35 解:边坡安全系数的定义有多种方式，在瑞典条分法中，是采用抗滑力矩与下滑力矩的比值作为安全系数的定义；单平面滑动破坏分析时，则采用抗滑力与下滑力的比值作为安全系数的定义。四个选项中，符合条件的只有 A。

答案:A

19-4-36 **解**:长锚索一般采用预应力方式,其主要作用就是提高滑面上的法向压力,从而达到增加抗滑力的目的。

答案:A

(五)岩基的应力与稳定性分析

19-5-1 某岩基各项指标为:$\gamma = 25\text{kN/m}^3$,$c = 30\text{kPa}$,$\varphi = 30°$,若荷载为条形荷载,宽度1m,则该岩基极限承载力理论值为:

A. 1550kPa　　B. 1675kPa　　C. 1725kPa　　D. 1775kPa

19-5-2 若岩基表层存在裂隙,为了加固岩基并提高岩基承载力,应使用哪一种加固措施?

A. 开挖回填　　B. 钢筋混凝土板铺盖
C. 固结灌浆　　D. 锚杆加固

19-5-3 岩基内应力计算和岩基的沉降计算一般采用下面哪一种理论?

A. 弹性理论　　B. 塑性理论　　C. 弹塑性理论　　D. 弹塑黏性理论

19-5-4 采用现场原位加载试验方法确定岩基承载力特征值时,对于微风化岩石及强风化岩石,由试验曲线确定的极限荷载需要除以多大的安全系数?

A. 2.5　　B. 1.4　　C. 3.0　　D. 2.0

19-5-5 岩基表层存在断层破碎带时,采用下列何种加固措施比较好?

A. 灌浆加固　　B. 锚杆加固　　C. 水泥砂浆覆盖　　D. 开挖回填

19-5-6 岩基为方形柔性基础,在荷载作用下,岩基弹性变形量在基础中心处的值约为边角处的多少?

A. 1/2 倍　　B. 相同　　C. 1.5 倍　　D. 2.0 倍

19-5-7 在确定岩基极限承载力时,从理论上看,下列哪一项是核心指标?

A. 岩基深度　　B. 岩基形状
C. 荷载方向　　D. 抗剪强度

19-5-8 计算岩基极限承载力的公式中,承载力系数 N_γ、N_c、N_q 主要取决于下列哪一个指标?

A. γ　　B. c　　C. φ　　D. E

19-5-9 岩基上作用的荷载如果由条形荷载变化成方形荷载，会对极限承载力计算公式中的承载力系数取值产生什么影响？

A. N_γ 显著变化　　B. N_c 显著变化
C. N_q 显著变化　　D. 三者均显著变化

19-5-10 用极限平衡理论计算岩基承载力时，条形荷载作用下均质岩基的破坏面形式一般假定为：

A. 单一平面　　B. 双直交平面
C. 圆弧曲面　　D. 螺旋曲面

19-5-11 计算圆形刚性基础下的岩基沉降，沉降系数一般取为：

A. 0.79　　B. 0.88　　C. 1.08　　D. 2.72

19-5-12 某岩基条形刚性基础上作用有1000kN/m的荷载，基础埋深1m，宽0.5m，岩基变形模量400MPa，泊松比为0.2，则该基础沉降量为：

A. 4.2mm　　B. 5.1mm　　C. 6.0mm　　D. 6.6mm

19-5-13 无论是矩形柔性基础，还是圆形柔性基础，当受竖向均布荷载时，其中心沉降量与其他部位沉降量相比是：

A. 大　　B. 相等
C. 小　　D. 小于或等于

19-5-14 从理论上确定岩基极限承载力时需要哪些条件？
①平衡条件；②屈服条件；③岩石的本构方程；④几何方程。

A. ①　　B. ③④　　C. ①②　　D. ①④

19-5-15 确定岩基承载力的基础原则是下列中的哪几项？
①岩基具有足够的强度，在荷载作用下，不会发生破坏；
②岩基只要求能够保证岩基的稳定即可；
③岩基不能产生过大的变形而影响上部建筑物的安全与正常使用；
④岩基内不能有任何裂隙。

A. ①④　　B. ①②　　C. ②③　　D. ①③

19-5-16 Ⅳ级岩体岩基承载力基本值为：

A. 4.0～2.0MPa　　B. 2.0～0.5MPa
C. ≤0.5MPa　　D. ＞7.0MPa

19-5-17 岩基承载力的意义是：

A. 岩基能够承受的最大荷载
B. 作为地基的岩体受荷后不会因产生破坏而丧失稳定，其变形量亦不会超过容许值时的承载能力
C. 岩基能够允许的最大变形量所对应的荷载
D. 岩基能够承受的荷载总和

19-5-18 由于岩石地基的破坏机理与土质地基不同，采用现场荷载试验确定岩基承载力特征值时，应按下列哪条执行？

A. 不进行深度和宽度的修正
B. 需要进行深度和宽度的修正
C. 不必进行深度修正，但需要进行宽度修正
D. 不必进行宽度修正，但需要进行深度修正

19-5-19 根据室内岩石单轴抗压强度确定岩基承载力特征值时，试件数量如何确定？

A. 应不少于 10 个
B. 应不少于 5 个
C. 最多应不超过 6 个
D. 应不少于 6 个

19-5-20 根据室内岩石单轴抗压强度确定岩基承载力特征值时，一般情况下，对于微风化岩石，承载力设计值的折减系数为：

A. 0.20～0.33
B. 0.15～0.22
C. 0.22～0.35
D. 0.35～0.42

19-5-21 固结灌浆方法加固岩基的主要作用是：

A. 封闭填充裂隙
B. 防止水进入岩基内
C. 加强岩体的整体性，提高岩基的承载能力
D. 改善岩基的力学性能

题解及参考答案

19-5-1 **解：**需要根据承载力的理论计算公式计算承载力，为此，先计算承载力系数：

$$N_\gamma = \tan^6\left(45° + \frac{\varphi}{2}\right) - 1 = 27 - 1 = 26.0$$

$$N_c = 5\tan^4\left(45° + \frac{\varphi}{2}\right) = 45.0$$

极限承载力为：

$$q_f = 0.5\gamma b N_\gamma + cN_c = 0.5 \times 25 \times 1 \times 26 + 30 \times 45 = 1675\text{kPa}$$

答案:B

19-5-2 解:四个选项均可用于岩基加固。一般对于表层破碎带可采用常用的挖填法,或用锚杆增加岩基强度;对于表层裂隙,固结灌浆方法对提高岩基承载力效果明显。

答案:C

19-5-3 解:目前岩基的应力和变形计算仍然采用经典的弹性理论。

答案:A

19-5-4 解:对于本题所描述的这种情况,通常安全系数取3.0。

答案:C

19-5-5 解:对于这种情况,可供选择的加固措施较多,但考虑基础的稳定非常重要,所以最好的办法应该是比较彻底的,并考虑到断层破碎带的宽度和范围有限,开挖回填的费用可控,因此选项D较好。

答案:D

19-5-6 解:根据方形柔性基础中心处和角点处的沉降计算公式:

$$S_0 = ap\,\frac{1-\mu^2}{E}K_0 = 1.12ap\,\frac{1-\mu^2}{E}$$

$$S_c = ap\,\frac{1-\mu^2}{E}K_c = 0.56ap\,\frac{1-\mu^2}{E}$$

对比后可以得出,基础中心处的值约为边角处的2倍。

答案:D

19-5-7 解:岩基的破坏主要为剪切破坏。因此,从理论上看,极限承载力应该主要取决于岩体和结构面的抗剪强度。

答案:D

19-5-8 解:承载力计算公式中的三个承载力系数的计算公式分别为:

$$N_\gamma = \tan^6\left(45°+\frac{\varphi}{2}\right)-1$$

$$N_c = 5\tan^4\left(45°+\frac{\varphi}{2}\right)$$

$$N_q = \tan^6\left(45°+\frac{\varphi}{2}\right)$$

可以看出,它们都与内摩擦角有关。

答案:C

19-5-9 解:对于方形或圆形的承载面来说,承载力系数的计算公式应改用下式:

$$N_c = 7\tan^4\left(45°+\frac{\varphi}{2}\right)$$

其他两个系数的计算公式不变。

答案:B

19-5-10　解：基脚下的岩体存在剪切破坏面，使岩基出现楔形滑体。在岩体中，剪切破坏面大多数为近平直面形。因而在计算极限承载力时，皆采用由两个平直剪切面组成的楔体进行稳定分析。

答案：B

19-5-11　解：对于圆形刚性基础，计算沉降时，沉降系数可查表(《教程》表 19-34)选取，本题应为 0.79。

答案：A

19-5-12　解：先求基地压力 p(取 1m 长度分析)：

$$p = \frac{P}{A} + 20d = \frac{1000}{0.5} + 20 \times 1 = 2020\text{kPa}$$

代入条形刚性基础沉降计算公式，沉降系数取 2.72，则：

$$S = 2.72ap\,\frac{1-\mu^2}{E} = 2.72 \times 0.5 \times 2020 \times \frac{1-0.2^2}{400 \times 1000} = 6.6\text{mm}$$

答案：D

19-5-13　解：由柔性基础沉降量计算公式可以看出，基础中心处的沉降总大于边角处的沉降，这是由于基础为柔性结构，本身可以变形。

答案：A

19-5-14　解：目前采用理论计算的方法确定岩基承载力时，一般假定岩体处于极限平衡状态，因此需要岩体的屈服条件判断岩基是否会发生屈服。由于基础岩体必须处于平衡状态，即应满足力的平衡方程。几何方程与本构关系主要用于计算变形。

答案：C

19-5-15　解：岩基作为建筑物的基础，首先应能承受上部的所有荷载，同时还应保证不会因为本身的变形而影响上部建筑物的正常使用。

答案：D

19-5-16　解：《工程岩体分级标准》(GB/T 50218—2014)表 5.4.2 给出了各级岩体岩基承载力基本值，其中 IV 级岩体为 2.0～0.5MPa。

答案：B

19-5-17　解：岩基不仅要求具有足够的强度，在上部荷载作用下，不会发生破坏，而且也不能产生影响上部结构安全的有害变形与沉降。

答案：B

19-5-18　解：《建筑地基基础设计规范》(GB 50007—2011)规定，采用现场荷载试验确定岩基承载力特征值时，一般情况下，不需要进行深度和宽度的修正。

答案：A

19-5-19　解：《建筑地基基础设计规范》(GB 50007—2011)规定，根据室内岩石单轴抗压强度确定岩基承载力时,试件数量应不少于6个。

答案:D

19-5-20 **解**:《建筑地基基础设计规范》(GB 50007—2011)规定,根据室内岩石单轴抗压强度确定岩基承载力时,对于微风化岩石,折减系数一般取0.20~0.33。

答案:A

19-5-21 **解**:固结灌浆不仅可以封闭填充裂隙,防止水进入岩基内,改善岩基的力学性能,而且还可以提高岩体的整体性和承载能力。可见选项C之外的其他三个选项均不够准确。

答案:C

附录一

注册土木工程师(岩土)执业资格考试
专业基础考试大纲(下午段)

十、土木工程材料

10.1　材料科学与物质结构基础知识

材料的组成:化学组成　矿物组成及其对材料性质的影响

材料的微观结构及其对材料性质的影响:原子结构　离子键金属键　共价键和范德华力　晶体与无定形体(玻璃体)

材料的宏观结构及其对材料性质的影响

建筑材料的基本性质:密度　表观密度与堆积密度　孔隙与孔隙率

特征:亲水性与憎水性　吸水性与吸湿性　耐水性　抗渗性　抗冻性　导热性强度与变形性能　脆性与韧性

10.2　材料的性能和应用

无机胶凝材料:气硬性胶凝材料　石膏和石灰技术性质与应用

水硬性胶凝材料:水泥的组成　水化与凝结硬化机理　性能与应用

混凝土:原材料技术要求　拌和物的和易性及影响因素　强度性能与变形性能

耐久性-抗渗性、抗冻性、碱-骨料反应　混凝土外加剂与配合比设计

沥青及改性沥青:组成、性质和应用

建筑钢材:组成、组织与性能的关系　加工处理及其对钢材性能的影响　建筑钢材和种类与选用

木材:组成、性能与应用

石材和黏土:组成、性能与应用

十一、工程测量

11.1　测量基本概念

地球的形状和大小　地面点位的确定　测量工作基本概念

11.2　水准测量

水准测量原理　水准仪的构造、使用和检验校正　水准测量方法及成果整理

11.3　角度测量

经纬仪的构造、使用和检验校正　水平角观测　垂直角观测

11.4　距离测量

卷尺量距　视距测量　光电测距

11.5　测量误差基本知识

测量误差分类与特性　评定精度的标准　观测值的精度评定　误差传播定律

11.6　控制测量

平面控制网的定位与定向　导线测量　交会定点　高程控制测量

11.7　地形图测绘

地形图基本知识　地物平面图测绘　等高线地形图测绘

11.8　地形图应用

地形图应用的基本知识　建筑设计中的地形图应用　城市规划中的地形图应用

11.9　建筑工程测量

建筑工程控制测量　施工放样测量　建筑安装测量　建筑工程　变形观测

十二、职业法规

12.1　我国有关基本建设、建筑、房地产、城市规划、环保等方面的法律法规

12.2　工程设计人员的职业道德与行为准则

十三、土木工程施工与管理

13.1　土石方工程　桩基础工程

土方工程的准备与辅助工作　机械化施工　爆破工程　预制桩、灌注桩施工　地基加固处理技术

13.2　钢筋混凝土工程与预应力混凝土工程

钢筋工程　模板工程　混凝土工程　钢筋混凝土预制构件制作　混凝土冬、雨季施工　预应力混凝土施工

13.3　结构吊装工程与砌体工程

起重安装机械与液压提升工艺　单层与多层房屋结构吊装　砌体工程与砌块墙的施工

13.4　施工组织设计

施工组织设计分类　施工方案　进度计划　平面图　措施

13.5　流水施工原则

节奏专业流水　非节奏专业流水　一般的搭接施工

13.6　网络计划技术

双代号网络图　单代号网络图　网络计划优化

13.7　施工管理

现场施工管理的内容及组织形式　进度、技术、全面质量管理　竣工验收

十四、结构力学与结构设计

14.1　结构力学

14.1.1　平面体系的几何组成

几何不变体系的组成规律及其应用

14.1.2　静定结构受力分析与特性

静定结构受力分析方法　反力　内力的计算与内力图的绘制　静定结构特性及其应用

14.1.3　静定结构位移

广义力与广义位移　虚功原理　单位荷载法　荷载下静定结构的位移计算　图乘法　支座位移和温度变化引起的位移　互等定理及其应用

14.1.4　超静定结构受力分析及特性

超静定次数　力法基本体系　力法方程及其意义　等截面直杆刚度方法　位移法基本未知量　基本体系基本方程及其意义　等截面直杆的转动刚度　力矩分配系数与传递系数　单结点的力矩分配　对称性利用　超静定结构位移　超静定结构特性

14.1.5　结构动力特性与动力反应

单自由度体系　自振周期　频率　振幅与最大动内力　阻尼对振动的影响

14.2　结构设计

14.2.1　钢筋混凝土结构

材料性能:钢筋　混凝土

基本设计原则:结构功能　极限状态及其设计表达式　可靠度

承载能力极限状态计算:受弯构件　受扭构件　受压构件　受拉构件　冲切　局压　疲劳

正常使用极限状态验算:抗裂　裂缝　挠度

预应力混凝土:轴拉构件　受弯构件

单层厂房:组成与布置　柱　基础

多层及高层房屋:结构体系及布置　剪力墙结构　框-剪结构　框-剪结构设计要点

抗震设计要点;一般规定　构造要求

14.2.2　钢结构

钢材性能:基本性能　结构钢种类

构件:轴心受力构件　受弯构件　拉弯和压弯构件的计算和构造连接:焊缝连接　普通螺栓和高强螺栓连接　构件间的连接

14.2.3　砌体结构

材料性能:块材　砂浆　砌体

基本设计原则:设计表达式

承载力:抗压　局压

混合结构房屋设计:结构布置　静力计算　构造

房屋部件:圈梁　过梁　墙梁　挑梁

抗震设计要点:一般规定　构造要求

十五、岩体力学与土力学

15.1　岩石的基本物理、力学性能及其试验方法

岩石的物理力学性能等指标及其试验方法

岩石的强度特性、变形特性、强度理论

15.2　工程岩体分级

工程岩体分级的目的和原则

工程岩体分级标准(GB 50218—94)简介

15.3　岩体的初始应力状态

初始应力的基本概念　量测方法简介　主要分布规律

15.4　土的组成和物理性质

土的三相组成和三相指标　土的矿物组成和颗粒级配　土的结构

黏性土的界限含水率　塑性指数　液性指数

砂土的相对密实度　土的最佳含水率和最大干密度

土的工程分类

15.5　土中应力分布及计算

土的自重应力　基础底面压力　基底附加压力　土中附加应力

15.6　土的压缩性与地基沉降

压缩试验　压缩曲线　压缩系数　压缩指数　回弹指数　压缩模量　载荷试验

变形模量　高压固结试验　土的应力历史　先期固结压力　超固结比

正常固结土　超固结土　欠固结土

沉降计算的弹性理论法　分层总和法　有效应力原理　一维固结构论　固结系数

固结度

15.7　土的抗剪强度

土中一点的应力状态　库仑定律　土的极限平衡条件　内摩擦角　黏聚力

直剪试验及其适用条件　三轴试验　总应力法　有效应力法

15.8　特殊性土

软土　黄土　膨胀土　红黏土　盐渍土　冻土　填土　可液化土

15.9　土压力

静止土压力、主动土压力和被动土压力

郎肯土压力理论　库仑土压力理论

15.10　边坡稳定分析

土坡滑动失稳的机理　均质土坡的稳定分析　土坡稳定分析的条分法

15.11　地基承载力

地基破坏的过程　地基破坏形式

临塑荷载和临界荷载　地基极限承载力　斯肯普顿公式　太沙基公式　汉森公式

十六、工程地质

16.1　岩石的成因和分类

主要造岩矿物　火成岩、沉积岩、变质岩的成因及其分类

常见岩石的成分、结构及其他主要特征

16.2　地质构造和地史概念

褶皱形态和分类　断层形态和分类　地层的各种接触关系

大地构造概念　地史演变概况和地质年代表

16.3　地貌和第四纪地质

各种地貌形态的特征和成因　第四纪分期

16.4　岩体结构和稳定分析

岩体结构面和结构体的类型和特征

赤平极射投影等结构面的图示方法

根据结构面和临空面的关系进行稳定分析

16.5　动力地质

地震的震级、烈度、近震、远震及地震波的传播等基本概念　断裂活动和地震的关系

活动断裂的分类和识别及对工程的影响

岩石的风化

流水、海洋、湖泊、风的侵蚀、搬运和沉积作用

滑坡、崩塌、岩溶、土洞、塌陷、泥石流、活动沙丘等不良地质现象的成因、发育过程和规律及其对工程的影响

16.6　地下水

渗透定律　地下水的赋存、补给、径流、排泄规律

地下水埋藏分类

地下水对工程的各种作用和影响　地下水向集水构筑物运动的计算　地下水的化学成分和化学性质

水对建筑材料腐蚀性的判别

16.7　岩土工程勘察与原位测试技术

勘察分级　各类岩土工程勘察基本要求　勘探　取样　土工参数的统计分析

地基土的岩土工程评价

原位测试技术:载荷试验　十字板剪切试验　静力触探试验

圆锥动力触探试验　标准贯入试验　旁压试验　扁铲侧胀试验

十七、岩体工程与基础工程

17.1　岩体力学在边坡工程中的应用

边坡的应力分布、变形和破坏特征

影响边坡稳定性的主要因素　边坡稳定性评价的平面问题　边坡治理的工程措施

17.2　岩体力学在岩基工程中的应用

岩基的基本概念　岩基的破坏模式

基础下岩体的应力和应变

岩基浅基础、岩基深基础的承载力计算

17.3　浅基础

浅基础类型　刚性基础　独立基础　条形基础　筏板基础　箱形基础

基础埋置深度　基础平面尺寸确定　地基承载力确定　深宽修正　下卧层验算

地基沉降验算　减少不均匀沉降损害的措施

地基、基础与上部结构共同工作的概念

浅基础的结构设计

17.4　深基础

深基础类型　桩与桩基础的类型

单桩的荷载传递特性　单桩竖向承载力的确定方法

群桩效应　群桩基础的承载力　群桩的沉降计算

桩基础设计

17.5　地基处理

地基处理目的　地基处理方法分类　地基处理方案选择

各种地基处理方法的加固机理、设计计算、施工方法和质量检验

附录二

注册土木工程师（岩土）执业资格考试
专业基础考试试题（下午段）配置说明

土木工程材料	7 题
工程测量	5 题
职业法规	4 题
土木工程施工与管理	5 题
结构力学与结构设计	12 题
岩体力学与土力学	7 题
工程地质	10 题
岩体工程与基础工程	10 题

注：试卷题目数量合计 60 题，每题 2 分。考试时间为 4 小时。

上、下午总计 180 题，满分为 240 分。考试时间总计为 8 小时。